高等职业教育数字媒体类专业规划教材
U0316544
Ai
Illustrator CC 2018
应用教程
梅海峰　赵晓伟◎主　编
唐云龙　王　岭　吴莹莹　江　宏　赵　宁◎副主编
中国铁道出版社有限公司
CHINA RAILWAY PUBLISHING HOUSE CO., LTD.

内 容 简 介

Adobe Illustrator 简称 AI，是一种应用于出版、多媒体和在线图像的工业标准矢量插画的软件，是一款集印刷出版、海报书籍版面、专业插画、多媒体图像处理和互联网页面的制作等多种功能于一身的矢量图形软件。

全书共分 10 个单元，主要介绍 Adobe Illustrator CC 2018 版本的基本工具和基础操作，提供了 26 个精选案例，以及 3 个综合实训项目，主要内容包括 Illustrator CC 2018 基础、基本图形的绘制与编辑、路径与路径编辑、颜色应用与填充技巧、图层与蒙版、高级艺术工具的使用、文字处理与图表应用、效果菜单的应用、外观属性与图形样式以及综合项目制作。

本书内容丰富、结构清晰、语言简洁、实例丰富、版式精美，技术参考性强，涵盖面广又不失细节。适合作为高等职业院校数字媒体类专业的教材，也适合喜爱矢量图形制作的读者作为自学参考书，亦可供从事平面设计、插画设计、UI 设计、动画设计和影视广告设计等工作的人员使用。

图书在版编目（CIP）数据

Illustrator CC 2018应用教程/梅海峰，赵晓伟主编. —北京：中国铁道出版社有限公司，2021.9（2023.12重印）
高等职业教育数字媒体类专业规划教材
ISBN 978-7-113-28277-6

Ⅰ.①I… Ⅱ.①梅… ②赵… Ⅲ.①图形软件-高等职业教育-教材 Ⅳ.①TP391.412

中国版本图书馆CIP数据核字(2021)第164329号

书　　名：Illustrator CC 2018 应用教程
作　　者：梅海峰　赵晓伟

策　　划：汪　敏　刘梦珂　　　　编辑部电话：（010）51873135
责任编辑：汪　敏　包　宁
封面设计：郑春鹏
责任校对：焦桂荣
责任印制：樊启鹏

出版发行：中国铁道出版社有限公司（100054，北京市西城区右安门西街 8 号）
网　　址：http://www.tdpress.com/51eds/
印　　刷：番茄云印刷（沧州）有限公司
版　　次：2021 年 9 月第 1 版　2023 年 12 月第 2 次印刷
开　　本：850 mm×1 168 mm　1/16　印张：17.75　字数：407 千
书　　号：ISBN 978-7-113-28277-6
定　　价：66.00 元

序

互联网带来了全球数字化信息传播的革命。以互联网作为信息互动传播载体的数字媒体已成为继语言、文字和电子技术之后最新的信息载体。数字电视、数字图像、数字音乐、数字动漫、网络广告、数字摄影摄像、数字虚拟现实等基于互联网的新技术的开发，创造了全新的艺术样式和信息传播方式，如丰富多彩的网络流媒体广告、多媒体电子出版物、虚拟音乐会、虚拟画廊和艺术博物馆、交互式小说、网上购物、虚拟逼真的三维空间网站以及正在发展中的数字电视广播等。数字媒体时代的到来催生了研发和应用人才的需求。

为了有效推进和深化应用型、职业型教育数字媒体类课程教学改革，进一步改善应用型与职业教育数字媒体类课程教学质量，推动和促进数字媒体等技术的发展与创新，提高在校大学生运用数字媒体技术解决实际问题的综合能力，中国铁道出版社有限公司依托安徽省大学生数字媒体创新设计大赛，联合一批省内专家规划了这套“高等职业教育数字媒体类专业规划教材”。本套教材有以下几个方面值得推荐：

1. 依托安徽省教育厅主办的“数字媒体创新设计赛”已经形成的优势和基础

大赛侧重四维的要求，即主题维、表现维、传播维、团队维。主题维方面，以体现“大美中国，美好家园”主题的数字媒体作品为载体，重点突出“美丽中国，魅力中国，绿色中国，和谐中国，创新中国”；表现维方面，强调对数字媒体技术的有效应用；传播维方面，要求符合当前传播媒体的规范；团队维方面，要求促进创作团队建设，构建可持续发展的基础力量。

几年来的竞赛成果表明，我们的愿景得到了有效实现。竞赛活动激发了全省在校大学生对数字媒体知识和技能的学习兴趣和潜能，促进了优秀人文与数字媒体相融合，加快了在校大学生运用数字媒体技术解决实际问题的综合能力的提升。借助竞赛促进各单位数字媒体创新设计赛的团队建设，为数字媒体创新设计的人才培养和教材建设提供有力的支撑。

2. 教材建设的指导原则

在广大参与高校的共同努力下，我们探索了相应的教材建设方案。

（1）“大”处着眼：高质量、高水平；瞄准高水平人才培养；瞄准未来教材建设、课程建设评优、评奖；促进相关教师从教材建设、课程建设、教材应用等方面获益；促进竞赛水平的不断发展。

（2）“优”处着手：借助优势条件，推进教材、教学资源的建设，以及相应的教材应用。

（3）教材立体化：从目前将要出版的几种教材来看，各种数字化建设都在配套开展，部分教学实践已经在同步进行，且对一线教师提供了完整的教学资源，整体呈现出在教材建设上的一个跨越式发展态势，必将为新时期的人才培养大目标做出可预期的贡献。

（4）探索未来：不断完善教材建设模式，适应科技发展对人才培养的需要。

3. 有机融入课程思政元素

课程思政以立德树人为教育目的，体现了立足中国大地办大学的新的课程观。本套教材有机地融入课程思政元素，通过选取合适的案例和内容并有机地融入教材，体现家国情怀和使命担当，引导学生树立正确的人生观和价值观。

非常高兴的是，本套教材的作者大都是教学与科研两方面的带头人，具有高学历、高职称，更是具有教学研究情怀的一线实践者。他们设计教学过程，创新教学环境，实践教学改革，将理念、经验与结果呈现在教材中。更重要的是，在这个分享的时代，教材编写组开展了多种形式的多校协同建设，采用更大的样本做教改探索，提高了研究的科学性和资源的覆盖面，必将被更多的一线教师所接受。

在当今数字理念日益普及的形势下，与之配合的教育模式以及相关的诸多建设都还在探索阶段，教材无疑是一个重要的落地抓手。本套教材就是数字媒体教学方面很好的实践方案，既继承了“互联网 +”的指导思想，又融合了数字化思维，同时支持了在线开放模式，其内容前瞻、体系灵活、资源丰富，是值得关注的一套好教材。

2021 年 8 月

前　　言

Adobe Illustrator 简称 AI，是一种应用于出版、多媒体和在线图像的工业标准矢量插画的软件，是一款集印刷出版、海报书籍版面、专业插画、多媒体图像处理和互联网页面的制作等多种功能于一身的矢量图形软件。在众多平面矢量图形软件中，Adobe Illustrator 以其丰富的特效、强大的平面编辑功能和良好的兼容性占据着矢量图形软件的主力地位。

本书由具有多年 Illustrator 软件教学经验和平面设计经验的高校教师共同编写。在编写过程中，编者根据课堂教学经验和学习者的就业反馈，对于课程结构和课程内容进行科学的整合和优化。教材内容从实际案例操作导入，以课程任务的形式，将章节内容巧妙地涵盖其中，由浅至深、循序渐进，达到学以致用的目标；另一方面，课程以知识点的形式，系统讲解各类工具的操作方法和各种命令的使用技巧，并以最终的综合项目制作融合 Illustrator CC 2018 的工具和命令的综合应用，同时展现了整个平面设计的流程，读者学习后可以融会贯通、举一反三，制作更好的设计作品。

全书分为十个单元，分别介绍了 Illustrator CC 2018 基础、基本图形的绘制与编辑、路径与路径编辑、颜色应用与填充技巧、图层与蒙版、高级艺术工具的使用、文字处理与图表应用、效果菜单的应用、外观属性与图形样式以及综合项目制作。

本书编写有如下特色：

• 操作性强、涉及知识面广

本书采用“理论知识讲解”+“实例应用讲解”的形式进行教学，内容有基础型和实战型，有浅有深，方便不同阶段的读者进行选择性学习，不论是新手、初学者，还是中级读者都有可以学习的内容。

• 理论实践相结合、融会贯通

本书从软件操作基础、基础图形的绘制、图层蒙版的编辑到矢量图形的输出，全面讲解了平面绘图的全部过程。通过对应章节知识点的多个具体应用实例和 30 多个实战案例让读者事半功倍地学习，掌握 Adobe Illustrator CC 2018 的应用方法和项目制作思路。

• 由易到难、多层次教学

本书在内容安排上采用循序渐进的方式，由易到难、由浅入深，所有实例的操作步骤清晰、简明、通俗易懂，非常适合自学入门的读者使用。

- **教学形式多样、教学资源丰富**

教材案例完整，所有实例全部采用详细步骤说明与实际操作相结合的写作手法，使读者通过阅读文字与观察操作步骤中的图示，边学边操作。教材中设计的案例均提供调用素材和源文件，并包含本书所有操作实例的高清多媒体有声教学视频（扫下方二维码，进入安徽省网络课程学习中心，在线学习）。同时，为方便教师教学，还配备了 PPT 教学课件，以供参考。

本书由安徽商贸职业技术学院的梅海峰、赵晓伟任主编。全书编写分工如下：梅海峰编写单元一、单元二，赵晓伟编写单元三、单元十，吴莹莹（安徽商贸职业技术学院）编写单元四，赵宁（安徽商贸职业技术学院）编写单元五，江宏（安徽商贸职业技术学院）编写单元六，王岭（安徽商贸职业技术学院）编写单元七、单元九，唐云龙（安徽商贸职业技术学院）编写单元八。全书由梅海峰统稿，其中大部分课程任务实例和课后操作题由赵晓伟编制。

本书在编写过程中得到了本校信息与人工智能学院阮进军院长的大力支持与帮助，在此表示感谢。部分参与编写的教师利用企业教师工作站实习机会，与相关企业合作，根据企业岗位要求，编写相关案例，强调针对性与实用性，以训练学生完成实际工作的能力，在此也向相关企业表达谢意。

由于编者知识水平有限，书中难免有不足和疏漏之处，恳请广大读者批评和指正。

编　者

2021 年 7 月

目　录

单元一 Illustrator CC 2018 基础

本章主要讲解 Illustrator 的基本图形概念；介绍 Illustrator 的工作环境、菜单选项和各类面板的使用、控制；讲解文件的新建、存储、打开和关闭，了解图形图像的置入与输出等基本操作。

通过本单元的学习，学习者能够快速掌握文件的基本操作，认识 Illustrator CC 2018 的工作界面，为以后的学习打下坚实的基础。

学习目标

- 了解矢量图形基础知识
- 熟悉 Illustrator CC 2018 操作界面
- 掌握文件的基本操作

任务　利用 Illustrator CC 2018 制作简单海报

Illustrator 是 Adobe 公司推出的基于出版、数字媒体和图形图像工业标准的矢量图形软件，主要应用于海报书籍排版、专业插画、多媒体图像处理、网页制作、产品包装、广告牌以及徽标、图标等领域，适用于任何小型设计到大型的复杂项目设计。本书使用的版本为 Adobe Illustration CC 2018，支持 Windows、Mac OS 与 Android 等操作系统。

任务描述

图形设计有别于一般的标记、标志与图案。它既不是一种单纯的标识、记录，也不是单纯的符号，更不是只以审美为目的的一种装饰插画，而是在特定思想意识支配下的对一个或多个元素组合的一种蓄意刻画和表达形式。设计师根据表现主题的要求，经过精心地策划与思考，恰当地运用点、线、面等基本造型语言和艺术手段，创造一个独特的、创造性的构思的全部过程。宣传海报如图 1–1 所示。

图 1–1　宣传海报

为了充分利用 Illustrator CC 2018 丰富的绘图、上色和编辑功能，学习如何在工作界面中开展工作至关重要。由菜单栏、属性栏、工具栏、控制面板、文档窗口和一组默认面板组成的工作界面，是进行创建、编辑、处理图形和图像的操作平台，是熟悉掌握这款软件的起点。

任务实施

步骤 1 打开程序。在桌面上双击 Illustrator 图标启动程序。如果桌面上找不到 Illustrator 图标，可选择菜单“开始”→“所有程序”→“Adobe Illustrator CC 2018”命令（Windows 操作系统）。

步骤 2 新建文档，建立 A4 大小文档，具体设置如图 1–2 所示。

步骤 3 使用工具面板中的“矩形工具”，在绘图区双击，弹出“矩形”对话框，设置数值如图 1–3 所示，绘制 203 mm × 166 mm 矩形，并填充为白色，如图 1–4 所示。

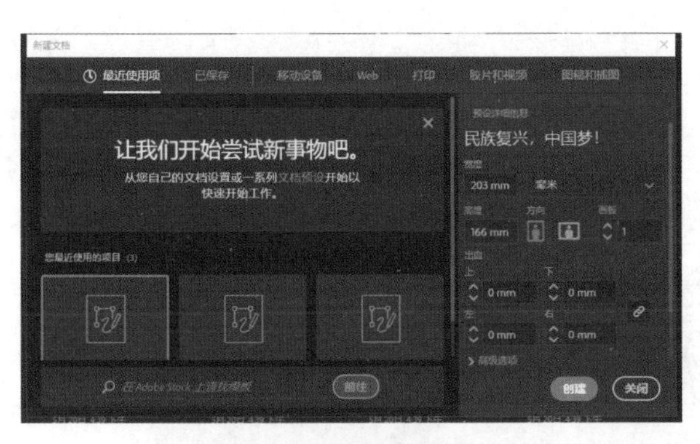

图 1–2　新建文件

图 1–3　绘制精确尺寸矩形

图 1–4　绘制矩形并填充颜色

步骤 4 打开文件，置入素材，效果如图 1–5 所示。

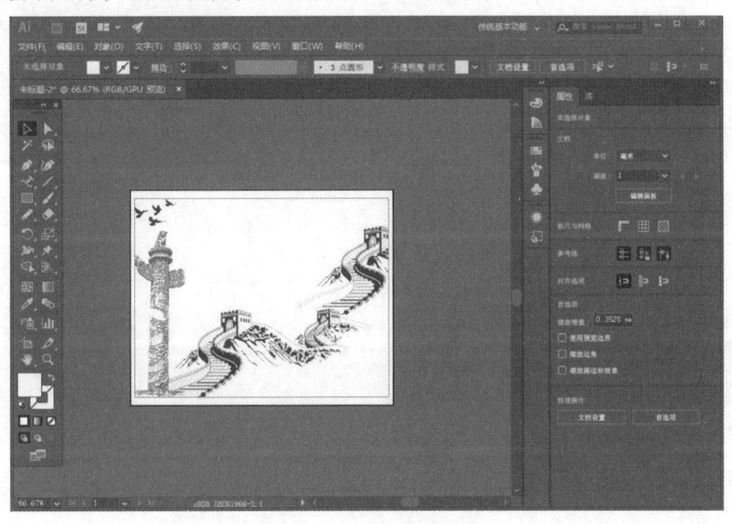

图 1–5　置入素材

步骤 5 使用铅笔工具在图形中画出一条路径，描边、填充均设置为“无”，沿路径输入路径文字“民族复兴，中国梦！”，并设置颜色，具体效果如图 1–6 所示，保存为以“宣传海报”命名的 AI 格式文件。

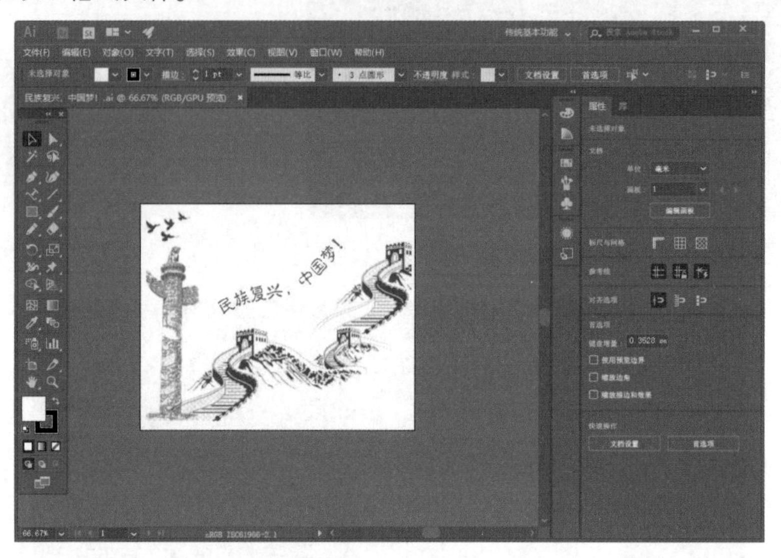

图 1–6 最终效果

步骤 6 按图 1–7 和图 1–8 设置导出 JPG 文件，并以“宣传海报”命名。

图 1–7 导出 JPG 格式文件

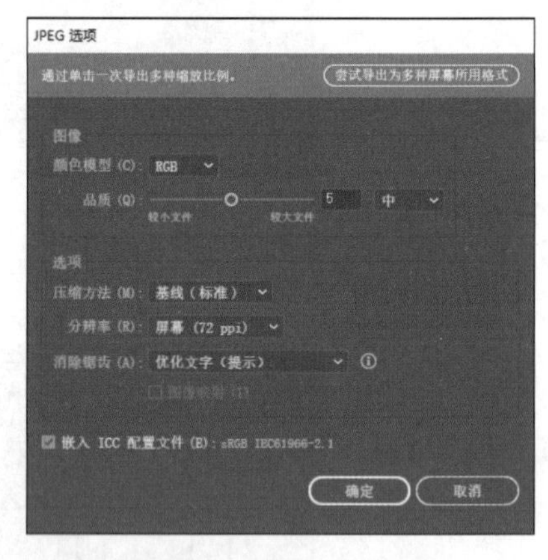

图 1–8 JPG 文件设置

相关知识

一、矢量图形基础知识

1. 矢量图形基本概念

矢量图形又称向量图形，就是使用直线和曲线来描述的图形，构成这些图形的元素是一些点、线、矩形、多边形、圆和弧线等，它们都是通过数学公式计算获得的，具有编辑后不失真的特点。例如，一幅画的矢量图形实际上是由线段形成外框轮廓，而由外框的颜色以及外框所封闭的颜色来决定这幅画的颜色。

与位图比较起来，矢量图具有放大后图像不会失真的优点，适用于图形设计、文字设计和一些标志设计、版式设计等。

2. 矢量图形的特点

（1）存储文件小。因为图像中保存的是线条和图块的信息，所以矢量图形文件与分辨率以及图像大小无关，只与图像的复杂程度有关，图像文件所占的存储空间较小。

（2）图像可以无级缩放。在对图像进行缩放，旋转或变形操作时，图形不会产生锯齿效果。

（3）可采取高分辨率印刷。矢量图形文件可以在任何输出设备（如打印机）上以最高分辨率进行输出。

（4）矢量图形最大的缺点是难以表现色彩层次丰富、形象逼真的图形、图像。锚点又称节点，是控制路径外观的重要组成部分，通过移动锚点，可以修改路径的形状，使用“直接选择工具”选择路径时，将显示该路径的所有锚点（空心小白点）。锚点分为角点和平滑点两类。

3. 矢量图形范例

（1）矢量图形任意放大而不失真，如图 1–9 所示。

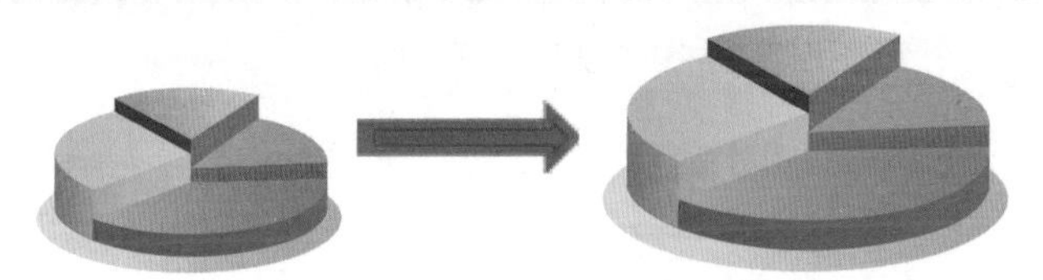

图 1–9　矢量图形放大而不失真

（2）矢量图一般由点、线等元素构成，并可着色，如图 1–10 所示。

（3）矢量图擅长表现色彩层次清晰但不过于复杂的图形，产生类似于手绘图的效果，如图 1–11 所示。

图 1–10　矢量图构成

图 1–11　矢量图的色彩

二、Illustrator CC 2018 操作界面

1. 启动 Illustrator CC 2018

在 Windows 系统环境下成功安装了 Illustrator CC 2018 后，在操作系统的程序菜单中

会自动生成 Illustrator CC 2018 的子程序。选择菜单“开始”→“所有程序”→“Adobe Illustrator CC 2018”命令，就可以启动程序（或者单击桌面上的快捷方式图标启动），系统会自动弹出图 1–12 所示启动画面。

图 1–12　启动画面

启动程序后会显示“开始”工作区，它包含“新建”与“打开”两个命令。同时，以图标或列表方式显示最近打开的文档，并可以自定义显示最近打开的文件数，如图 1–13 所示。如果要更改程序开启后的工作界面场景，如 Web、上色、传统基本功能等，可以在“窗口”→“工作区”选项卡中选择，如图 1–13 所示。

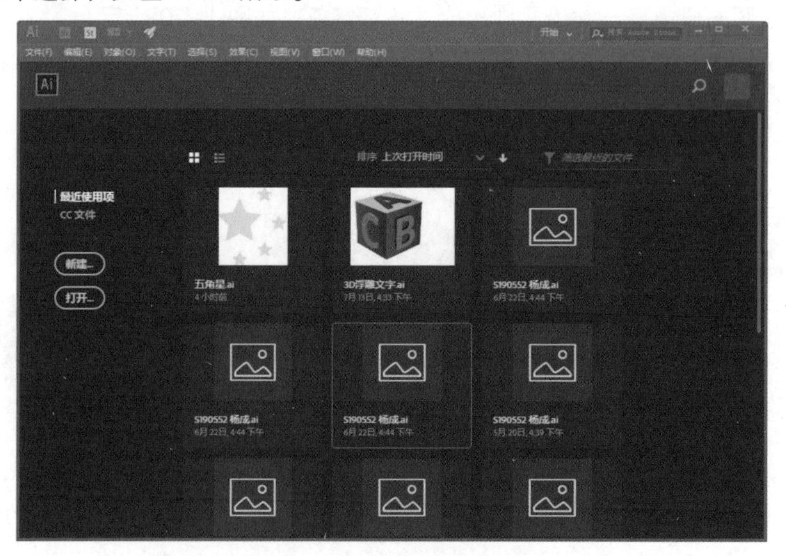

图 1–13　“开始”工作区

2. Illustrator CC 2018 操作界面

开启程序也可以通过双击 Illustrator 专属 AI 格式文件来打开，此时窗口中将出现菜单栏、工具栏、控制面板和面板组等。很多默认面板选项都放在位于菜单栏下方右侧的浮动控制面板中，这减少了用户工作时需要打开的面板数，从而提供更大的工作区。将工作界面设定为“传统基本功能”，如图 1–14 所示。

应用程序栏
工具控制栏
工具面板
文档窗口
状态栏
工作区切换器
浮动面板

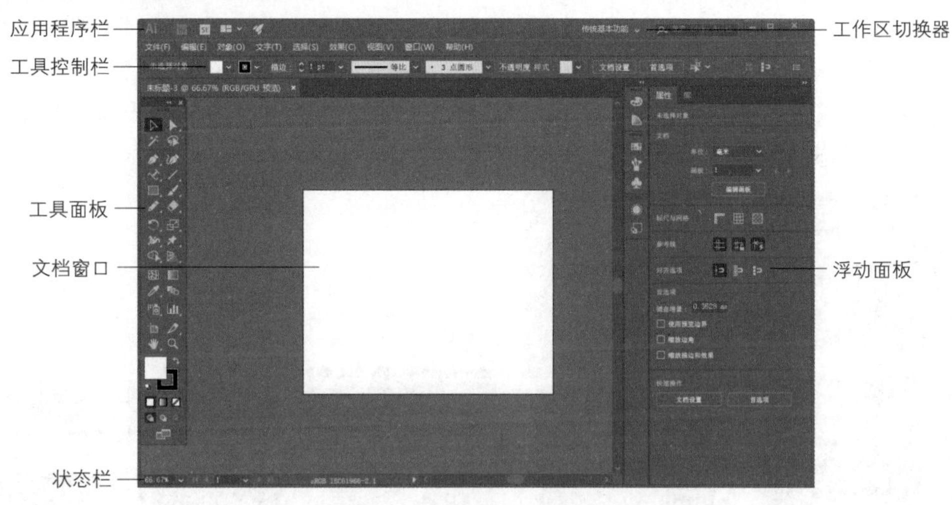

图 1–14　Illustrator CC 2018 工作界面

从工作界面分布来看，Illustrator 与 Photoshop 的界面风格基本一致，明显的区别之一就是在“画板”上。画板表示可以包含可打印图稿的区域，可以将画板作为裁剪区域以满足打印或置入的需要，而画板之外的区域可以用作草稿区域的空白画布，放在画布上的内容在屏幕上可见，但不会打印出来。在同一个文档中可以创建多个画板来创建不同内容，如多页 PDF、大小元素不同的打印页面、网站的独立元素、视频故事板、组成 After Effects 动画的素材等。

根据画板大小不同，每个文档最多可以有 100 个画板，可在创建文档时指定文档的画板数，并在处理文档的过程中随时添加和删除画板。调整画板的大小和位置可以使用画板工具，还可以让画板之间相互重叠。

Illustrator CC 2018 工作界面的组成部分分述如下：

1）应用程序栏

应用程序栏默认位于工作区的顶部，如图 1–15 所示，主要显示应用控件、文档显示方式、工作区的切换下拉菜单和搜索框。其右侧的 3 个按钮，主要用来控制界面的大小。

St
传统基本功能

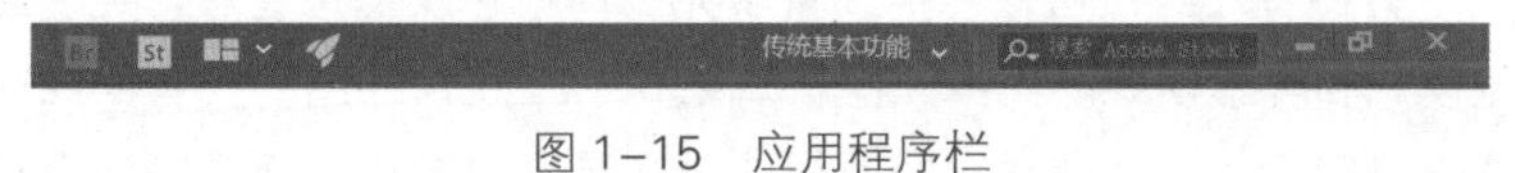

图 1–15　应用程序栏

2）菜单栏

菜单栏位于 Illustrator CC 2018 工作界面的上部，如图 1–16 所示。通过菜单栏中各命令可完成绝大多数操作以及窗口的定制，菜单栏中包括文件、编辑、对象、文字、选择、效果、视图、窗口和帮助 9 个菜单。

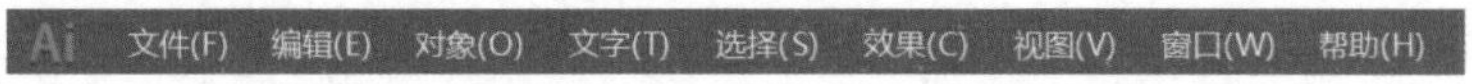

Ai
文件(F)
编辑(E)
对象(O)
文字(T)
选择(S)
效果(C)
视图(V)
窗口(W)
帮助(H)

图 1–16　菜单栏

3）工具面板

工具面板又称工具箱，位于工作区的左部，直接单击选取；某些工具右下角有白色小三角形，需要右击或者单击不放，等它展开列表窗口，向右滑动选择需要的工具即可。

Illustrator CC 2018 的工具面板中包括选择工具、绘图与上色工具、编辑工具、视图工具以及填色和描边框等，可以进行选择、绘画、取样、编辑、移动、注释和度量等操作，还可以更改前景色、背景色、使用不同的视图模式等，如图 1–17 所示。它默认处于窗口左侧，也可以根据用户习惯拖动到窗口中其他地方停放或漂浮在工作区中，单栏或双栏显示均可。

图 1–17　Illustrator CC 2018 工具箱展示

操作时，将鼠标指针悬置在工具栏中的图标上，工具的名称和快捷键将显示在指针下方。在右下角有小三角形的工具都隐藏了其他工具，长按该图标可以展开它们后面的隐藏工具，或者按住【Alt】键（Windows）或【Option】键（Mac OS）并单击工具栏中的按钮，可以在隐藏工具间进行逐一切换，直至要使用的工具出现。Illustrator CC 2018 的工具栏还有一个便利化设计，当单击某一工具展开其隐藏工具后，继续单击展开栏右侧小三角形，可以将这一组工具临时展开显示，方便频繁在该组工具中进行选择的工作。临时展开的工具栏横置或纵置通过单击其上方的双箭头符号来切换，也可以随时将其关闭。

在工具栏的下方还有几组按钮，包括设置填充的前景色及描边色彩，纯色填充、渐变填充和无填充，绘图模式和屏幕模式。其中绘图模式默认为“正常绘图”，背面绘图模式下新绘制的对象将自动位于最底层；而“内部绘图”模式是在选定对象后，新绘制内容只出现在选定对象的轮廓范围内部，相当于做了一个剪切蒙版效果。

4）工具属性栏

工具属性栏位于菜单栏的下方，用于对当前所选的工具进行各种属性设置。属性栏除了显示当前使用工具的相关选项外，还可以让用户快速访问与当前选定对象相关联的选项、命令和其他面板。默认情况下，属性栏位于菜单栏下方，但用户可以根据个性需要将其拖动到工作区任何位置，也可以自由悬浮或是将其隐藏，如图 1–18 所示。

图 1–18　工具属性栏

5）状态栏

状态栏位于文档窗口的底部，用于显示当前图像的各类参数信息以及当前所用的工具信息，如图 1–19 所示。

图 1–19　状态栏

6）浮动面板

浮动面板在大多数软件中都很常见，它能够控制各种工具的参数设定，完成颜色选择、图像编辑、图层操作、信息导航等各种操作，给用户带来极大方便。系统提供了 30 多种浮动面板供用户选择，其中常用的包括信息、动作、变换、图层、图形样式、外观、对齐、导航器、属性、描边、字符、段落、渐变、画笔、符号、色板、路径查找器、透明度、链接、颜色参考和魔棒等。默认情况下，面板以面板组的形式出现，位于操作界面的右侧，如图 1–20 所示。

浮动面板都可以通过“窗口”菜单打开或者隐藏。要显示隐藏的面板，可在“窗口”菜单中选择相应的面板名，如果面板名左边有复选标志✓，则表明该面板已打开，并在其所属的面板组中显示在最前面。

如果在“窗口”菜单中选择其左边有复选标志的面板名，将折叠该面板及其所属的面板组；如果要将浮动面板折叠为图标，可单击其标签或图标，也可以单击面板标题栏中的双箭头展开控制面板。

浮动面板的分组可以根据使用习惯来设定，左键按住一个独立面板的标题栏拖动到另一个面板或图标上，当另一个面板或图标周围出现蓝色的边框时释放鼠标，即可将面板组合在一起。反之，要脱离一个面板组，亦可拖动其离开原位置到其他面板组或自由悬浮。如果已经对各个浮动面板进行了分离或重组等操作，希望将它们恢复成默认状态，可以选择“窗口”→“工作区”→“重置”菜单命令。

7）工作区切换器

首次启动程序，会显示“基本功能”工作区，可以根据编辑需要通过单击工作区切换器切换到其他工作区、自定义工作区，以及重置工作区等操作，如图 1–21 所示。

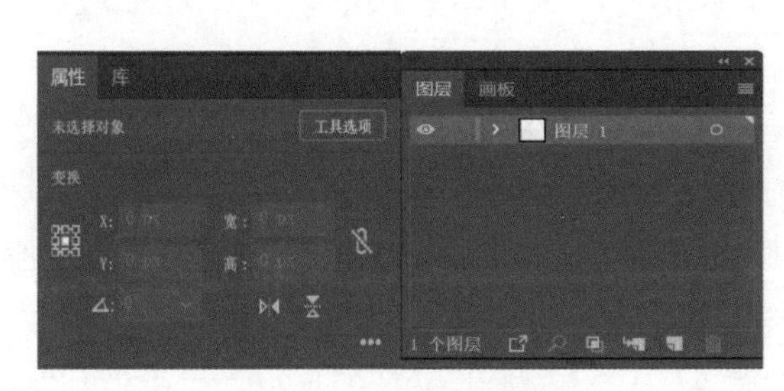

图 1–20　浮动面板范例

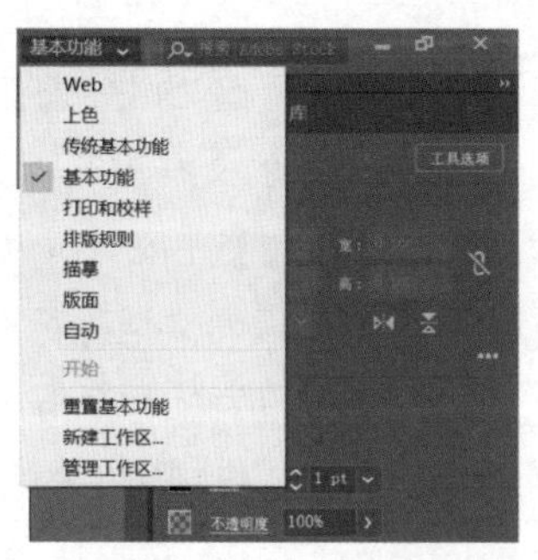

图 1–21　工作区切换器

3. 文件的操作

1）新建文件

执行菜单栏中的“文件”→“新建”命令（或者按【Ctrl+N】组合键），弹出“新建文档”对话框，如图 1–22 所示。

在对话框中首先提供了“最近使用项”“已保存”“移动设备”“Web”“打印”“胶片和视频”“图稿和插图”等默认配置文件供用户选择。例如在“Web”配置下就提供了 12 种不同尺寸的空白文档预设，几乎涵盖了最常用的网页设计标准尺寸。

如果系统默认配置文件不能满足要求，可以直接在对话框右侧自定义部分进行参数设置，包括文档名称、宽和高尺度、方向、画板数量、出血设置及颜色模式等。针对不同用途的文件，其设置上会有不同，例如用于 Web 网页设计的度量单位是 px（像素），而用于印刷的度量单位是 mm （毫米）; 又如颜色模式，如果是用于移动设备、网页设计等就选择 RGB，而用于印刷的平面设计就要选择 CMYK。设置完相关参数后，单击“创建”按钮即可生成新的文档。

2）图片的置入

执行菜单栏中的“文件”→“置入”命令，弹出“置入”对话框，如图 1–23 所示，进行特定图片的置入。

图 1–22 “新建文件”对话框

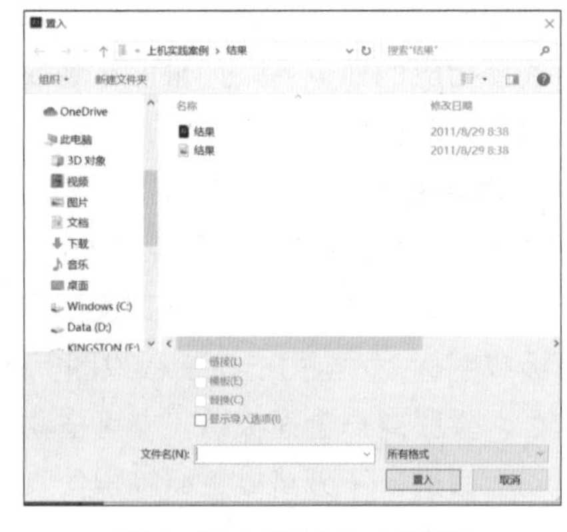

图 1–23 “置入”对话框

3）文件的存储

当完成一件作品或者处理完一幅打开的图像时，将完成的图像进行存储就需要执行菜单栏中的“文件”→“存储”或“存储为”命令，前者的快捷键为【Ctrl+S】（Windows）或【Cmd+S】（Mac OS），后者的快捷键为【Ctrl+Shift+S】（Windows）或【Cmd+Shift+S】（Mac OS）。对于新建的文档进行保存，“存储”和“存储为”命令的性质是一样的，都将打开“存储为”对话框，如图 1–24 所示，在该对话框中可以对文件名、保存类型及使用画板进行设定。

当对一个新建的文档进行过存储后，或打开一个图像进行编辑后，再次应用“存储”命令时，就不会打开“存储为”对话框，而是直接将原文档覆盖。如果不想覆盖原有文档，就必须使用“存储为”命令，将编辑后的图像重命名后进行存储。

Illustrator CC 2018 默认的文档保存类型有 AI、PDF、EPS、AIT（Illustrator Template）、

SVG、SVGZ（SVG 压缩）等几种。如果要保存为其他格式就要选择“文件”→“导出”→“导出为”命令，这样可以保存为 DWG、DXF（AutoCAD 交换）、BMP、CSS、SWF（Flash）、JPG、PSD（Photoshop）、PNG、SVG、TIF 等常见图像文件格式。

在“导出”命令中还有一个子命令“导出为多种屏幕所用格式”，用于将制作好的图像以画板或资源为标准进行输出，其快捷键为【Ctrl+Alt+E】（Windows）或【Cmd+Opt+E】（Mac OS）。以导出图标为例，在该对话框中首先选择要输出的画板（如果文档中有多个画板），选择输出路径（文件的存放位置），格式可以直接选择“iOS”或“Android”选项，也可以单击“添加缩放”按钮手动添加，PGN、SVG、PDF 等格式都可以选择，设置完成后，单击“导出画板”按钮即可。

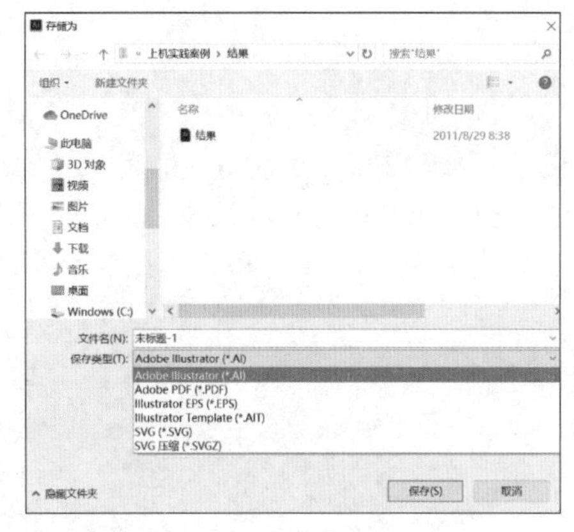

图 1–24　文件存储对话框

4）关闭文件

如果想关闭某个文档，可以使用以下两种方法来操作。

方法 1：选择“文件”→“关闭”命令，即可将该文档关闭。

方法 2：直接单击文档右上角的“关闭”按钮，即可将该文档关闭。

5）关闭程序

如果想退出程序，可以使用下面两种方法来操作。

方法 1：选择“文件”→“退出”命令，即可退出该程序。

方法 2：直接单击标题栏右侧的“关闭”按钮，即可退出该程序。

小　结

本单元通过对 Illustrator CC 2018 基础内容的讲解，让学习者对 Illustrator CC 2018 的工作界面、功能按钮的使用、文件的操作等有个基本的了解，能提高学习者对 Illustrator CC 2018 软件的感性认识，为以后的学习打下坚实的基础。

练　习

1. 描述两种更改文档视图的方法。
2. 在 Illustrator CC 2018 中如何选择工具？
3. 如何保存面板位置和可视状态？
4. 简述在 Illustrator CC 2018 的画板之间导航的几种方法。
5. 描述排列文档窗口的作用。

单元二 基本图形的绘制与编辑

本单元首先介绍路径和锚点的概念，继而介绍如何利用钢笔工具绘制路径、基本图形的绘制（包括直线、弧线、螺旋线等）、还介绍了几何图形的绘制（包括矩形、椭圆和多边形等）、介绍了自由绘图工具（包括铅笔、平滑、橡皮擦等工具）的使用技巧。课程不仅讲解了基本的绘图方法，而且详细讲解了各工具的参数设置，这对于精确绘图有很大的帮助。通过本单元的学习，学习者能够进一步掌握各种绘图工具的使用技巧，并利用简单的工具绘制出精美的图形，完成对图形的变形与变换。

学习目标

- 了解路径和锚点的含义
- 掌握钢笔工具的使用技巧
- 掌握简单线条形状的绘制
- 掌握简单几何图形的绘制
- 掌握自由绘图工具的使用
- 掌握图形的变形与变换技巧

任务一 利用钢笔工具绘制电信 LOGO 九宫格效果

任务描述

Illustrator CC 2018 相比较其他图形图像处理软件最大的优势就是，它能够把非常简单的、常用的几何图形组合起来并做色彩处理，生成各种复杂、生动的造型。下面从最常用的钢笔工具、直线工具、形状工具等入手，创建基本图形。如图 2–1 所示，用钢笔工具绘制电信 LOGO。

任务实施

步骤 1 启动软件后，选择菜单栏“文件”→“新建”命令（或者按【Ctrl+N】组合键），新建 A4（210 mm × 297 mm）、横向、CMYK 模式的文件。

步骤 2 选择菜单栏“文件”→“存储为”（或者按【Ctrl+Shift+S】组合键），在弹出的对话框中以名称“电信 LOGO.AI”保存文件。

步骤 3 置入电信标志 .jpg，在“透明度”面板中调节透明度，效果如图 2–2 所示。

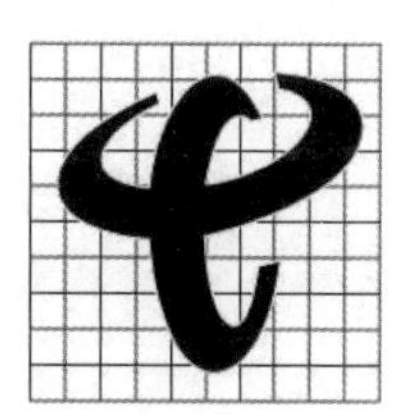

图 2–1 钢笔工具绘制电信 LOGO

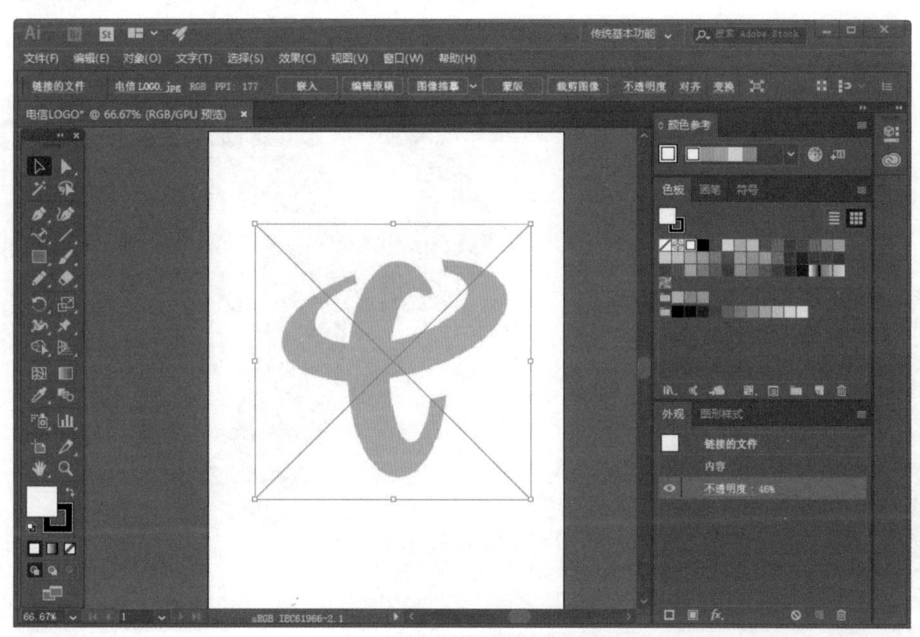

图 2–2 置入电信标志

步骤 4 锁定图形，按【Ctrl+2】组合键，打开“钢笔工具”，按图示进行标志描绘，注意锚点位置的选择，同时注意绘制角点的切换，所得路径效果如图 2–3 所示。

步骤 5 绘制完成后，展开钢笔工具组，选择“转换点工具”，进行图形的修整，最终效果如图 2-4 所示，隐藏电信标志得到图 2-5 所示效果。

图 2-3 用钢笔工具勾画电信标志　　图 2-4 修整后的路径　　图 2-5 最终的路径效果

步骤 6 将电信标志解锁，调节透明度为 100，用“吸管工具”吸取电信标志标准色，在色板中新建电信蓝颜色，如图 2-6 所示，并填充到绘制好的路径中，得到图 2-7 所示效果。

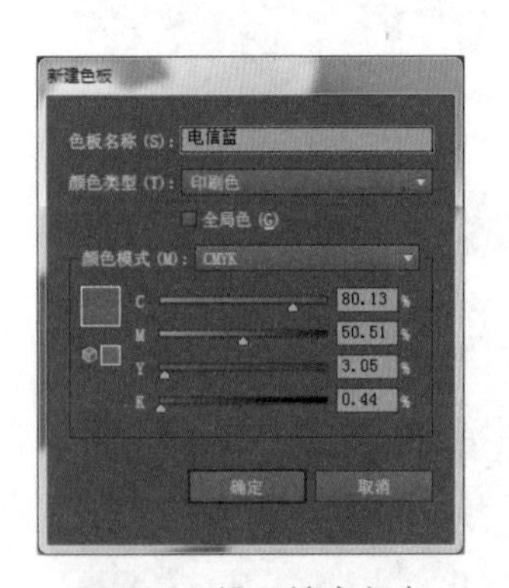

图 2-6 设置填充颜色

图 2-7 填充颜色后效果

步骤 7 使用线形工具组—网格工具，绘制网格，设置水平分隔线和垂直分隔线数量分别为 9，如图 2-8 所示，绘制电信标志九宫格制作稿，最终效果如图 2-9 所示。

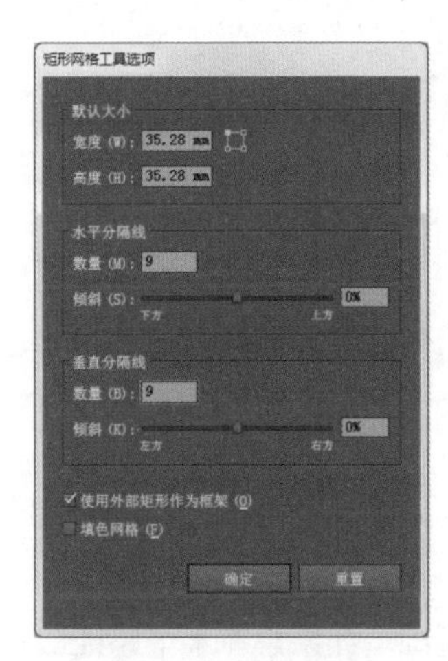

图 2-8　设置网格

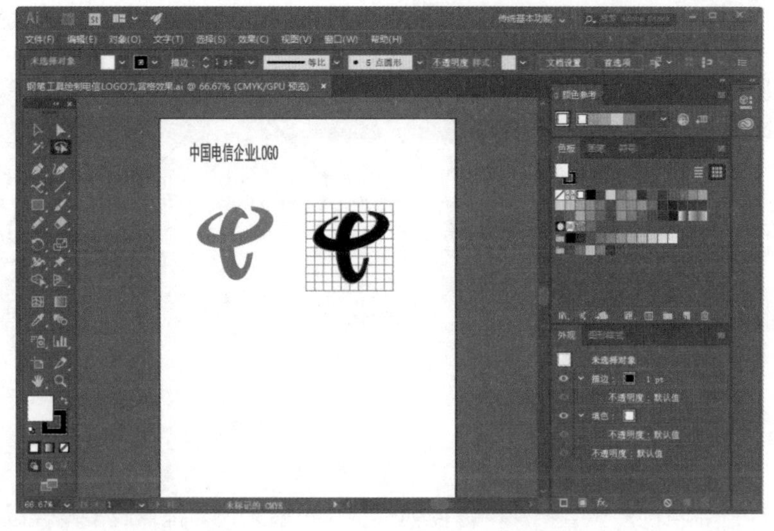

图 2-9　制作电信标志九宫格效果

相关知识

与 Photoshop 一样，在利用 Illustrator CC 2018 绘制矢量图形之前，首先要理解路径和锚点的概念，任何一种矢量绘图软件的绘图基础都是建立在对路径和锚点的操作之上的。

一、关于路径和锚点

1. 认识路径

在 Illustrator CC 2018 中，使用“绘图工具”制作所有对象，无论是单一的直线、曲线对象或者是矩形、多边形等几何形状，甚至使用文本工具录入的文本对象，都可以称为路径，这是矢量绘图中一个相当特殊但又非常重要的概念。

路径是由一条或多条线条、曲线组成，分为开放路径、闭合路径和复合路径，如图 2-10 所示。

图 2-10　三种路径示例

2. 认识锚点

锚点又称节点，是控制路径外观的重要组成部分，通过移动锚点，可以修改路径的形状，使用“直接选择工具”选择路径时，将显示该路径的所有锚点（空心小白点）。锚点分为角点和平滑点两类，如图 2-11 所示。

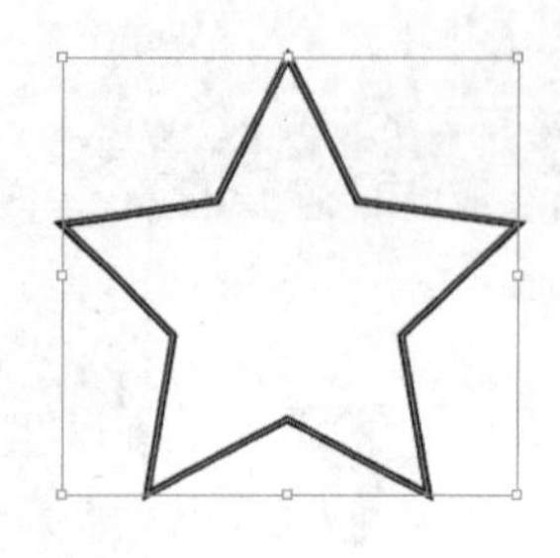

外顶角为角点　　外顶角为平滑点

图 2–11　角点与平滑点

3. 锚点的相关操作

1）添加锚点工具

锚点的多少直接影响路径的形状，一般来说，锚点越多路径越精细。如果想在某个路径上添加更多的锚点，可以使用“添加锚点工具”完成锚点的添加。

2）删除锚点工具

如果想在某个路径上删除多余的锚点，可以使用“删除锚点工具”完成锚点的删除。

3）转换锚点工具

锚点分为角点和平滑点。在角点处，路径突然改变方向；而在平滑点处，路径是连续曲线。这两种锚点在绘图过程中可以任意组合来绘制路径。如果要改变锚点类型，可以选中后单击工具箱中的“转换锚点工具”。图 2–12 所示为钢笔工具组。

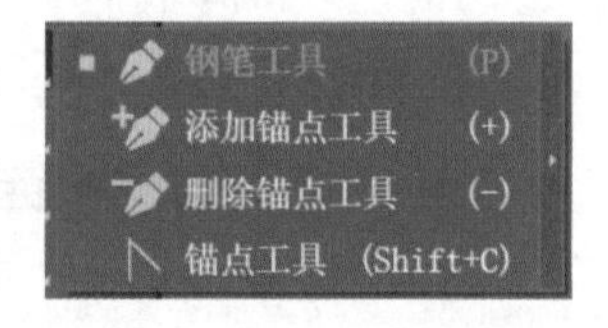

图 2–12　钢笔工具组

二、钢笔工具及曲率工具的使用

1. 利用“钢笔工具”绘制直线

利用钢笔工具绘制直线相当简单，首先从工具箱中选择“钢笔工具”，把光标移动到绘图区，在任意位置单击一点作为起点，然后移动光标到适当位置单击确定末点，两点间就出现了一条直线段，如图 2–13（a）所示。

2. 利用“钢笔工具”绘制曲线

选择“钢笔工具”，在绘图区单击确定起点，然后移动光标到合适的位置，按住鼠标向所需的方向拖动绘制末点，即可得到一条曲线，如图 2–13（b）所示。

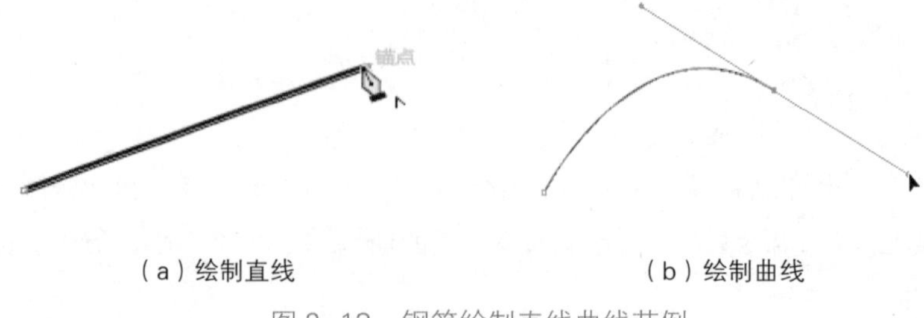

（a）绘制直线　　（b）绘制曲线

图 2–13　钢笔绘制直线曲线范例

3. 利用“钢笔工具”绘制封闭图形

首先在绘图区单击绘制起点；然后在适当的位置单击拖动，绘制出第 2 个曲线点，即心形的左肩部；然后再次单击绘制心形的第 3 点；在心形的右肩部单击拖动，绘制第 4 点；将光标移动到起点上，当放置正确时在指针的旁边出现一个小圆环，单击封闭该路径，如图 2–14 所示。

图 2–14 钢笔绘制封闭图形

用钢笔工具绘制图形时，将鼠标光标移动到已有路径上，其右下角会出现一个“+”，单击即新增一个锚点；而移动到已有锚点位置时，其右下角会出现一个“–”，单击即删除原有锚点。

此外，钢笔工具还可以继续此前已经完成的路径线段的绘制。首先选中“钢笔工具”，然后将光标移动到要重绘的路径锚点处，当鼠标指针由带星号的钢笔变为反斜杠时单击，此时可以看到该路径变成选中状态，然后就可以继续绘制路径了。如果对原有路径进行过填充，填充效果也会随新路径的变化而改变。同理，对于两条独立的开放路径，使用钢笔工具可以将它们连接成一条路径，连接时系统会根据两个锚点最近的距离生成一条连接线。

4. “曲率工具”的用法

曲率工具的基本功能与钢笔工具类似，但是其可以创建、切换、编辑、添加或删除平滑点或角点而无须在不同的工具之间来回切换，如图 2–15 所示。

图 2–15 曲率工具的使用

三、简单绘图工具的使用

1. 直线段工具

在工具箱中选择“直线段工具”（图 2–16），然后在绘图区的适当位置按住鼠标确定直线的起点，然后在按住鼠标不放的情况下向所需要的位置拖动，当到达满意的位置时释放鼠标即可绘制一条直线段。也可以利用“直线段工具选项”对话框精确绘制直线。首先选择“直线段工具”，在绘图区内单击，弹出“直线段工具选项”对话框，在“长度”文本框中输入直线的长度值，在“角度”文本框中输入所绘直线的角度值，如果勾选“线段填色”复选框，绘制的直线段将具有内部填充的属性，如图 2–17 所示。

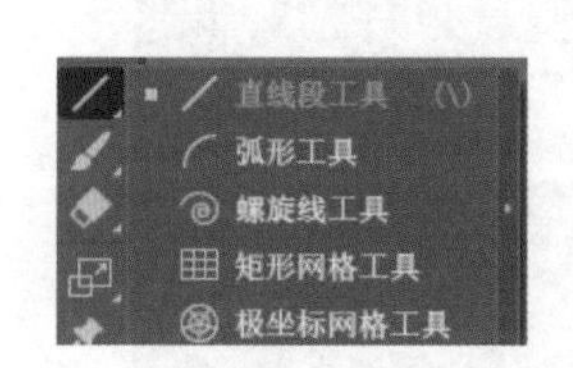

图 2–16 简单绘图工具组

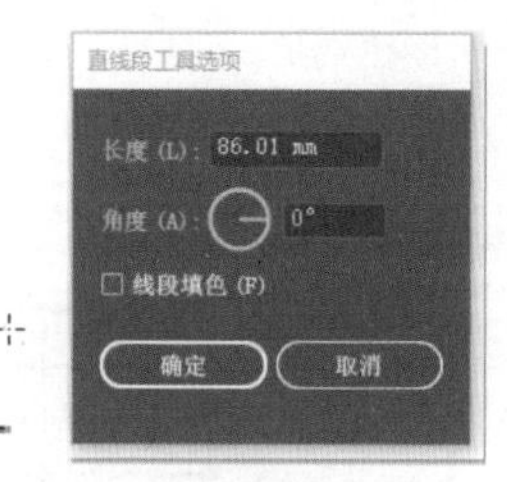

图 2–17 直线段工具使用方法

2. 弧形工具

弧形工具的用法与直线段工具的用法相同，利用弧形工具可以绘制任意的弧形和弧线，如图 2–18 所示。

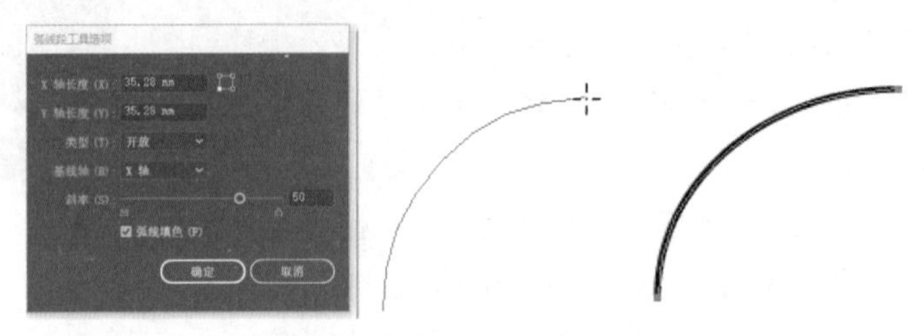

图 2–18　弧形工具使用方法

3. 螺旋线工具

螺旋线工具可以根据设定的条件数值绘制螺旋状的图形。首先在工具箱中选择“螺旋线工具”，然后在绘图区的适当位置按住鼠标确定螺旋线的中心点，然后在按住鼠标不放的情况下向外拖动，当到达满意的位置时释放鼠标即可绘制一条螺旋线，如图 2–19 所示。

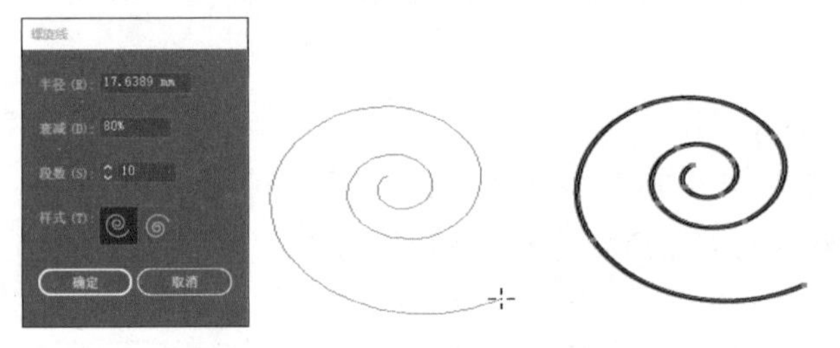

图 2–19　螺旋线工具使用方法

4. 矩形网格工具

矩形网格工具可以根据设定的条件数值绘制矩形网格图形。首先在工具箱中选择“矩形网格工具”，然后在绘图区的适当位置按住鼠标确定矩形网格的起点，然后在按住鼠标不放的情况下向需要的位置拖动，当到达满意的位置时释放鼠标即可绘制一个矩形网格，如图 2–20 所示。

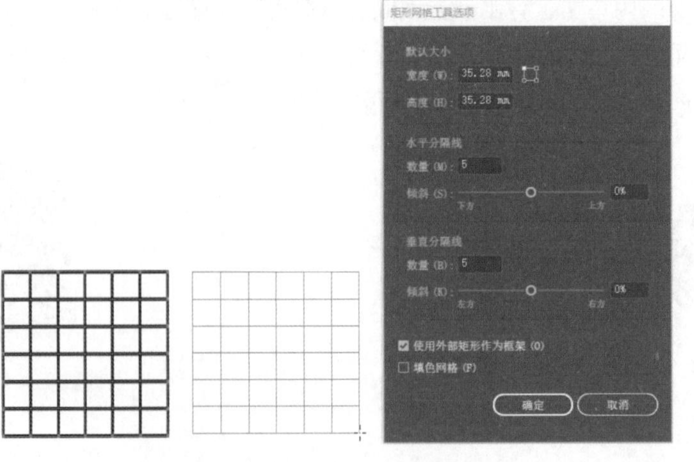

图 2–20　矩形网格工具使用方法

5. 极坐标网格工具

在工具箱中选择“极坐标网格工具”，然后在绘图区的适当位置按住鼠标确定极坐标网格的起点，然后在按住鼠标不放的情况下向需要的位置拖动，当到达满意的位置时释放鼠标即可绘制一个极坐标网格；也可以通过设定值进行精确绘制，如图 2–21 所示。

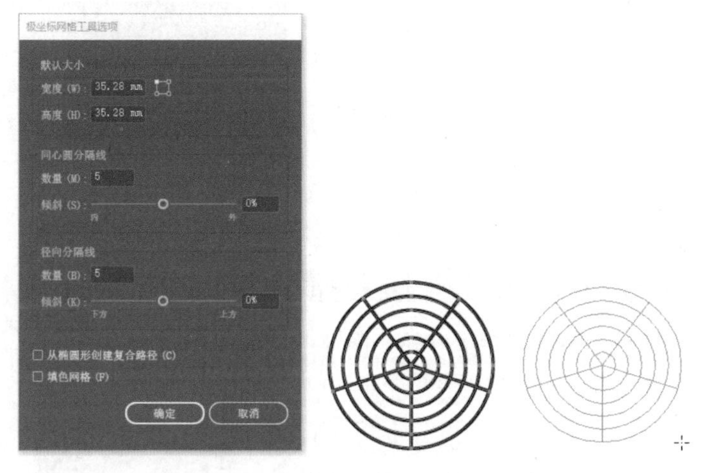

图 2–21　极坐标网格工具使用方法

四、几何图形工具的使用

1. 矩形工具

在工具箱中选择“矩形工具”，此时光标将变成十字型，然后在绘图区中适当位置按住鼠标确定矩形的起点，然后在按住鼠标不放的情况下向需要的位置拖动，当到达满意的位置时释放鼠标即可绘制一个矩形。高度与宽度数值一致，绘制的就是正方形，如图 2–22 所示。

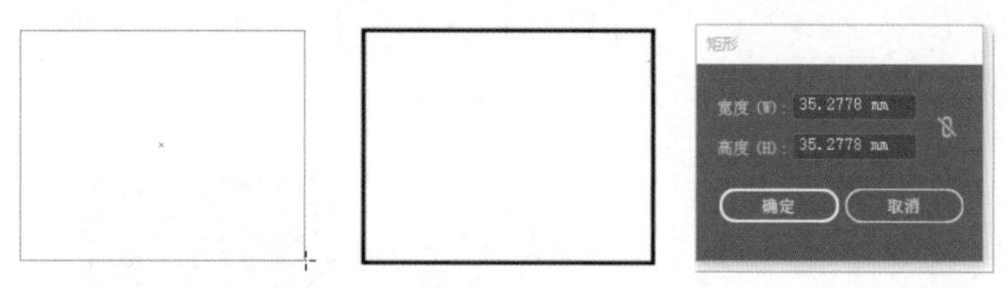

图 2–22　矩形工具使用方法

2. 圆角矩形工具

圆角矩形工具的使用方法与矩形工具相同，直接拖动鼠标可绘制具有一定圆角度的矩形或正方形，如图 2–23 所示。

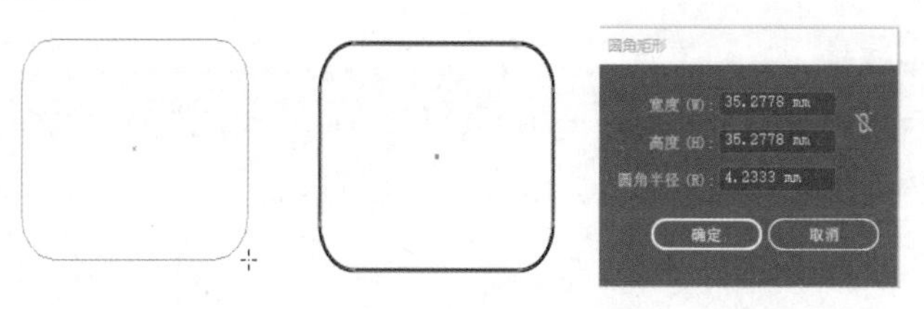

图 2–23　圆角矩形工具使用方法

3. 椭圆工具

椭圆工具的使用方法与矩形工具相同，直接拖动鼠标可绘制一个椭圆或圆。高度与宽度数值一致，绘制的就是圆，如图 2–24 所示。

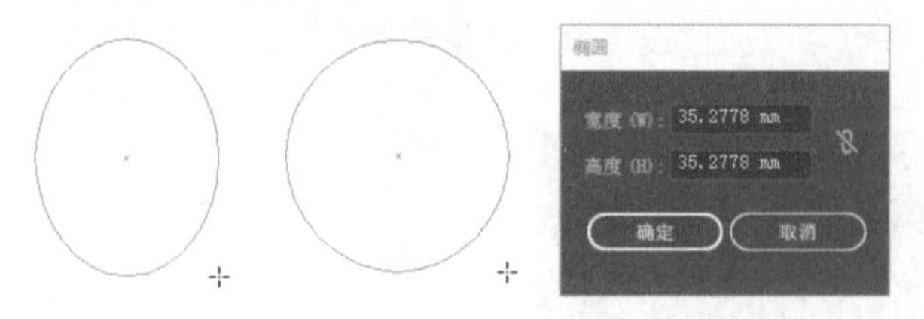

图 2–24　椭圆工具使用方法

4. 多边形工具

在工具箱中选择“多边形工具”，然后在绘图区适当位置按住鼠标并向外拖动，即可绘制一个多边形，其中鼠标落点是图形的中心点，鼠标的释放位置为多边形的一个角点，拖动的同时可以转动多边形角点位置，如图 2–25 所示。

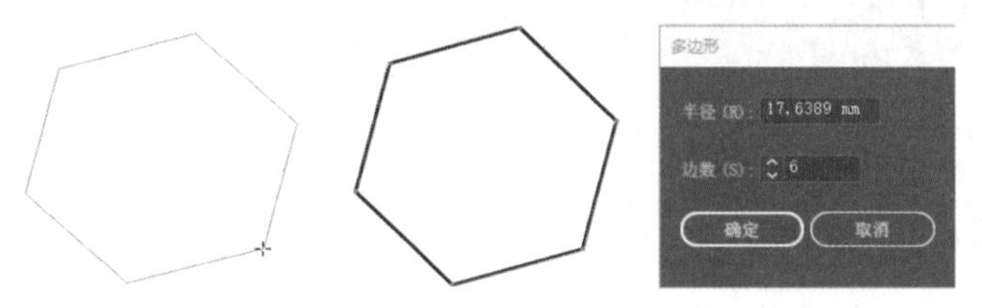

图 2–25　多边形工具使用方法

5. 星形工具

利用星形工具可以绘制各种星形效果，使用方法与多边形工具相同，直接拖动即可绘制一个星形。在绘制星形时，如果按住【 ~ 】键、【 Alt + ~ 】组合键或【 Shift + ~ 】组合键，可以绘制出不同的多个星形效果，如图 2–26 所示。

图 2–26　星形工具使用方法

6. 光晕工具

首先在工具箱中选择“光晕工具”，然后在绘图区的适当位置按住鼠标拖动绘制出光晕效果，达到满意效果后释放鼠标，然后在合适的位置单击，确定光晕的方向，这样就可绘制出光晕效果，参数设置及具体效果如图 2–27 和图 2–28 所示。

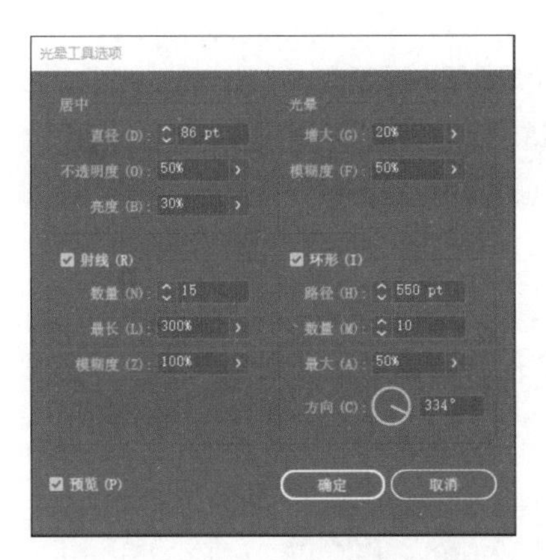

图 2-27　光晕工具参数设置

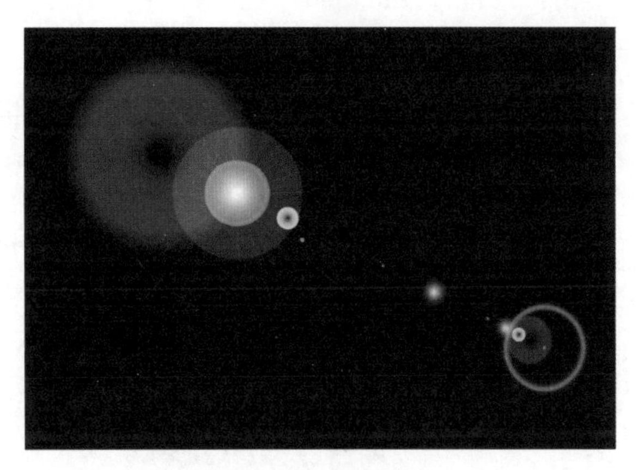

图 2-28　光晕效果

五、自由绘图工具的使用

1. Shaper 工具

使用 Shaper 工具能够将自然手势转换为完美的矢量图形；也可以对图形进行合并、删除、调整等多种操作。

（1）使用自然手势创建几何图形，具体效果如图 2-29 所示。

（2）快速图形编辑。

在绘制好的形状或图形上涂抹可以删除该形状或图形，具体效果如图 2-30 所示。

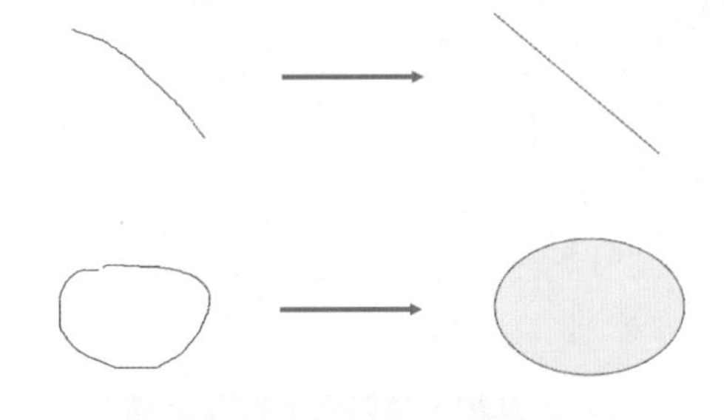

图 2-29　Shaper 工具使用方法 1

图 2-30　Shaper 工具使用方法 2

在一个形状区域内部（包括重叠区域）涂抹，可以删除该区域，具体效果如图 2-31 所示。

从区域外空白区向区域内涂抹，将删除该形状未与其底层对象重叠的区域，具体效果如图 2-32 所示。

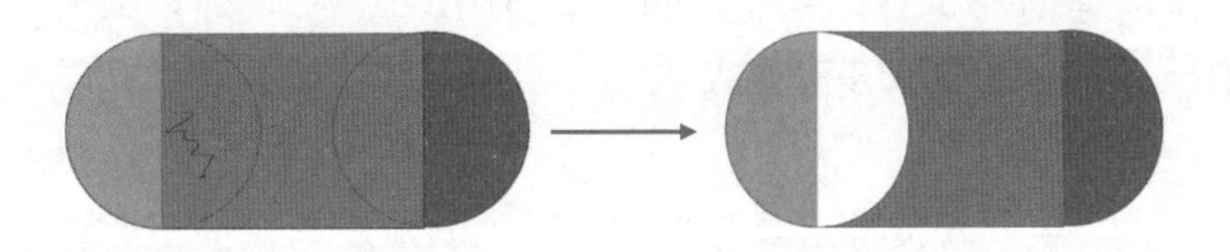

图 2-31　Shaper 工具使用方法 3

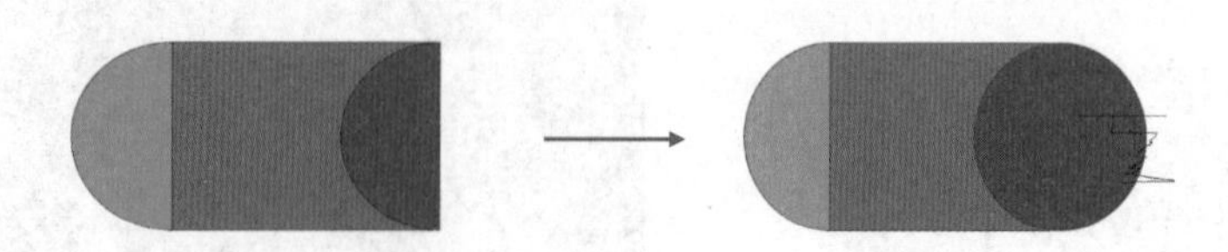

图 2-32　Shaper 工具使用方法 4

从重叠区域向非重叠区域涂抹，形状将被合并，而合并后区域颜色即为涂抹起点的颜色，具体效果如图 2-33 所示。

图 2-33　Shaper 工具使用方法 5

2. 铅笔工具

使用铅笔工具能够绘制自由宽度和形状的曲线，能够创建开放路径和封闭路径。就如同在纸上用铅笔绘图一样，绘图效果如图 2-34 所示。

3. 平滑工具

平滑工具可以将锐利的曲线路径变得更平滑。平滑工具主要是在原有路径的基础上，根据用户拖动出的新路径自动平滑原有路径，而且可以多次拖动以平滑路径，铅笔工具组如图 2-35 所示，绘图效果如图 2-36 所示。

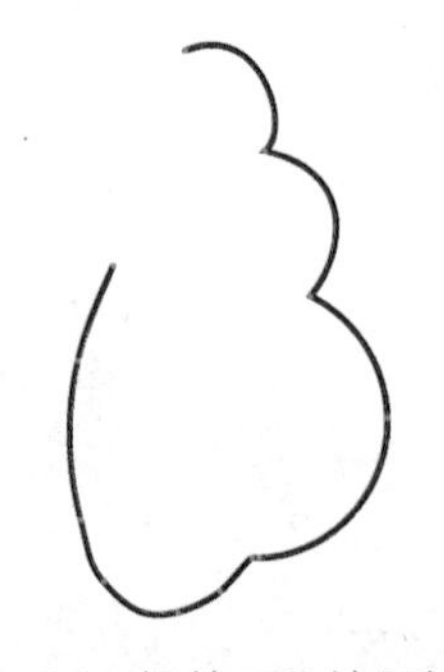

图 2-34　铅笔工具绘图效果

图 2-35　铅笔工具组

4. 路径橡皮擦工具

选择工具箱中的“路径橡皮擦工具”，如图 2-37 所示，可以擦去画笔路径的全部或其中一部分，也可以将一条路径分割为多条路径。

5. 橡皮擦工具

Illustrator CC 2018 中的橡皮擦工具与现实生活中的橡皮擦在使用上基本相同，主要用来擦除图形，但橡皮擦只能擦除矢量图形，对于导入的位图是不能使用橡皮擦进行擦除处理的。

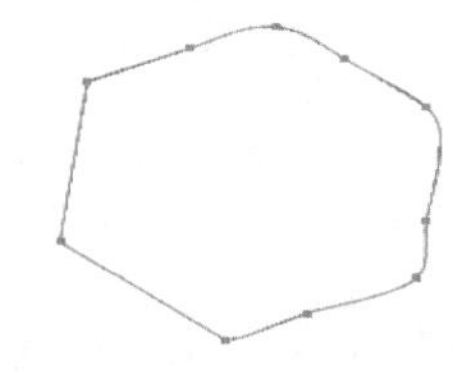

图 2-36　平滑工具绘图效果

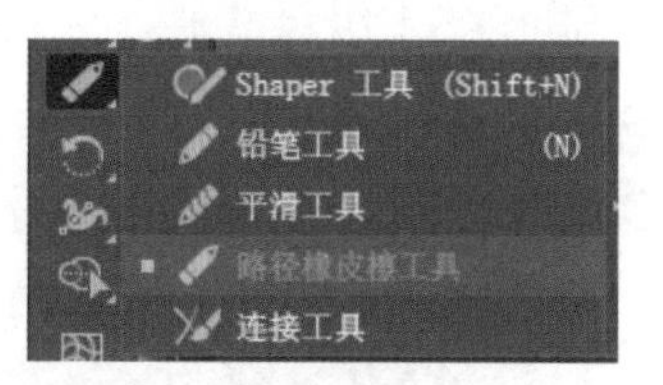

图 2-37　路径橡皮擦工具

6. 剪刀工具

剪刀工具主要用来将选中的路径分割开来，可以将一条路径分割为两条或多条路径，也可以将封闭的路径剪成开放的路径，具体效果如图 2-38 所示。

7. 美工刀工具

美工刀工具与剪刀工具都是用来分割路径的，但美工刀工具可以将一个封闭的路径分割为两个独立的封闭路径，而且美工刀工具只应用在封闭的路径中，对于开放的路径则不起作用，具体效果如图 2-39 所示。

图 2-38　剪刀工具的使用方法

图 2-39　美工刀工具的使用方法

注：本小节部分内容在第三单元有详细叙述。

任务二　标准图形绘制工具按钮

任务描述

Illustrator CC 2018 相比较其他图形图像处理软件最大的优势就是，它能够把非常简单的、常用的几何图形组合起来并做色彩处理，生成各种复杂、生动的造型。图 2-40 所示为从最常用的钢笔工具、直线工具、形状工具等入手，创建基本图形。

图 2-40　标准图形绘制工具按钮效果

任务实施

步骤 1 启动 Illustrator CC 2018 软件后，选择“文件”→“新建”命令（或者按【Ctrl+N】组合键），新建 A4（210 mm × 297 mm）、横向、CMYK 模式的文件。

步骤 2 选择“文件”→“存储为”命令（或者按

【Ctrl+Shift+S】组合键），在弹出的对话框中以名称“图形按钮 .AI”保存文件。

步骤 3 选择工具箱中的“椭圆工具”，按住【Shift】键绘制圆，并按【Alt】键拖动复制两个，排列效果如图 2-41 所示。

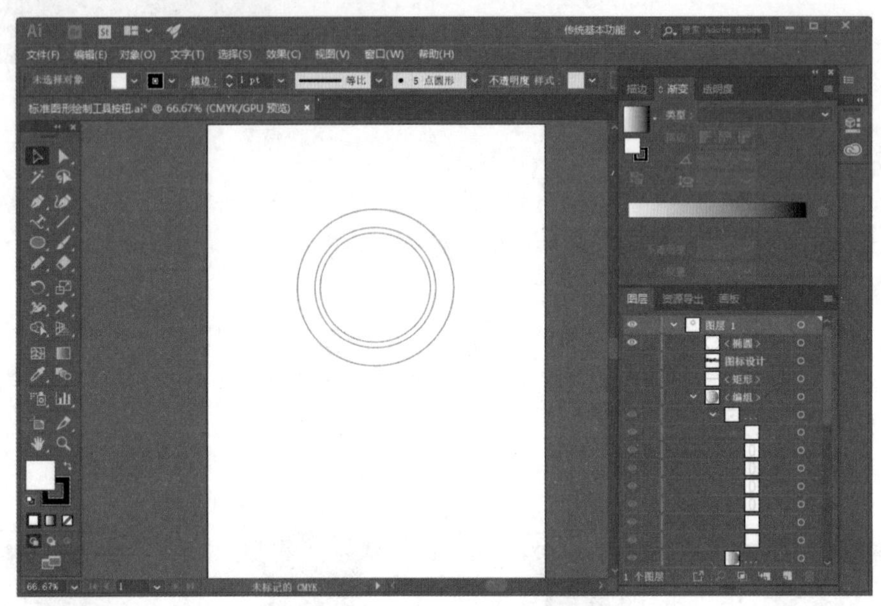

图 2-41　绘制圆形

步骤 4 更改文档颜色模式为 RGB 颜色，分别运用渐变填充调节渐变颜色，具体参数如图 2-42 所示，生成的效果如图 2-43 所示。

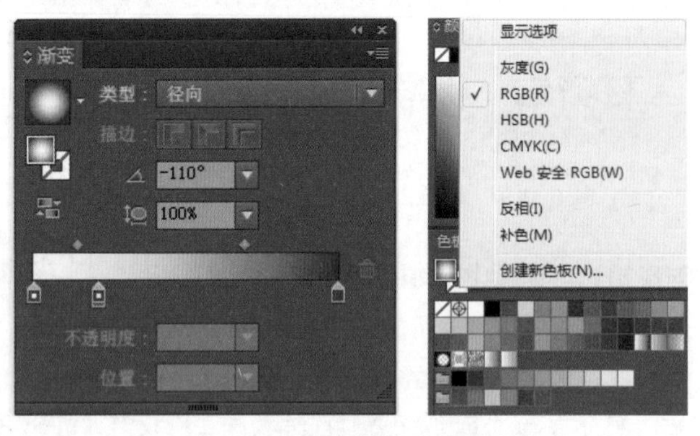

图 2-42　更改颜色模式及设置渐变色

图 2-43　运用渐变色后的图形效果

步骤5 选择“多边形工具”，设置边数为3，绘制三角形，然后绘制矩形，效果如图2–44所示，并组成编组。

图2–44 图标编组

步骤6 下面制作灰色的按钮，首先绘制椭圆，填充为灰色，选择“效果”→“模糊”→“高斯模糊”命令，具体效果如图2–45所示。

步骤7 使用同样的方式，制作按键图标2，效果如图2–46所示。

步骤8 选择“圆角矩形工具”，设置矩形圆角，绘制如图2–47所示的图形。

图2–45 运用高斯模糊后效果

图2–46 制作另一个图标

图2–47 制作圆角矩形图标

步骤9 绘制日期按钮3，效果如图2–48所示。

步骤10 最终所得图形按钮如图2–49所示，保存为“图标按钮.ai”。

图2–48 绘制日期图标

图2–49 最终图标效果

相关知识

图形的变形与变换

在制作图形画面的过程中，经常需要对图形对象进行变换以达到最好的效果，针对这样的情况，Illustrator CC 2018除了通过路径编辑，还提供了相当丰富而方便的图形变换工具。一种方法是可以使用菜单命令进行变换；另一种方法是使用工具箱中现有的工具对图形对象进行直观的变换。两种方法各有优点：使用菜单命令进行变换可以精确设定变换参数，多用于图形尺寸、位置精确度要求高的场合；用变换工具进行变换操作步骤简单，变换效果直观，操作的随意性强，在一般图形创作中很实用。

1. 移动对象

在文档中选择要移动的图形对象，除了用选择工具直接拖动外，还可以选择“对象”→“变换”→“移动”命令（见图 2–50），打开图 2–51 所示的“移动”对话框，利用设置相关选项值即可移动对象。移动的参数可以依据平面位置、距离和角度来决定。同时可以单击“复制”按钮在目标位置建立副本。

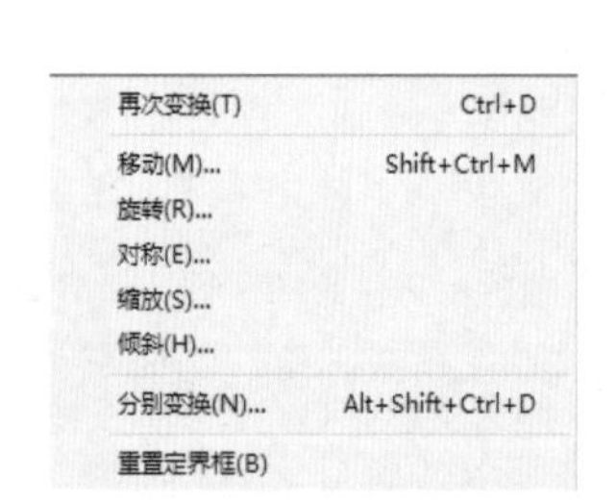

图 2–50 图形变换菜单

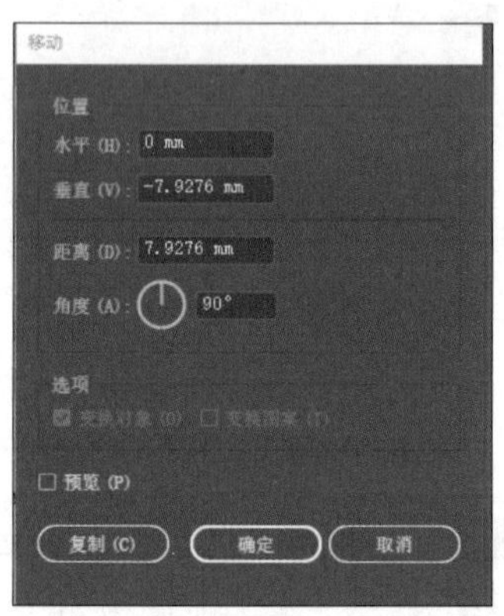

图 2–51 “移动”对话框

2. 旋转对象

选择“对象”→“变换”→“旋转”命令，打开“旋转”对话框，利用相关选项即可旋转对象。

利用“旋转”对话框，可以在其中设置旋转的相关参数，如图 2–52 所示。其中“角度”指定图形对象旋转角度，取值范围为 –360° ~ 360°，输入正值将按逆时针方向旋转，输入负值则按顺时针方向旋转；在“选项”区域选中“变换对象”复选框表示旋转图形对象，选中“变换图案”复选框，表示旋转图形中的填充图案；单击“复制”按钮，将按所选参数复制出一个旋转图形对象。

“旋转工具”主要用来旋转图形对象，它与前面讲过的利用定界框旋转图形相似，但利用定界框旋转图形是按照所选图形的中心点来旋转的，中心点是固定的。而旋转工具不但可以沿所选图形的中心点来旋转图形，还可以自行设置所选图形的旋转中心，使旋转更具有灵活性。

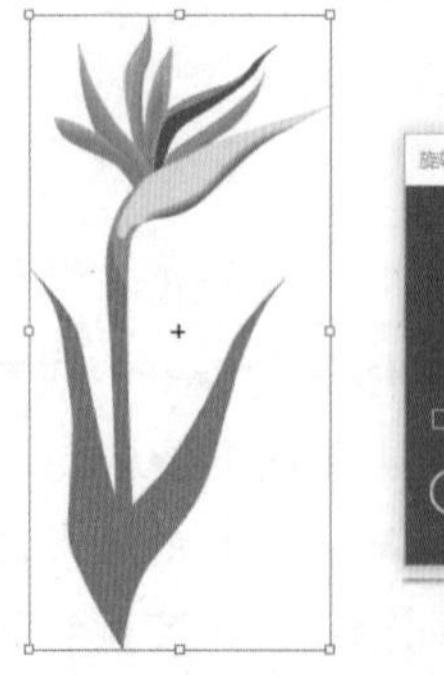
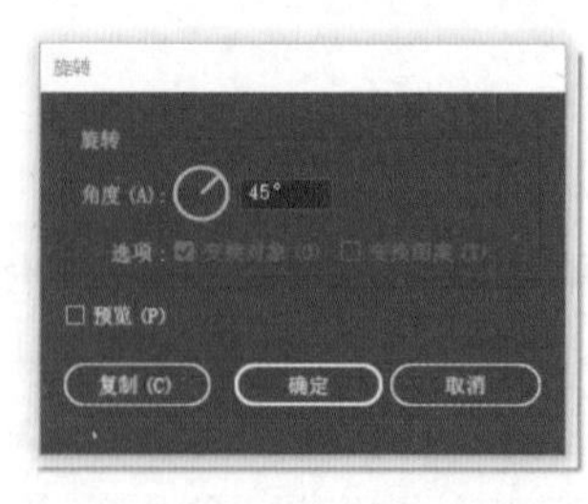

图 2–52 旋转对象使用方法

3. 镜像对象

镜像又称反射，在制图中比较常用。一般用来制作对称图形和倒影，对于对称图形的倒影来说，重复绘制不但带来巨大的工作量，而且各图像效果也不能完全相同，这时可应用“镜像工具”或镜像命令完成图像的镜像翻转效果和对称效果。

利用镜像命令可以选择“对象”→“变换”→“对称”命令，打开图 2–53 所示的“镜像”对话框，在“轴”选项组中，有“水平”和“垂直”两个单选按钮，决定镜像的方向；选中“角度”单选按钮表示图形以垂直轴线为基础进行镜像，取值范围为 –360° ~ 360°，指定镜像参考轴与水平线的夹角，以参考轴为基础进行镜像。

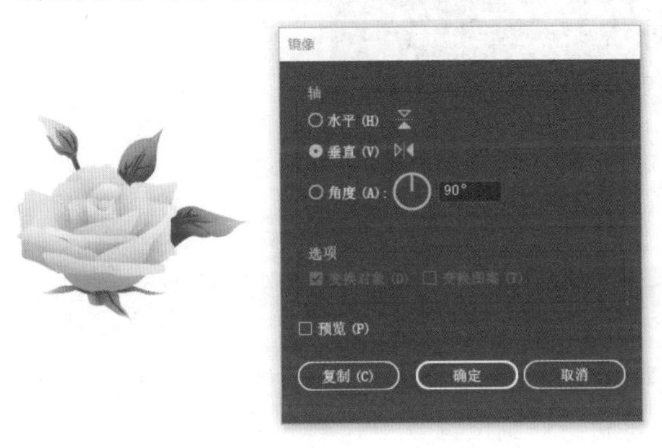

图 2–53　镜像对象使用方法

利用镜像工具反射图形也可以分为两种情况：一种是与使用“对称”命令一样沿所选图形的中心点镜像图形，只需要双击工具箱中的镜像工具；另一种是自行设置镜像中心点反射图形，操作方法与旋转工具的操作方法相同。

4. 缩放对象

“比例缩放工具”和“缩放”命令主要对选择的图形对象进行放大或缩小操作，可以缩放整个图形对象，也可以缩放对象的填充图案。

缩放对象指的是相对于指定的参考点沿水平方向和垂直方向扩大或缩小它，可以缩放整个图形对象，也可以缩放对象的填充图案。如果没有指定参考点，对象将相对于其中心点进行缩放。选择“对象”→“变换”→“缩放”命令，打开“比例缩放”对话框，如图 2–54 所示。其中“等比”与“不等比”选项都是以输入数值的方式决定缩放大小，大于 100% 时放大，小于 100% 时缩小，区别在于是否约束图形宽高比例进行缩放；“选项”中的复选框默认都是选中的，如果没有选中“比例缩放描边和效果”复选框，则缩放后的描边粗细及效果将不随整体图形的缩放而改变。

选择工具栏中的比例缩放工具，与进行旋转或镜像的操作方法类似，可以根据需要对图形进行自由变换，包括在操作的同时复制图形对象。

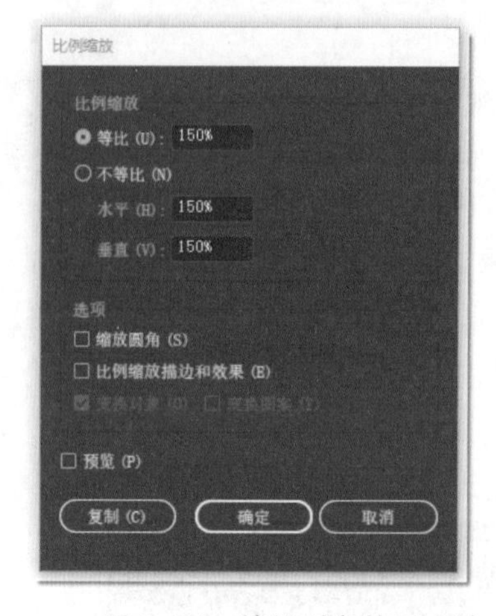

图 2–54　缩放对象使用方法

5. 倾斜对象

使用“倾斜”命令或“倾斜工具”可以使图形对象倾斜，如制作平行四边形、菱形、包装盒等效果。在制作立体效果中占有很重要的位置。

使用倾斜菜单命令可以选择“对象”→“变换”→“倾斜”命令，打开图 2–55 所示的“倾斜”对话框，在其中可以对倾斜参数进行详细设置。

其中，“倾斜角度”用于设置图形对象与倾斜参考轴之间的夹角大小，取值范围为 –360° ~ 360°，其参考轴可以在“轴”选项组中指定。“轴”选项组用来选择倾斜的参考轴：选中“水平”单选按钮，表示参考轴为水平方向；选中“垂直”单选按钮，表示参考轴为垂直方向；选中“角度”单选按钮，可以在右侧的文本框中输入角度值，以设置不同角度的参考轴效果。

使用“倾斜工具”也可以分为两种情况进行图形倾斜，操作方法与前面讲解过的“旋转工具”的操作方法相同，这里不再赘述。

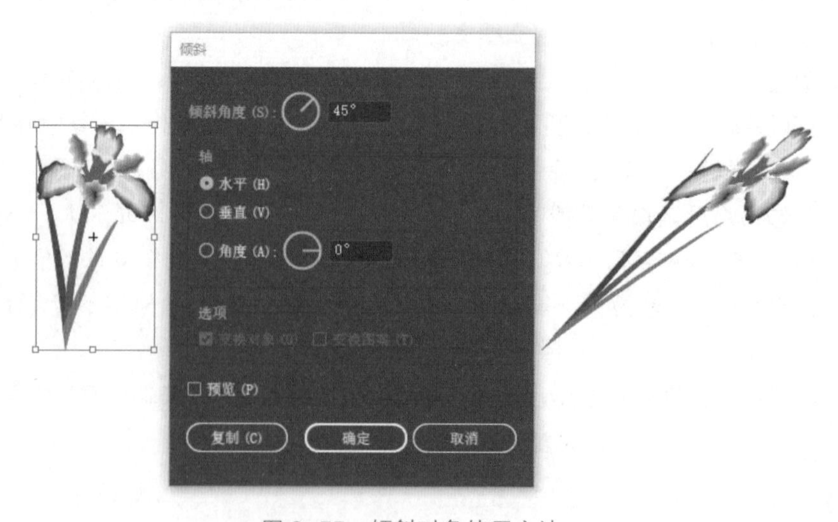

图 2–55　倾斜对象使用方法

6. 整形工具

“整形工具”可以为闭合路径添加锚点，为开放路径添加锚点并可移动添加弧线段，移动开放路径头尾端点。如图 2-56 所示，利用“整形工具”选择路径上的锚点，拖动来改变路径的形状。这种调整比逐个锚点调整效率高，但只针对开放路径。

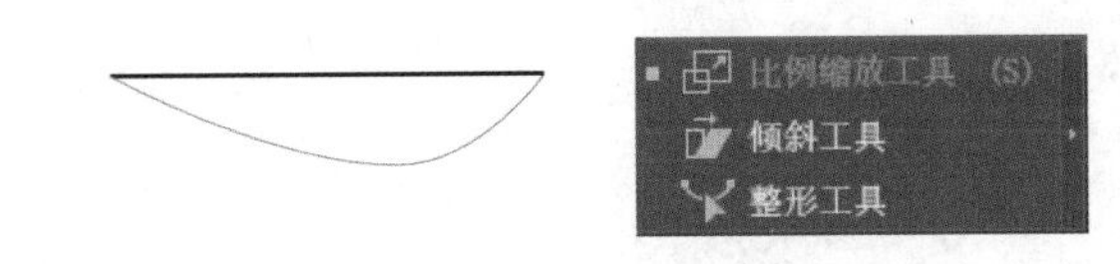

图 2-56 整形工具使用方法

7. 操控变形工具

可以利用“操控变形工具”通过添加操控点来扭转和扭曲图稿的某些部分，使变换看起来更自然，具体效果如图 2-57 所示。

图 2-57 操控变形工具使用方法

8. 自由变换工具

“自由变换工具”是一个综合性的变形工具，可以对图形对象进行移动、旋转、缩放、扭曲和透视变形。自由变换工具与其他变换工具不同，使用时可以向任何方向拖动对象边界框上的手柄，具体效果如图 2-58 所示。

图 2-58 自由变换工具使用方法

9. 其他变换工具与重置定界框

“分别变换”包括了对象的缩放、旋转和移动变换；“再次变换”是对图形对象重复使用前一个变换。“分别变换”对话框如图 2-59 所示。

“重置定界框”重新把定界框调整为水平状态，具体使用方法如图 2-60 所示。

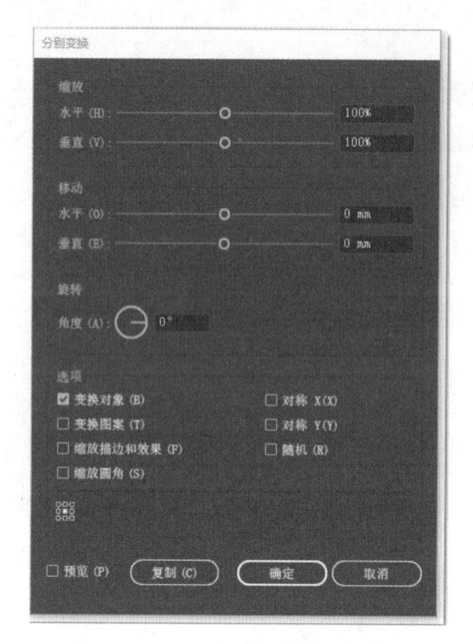

图 2-59 “分别变换”对话框

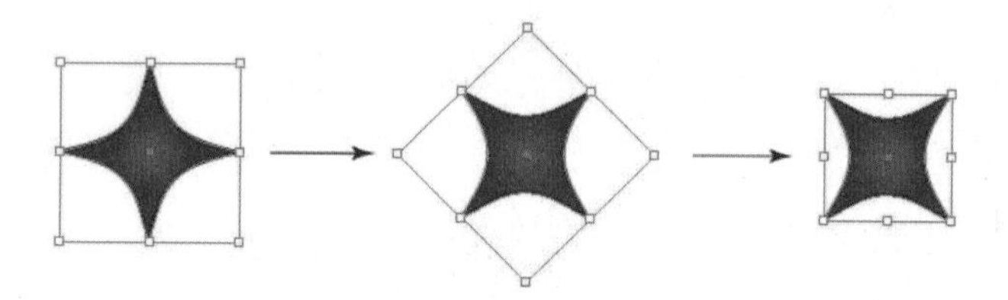

图 2-60 重置定界框的使用方法

小 结

本章主要讲解了 Illustrator 绘图工具的使用， 这些工具都是最基本的绘图工具，非常简单易学，但在设计中却占有重要的地位，是整个设计的基础内容，只有掌握了这些最基础的内容，才能举一反三，设计出更出色的作品。

练 习

一、简答题

1. 指出几种在 Adobe Illustrator 中创建文本的方法。
2. 使用修饰文字工具（试）的作用是什么？
3. 字符样式和段落样式之间有哪些不同之处？
4. 将文本转换为轮廓有哪些优点？

二、操作题

利用绘图工具制作宣传册页。

制作内容与要求：

1. 设计和制作宣传册页，如图 2-61 所示。

• 制作规格，尺寸：A4；色彩：CMYK 颜色；分辨率：300 像素 / 英寸。

• 图形简洁、美观大方、寓意深刻。

图 2-61 宣传册页

2. 提交作品原文件：“宣传册页 .ai”文件及对应的 jpg 文件。

单元三

路径与路径编辑

本单元将引导读者了解 Illustrator CC 中路径绘制与编辑的相关知识，通过对本单元的学习，可以运用路径工具绘制出需要的图形，并对绘制后的路径进行编辑，从而掌握绘制和编辑路径的各种方法和相关技巧。同时，还可以通过路径查找器对多个图形的路径进行相加、相减、相交等图形修剪运算，形成新的图形，最后还可以通过液化变形工具、封套扭曲工具等变形工具的使用，对图形进行变形操作，生成想要的图形。

学习目标

- 了解 Illustrator CC 路径的相关知识
- 掌握路径的绘制方法
- 掌握路径的编辑方法
- 掌握路径查找器的使用方法
- 掌握液化变形工具的使用方法
- 掌握封套扭曲工具的使用方法

任务一　制作“企业标志”

使用 Illustrator CC 绘制和编辑路径，首先要了解路径的相关知识，掌握绘制直线和自由曲线路径的方法和相关技巧，并可以使用各种路径编辑方法对绘制好的图形路径进行编辑，使其达到想要制作的图形效果。

任务描述

启动 Illustrator CC 软件，打开本书提供的素材文件，使用钢笔工具，绘制“帆船”“棕榈树”等图形，进行图形的组合，接下来打开素材“标准字 .ai”文件，移动素材到文档中，排列组合制作出“企业标志”，如图 3–1 所示，并另存为“企业标志 .ai”和导出“企业标志 .jpg”。

图 3–1　企业标志

任务实施

步骤 1 启动 Illustrator CC 软件，选择“文件”→“新建”命令（或者按【Ctrl+N】组合键），打开“新建文档”对话框，如图 3–2 所示。设置“名称”为“帆船图标”，“画板数量”为 1，“大小”为 A4，“取向”为竖幅，光栅效果为“300 ppi”，“颜色模式”为 CMYK 颜色，新建一个空白图像文件。

步骤 2 选择“文件”→“置入”命令（或者按【Shift+Ctrl+P】组合键），打开“置入”对话框，选择素材“帆船图形 .jpg”，单击置入按钮，将文件置入到文档中，如图 3–3 所示。

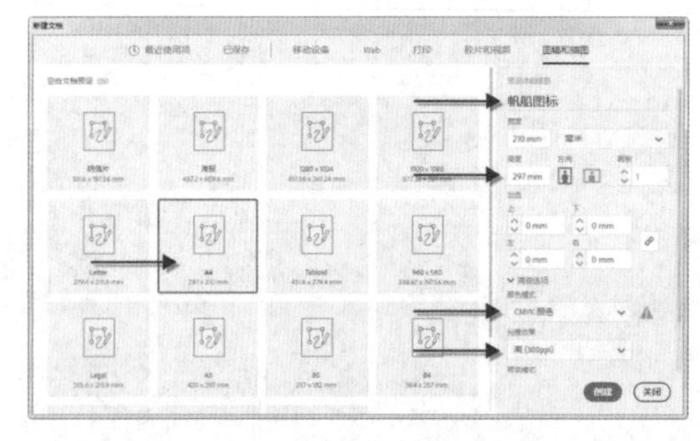

图 3–2　“新建文档”对话框

图 3–3　“置入”对话框

步骤 3 选择“对象”→“锁定”命令（或者按【Ctrl+2】组合键），将“帆船图形”图片锁定，防止绘制路径时移动、删除等误操作，如图 3–4 和图 3–5 所示。

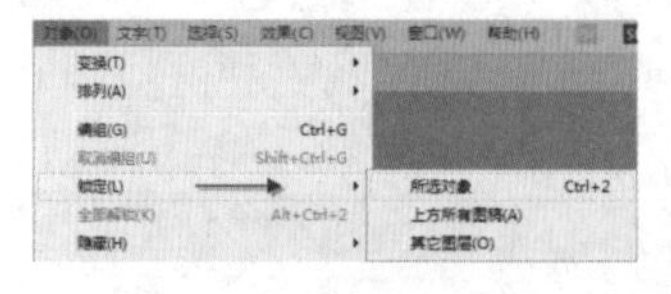

图 3–4　锁定命令

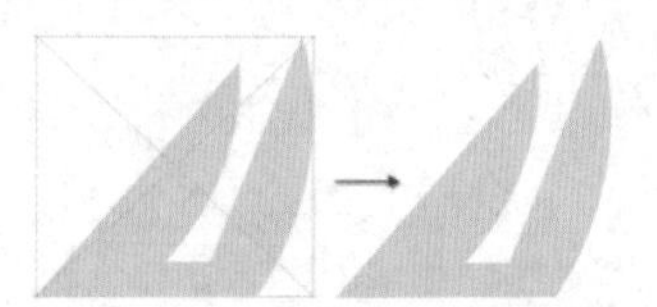

图 3–5　锁定图片

步骤4 选择填充色和描边色切换，填充色使用“斜杠”图标，设置为无填充，描边色设置为红色，与“帆船图形”颜色进行区分，如图3-6所示。

图3-6 描边色设置

步骤5 选择工具箱中的“钢笔工具”，沿“帆船”图形轮廓线绘制路径，单击绘制路径起点锚点，移动鼠标到第二点位置，单击确定第二个锚点，绘制直线路径，如图3-7所示。

步骤6 移动鼠标到第三点位置，单击确定第三个锚点，同时按住鼠标左键，拖动鼠标绘制出曲线路径，调整曲线位置，使其贴近“帆船”轮廓线，如图3-8所示。

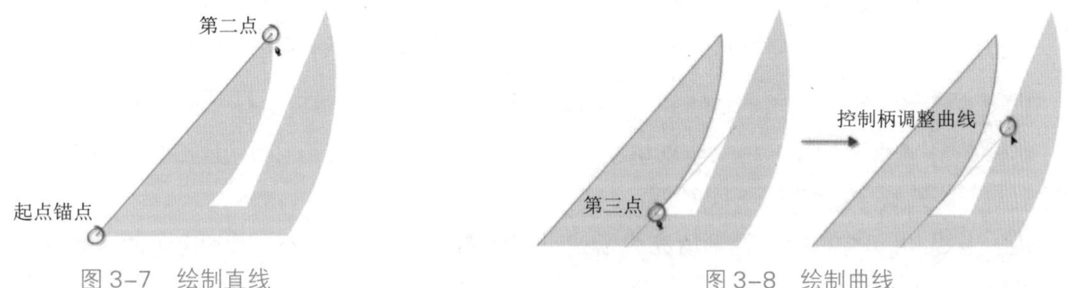

图3-7 绘制直线　　图3-8 绘制曲线

步骤7 单击第三个锚点，切换平滑点和角点，进行路径绘制，按住【Shift】键移动鼠标到下一点位置单击，绘制水平直线，如图3-9所示。

步骤8 按照相同方法，沿“帆船”图形轮廓线，依次绘制完成“帆船”图形的路径，如图3-10所示。

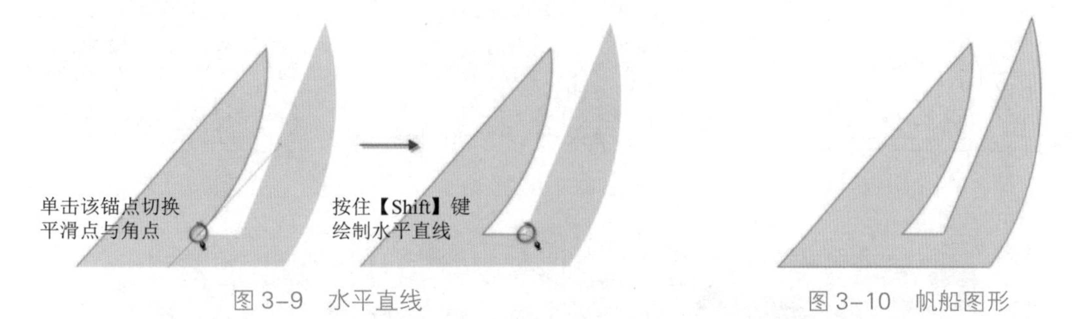

图3-9 水平直线　　图3-10 帆船图形

步骤9 置入“棕榈树”图片，选择“对象”→“锁定”命令（或者按【Ctrl+2】组合键），将“棕榈树”图片锁定，移动鼠标光标到“棕榈树”图形轮廓线上，单击确定起点锚点，移动鼠标光标到下一点，选中控制柄，按住鼠标左键拖动，使用“锚点工具”选择拖动出曲线路径，调整曲线角度，使其接近“棕榈树”轮廓线，如图3-11所示。

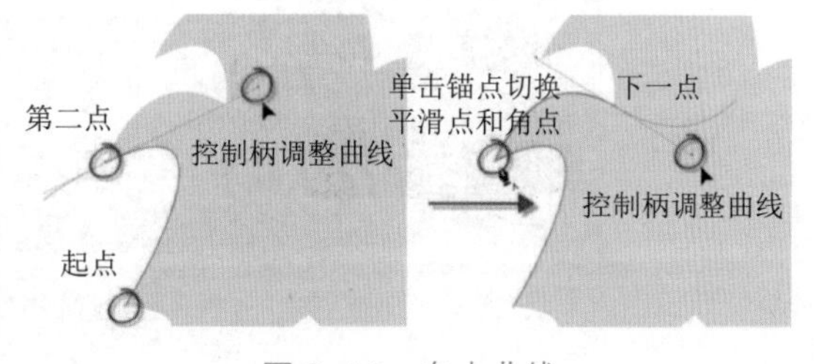

图3-11 自由曲线

步骤10 单击该锚点，改变平滑点和角点，进行路径绘制，依次单击下一点，绘制曲线路径，调整曲线位置，使其接近“棕榈树”轮廓线，如图 3–12 所示。

步骤 11 按照同样的方法，依次绘制完整个“棕榈树”图形的路径，制作封闭的图形，如图 3–13 所示。

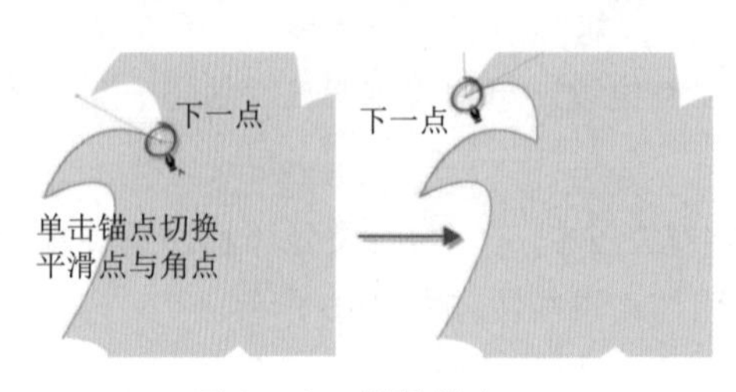

图 3–12　调整锚点

图 3–13　棕榈树图形

步骤 12 将“帆船”图形移动到“棕榈树”图形中间，复制排列组合，如图 3–14 所示。

步骤 13 选择“对象”→“全部解锁”命令（或者按【Alt+Ctrl+2】组合键），将置入的图片解除锁定并删除，如图 3–15 所示。

步骤 14 将“棕榈树”图形填充为渐变色，如图 3–16 所示。在“渐变”面板中设置渐变类型为“线性”，调节渐变色从蓝到绿色渐变，蓝色（C:92，M:88，Y:0，K:0），绿色（C:78，M:0，Y:28，K:0），如图 3–17 所示。

图 3–14　组合图形

图 3–15　解锁图片

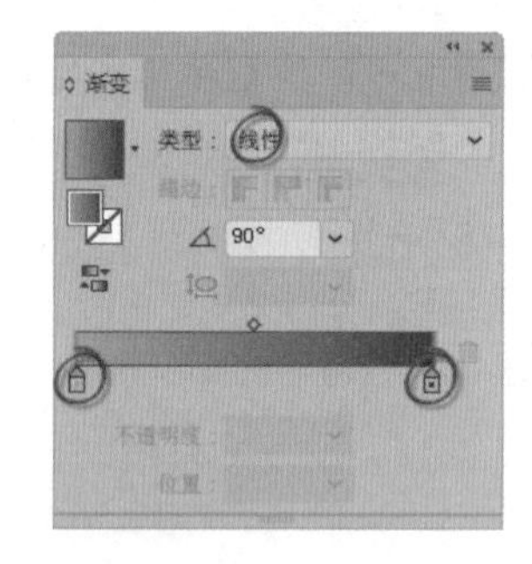

图 3–16　制作渐变

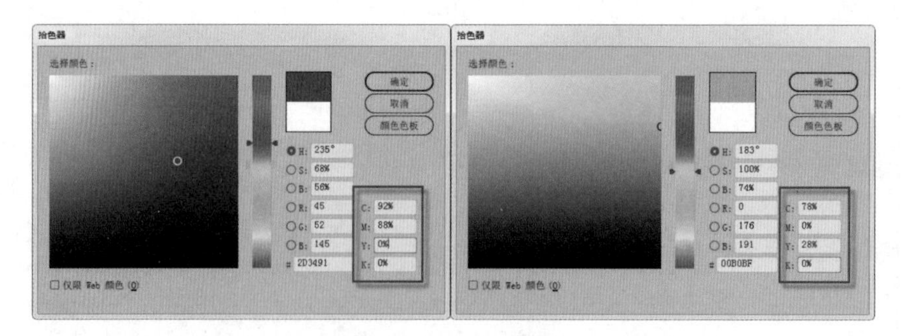

图 3–17　渐变色颜色

步骤 15 打开“标准字 .ai”，选择标准字，移动到标志文档中，排列组合，如图 3–18 所示。

步骤 16 选中文字，双击填充色，设置蓝色标准色，将文字填充为蓝色，完成“标志”的制作，如图 3–19 所示。

海洋森林休闲广场
HAIYANG SENLIN XUNXIAN

图 3–18　标准字

图 3–19　完成制作

步骤 17 选择“文件”→“存储”命令（或者按【Ctrl+S】组合键），打开“另存为”对话框，单击“保存”按钮，将文档保存为“企业标志 .ai”，如图 3–20 所示。

步骤 18 选择“文件”→“导出”→“导出为”命令，设置颜色模型为 CMYK，品质为“10 最高”，分辨率为“高（300 ppi）”，将文档导出为“企业标志 .jpg”，如图 3–21 所示。

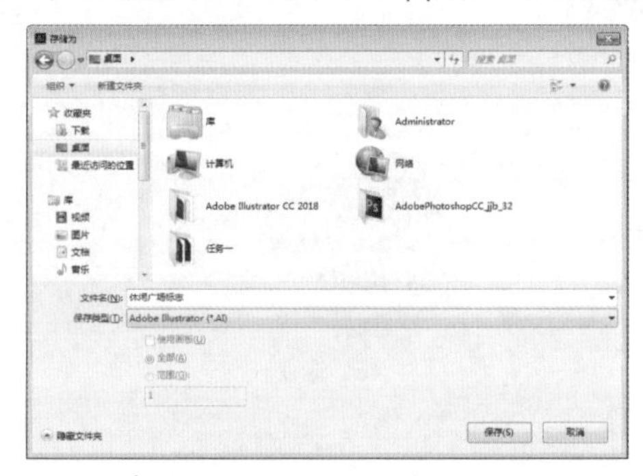

图 3–20　保存文件

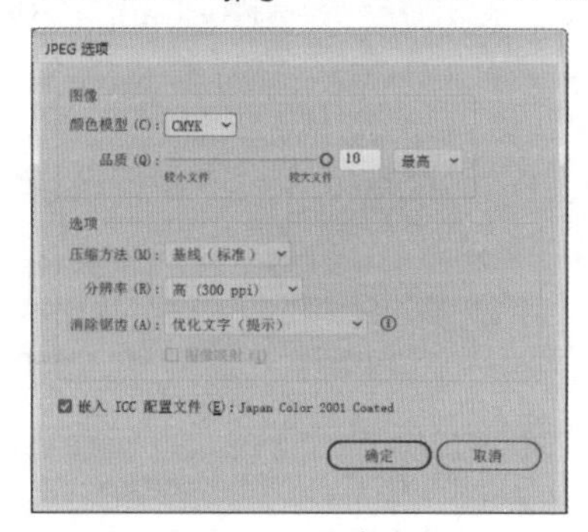

图 3–21　导出文件

任务拓展

打开本书提供的素材文件，制作图 3–22 和图 3–23 所示的企业标志和企业吉祥物，分别保存为“律师事务所标志 .ai”和“律师事务所吉祥物 .ai”，并导出“律师事务所标志 .jpg”和“律师事务所吉祥物 .jpg”。

图 3–22　律师事务所标志

图 3–23　律师事务所吉祥物

相关知识

一、路径的概念

路径是矢量图形的重要组成部分，它是由一系列锚点连接直线段或曲线段，构成图形的轮廓。它是由锚点、连接锚点的线段、控制柄和控制点等部分组成的，如图 3–24 所示。

锚点是构成直线或曲线的基本元素，可以在两个锚点间产生线段，在路径上可任意添加和删除锚点。还可以通过调整锚点来调整路径的形状，也可以通过锚点转换完成平滑点与角点之间的转换，如图 3–25 所示。

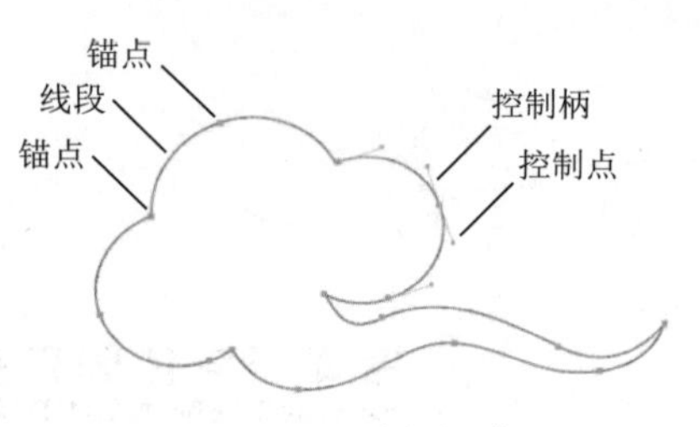

图 3–24　路径组成

当路径绘制好后，可以对其进行描边或填充，既可以用单一的颜色对路径进行描边和填充设置，还可以使用“画笔”面板中的画笔样板做描边处理，或使用渐变方式填充路径等操作，如图 3–26 所示。

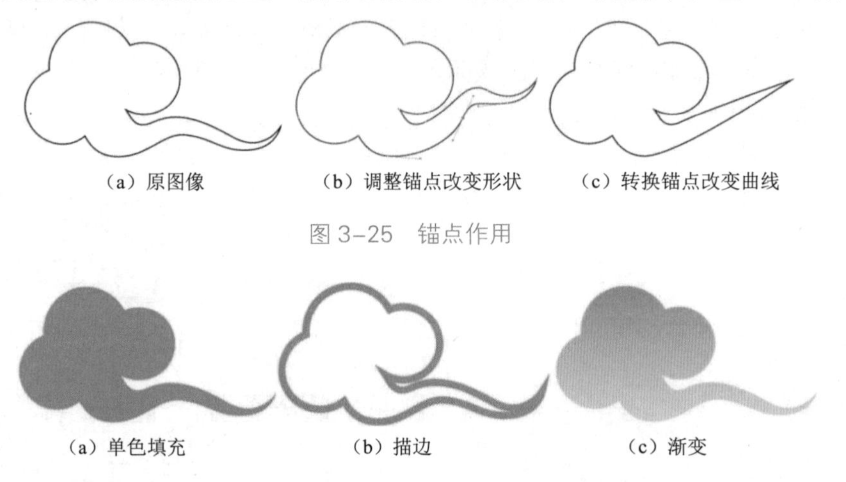

图 3–25　锚点作用

图 3–26　描边、填充路径

Illustrator CC 中的路径分为开放路径、闭合路径和复合路径三种类型（见图 3–27），以满足不同的绘图需要。

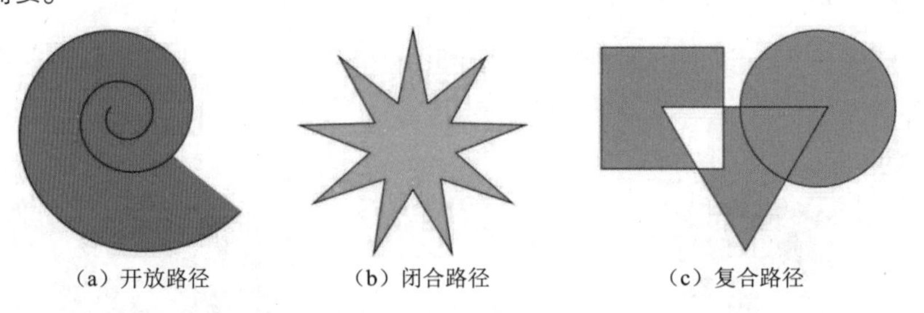

图 3–27　路径类型

1. 开放路径

开放路径的起点和终点互不连接，如直线、弧线、螺旋线等都属于开放路径，在对开放路径进行填充时，Illustrator CC 会假定路径两端已经连接起来形成了闭合路径，而对其进行填充，如图 3–27（a）所示。

2. 闭合路径

路径没有起点和终点，是一条连续的路径，如矩形、圆形、多边形、星形等，可对其进行内部填充或描边，如图 3–27（b）所示。

3. 复合路径

几个开放或闭合路径进行组合而形成的路径，如图 3–27（c）所示。

二、路径的绘制

1. 路径的绘制工具

路径可以使用线条工具、几何图形工具、钢笔工具、铅笔工具、画笔工具等工具绘制完成，各个绘制工具的使用方法各不相同，如图 3–28 所示。

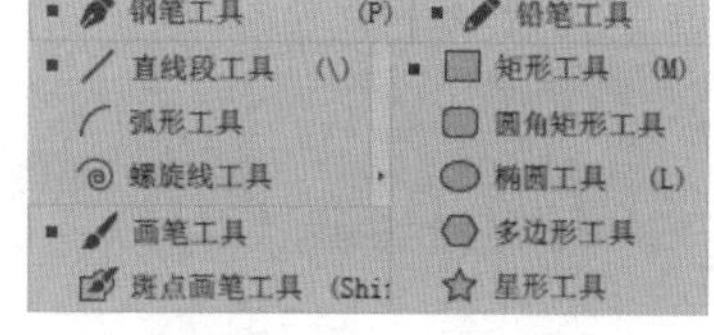

图 3–28 路径绘制工具

2. 路径的绘制方法

1）直线绘制

选择工具箱中的“钢笔工具”，在绘图区中单击确定锚点，作为直线的起点，接下来移动鼠标光标到需要的位置，再次单击确定锚点，作为直线的第二点或终点。在需要的位置连续单击，确定其他锚点，就可以绘制出折线的效果，如果双击折线上的锚点，该锚点会被删除，折线的另外两个锚点将自动连接，如图 3–29 所示。

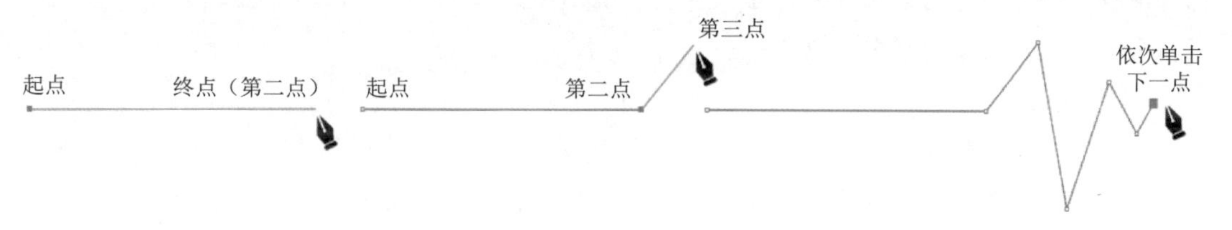

图 3–29 绘制直线路径

2）曲线绘制

选择工具箱中的“钢笔工具”，在绘图区中单击并按住鼠标左键拖动确定曲线的起点，起点的两端分别出现了一条控制柄，释放鼠标左键。移动鼠标到需要的位置，再次单击并按住鼠标左键拖动，出现了一条曲线线段。拖动鼠标的同时，第二个锚点的两端也出现了控制柄。此时，按住鼠标不放，随着鼠标的移动，曲线线段的形状也随之发生变化，可以释放鼠标，也可以移动鼠标继续绘制，如图 3–30 所示。

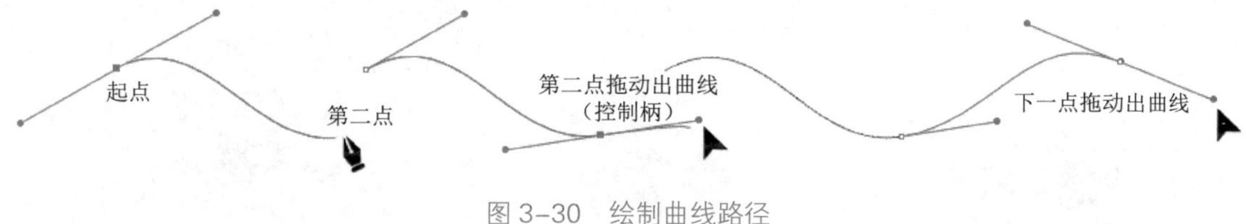

图 3–30 绘制曲线路径

3）复合路径

“钢笔工具”不但可以绘制单纯的直线或曲线，还可以绘制既包含直线又包含曲线的复合路径。选择工具箱中的“钢笔工具”，绘制复合路径，如图 3–31 所示。

复合路径是指由两个或两个以上的开放或封闭路径所组成的路径，在复合路径中，路径间重叠在一起的公共区域将被镂空，如图 3–32 所示。

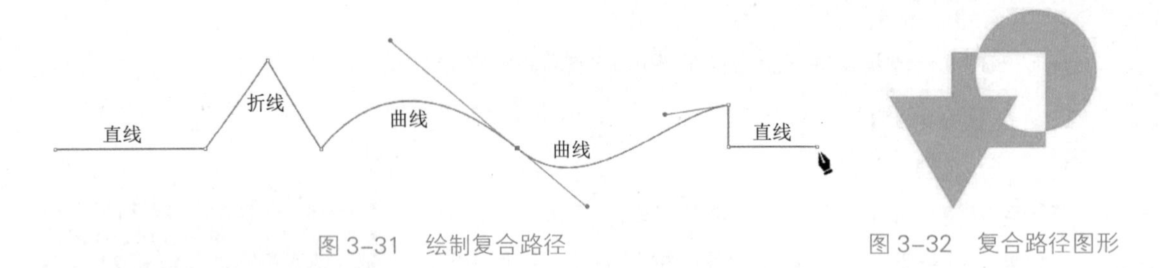

图 3–31　绘制复合路径　　　图 3–32　复合路径图形

三、路径选择工具

在对路径进行编辑之前，首先需要选择所要操作的对象，在 Illustrator CC 中提供了五种选择工具，即“选择工具”“直接选择工具”“编组选择工具”“魔棒工具”“套索工具”，可以选择单个或完整的路径、对象和群组，如图 3–33 所示。

1. 选择工具

选择工具箱中的“选择工具”，在图形上单击，可以选中该图形，此时图形的四周将显示矩形选取框。选择时还可以按住鼠标左键在图形的四周拖动出一个矩形框以圈选图形，释放鼠标后框内的所有图形将同时选中。

2. 直接选择工具

直接选择工具可以选择路径的锚点。选择工具箱中的“直接选择工具”，在路径上的锚点处单击，可以选取路径上的任意一个锚点或某一段路径，该工具主要用于调整图形的形状，如图 3–34 所示。

3. 编组选择工具

编组选择工具可以在不拆分编组的情况下选择图形。选择工具箱中的“直接选择工具”，按住鼠标左键不放，在展开的工具中选择“编组选择工具”，在需要选择的图形上单击，即可选择该图形。并且可以在不拆分群组的状态下调整图形的位置或复制图形。

用“编组选择工具”也可以通过单击或圈选的方法选择一个或多个对象并进行移动，其用法与“选择工具”相似。但是，利用“编组选择工具”可以选择群组图形中的一个或多个子对象，利用“选择工具”只能选择整个群组对象，如图 3–35 所示。

图 3–33　选取图形

图 3–34　选取路径

图 3–35　选取编组对象

4. 魔棒工具

魔棒工具可以选择具有相同描边或填充属性的图形对象，选择工具箱中的“魔棒工具”，可以打开“魔棒”面板，在其中进行设置，可以选择填充颜色、描边颜色、描边粗细、不透明度、混合模式等五种属性，勾选对应的复选框，选择的对象具有相同属性的即被选中，如图 3-36 所示。

5. 套索工具

套索工具可以创建不规则的选区来选择图形对象。选择工具箱中的“套索工具”，在所选图形对象上单击并拖动鼠标，至所需位置后释放鼠标，系统会将光标移动过的轨迹上的所有对象或路径选中，如图 3-37 所示。

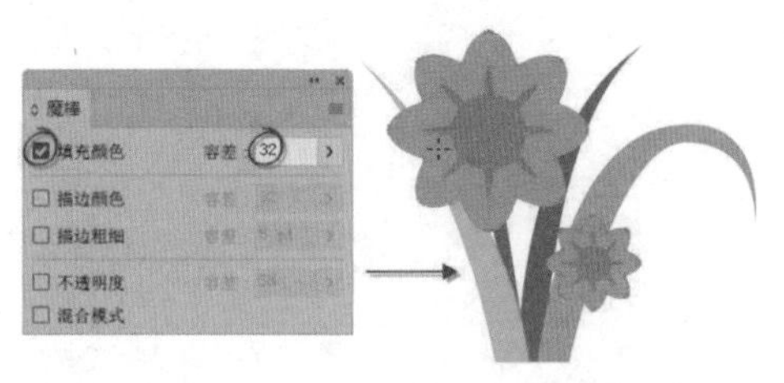

图 3-36 “魔棒工具”选取

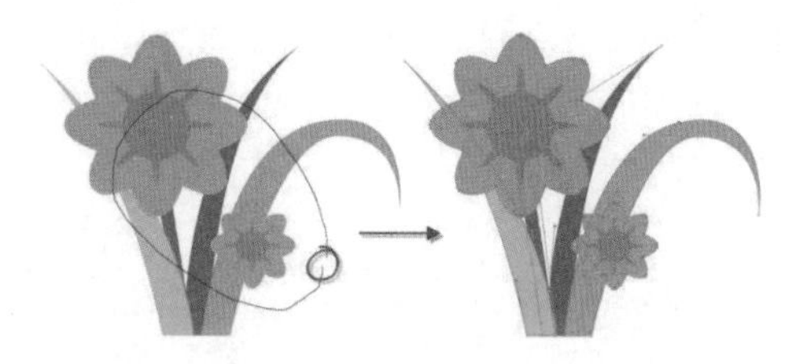

图 3-37 “套索工具”选取

6. 加选和减选

在选择图形时，有时很难一次性选中，此时需要加选对象才能完成图形的选择，加选时按住【Shift】键，依次单击需要添加的图形或路径。如果不小心选中了不需要的图形或路径，可以保持按住【Shift】键，再次单击需要减去的图形或路径。

四、路径编辑工具

当路径绘制完成后，可以对其进行编辑，在 Illustrator CC 工具箱中提供了多个路径编辑工具，使用这些工具可以擦除路径、拆分路径、为路径添加锚点或删除锚点。这些工具分别为：添加锚点工具、删除锚点工具、转换锚点工具、平滑工具、路径橡皮擦工具、橡皮擦工具、剪刀工具和刻刀工具。

1. 添加、删除、转换锚点

1）添加锚点工具

使用添加锚点工具可以为路径添加锚点，将光标移动到路径上单击，即可在单击处增加一个锚点，如图 3-38 所示。

2）删除锚点工具

使用该工具可以将路径上的锚点删除，单击路径上的锚点，即可删除该锚点，如图 3-39 所示。

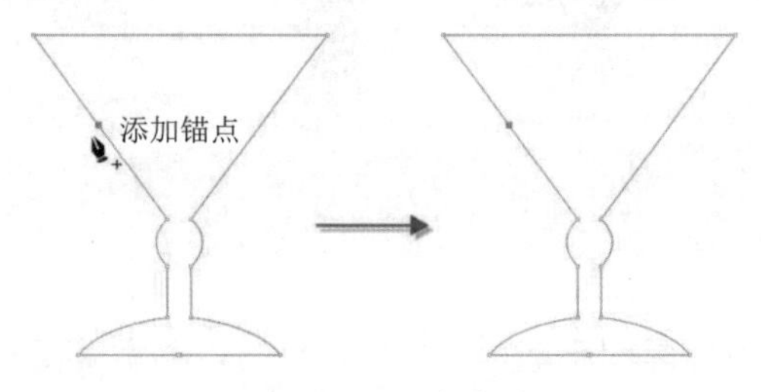

图 3-38 添加锚点

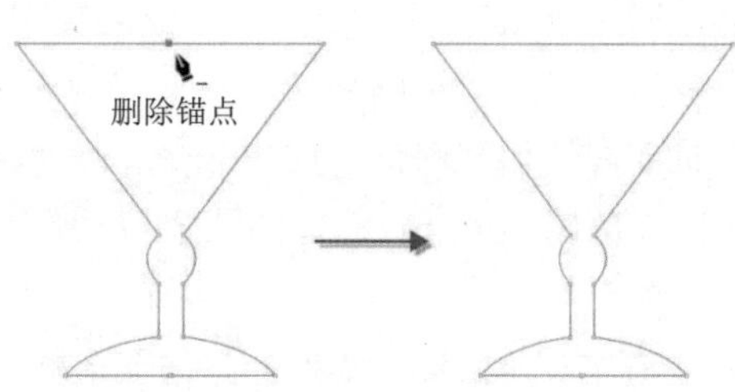

图 3-39 删除锚点

3）转换锚点工具

使用转换锚点工具可以将路径上的锚点在平滑点和角点之间进行转换。将光标放置在路径的角点上单击并拖动鼠标，将拖出该锚点的双控制柄，角点即被转换为平滑点，原路径也随鼠标的拖动产生变化。将光标放置在路径的平滑点上单击，即可将平滑点转换成角点，在使用钢笔工具状态下按住【Alt】键可使用锚点转换工具，如图 3–40 所示。

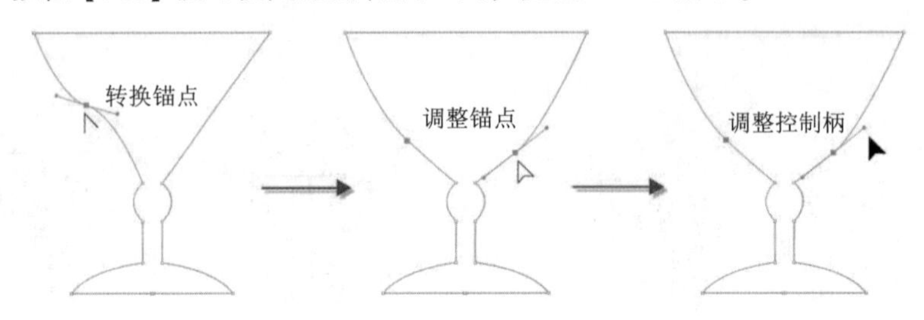

图 3–40　转换锚点并调整曲线

2. 平滑工具

使用平滑工具可以将路径进行平滑处理，选中路径后，选择工具箱中的“平滑工具”，打开“平滑工具选项”对话框，设置相关参数后，如图 3–41 所示。将光标放置在路径上，当显示为圆形图标时，按下鼠标左键并拖动，释放鼠标后即可完成平滑操作，如图 3–42 所示。

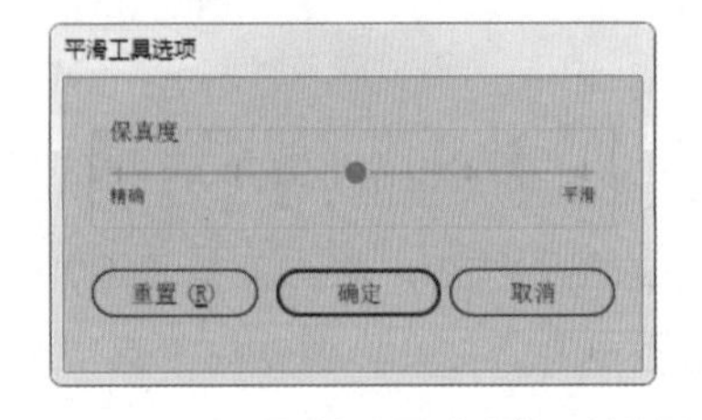

图 3–41　“平滑工具选项”对话框

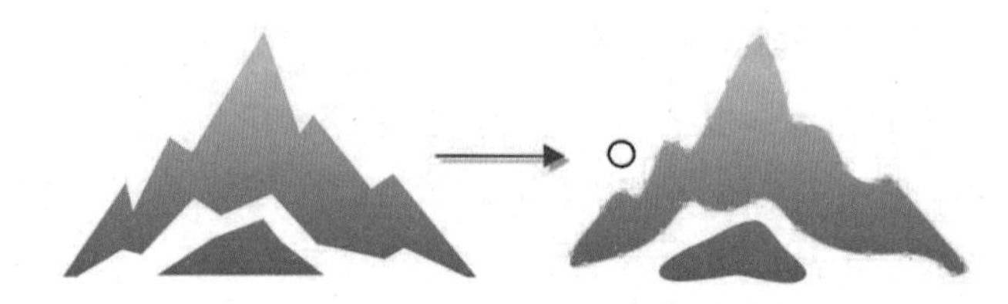

图 3–42　平滑处理

保真度：可以设置从精确到平滑的级别来控制平滑的程度，此项越靠近平滑，路径越平滑，复杂程度越小。

3. 擦除路径

1）路径橡皮擦工具

路径橡皮擦工具可以擦除图形的路径，选中路径后，选择工具箱中的“路径橡皮擦工具”，沿路径拖动鼠标，光标经过的路径都将被擦除。该工具只可以擦除图形的路径，并且必须沿路径拖动鼠标才可以擦除路径，使用“路径橡皮擦工具”擦除过的路径是开放的，如图 3–43 所示。

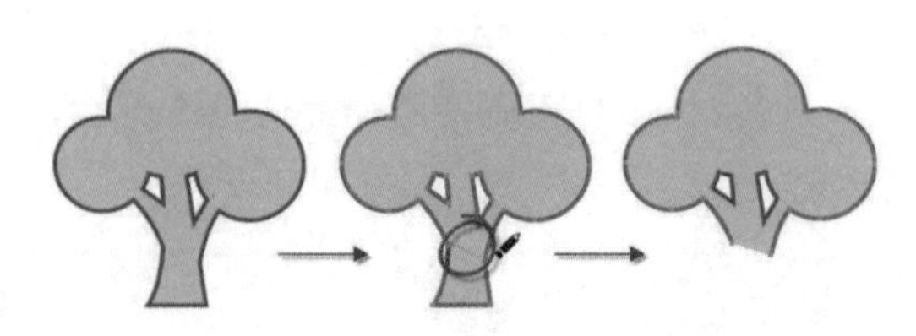

图 3–43　擦除路径

2）橡皮擦工具

橡皮擦工具可以擦除图形的路径和填充，选择工具箱中的“橡皮擦工具”，双击“橡皮擦工具”按钮，打开“橡皮擦工具选项”对话框，可以对橡皮擦工具进行设置，如图 3–44 所示。

使用时，首先调整橡皮擦的大小，然后将光标移动到选中的路径上，按下鼠标左键并拖动，即可擦除路径。“橡皮擦工具”可以擦除任意图形，不但可以擦除图形的路径，也可以擦除图形的填充内容，使用橡皮擦工具擦除过的路径是闭合的，如图 3–45 所示。

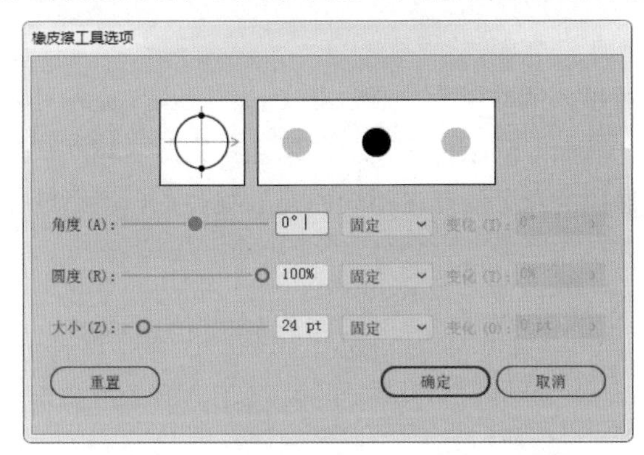

图 3–44 “橡皮擦工具选项”对话框

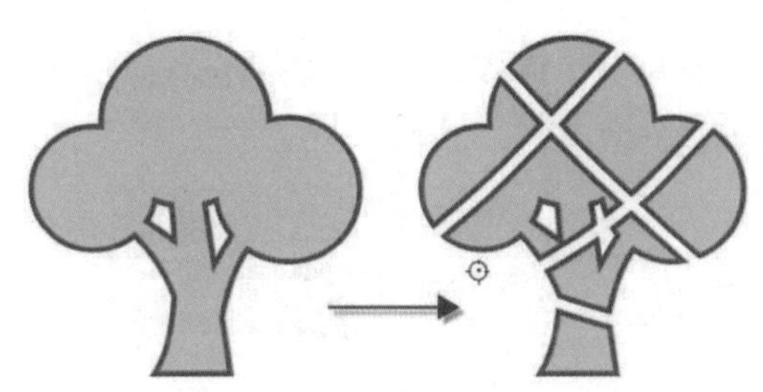

图 3–45 擦除路径和填充

4. 切割路径与连接端点

1）剪刀工具

使用剪刀工具可以剪切路径，拆分的路径为开放路径。选择工具箱中的“剪刀工具”，然后在选中图形的路径线段上单击，该位置处将产生两个独立的且重合的锚点，即可分割该路径线段，如图 3–46 所示。

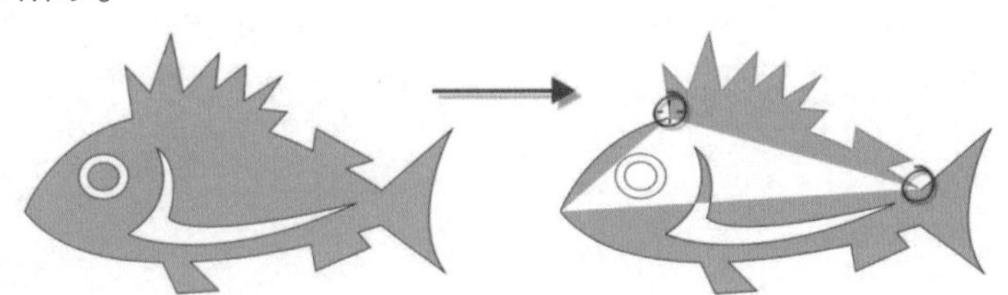

图 3–46 剪断路径

2）刻刀工具

使用刻刀工具可以剪切路径，可以剪切单个或多个路径，拆分的路径为闭合路径，当没有选择对象时，将剪切鼠标拖动区域中所有路径，当选择对象时，只剪切选择的对象。使用时，选择工具箱中的“刻刀工具”，在图形之外按下鼠标左键并拖动鼠标经过图形，拖动到合适位置后释放鼠标左键，即可自由地分割图形路径，如图 3–47 所示。

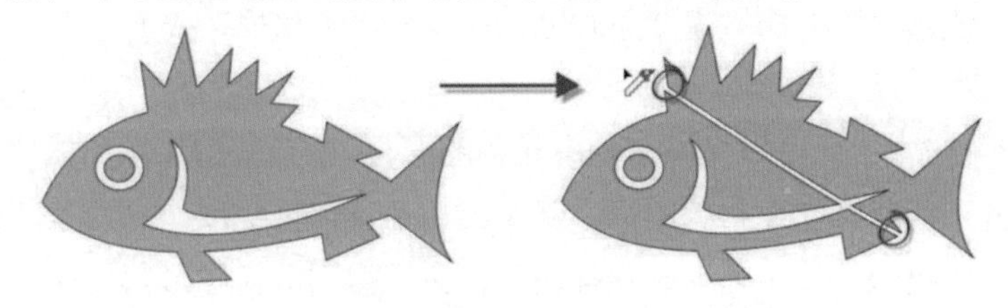

图 3–47 刻刀工具

五、路径编辑菜单栏命令

编辑路径时除了使用工具箱中的相关工具外，Illustrator CC 还提供了一组相关的菜单栏命令，选择“对象”→“路径”命令，在其子菜单中可以打开这些命令，如图 3–48 所示。

1. 连接（或按【Ctrl+J】组合键）

使用“连接”命令可以将选择的两个锚点连接，使路径成为闭合路径。“连接”命令可以将开放路径的两个端点用一条直线段连接起来，从而形成新的路径。如果连接的两个端点在同一条路径上，将形成一条新的闭合路径；如果连接的两个端点在不同的开放路径上，将形成一条新的开放路径，如图 3–49 所示。

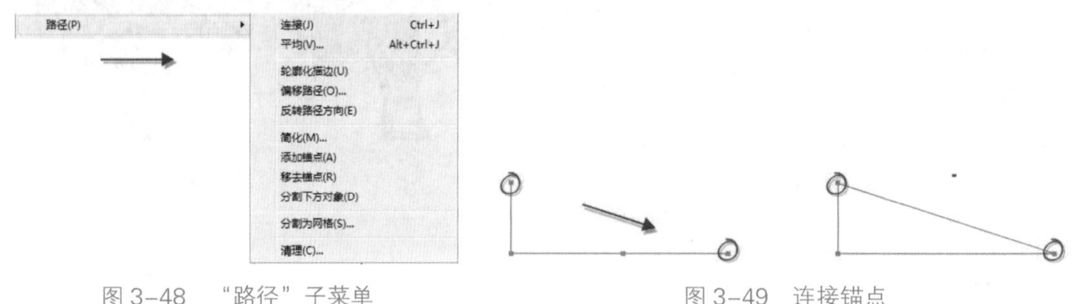

图 3–48 “路径”子菜单　　图 3–49 连接锚点

2. 平均（或按【Alt+Ctrl+J】组合键）

使用“平均”命令可以将同一路径上的锚点，或多个路径上的锚点，在同一水平或同一垂直线上进行分布。“平均”命令可以将路径上的所有点按一定的方式平均分布，应用“平均”命令可以制作对称的图案，也可以同时沿水平和垂直线分布锚点，如图 3–50 和图 3–51 所示。

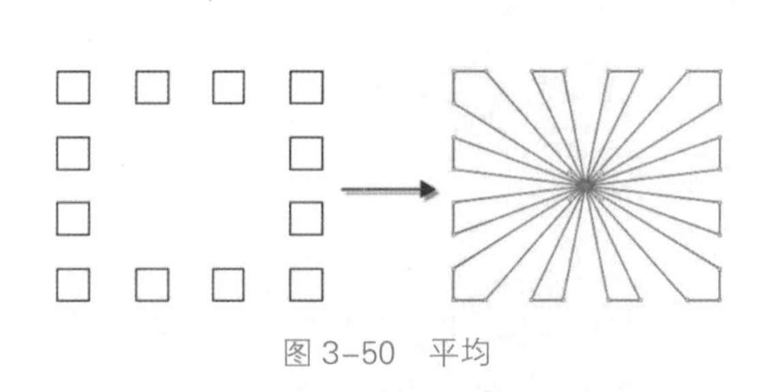

图 3–50 平均

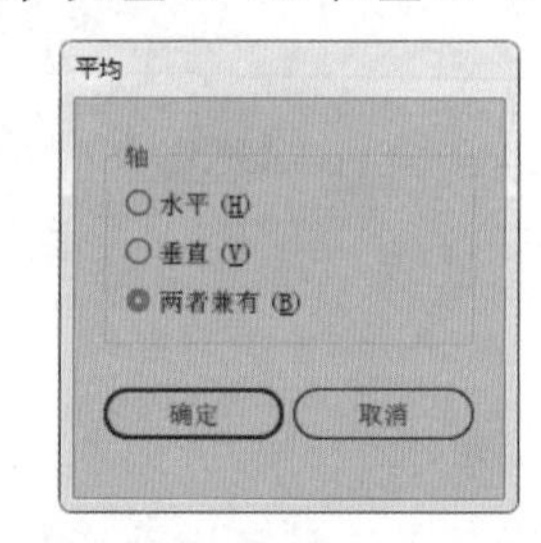

图 3–51 “平均”对话框

- 水平：该选项将选择的锚点分布在同一水平线上。
- 垂直：该选项将选择的锚点分布在同一垂直线上。
- 两者兼有：该选项将选择的锚点同时分布在同一水平和垂直线上。

3. 轮廓化描边

使用“轮廓化描边”命令可以将描边轮廓化和图形化，拆分描边和填充内容。“轮廓化描边”命令可以在已有描边的两侧创建新的路径。新路径由两条路径组成，这两条路径分别是原图形的描边和两侧新增的描边。使用“轮廓化描边”命令，得到的新图形都是闭合路径，同时，渐变色填充也可以用于该描边，如图 3–52 所示。

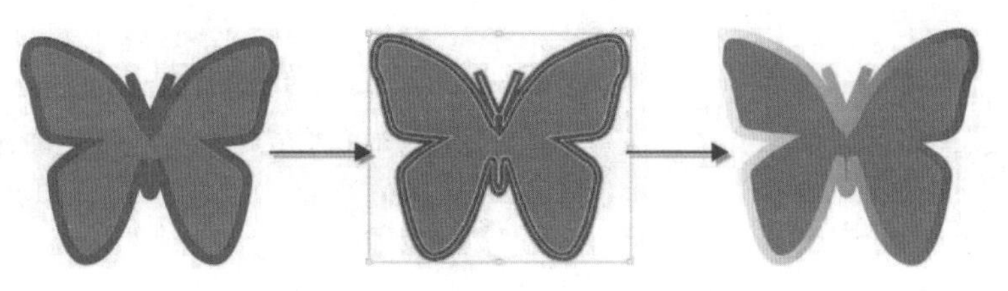

图 3–52 轮廓化描边

4. 偏移路径

使用“偏移路径”命令可以围绕着已有路径的外部或内部创建一条新的路径，选中要偏移的对象，选择“对象”→“路径”→“偏移路径”命令，打开“偏移路径”对话框，在其中设置相关参数，如图 3–53 所示。

设置新路径与原路径之间偏移的距离。使用“偏移路径”命令，可以将图形复制并且扩展或者收缩，在对话框中设置的数值为正数时，副本图形扩展并且在原图形的下方；数值为负数时，副本图形收缩并且在原图形的上方，如图 3–54 所示。

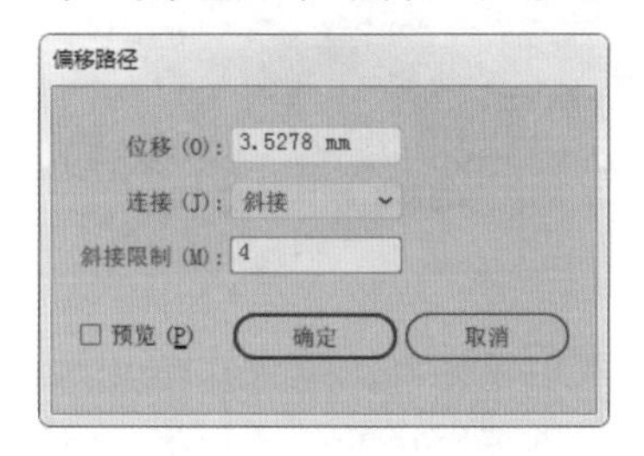

图 3–53 “偏移路径”对话框

图 3–54 文字偏移

• 位移：设置路径位移的距离。

• 连接：使用该命令可以设置角点连接处的形状，有三个选项供选择，分别为“斜接”“圆角”“斜角”。

• 斜接限制：设置在何种情况下角点连接处产生斜接。

5. 反转路径方向

使用“反转路径方向”命令可以将路径绘制的起点与终点反转，如图 3–55 所示。

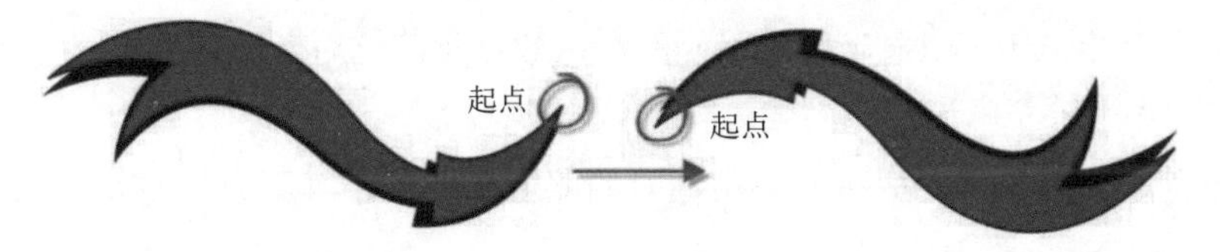

图 3–55 反转路径方向

6. 添加锚点

使用“添加锚点”命令可以在路径的相邻两个锚点之间新增一个锚点，该命令与“钢笔工具”的“添加锚点”命令相似，但是“钢笔工具”的“添加锚点”命令可以在路径上任意位置添加锚点，如图 3–56 所示。

7. 移去锚点

“移去锚点”命令是 Illustrator CC 新增的命令，使用该命令可以删除锚点，和按【Delete】键删除命令相似。

图 3-56　添加锚点

8. 简化

使用“简化”命令可以在不改变图形原始形状的基础上，删去多余的锚点来简化路径，为修改和编辑路径提供了方便。

选择“对象”→“路径”→“简化”命令，打开“简化”对话框，在其中设置相关参数，如图 3-57 和图 3-58 所示。

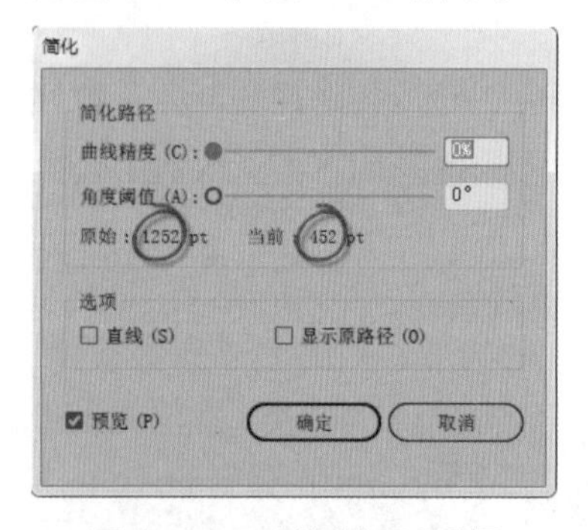

图 3-57　“简化”对话框

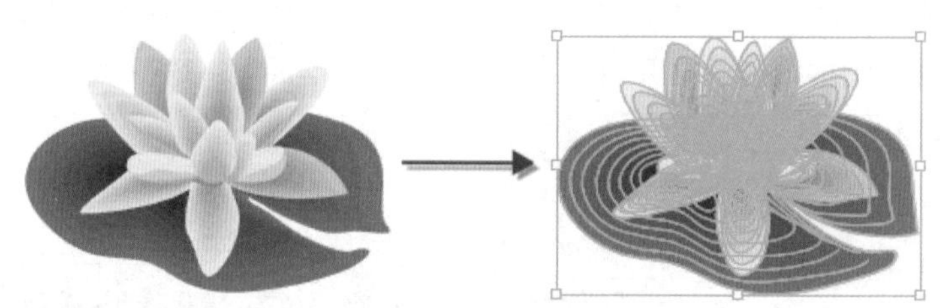

图 3-58　简化

使用时，“简化”命令可将路径上多余的锚点去除，并且不会改变路径的基本形状。但是如果设置不当，也会失去图形的细节，必须仔细设置参数。

• 曲线精度：设置路径简化的精度，此选项设置简化路径与原始路径的接近程度，该值越大，删除的锚点数越少，越接近原图形。

• 角度阈值：设置角的平滑程度，该参数值设置过大，将会出现尖锐角点。

• 直线：勾选该复选框，可以在对象的锚点间创建直线。

• 显示原路径：在简化的路径背后显示原始路径，以便于观察图形简化前后的对比效果。

• 预览：勾选该复选框，在调整滑块时可以立即看到调整的效果。

除了以上设置外，还可以显示原始路径的锚点数目及简化后当前剩余的锚点数目。

9. 分割下方对象

使用“分割下方对象”命令可以使用已有的路径切割位于其下方的封闭路径，如图 3-59 所示。

10. 分割为网格

使用“分割为网格”命令可以按照图形的大小范围，将图形分割为多个按行和列排列的矩形图形。选择图形后，选择“对象”→“路径”→“分割为网格”命令，打开“分割为网格”对话框，在其中进行相关参数设置，将图形转换为网格矩形，如图 3-60 和图 3-61 所示。

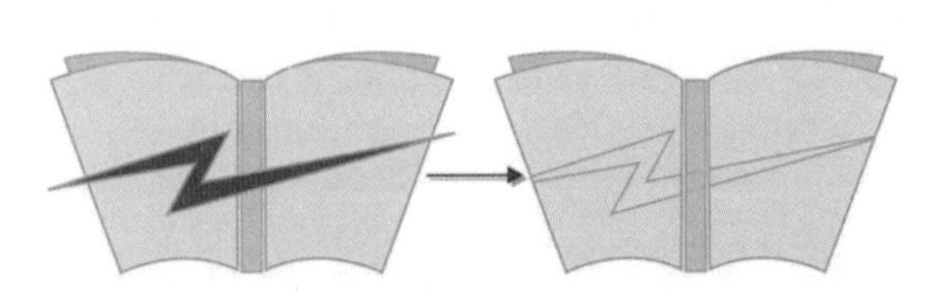
图 3-59 分割下方对象

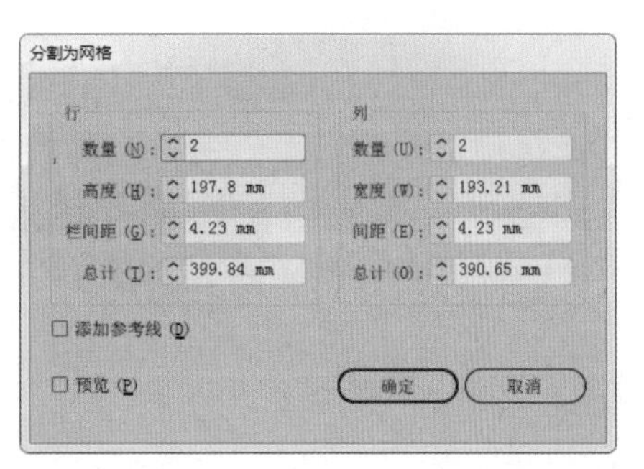

图 3-60 “分割为网格”对话框

行 / 列数量：设置图形网格的行数 / 列数。

11. 清理

使用“清理”命令可以将文档中单独的锚点、没有上色的图形、没有输入文本的文本路径进行删除，将这些没有用的多余对象删除，减小文件的大小，如图 3-62 所示。

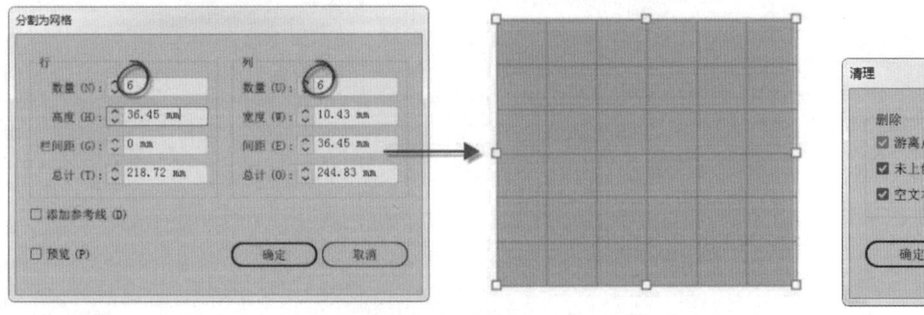

图 3-61 分割为网格

图 3-62 “清理”对话框

- 游离点：可以将文档中单独的锚点删除。
- 未上色对象：可以将文档中没有填色和描边的图形删除。
- 空文本路径选项：可以将文档中没有输入文本的文本路径删除。

任务二 制作“企业 VI”

任务描述

启动 Illustrator CC 软件，制作企业 VI 形象应用，使用形状工具和钢笔工具，绘制纸杯、广告衫等图形，利用“路径查找器”面板中的“联集”“减去顶层”“减去后方对象”等工具进行图形的组合，接下来打开前面已制作好的任务一“企业标志 .ai”文件，移动“企业标志”到文档中，进行排列组合，制作出“企业 VI”，并另存为“企业 VI.ai”和导出“企业 VI.jpg”，如图 3-63 所示。

图 3-63　企业 VI

任务实施

步骤 1 启动 Illustrator CC 软件，选择“文件”→“新建”命令（或者按【Ctrl+N】组合键），打开“新建文档”对话框，如图 3-64 所示。设置其中的参数：预设详细信息为“VI 纸杯”，空白文档预设为 A4，文件宽度为 297 mm，高度为 210 mm，方向为“横幅”，新建一个空白文档。

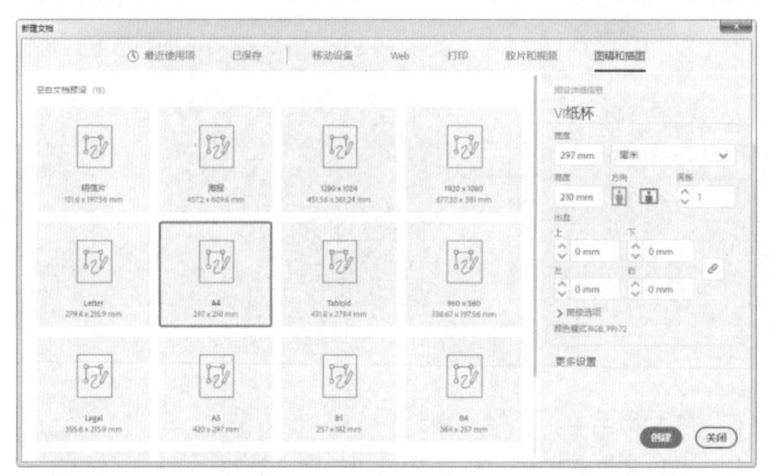

图 3-64　“新建文档”对话框

步骤 2 选择工具箱中的“椭圆工具”，绘制两个椭圆，一个宽度为 100 mm、高度为 30 mm，另一个宽度为 90 mm、高度为 26 mm，如图 3-65 所示，并排列放置，如图 3-66 所示。

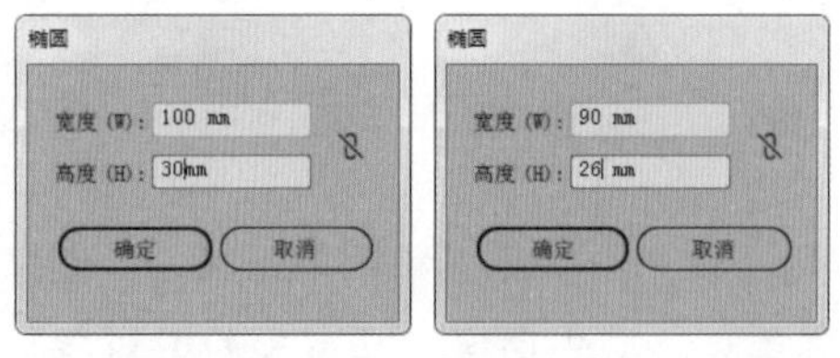

图 3-65　椭圆尺寸

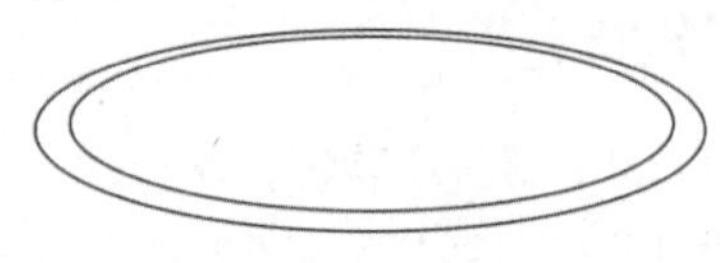

图 3-66　排列椭圆

步骤 3 选择“窗口”→“路径查找器”命令（或者按【Shift+Ctrl+F9】组合键），打开“路径查找器”面板，如图 3-67 所示。

步骤 4 选择工具箱中的“选择工具”，将两个椭圆同时选中，在“路径查找器”面板中选择“减去顶层”工具，制作空心椭圆圆环杯口，如图 3-68 所示。

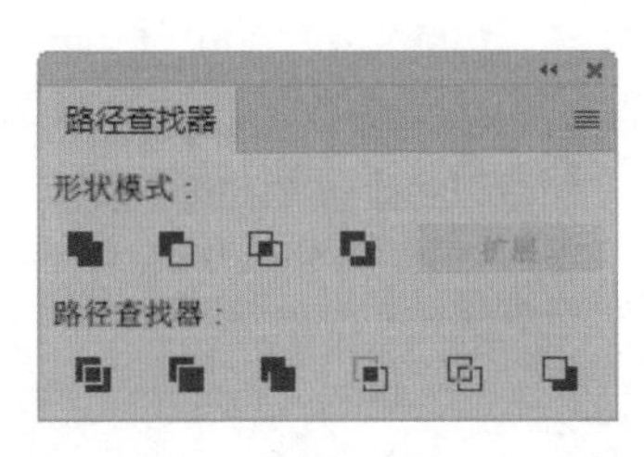

图 3–67 “路径查找器”面板

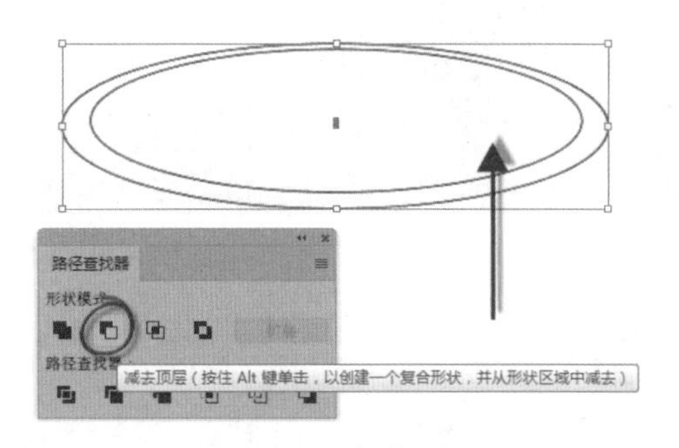

图 3–68 制作圆环

步骤5 选择工具箱中的“椭圆工具”，绘制椭圆，宽度为 64 mm、高度为 26 mm，如图 3–69 所示。

步骤6 选择“窗口”→“对齐”命令，打开“对齐”面板，如图 3–70 所示，使用“水平居中对齐”工具，将几个椭圆对齐，如图 3–71 所示。

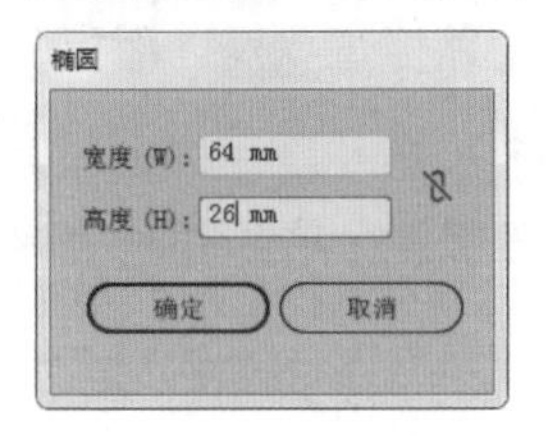

图 3–69 椭圆尺寸

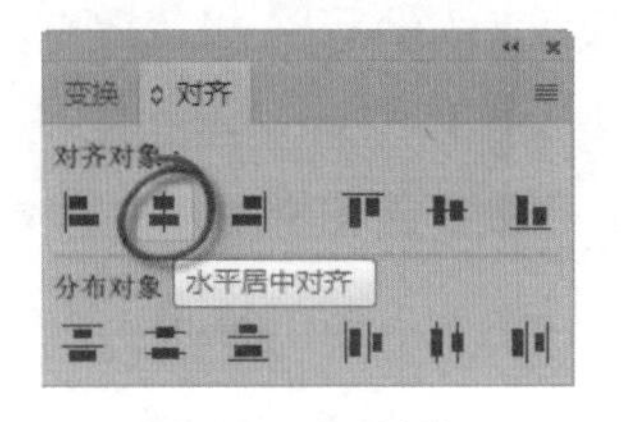

图 3–70 对齐

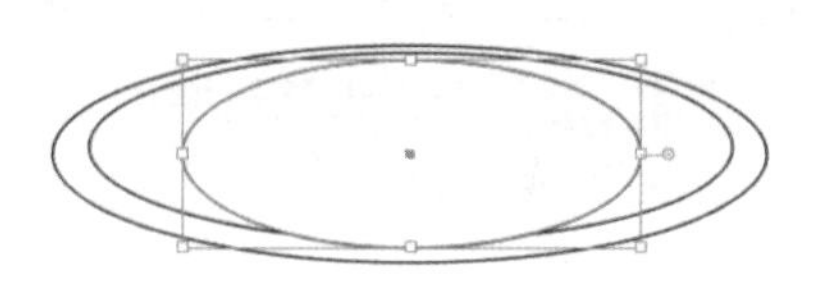

图 3–71 对齐椭圆

步骤7 移动椭圆到圆环下方，选择工具箱中的“钢笔工具”绘制路径，制作杯身，如图 3–72 所示。

步骤8 选择工具箱中的“选择工具”，将下方椭圆与杯身同时选中，选择“窗口”→“路径查找器”命令（或者按【Shift+Ctrl+F9】组合键），打开“路径查找器”面板，选择“联集”工具，制作杯身透视，如图 3–73 所示。

图 3–72 制作杯身

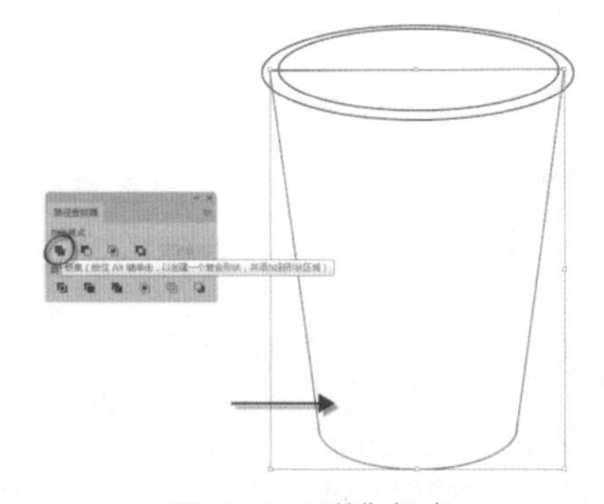

图 3–73 联集杯身

步骤9 选择工具箱中的“椭圆工具”，绘制两个椭圆，并放置在图3–74所示位置，使用“钢笔工具”绘制路径，制作杯身中段，如图 3–74 所示。

步骤10 选择工具箱中的“选择工具”，将杯身透视下部椭圆与杯身中段同时选中，选择“窗口”→“路径查找器”命令（或者按【Shift+Ctrl+F9】组合键），打开“路径查找器”面板，选择“联集”工具，制作杯身透视，如图 3–75 所示。

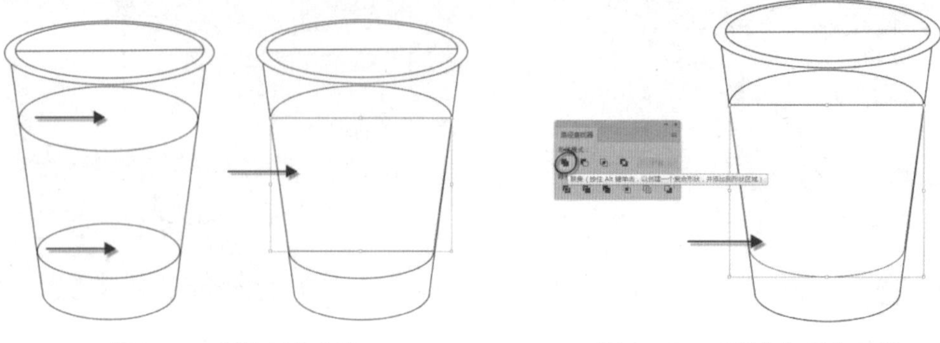

图 3–74　制作杯身中段　　　　图 3–75　“联集”杯身下部

步骤 11 选择工具箱中的“选择工具”，将杯身透视上部椭圆与杯身中段同时选中，选择“窗口”→“路径查找器”命令（或者按【Shift+Ctrl+F9】组合键），打开“路径查找器”面板，选择“减去后方对象”工具，制作杯身透视，如图 3–76 所示。

步骤 12 选择工具箱中的“椭圆工具”，制作椭圆，并放置于杯口位置，将其和杯身填充为黑白渐变，如图 3–77 所示。

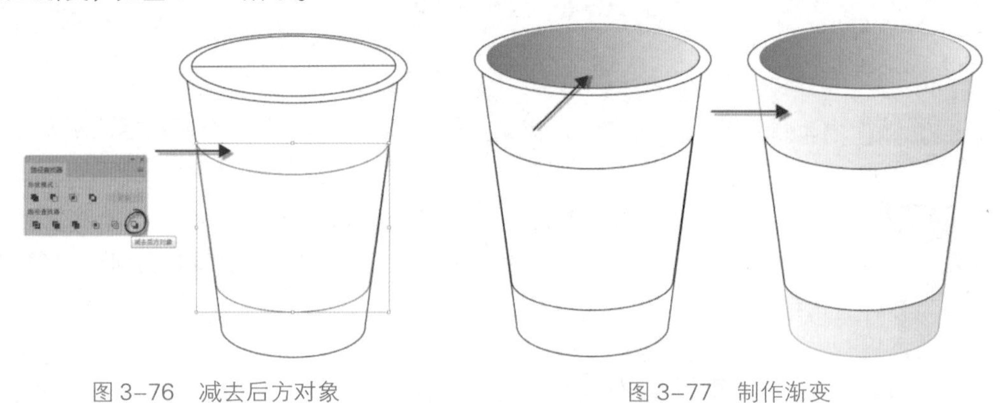

图 3–76　减去后方对象　　　　图 3–77　制作渐变

步骤 13 选择工具箱中的“钢笔工具”，绘制路径，制作投影，并填充为灰色，放置于“纸杯”下方，如图 3–78 所示。

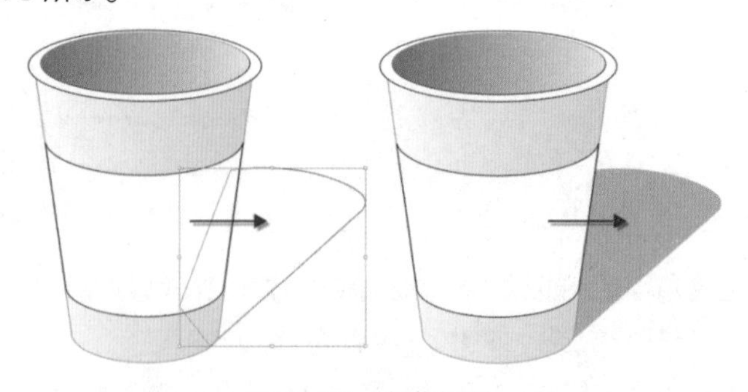

图 3–78　制作投影

步骤14 双击填充色按钮，在打开的“拾色器”对话框中，设置颜色为（C:92，M:88，Y:0，K:0），将杯口和杯身中段填充为蓝色，如图 3-79 所示。

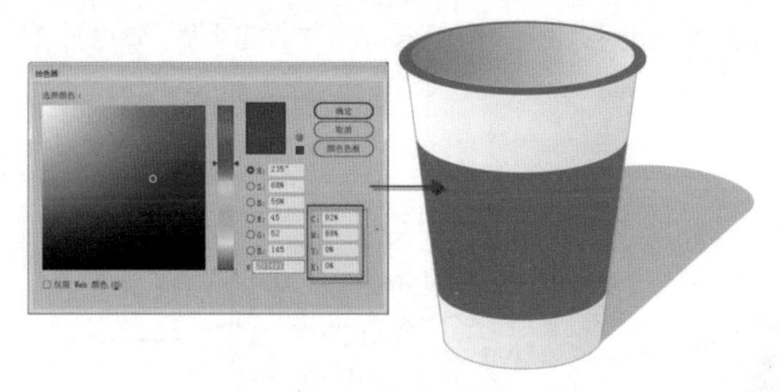

图 3-79　杯口、杯身中段填充蓝色

步骤15 选择“文件”→“新建”命令（或者按【Ctrl+N】组合键），打开“新建文档”对话框。设置其中的参数：预设详细信息为“VI T 恤衫”，空白文档预设为 A4，文件宽度为 297 mm、高度为 210 mm，方向为“横幅”，新建一个空白文档，如图 3-80 所示。

步骤16 选择“文件”→“置入”命令（或者按【Shift+Ctrl+P】组合键），打开“置入”对话框，选择素材“VI T 恤衫.jpg”，单击“置入”按钮，将文件置入到文档中，如图 3-81 所示。

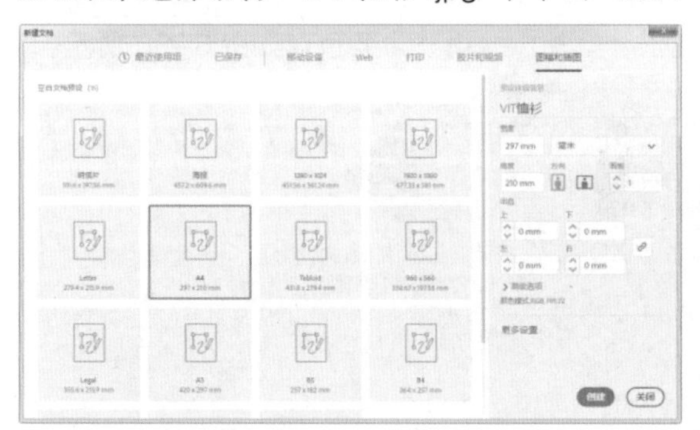

图 3-80　新建文档

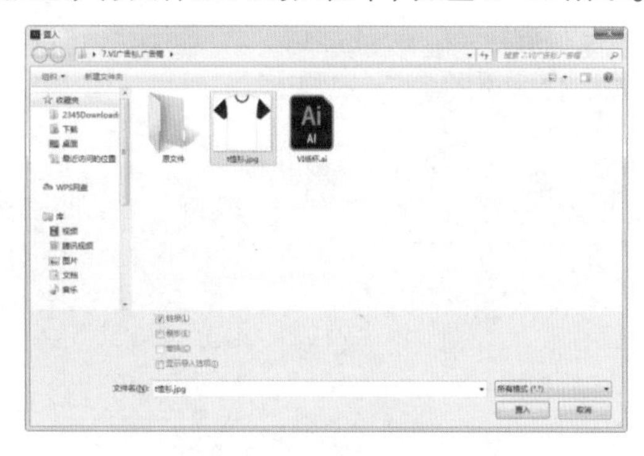

图 3-81　置入图片

步骤17 选择“视图”→“标尺”→“显示标尺”命令（或者按【Ctrl+R】组合键），如图 3-82 所示。打开“标尺”，并拖动出辅助线，放置于图形中心位置，如图 3-83 所示。

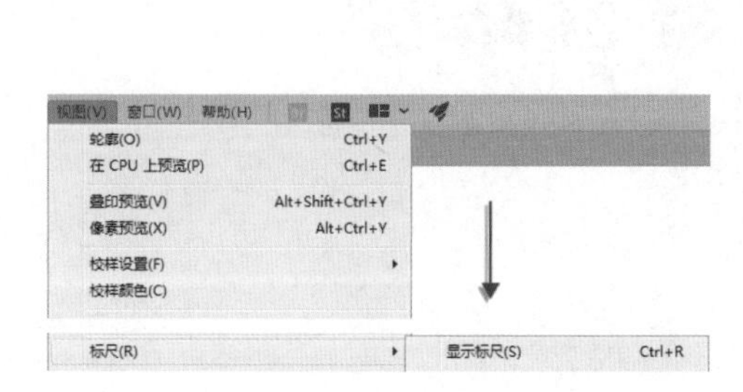

图 3-82　打开标尺

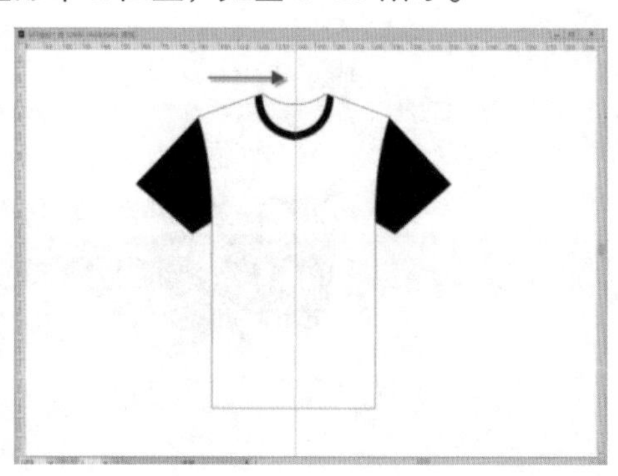

图 3-83　辅助线居中

步骤18 双击描边色，在“拾色器”对话框中将描边色设置为红色，选择工具箱中的“钢笔工具”，沿图形轮廓绘制“T 恤衫”，如图 3-84 所示。

步骤19 绘制完成“T 恤衫”的一半图形，选择工具箱中的“镜像工具”，设置方向为“水平”，单击“复制”按钮，制作另一半“T 恤衫”，如图 3-85 所示。

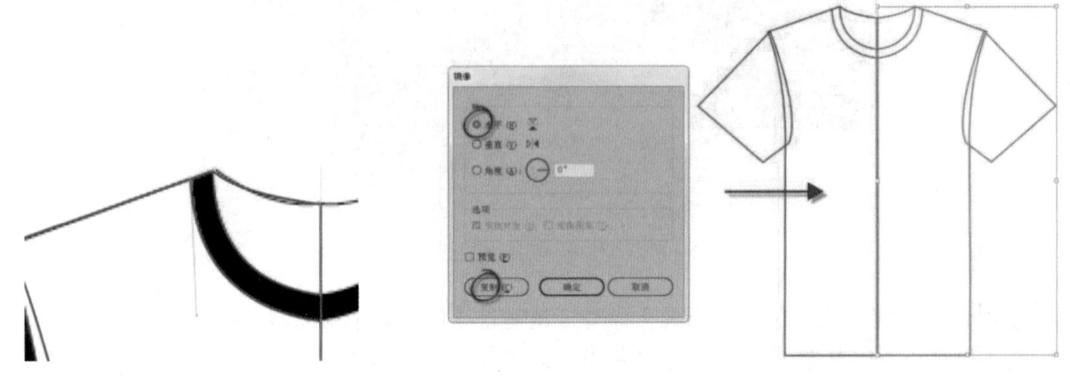

图 3-84　钢笔工具绘制外观　　　　图 3-85　镜像复制

步骤20 选择工具箱中的“选择工具”，将两侧的“T 恤衫”同时选中，选择“窗口”→“路径查找器”命令（或者按【Shift+Ctrl+F9】组合键），打开“路径查找器”面板，选择“联集”工具，将“T 恤衫”集合成一个图形，并将“袖子”“领口”填充为蓝色，如图 3-86 所示。

图 3-86　联集

步骤21 打开前面制作好的“企业标志 .ai”文件，将“企业标志”移动到“VI 纸杯 .ai”、“VI T 恤衫 .ai”文档中，排列出最终效果，如图 3-87 所示。

图 3-87　最终效果

步骤22 将两个文件移动到一个文档中，选择“文件”→“存储”命令(或者按【Ctrl+S】组合键)，打开“另存为”对话框，单击“保存”按钮，将文档保存为“企业 VI.ai”，如图 3–88 所示。

步骤23 选择“文件”→“导出”→“导出为”命令，设置颜色模型为 CMYK，品质为“10 最高”，分辨率为“高(300 ppi)”，将文档导出为“企业 VI.jpg”，如图 3–89 所示。

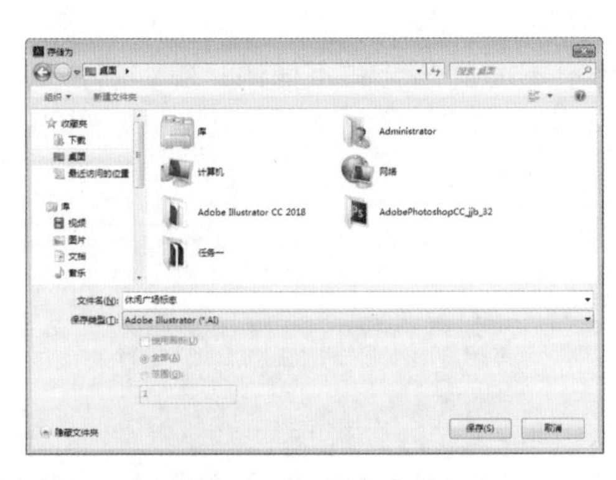

图 3–88 保存文件

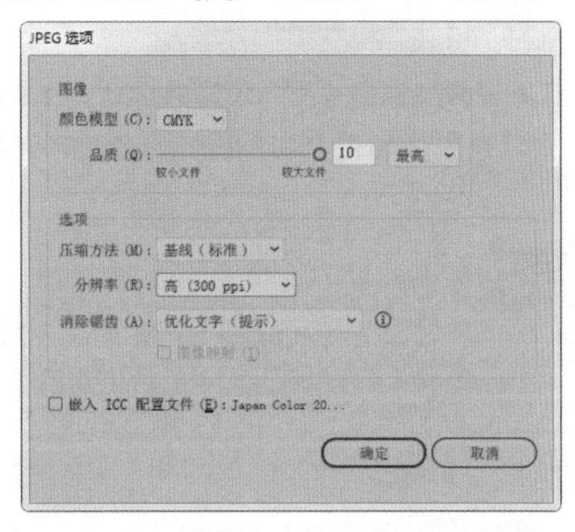

图 3–89 导出“企业 VI.jpg”文件

任务拓展

打开本书提供的素材文件，制作图 3–90 所示的“企业办公用品”文件，并分别保存为“企业办公用品 .ai”，并导出“企业办公用品 .jpg”。

图 3–90 企业办公用品

相关知识

一、路径查找器

图形的各种组合运算是矢量软件的重要造型方式，在 Illustrator CC 软件中编辑图形时，经常会使用到“路径查找器”面板，它包含了一组功能强大的路径编辑工具，“路径查找器”可以对图形进行组合运算，把图形分解成各个独立的部分，或者删除图形中不需要的部分，通过该工具可以实现路径的相加、相减、相交运算，形成复杂的形状。

1. “路径查找器”面板

选择“窗口”→“路径查找器”命令（或者按【Shift+Ctrl+F9】组合键），打开“路径查找器”面板，如图 3–91 所示。

“路径查找器”面板由“形状模式”和“路径查找器”两部分组成，其中“形状模式”有四个工具，分别是“联集”“减去顶部”“交集”“差集”，可以实现多个图形路径的形状区域的相加、相减、相交操作。

“路径查找器”共有六个工具按钮，分别是“分割”“裁减”“切割”“合并”“轮廓”“减去后方对象”，如图 3–92 所示。它们可以应用于不同的场合和不同的运算，制作复杂的图形。

图 3–91 “路径查找器”命令

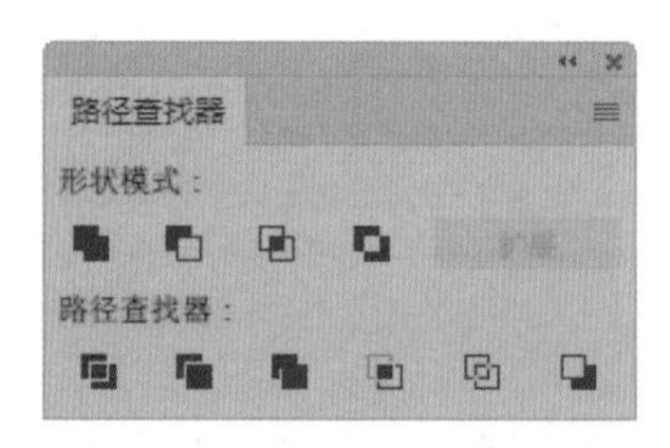

图 3–92 “路径查找器”面板

2. 建立复合路径

复合路径的作用是把一个以上的路径组合在一起，它与一般路径最大的区别在于，使用这些命令可以产生图形镂空效果。在创建复合路径之前，需要先确认这些路径是不是复合路径或者已组合为一体的路径图形。

如果使用复杂的形状作为复合路径或者在一个文件中使用几个复合路径，在输出这些文件时可能会产生问题，如果碰到这种情况，可以把复杂形状简化或者减少复合路径的使用数量。选择要用作镂空的对象，然后把它放置在与要剪切的图形相重叠的位置，将需要包含在复合路径中的所有图形一起选中，选择“对象”→“复合路径”→“建立”命令（或者按【Ctrl+8】组合键），即可将选中的图形建立复合路径，如图 3–93 所示。

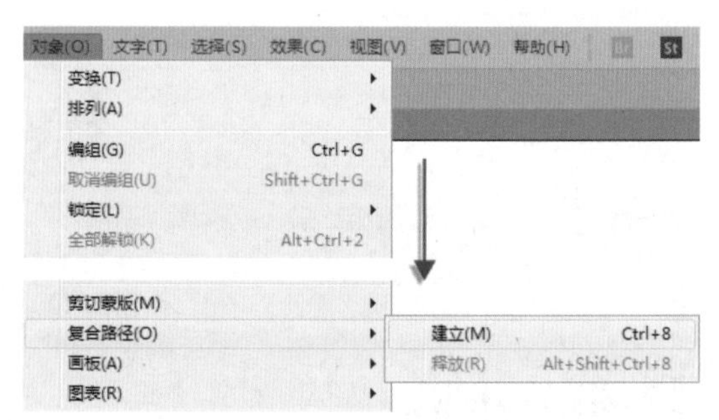

图 3–93 “复合路径”菜单项

复合路径是由几条简单路径组合成一个整体，即使是分开的单独路径，只要它们被制作成复合路径，它们就是联合的整体，除了可以使用复合路径制作镂空效果，还可以制作多个对象的蒙版效果，如图 3–94 所示。同时，复合路径可以保留原来的图形，这样会增加文件大小，影响到显示的刷新速度，当复合路径操作结果确定后，可以展开复合形状。

图 3–94　复合路径

二、路径查找器的使用

1.“形状模式”工具组

“形状模式”是通过对多个图形执行“路径查找器”面板中的相加、相交、交集和差集等命令得到新图形，如图 3–95 所示。它与复合路径有着明显的差异，选中多个图形后单击相关工具，在使用命令后，图形叠加的部分将被删除，此时多个图形将成为一个独立的图形，创建的新图形可以使用“直接选取工具”对路径进行编辑。

图 3–95　“形状模式”工具组

按住【Alt】键单击，则可以将它们创建为复合图形，并添加到形状区域，新图形创建完成后，可以单击“扩展”按钮，将新图形扩展，保留新图形并删除其他图形，扩展后将无法使用“直接选取工具”对路径进行编辑。

“形状模式”包括四个工具，分别是“联集”“减去顶层”“交集”“差集”，利用这些工具可以实现不同的图形运算。

1）联集

可以将选中的所有图形变成一个封闭图形，图形重叠部分将融为一体，重叠位置的轮廓线自动消失，内部所有图形将被删除，新图形的填充色和描边色将与位于最前面的图形的填充色和描边色一致，使用时，首先选中所有要运算的图形，单击“联集”工具，即可实现与形状区域相加的操作，如图 3–96 所示。

2）减去顶层

可以将选中的图形减去一部分，一般用位于后面的图形减去位于前面的图形的轮廓线，此时前面的图形将不再存在，与后面图形重叠的部分将被修剪掉，只保留后面图形的未重叠部分，新图形的填充色和描边色将与位于最后面的图形的填充色和描边色一致，使用时，首先选中所有要运算的图形，单击“减去顶层”工具，即可实现与形状区域相减的操作，如图 3–97 所示。

图 3–96　联集　　　　图 3–97　减去顶层

3）交集

可以将选中图形相交的部分保留，不相交的部分则被删除，如果包含多个图形，则保留所有图形相交的部分。新图形的填充色和描边色将与位于最前面的图形的填充色和描边色一致。使用时，首先选中所有要运算的图形，单击“交集”工具，即可实现与形状区域相交的操作，如图 3–98 所示。

4）差集

可以将选中图形不相交的部分保留，相交的部分则被删除，该工具的作用与交集相反，如果包含多个图形，重叠位置的图形数量为偶数时，相交部分将被删除，如果为奇数时，重叠部分被保留，新图形的填充色和描边色将与位于最前面的图形的填充色和描边色一致。使用时，首先选中要运算的图形，单击“差集”工具，即可以实现排除重叠形状区域的操作，如图 3–99 所示。

图 3–98　交集　　　　图 3–99 差集

2.“路径查找器”工具组

该工具组可以通过分割、剪裁、轮廓对象来创建新图形，包括六个工具，分别是“分割”“修边”“合并”“裁剪”“轮廓”“减去后方对象”，如图 3–100 所示。创建后的新图形是一个组，如果想对其进行单独编辑，必须先进行解组，选中新图形，选择“对象”→“取消编组”命令（或者按【Shift+Ctrl+G】组合键）。

1）分割

“分割”命令可以将选中的所有对象按轮廓线的重叠部分分割成几个不同的闭合图形，并删除每个图形被其他图形覆盖的部分，分割后的图形的填充和描边属性不变，描边将按新的轮廓线进行描边，新图形将自动成组，可使用“直接选择工具”移动单个图形，使用时，首先选中要运算的所有图形，单击“分割”工具，即可实现分割图形的操作，如图 3–101 所示。

图 3–100　“路径查找器”工具组　　　　图 3–101　分割

2）修边

“修边”命令可以用上面图形的轮廓线把下面所有图形被覆盖的部分剪掉，相交部分看不到的部分将会被删除，图形会自动成组。有重叠部分的图形执行修边命令后，原来的描边色将被去除，用“直接选择工具”可分别选中修剪后的区域，并对其进行移动和其他编辑操作。使用时，首先选中要运算的所有图形，单击“修边”工具，即可实现图形的修边操作，如图 3–102 所示。

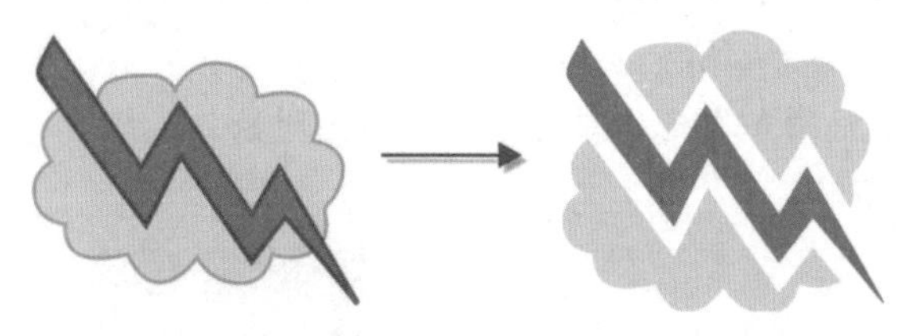

图 3–102 修边

3）合并

“合并”命令与“分割”命令相似，可以使用上面的图形将下面的图形分割成多个图形，该命令会删掉所有图形的描边，且合并具有相同颜色的重叠区域。

使用时，首先选中要运算的所有图形，单击“合并”工具，即可实现图形的合并操作，如图 3–103 所示。

4）裁剪

“裁剪”命令是将选中的所有图形按最上面图形的轮廓线进行裁剪，与上面图形不重叠的部分填充色变为无，将被删除，同时还会删除所有图形的描边色。该命令与“形状模式”的“减去顶层”工具相似，裁剪是以最上面的图形轮廓线为基础，减去下方所有图形，减去顶层是以所有最上面图形轮廓线为基础，减去与最下方图形重叠的部分。

使用时，首先选中要运算的所有图形，单击“裁剪”工具，即可实现图形的裁剪操作，如图 3–104 所示。

图 3–103 合并　　图 3–104 裁剪

5）轮廓

“轮廓”命令是将选中的所有图形的轮廓线按重叠部分裁剪为多个分离的图形，把所有填充图形转换成轮廓线，图形的颜色和原来图形的填充色相同，而轮廓线则被分割成若干开放路径，这些开放路径将自动成组。如果原图形填充为渐变或图案，使用该命令后轮廓线将变为无色。

使用该命令后的图形被分割成开放路径，可以根据情况删除部分不需要的路径，也可以配合实时上色功能为部分区域进行填色。

使用时，首先选中要运算的所有图形，单击“轮廓”工具，即可实现图形的轮廓操作，如图 3–105 所示。

6）减去后方对象

“减去后方对象”命令是将选中的所有图形，用下面的图形减去上面的图形，减去下方对象和减去顶层相似，前面图形的非重叠区域被保留，后面的图形消失，新图形与原来位于上面的图形具有相同的填充色和描边色。

使用时，首先选中要运算的图形，单击“减去后方对象”工具，即可实现图形的减去后方对象操作，如图 3–106 所示。

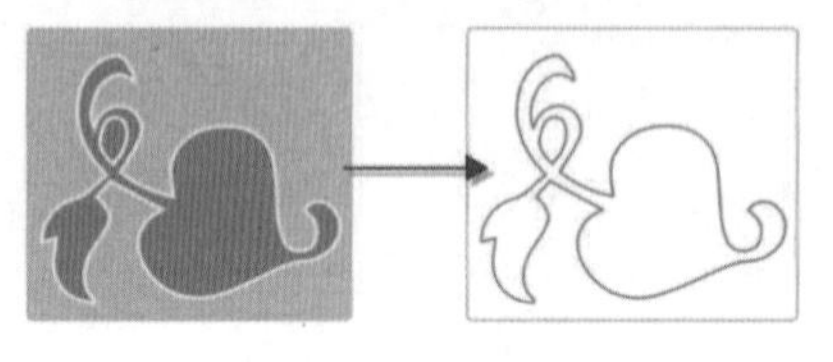

图 3–105　轮廓

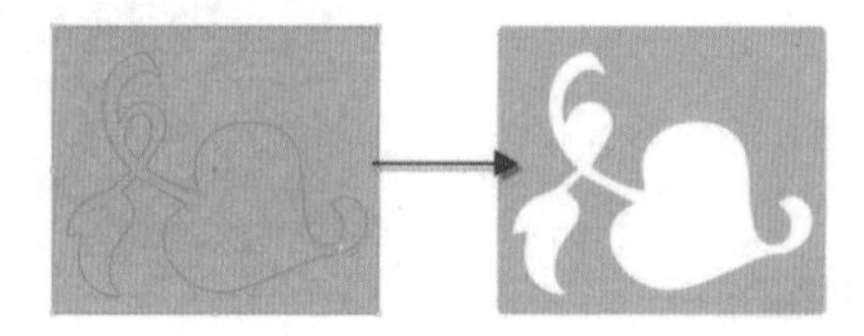

图 3–106　减去后方对象

任务三　制作“企业推广海报”

任务描述

启动 Illustrator CC 软件，制作“企业推广海报”，使用形状工具和钢笔工具，绘制山脉、松树、太阳等图形，利用液化变形工具对图形进行变形，使图形更美观，打开素材“雪花 .ai”“文字 .ai”文件，移动素材到文档中，排列组合，制作出“企业推广海报”，如图 3–107 所示，并另存为“企业推广海报 .ai”和导出“企业推广海报 .jpg”。

图 3–107　企业推广海报

任务实施

步骤 1 启动 Illustrator CC 软件，选择“文件”→“新建”命令（或者按【Ctrl+N】组合键），打开“新建文档”对话框，如图 3–108 所示。设置其中的参数：预设详细信息为“推广海报”，空白文档预设“海报”，文件宽度为 457.2 mm、高度为 609.6 mm，方向为“竖幅”，新建一个空白文档。

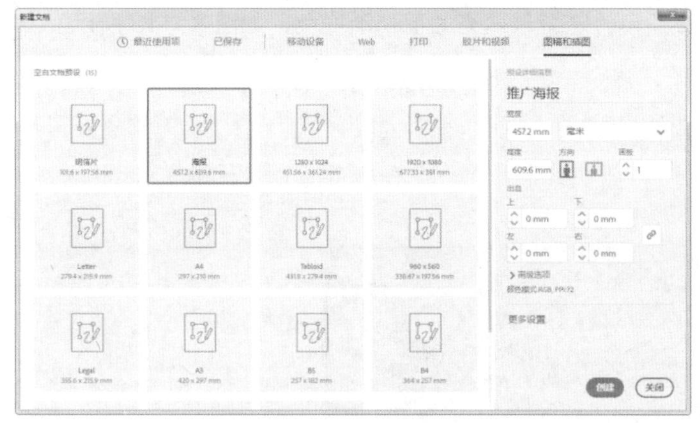

图 3–108 “新建文档”对话框

步骤 2 设置高级选项，颜色模式为 CMYK、栅格效果“中（150 ppi）”，如图 3–109 所示。

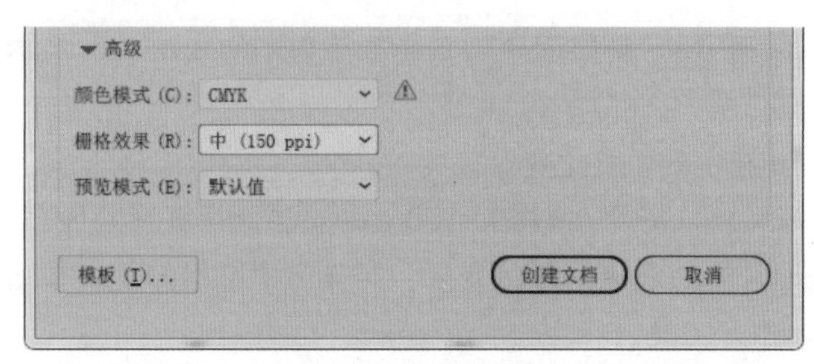

图 3–109 高级设置

步骤 3 选择“视图”→“标尺”→“显示标尺”命令(或者按【Ctrl+R】组合键)，如图 3–110 所示。打开“标尺”，并拖动出辅助线，放于画板四周和下部位置，如图 3–111 所示。

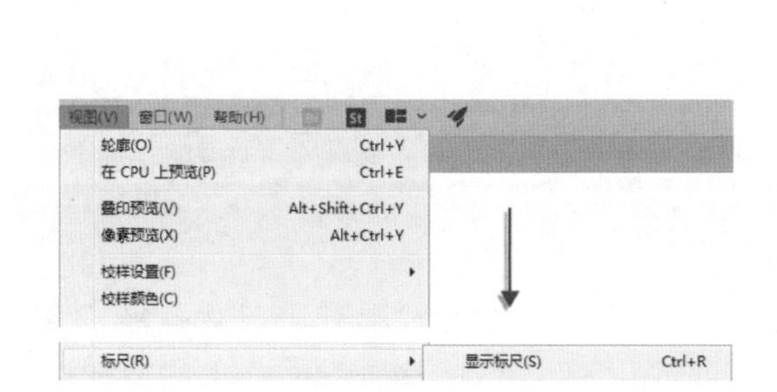

图 3–110 打开标尺

图 3–111 制作标尺、辅助线

步骤 4 选择工具箱中的“矩形工具”，绘制与绘图区大小一样的矩形作为背景，再使用渐变色填充，设置渐变类型为“线性”，设置填充色分别为白色、浅蓝色（C:48，M:6，Y:12，K:0），如图 3–112 所示，将背景填充为蓝白渐变色，如图 3–113 所示。

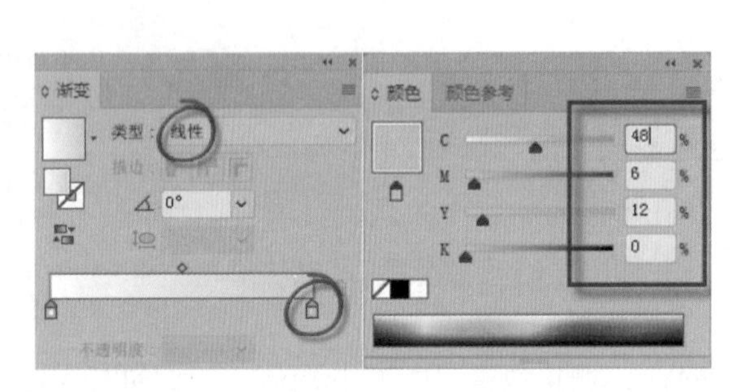

图 3–112　渐变色

图 3–113　制作背景渐变色

步骤 5 选择工具箱中的“矩形工具”，沿画板下部辅助线绘制矩形，填充为深蓝色（C:78，M:30，Y:8，K:0），如图 3–114 所示。

步骤 6 选择工具箱中的“液化变形工具”，双击“变形工具”，打开“变形工具选项”对话框，设置全局画笔尺寸，宽度 / 高度为 100 mm，当光标变成圆形图标后，按住鼠标左键在下部矩形上进行拖动，产生对应的形状变形，制作出山脉的形状，如图 3–115 和图 3–116 所示。

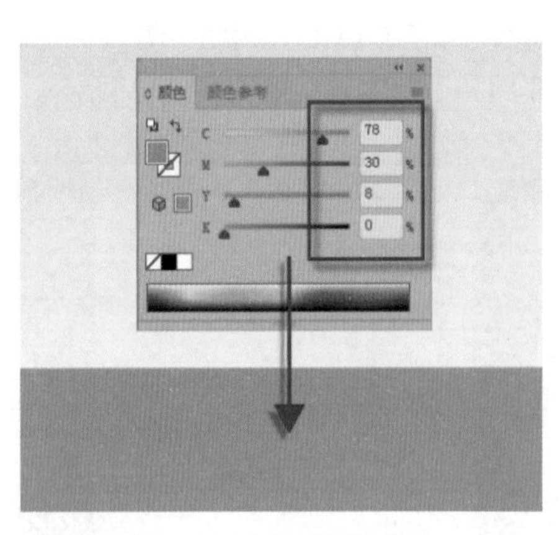

图 3–114　矩形填充蓝色

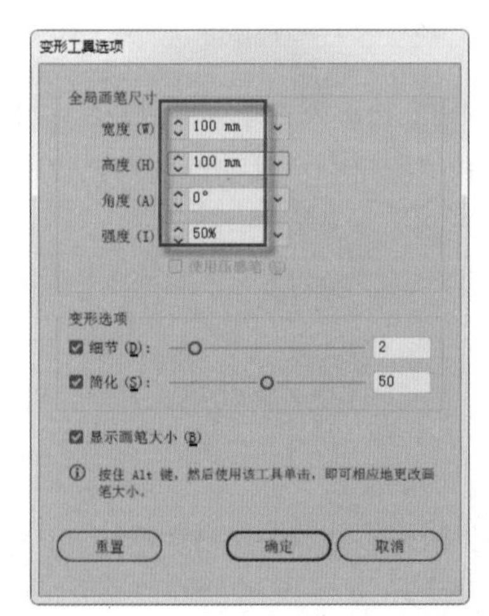

图 3–115　“变形工具选项”对话框

步骤 7 选择工具箱中的“椭圆工具”，按住【Shift】键拖动鼠标绘制圆，填充为蓝色（C:67，M:0，Y:2，K:0），如图 3–117 所示。

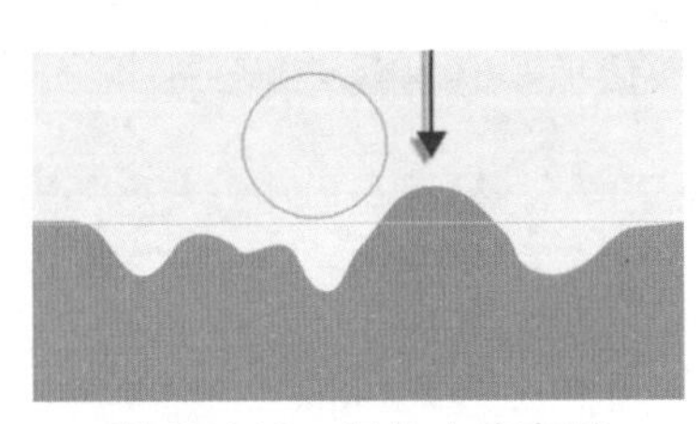

图 3–116　制作山脉变形

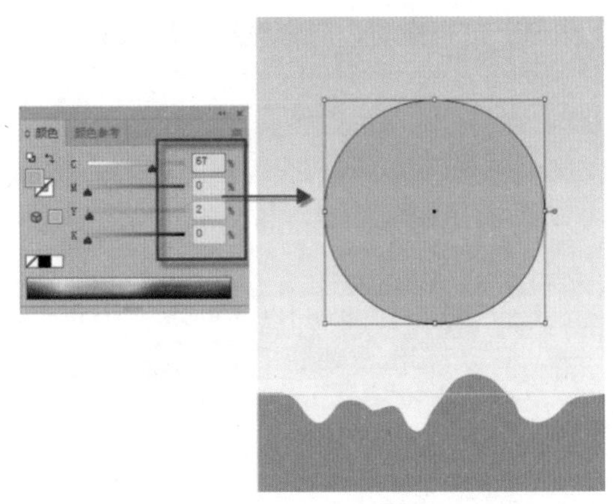

图 3–117　制作圆

步骤 8 选择工具箱中的“液化变形工具”，双击“旋转扭曲工具”，打开“旋转扭曲工具选项”对话框，设置全局画笔尺寸，制作大云纹，宽度和高度为 50 mm；制作小云纹，宽度和高度为 30 mm，如图 3–118 所示，当光标变成圆形图标后，在圆形上按住鼠标左键进行变形，当云纹达到预期效果后便可松开鼠标左键，产生对应的形状变形，大云纹在圆形的上下左右四边制作，小云纹在两个大云纹之间制作，制作出装饰效果的太阳形状，如图 3–119 所示。

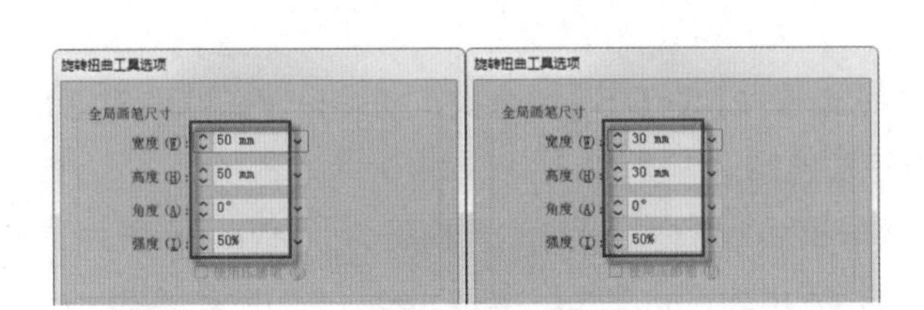

图 3–118　“旋转扭曲工具选项”对话框

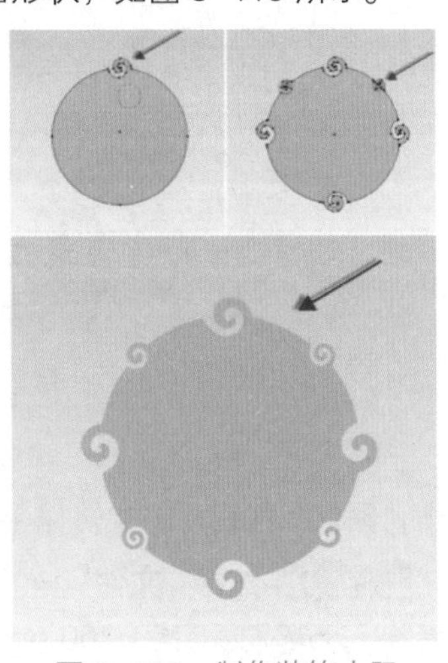

图 3–119　制作装饰太阳

步骤 9 打开素材文件“山坡松树 .ai”，将“山坡”图形移动到“推广海报”文档中，移动到画板下部，填充为蓝白渐变色，接下来使用“液化变形”工具对山坡进行变形，制作雪地效果，如图 3–120 所示。

步骤 10 打开素材文件“山坡松树 .ai”，将“松树”图形移动到“推广海报”文档中，移动到画板右下部，填充为绿白渐变色，接下来使用“液化变形工具”对松树顶部进行变形，制作积雪效果，如图 3–121 所示。

步骤 11 选择工具箱中的“液化变形工具”，双击“晶格化”工具，打开“晶格化工具选项”对话框，设置全局画笔尺寸，宽度和高度为 35 mm，当光标变成圆形图标后，按住鼠标左键在“松树”图形上进行拖动，产生对应的形状变形，制作出松枝的形状，如图 3–122 所示。

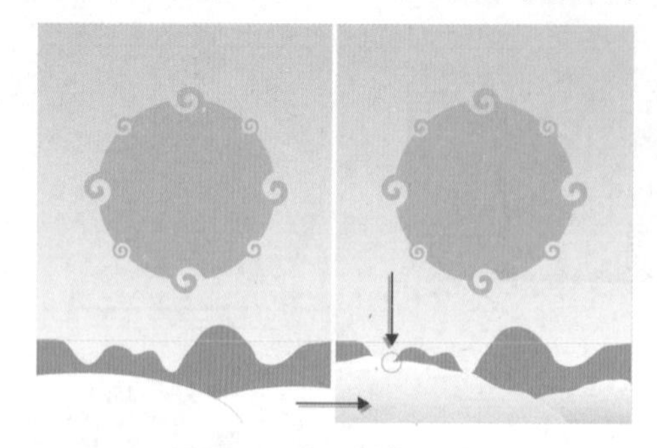

图 3–120 制作雪地

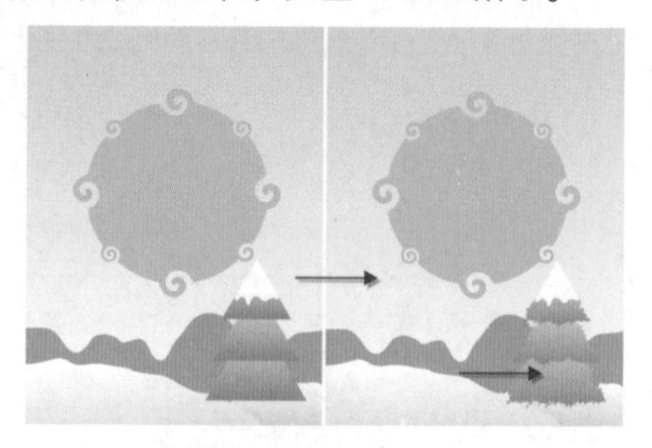

图 3–121 制作松树

步骤 12 选择“文件”→“打开”命令(或者按【Ctrl+O】组合键)，打开素材“雪花 .ai”“文字 .ai”文件，将雪花、彩灯、文字移动到“推广海报”文档中，如图 3–123 所示。

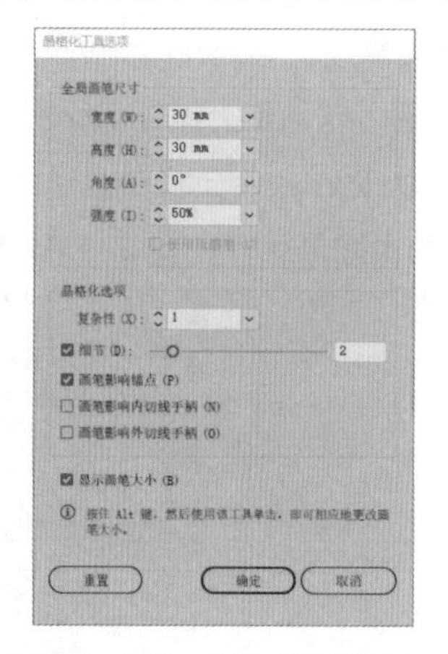

图 3–122 制作松树枝干

图 3–123 制作效果

步骤 13 选择“文件”→“存储”命令(或者按【Ctrl+S】组合键)，打开“另存为”对话框，单击“保存”按钮，将文档保存为“企业推广海报 .ai”，如图 3–124 所示。

步骤 14 选择“文件”→“导出”→“导出为”命令，设置颜色模型为 CMYK，品质为“10 最高”，分辨率为“高(300 ppi)”，将文档导出为“企业推广海报 .jpg”，如图 3–125 所示。

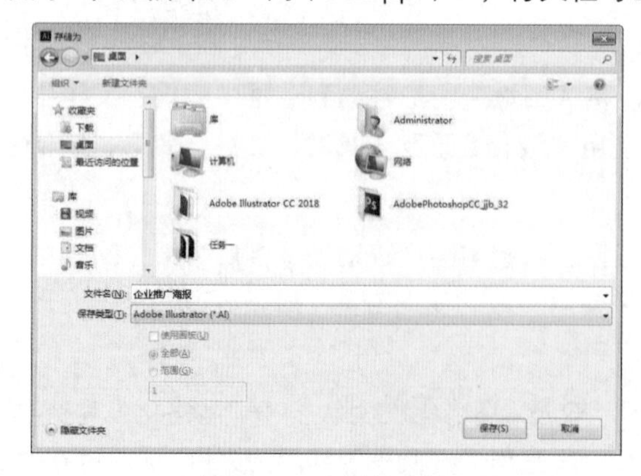

图 3–124 保存文件

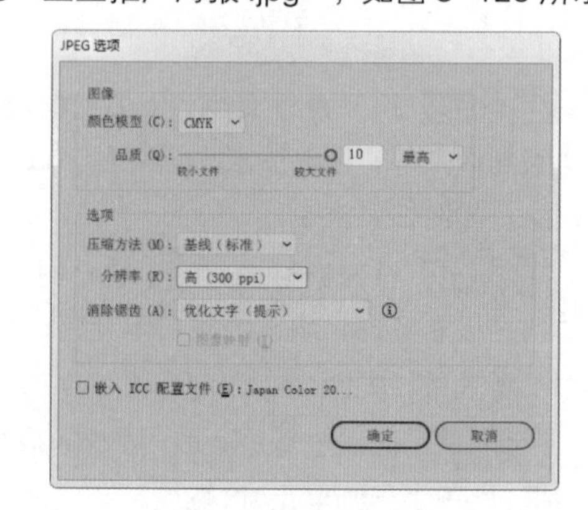

图 3–125 导出文件

任务拓展

打开本书提供的素材文件，制作如图 3–126 所示的“企业档案夹封面”，保存为“企业档案夹封面 .ai”，并导出“企业档案夹封面 .jpg”。

图 3–126 企业档案夹封面

相关知识

一、液化变形工具

在 Illustrator CC 中，系统还提供了多种变形工具，在绘制完图形后，选择工具箱中的“宽度工具”，按住该工具不放，可打开液化变形工具组，使用这些工具可以对图形进行类似液化的变形操作，选择相应的液化工具，在图形上拖动即可实现图形的变形操作。但是，液化变形工具不能应用于文字、图表、图案、位图等文件。

液化工具包括七种液化变形工具，分别是“变形工具”“旋转扭曲工具”“缩拢工具”“膨胀工具”“扇贝工具”“晶格化工具”“褶皱工具”，如图 3–127 所示。

1. 变形工具（或按【Shift+R】组合键）

在使用液化变形工具前，可以在工具箱中双击对应的工具，打开变形对话框，对变形参数进行设置。液化变形工具每一个工具都具有不同的参数，同时也有相同作用的参数设置。以“变形工具”为例，双击该工具，打开“变形工具选项”对话框，设置变形参数，即可对图形进行拉伸变形，如图 3–128 所示。

图 3–127 液化变形工具

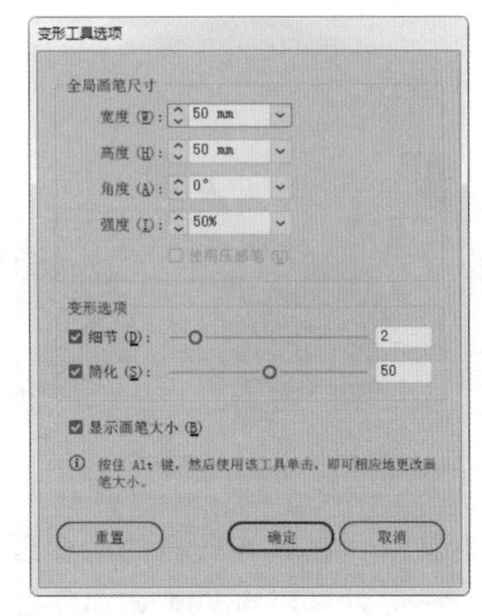

图 3–128 “变形工具选项”对话框

“变形工具选项”对话框中各选项的说明：

• 宽度、高度、角度：设置画笔笔刷的大小、角度。在“宽度”和“高度”值不相同时，笔刷显示为横型笔刷，此时利用“角度”参数可以控制绘制时的画笔角度。

- 强度：设置画笔笔刷的变形强度，值越大表示变形的强度就越大。
- 使用压感笔：当安装数位板或使用数位笔时，勾选该复选框，可以控制压感笔的强度。
- 变形选项：设置变形的细节和简化效果。
- 细节：设置变形时图形对象上的锚点细节。
- 显示画笔大小：勾选该复选框，光标将显示为圆形画笔，如果不勾选该复选框，光标将显示为十字线效果。

使用时，选择工具箱中的“变形工具”，双击该工具，弹出“变形工具选项”对话框，设置相关参数后，光标将变成圆形画笔显示，此时移动画笔到需要变形的图形上，按住鼠标拖动可以变形图形，达到满意的效果后释放鼠标，即可实现图形的变形，其中，“变形工具”画笔的大小会影响变形的范围，可以在对话框中预先设置，也可以在变形操作时按住【Alt】键的同时拖动鼠标改变画笔的大小，如图 3-129 所示。

2. 旋转扭曲工具

“旋转扭曲工具”可以创建漩涡状的变形效果，使用该工具时既可以在图形上拖动画笔进行变形，也可以将画笔放置在图形上，按住鼠标不放使图形发生变形。

选择工具箱中的“旋转扭曲工具”，打开“旋转扭曲工具选项”对话框，如图 3-130 所示，对“旋转扭曲工具”的相关属性进行设置，其中有很多选项与“变形工具选项”对话框相同，使用方法也相同，就不再单独介绍。

图 3-129　变形

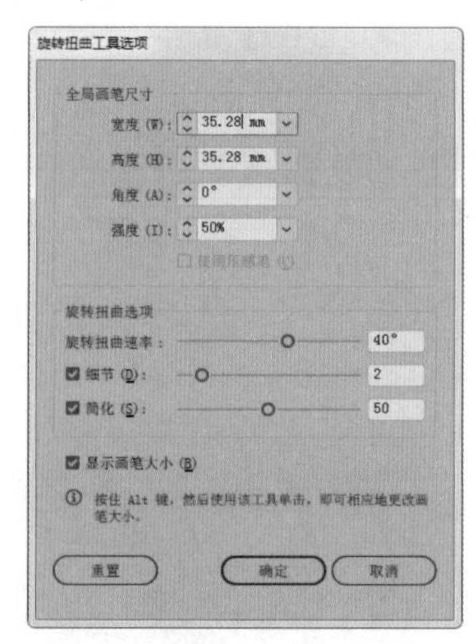

图 3-130　“旋转扭曲工具选项”对话框

旋转扭曲速率：设置旋转扭曲的变形速度，取值范围为 -180° ~ 180°。当数值越接近 -180°或 180°时，扭转的速度越快，越接近 0°，扭转的速度越慢。负值以顺时针方向扭转图形，正值则会以逆时针方向扭转图形。

使用时，首先通过“旋转扭曲工具选项”对话框设置相关参数，将圆形画笔移动到要进行变形的图形上，此时按住鼠标左键在图形上拖动进行变形，或在图形上按住鼠标进行变形，当达到满意的效果后释放鼠标，实现图形的旋转扭曲变形，如图 3-131 所示。

3. 缩拢工具

“缩拢工具”可以对图形进行收缩变形，使用时可以根据鼠标拖动的方向将图形向内收缩变形，也可以按住鼠标不动，将图形对象向内收缩变形。在工具箱中双击该工具，打开“收缩工具选项”对话框，对“缩拢工具”的参数进行设置。该工具的参数选项与“变形工具”相同，如图 3-132 所示。

图 3-131　旋转扭曲变形

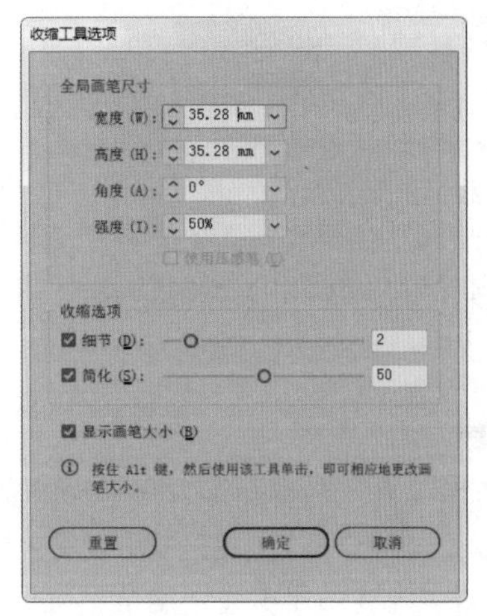

图 3-132　“收缩工具选项”对话框

选择工具箱中的“缩拢工具”，通过“收缩工具选项”对话框设置相关的参数后，将圆形画笔移动到要进行变形的图形上，此时按住鼠标拖动进行变形，当达到满意的效果后释放鼠标，实现图形的缩拢变形，如图 3-133 所示。

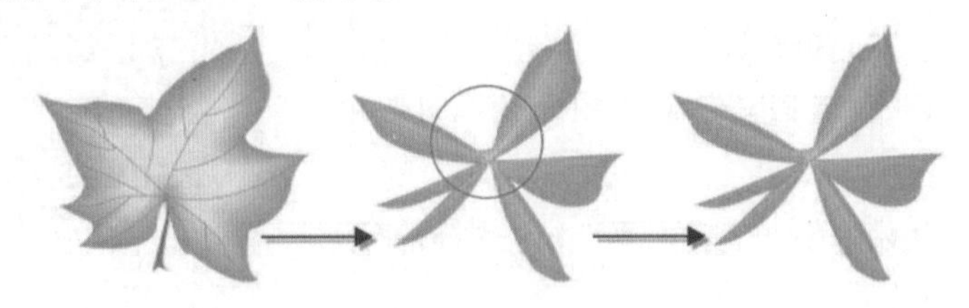

图 3-133　缩拢变形

4. 膨胀工具

“膨胀工具”可以对图形进行膨胀、扩张变形，作用与“缩拢工具”的作用相反，使用时可以在图形上按住鼠标进行膨胀变形，也可以在图形上拖动鼠标进行变形，双击工具箱中的工具按钮打开“膨胀工具选项”对话框，如图 3-134 所示，对“膨胀工具”的参数进行设置，该工具的选项与“变形工具”相同。

使用时，双击“膨胀工具”，打开“膨胀工具选项”对话框，设置相关参数后，将圆形画笔移动到要变形的图形上，按住鼠标不动或拖动鼠标进行变形，当达到需要的效果后释放鼠标，实现图形的膨胀变形，如图 3-135 所示。

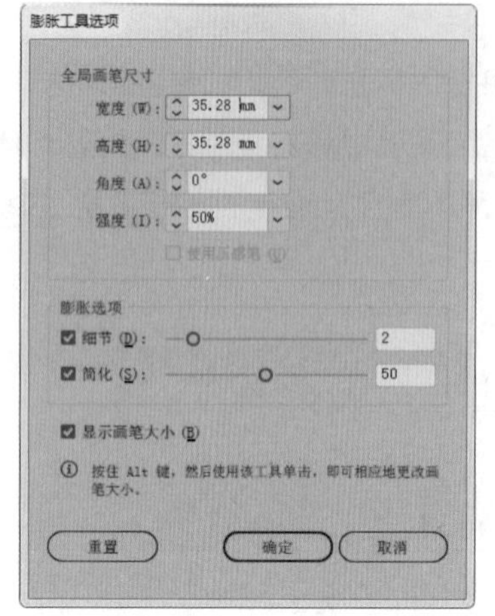

图 3-134　“膨胀工具选项”对话框

图 3-135　膨胀变形

5. 扇贝工具

“扇贝工具”可以在图形的边缘位置创建随机的三角形扇贝形状，在工具箱中双击该工具，打开“扇贝工具选项”对话框，在其中可以对“扇贝工具”的参数进行设置，如图 3-136 所示。

“扇贝工具选项”对话框中部分选项的说明：

• 复杂性：设置图形变形的复杂程度，产生三角形扇贝的数量。从下拉列表中，可以选择 1 ~ 15 级别，值越大变形越复杂，图形上产生的扇贝形状也越多。

• 画笔影响锚点：勾选该复选框，图形变形时在每个转角位置都将产生对应锚点。

• 画笔影响内切线手柄：勾选该复选框，图形变形时沿三角形内切方向变形。

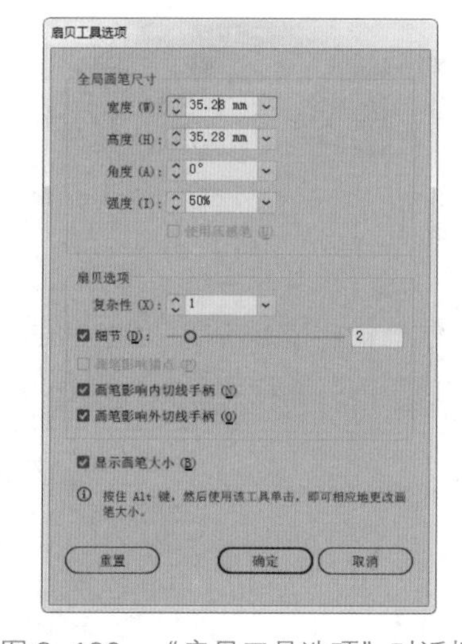

图 3-136　“扇贝工具选项”对话框

• 画笔影响外切线手柄：勾选该复选框，图形变形时沿三角形外切方向变形。

使用时，双击“扇贝工具”，打开“扇贝工具选项”对话框，设置相关参数后，将圆形画笔移动到要进行变形的图形上，按住鼠标拖动产生变形，当向图形内部拖动鼠标时变形最剧烈，当达到满意的效果后释放鼠标，可以实现图形边缘位置产生随机的三角形扇贝形状变形，如图 3-137 所示。

6. 晶格化工具

“晶格化工具”可以在图形的边缘位置创建随机锯齿形状变形。在工具箱中双击该工具，打开“晶格化工具选项”对话框，该对话框中的选项与“扇贝工具”参数选项相同，如图 3-138 所示。

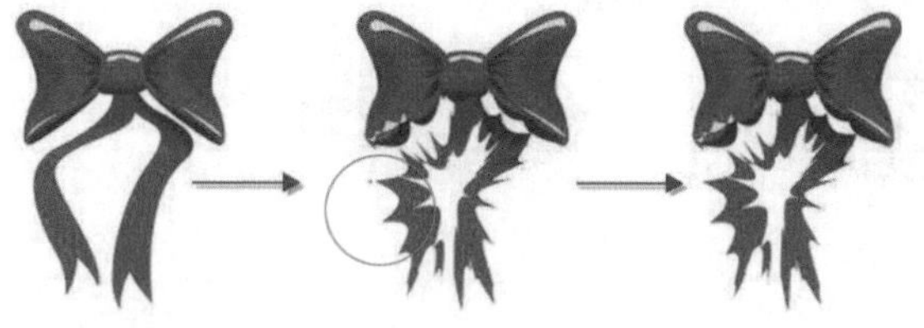

图 3-137　扇贝变形

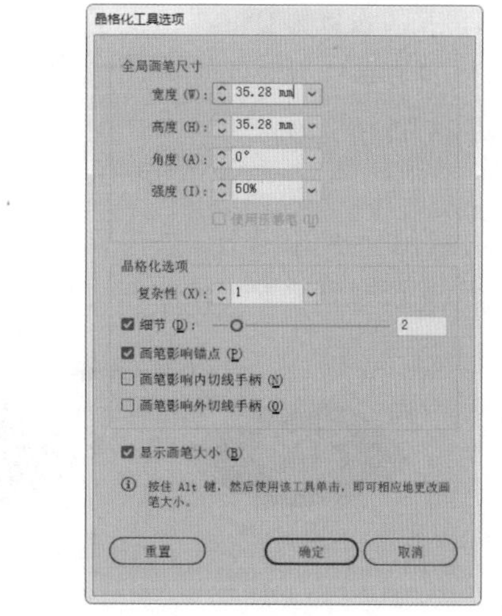

图 3-138　“晶格化工具选项”对话框

使用时，双击“晶格化工具”，打开“晶格化工具选项”对话框，设置相关参数后，将圆形画笔移动到要进行变形的图形上，按住鼠标拖动产生变形，达到满意效果后释放鼠标，可以实现图形边缘位置产生随机的锯齿形状变形，如图 3-139 所示。

7. 皱褶工具

“皱褶工具”可以在图形上产生褶皱状的凸状变形。在工具箱中双击该工具，打开“皱褶工具选项”对话框，在其中可以对“皱褶工具”的参数进行设置，如图 3-140 所示。

图 3-139　晶格化变形

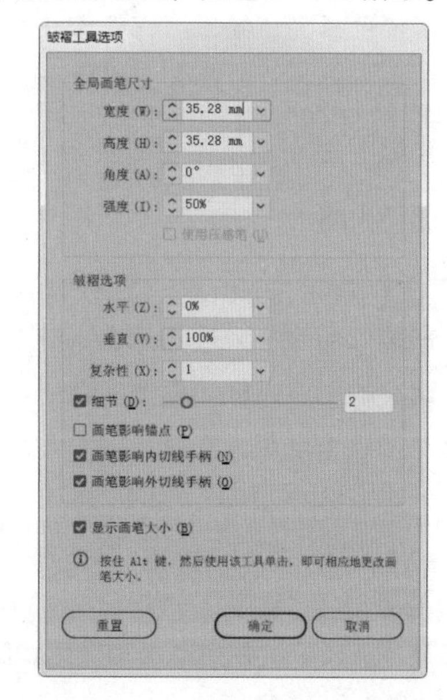

图 3-140　“皱褶工具选项”对话框

皱褶选项：

• 水平：设置水平方向的皱褶数量，值越大皱褶变形越剧烈。如果不想在水平方向上产生皱褶，可以将其值设置为 0%。

• 垂直：设置垂直方向的皱褶数量。值越大皱褶变形越剧烈，如果不想在垂直方向上产生皱褶，可以设置此值为 0%。

使用时，双击“皱褶工具”，打开“皱褶工具选项”对话框，设置相关参数后，将圆形画笔移动到要进行变形的图形上，按住鼠标拖动产生变形，达到满意的效果后释放鼠标，可以实现图形边缘位置的皱褶变形，如图 3–141 所示。

图 3–141　皱褶变形

任务四　制作“订餐卡三折页”

任务描述

启动 Illustrator CC 软件，使用形状工具绘制图形，使用封套扭曲工具对图形进行扭曲变形，制作文字图标、抽线图形、点阵图形，接下来打开素材“文字 .ai”，进行画面版面的排列，制作“订餐卡三折页”，如图 3–142 所示，保存为“订餐卡三折页 .ai”和导出“订餐卡三折页 .jpg”。

图 3–142　订餐卡三折页

任务实施

步骤 1 启动 Illustrator CC 软件后，选择“文件”→“新建”命令（或者按【Ctrl+N】组合键），打开“新建文档”对话框，设置参数：名称为“订餐卡三折页”，大小自定，文件宽度为 300 mm、高度为 300 mm，方向为“竖幅”，出血为 3 mm，颜色模式为 CMYK，栅格效果为“高（300 ppi）”，新建一个空白文档，如图 3–143 所示。

步骤 2 选择“视图”→“标尺”→“显示标尺”命令（或者按【Ctrl+R】组合键），如图 3–144 所示。打开“标尺”，并拖动出辅助线，移动辅助线到 100 mm、200 mm 处，将绘图区等分成三份，如图 3–145 所示。

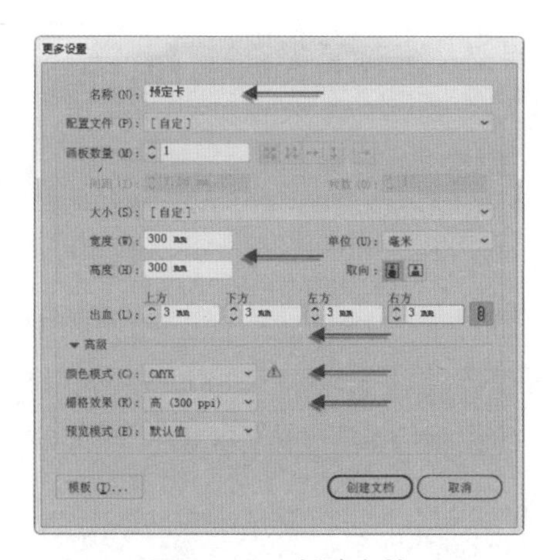

图 3-143 新建文档

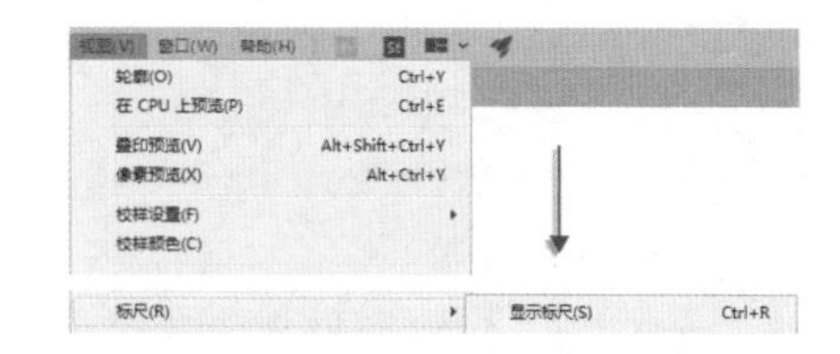

图 3-144 打开标尺

步骤 3 选择工具箱中的“矩形工具”，沿辅助线处绘制三个矩形作为背景，如图 3-146 所示。

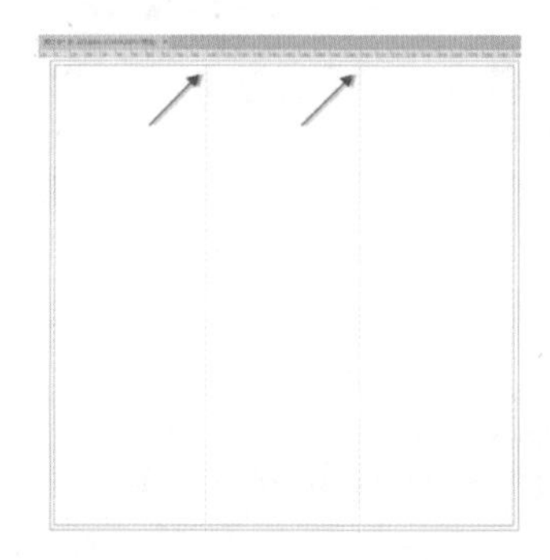

图 3-145 制作标尺、辅助线

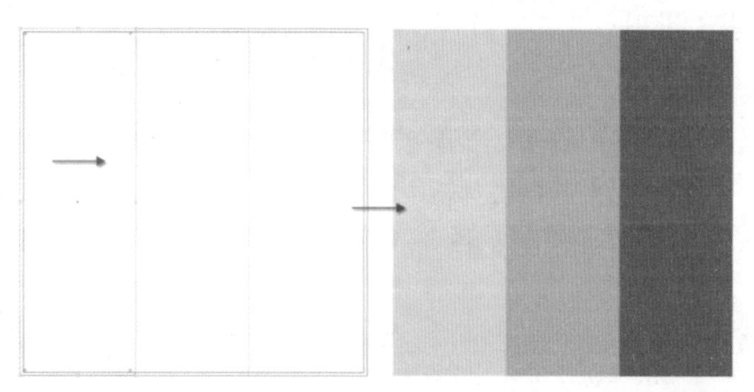

图 3-146 制作背景

步骤 4 双击填充色按钮，打开“拾色器”对话框，设置三个颜色，分别填入背景，颜色设置如下：浅黄灰（C:12，M:15，Y:32，K:0）、浅蓝灰（C:36，M:29，Y:27，K:0）、深蓝（C:82，M:65，Y:7，K:0），如图 3-147 所示。由左往右分别填入三个矩形中，如图 3-146 所示。

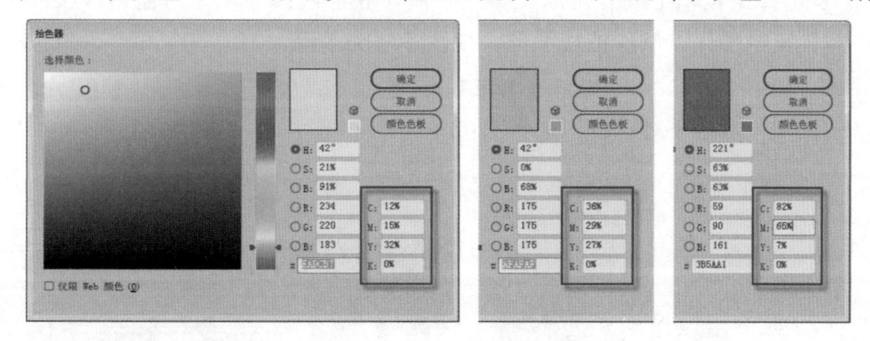

图 3-147 背景颜色设置

步骤 5 选择工具箱中的“文字工具”，在文档空白处单击，并输入“海洋森林休闲广场”文字，填充为蓝色，如图 3-148 所示。

步骤6 选择“对象”→“封套扭曲”→“用变形建立”命令（或者按【Alt+Shift+Ctrl+W】组合键），如图 3–149 所示，选择变形方式为鱼眼，设置弯曲为 50%，扭曲水平为 –10%，如图 3–150 所示。

图 3–148　输入文字

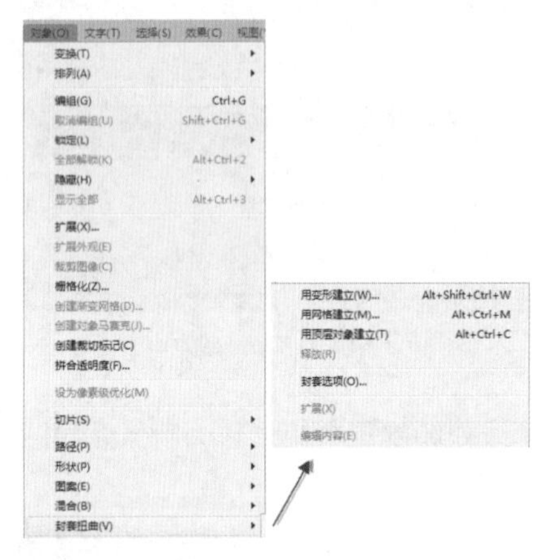

图 3–149　“封套扭曲”菜单项

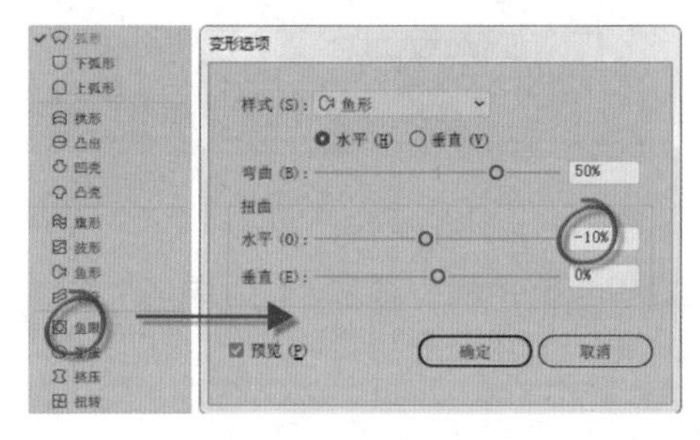

图 3–150　变形设置

步骤7 制作文字鱼眼变形，如图 3–151 所示。

步骤8 选择工具箱中的“钢笔工具”，绘制鱼头、鱼翅图形，使用“椭圆工具”绘制鱼眼并填充为蓝色，如图 3–152 所示。

图 3–151　文字变形

图 3–152　绘制图形

步骤9 选择工具箱中的“矩形工具”，制作长形线条并填充为蓝色，按住【Shift】键拖动复制，重复复制操作，制作抽线图形，如图 3–153 所示。

步骤10 选择“窗口”→“路径查找器”命令，打开“路径查找器”面板，使用“联集”工具，将抽线图形合成一个整体，如图 3–154 所示。

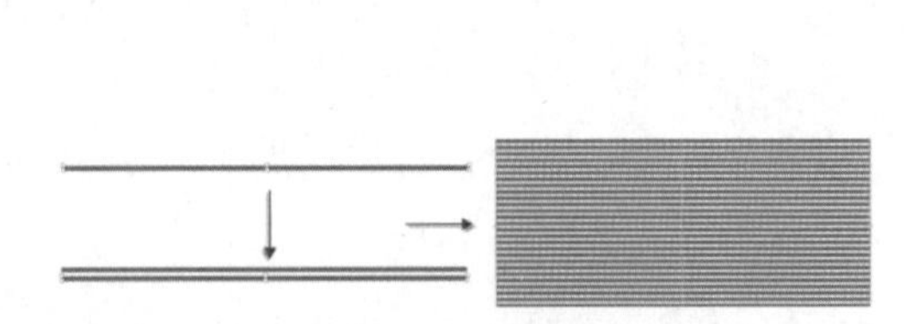

图 3–153　制作抽线图形

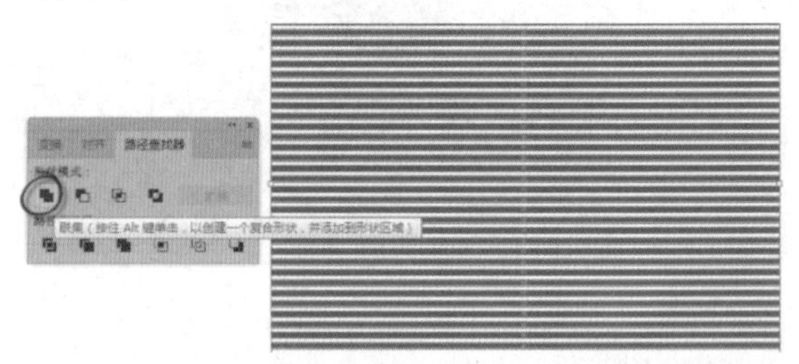

图 3–154　联集抽线图形

步骤 11 选择“对象”→“封套扭曲”→“用网格建立”命令（或者按【Alt+Shift+M】组合键），打开“封套网格”对话框，如图 3–155 所示。

步骤 12 在“封套网格”对话框中，设置行数和列数为 8，如图 3–156 所示。

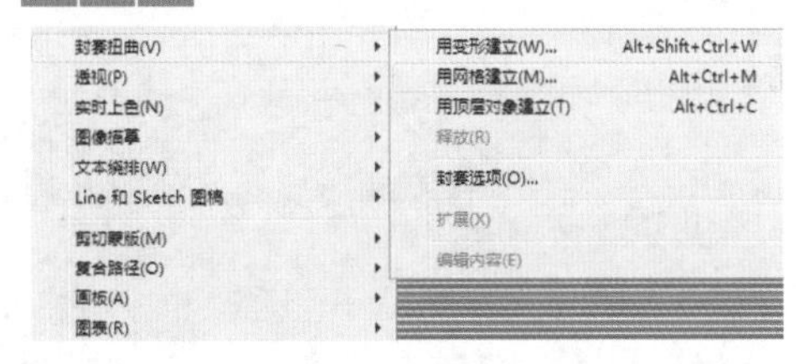

图 3–155　网格变形

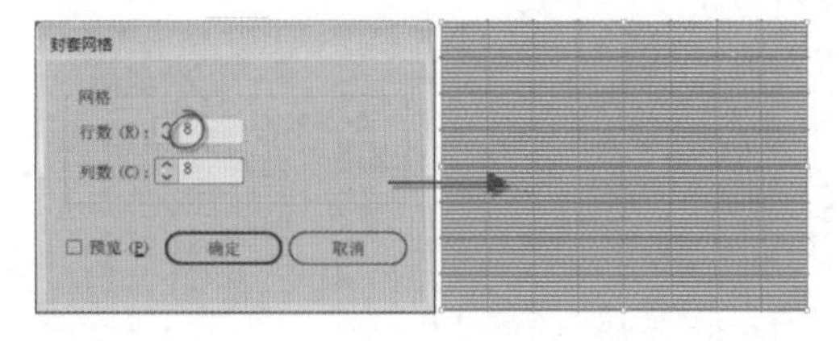

图 3–156　封套网格设置

步骤 13 选择工具箱中的“直接选择工具”，调节网格控制点，使图形发生扭曲变形，制作抽线大海图形，如图 3–157 所示。

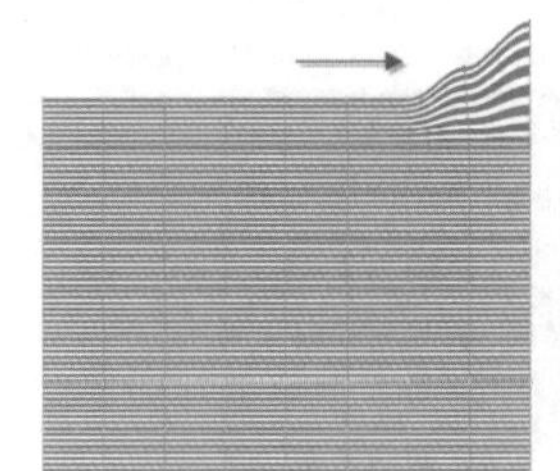
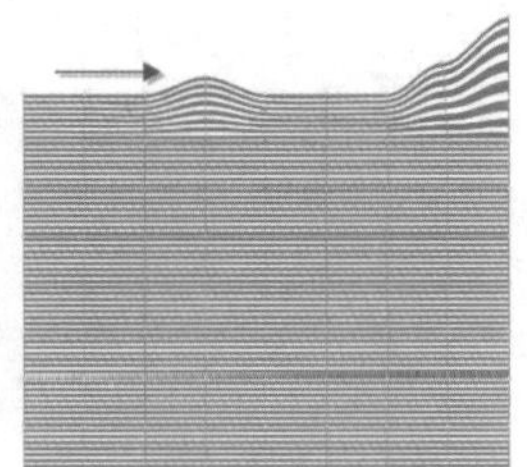
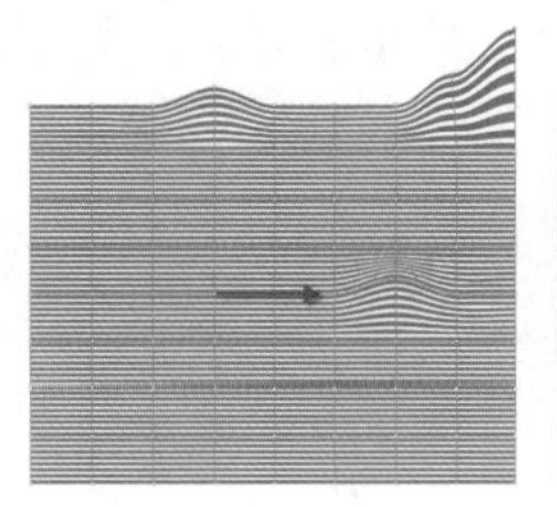
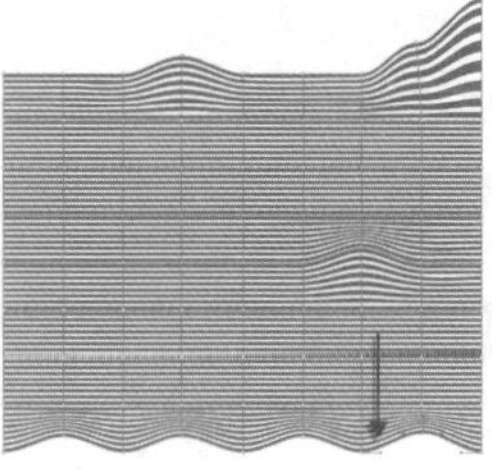

图 3–157　制作抽线大海图形

步骤 14 选择工具箱中的“椭圆工具”，按住【Shift】的同时拖动鼠标绘制圆，填充为橙红色（C:0，M:66，Y:91，K:0），并复制排列出点阵图，使用“路径查找器”面板中的“联集”工具，将所有圆合成一个整体，如图 3–158 所示。

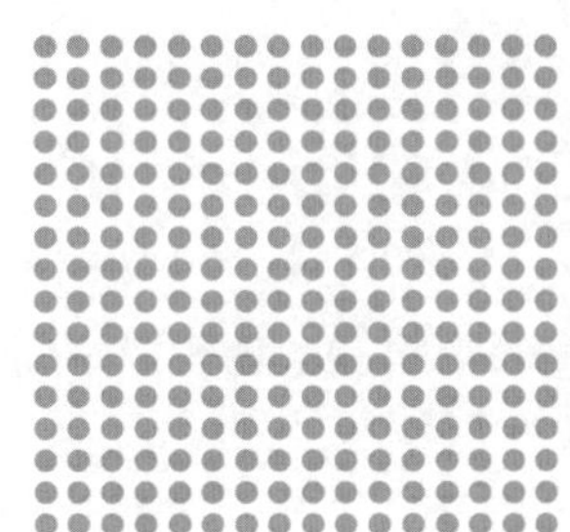
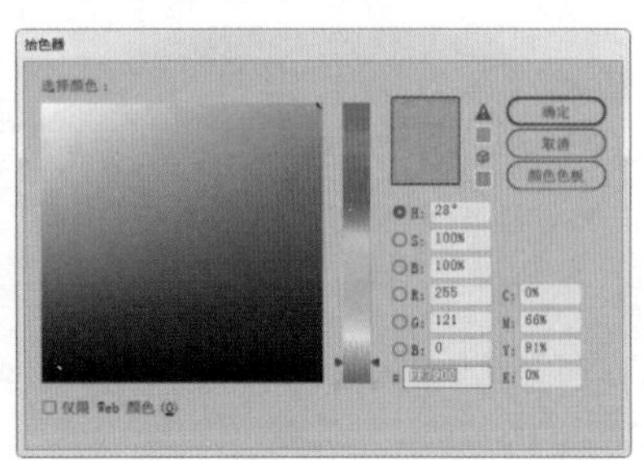

图 3–158　制作点阵图

步骤 15 选择工具箱中的“椭圆工具”，按住【Shift】键的同时拖动鼠标绘制圆，并放置于点阵图上方，将点阵图与圆形一起选中，如图 3–159 所示。

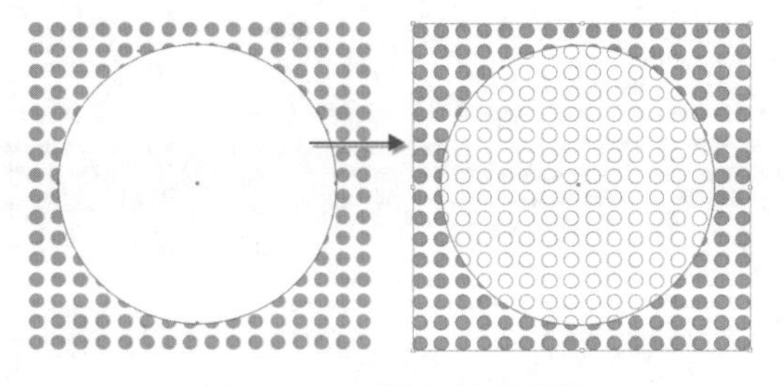

图 3–159　制作顶层圆形

步骤 16 选择“对象”→“封套扭曲”→“顶层对象建立”命令（或者按【Alt+Ctrl+C】组合键），制作点阵太阳图形，如图 3–160 所示。

步骤17 将制作好的变形文字、点阵太阳、抽线大海图形与背景组合，如图 3–161 所示。

步骤18 选择工具箱中的“钢笔工具”，绘制“帆船”图形并填充为白色，将帆船图形移动到背景中，如图 3–162 所示。

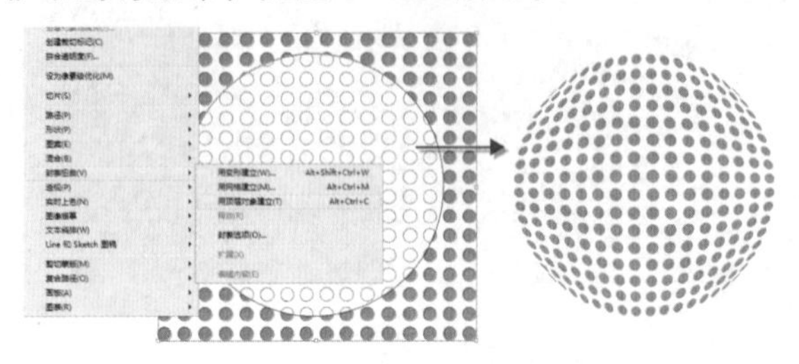

图 3–160　制作点阵太阳

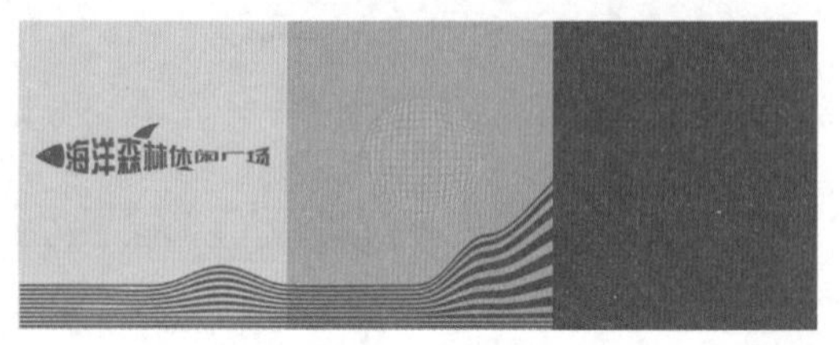

图 3–161　与背景组合

步骤19 打开素材“文字 .ai”“企业标志 .ai”文件，将文字和二维码移动到“定餐卡”文档中，排列组合，完成制作，如图 3–163 所示。

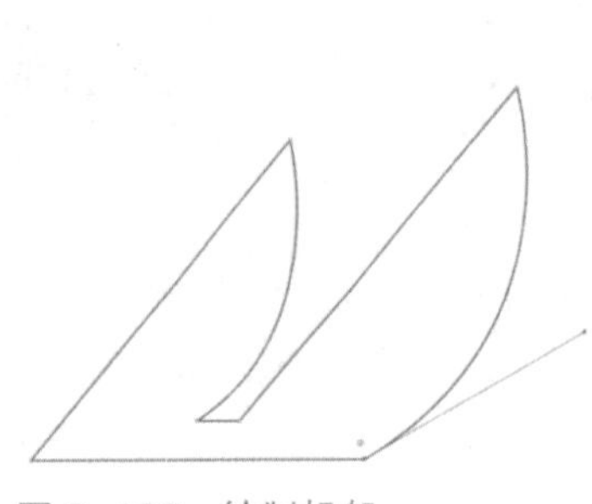

图 3–162　绘制帆船

图 3–163　完成效果

步骤20 选择“文件”→“存储”命令（或者按【Ctrl+S】组合键），打开“另存为”对话框，单击“保存”按钮，将文档保存为“订餐卡三折页 .ai”，如图 3–164 所示。

步骤21 选择“文件”→“导出”→“导出为”命令，设置颜色模型为 CMYK，品质为“10 最高”，分辨率为“高（300 ppi）”，将文档导出为“订餐卡三折页 .jpg”，如图 3–165 所示。

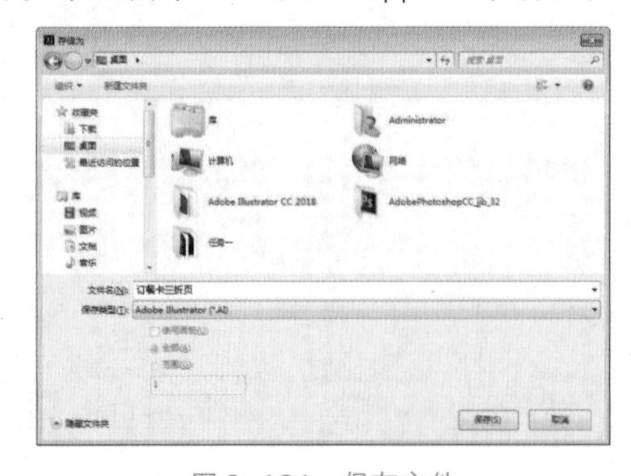

图 3–164　保存文件

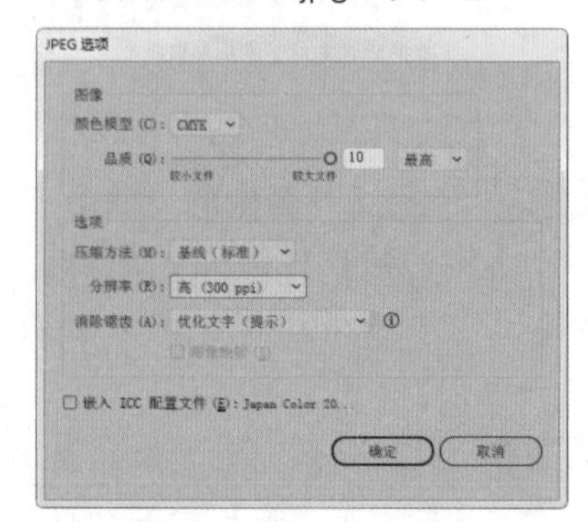

图 3–165　导出文件

任务拓展

打开本书提供的素材文件，制作图 3–166 所示的“企业志愿者服务徽标”，保存为“企业志愿者服务徽标 .ai”，并导出“企业志愿者服务徽标 .jpg”。

图 3–166　企业志愿者服务徽标

相关知识

一、封套扭曲工具

封套扭曲工具是 Illustrator CC 提供的一个特殊变形扭曲工具，对图形应用封套扭曲后，图形四周将会被封套包裹，这时调整封套，图形也会产生相应的变形，封套扭曲在图形绘制中是一个常用的变形扭曲工具，可以对图形整体进行变形，有了封套扭曲功能，图形的扭曲操作变得更加灵活。

选择“对象”→“封套扭曲”命令，展开的子菜单中提供了多种封套变形工具，除了多种默认的扭曲功能外，还可以通过“用网格建立”和“用顶层对象建立”方式创建扭曲效果，用在不同的场合，以适应不同的图形变形要求，如图 3–167 所示。

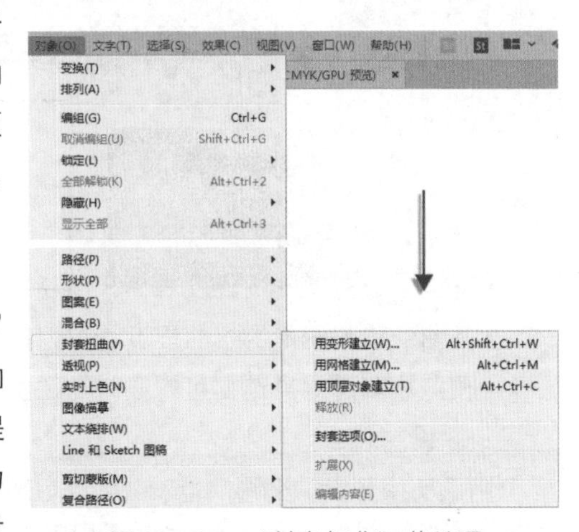

图 3–167　“封套扭曲”菜单项

1. 用变形建立

选择“对象”→“封套扭曲”→“用变形建立”命令（或按【Alt+Shift+Ctrl+W】组合键），如图 3–168 所示。该命令是 Illustrator CC 为用户提供的一项预设的变形功能，利用系统提供的预设功能，通过“变形选项”对话框相关的设置，可以对图形进行变形，使用时先选中要变形的图形，然后选择一个样式，调节相关参数，即可实现图形的变形，如图 3–169 所示。

用变形建立(W)... Alt+Shift+Ctrl+W
用网格建立(M)... Alt+Ctrl+M
用顶层对象建立(T) Alt+Ctrl+C
释放(R)

图 3-168 选择“用变形建立”命令

图 3-169 变形命令使用

“变形选项”对话框中各参数的说明：

• 样式：可以从下拉列表中选择一种变形样式，系统提供了 15 种变形样式，样式不同变形效果也不同，如图 3-170 和图 3-171 所示。

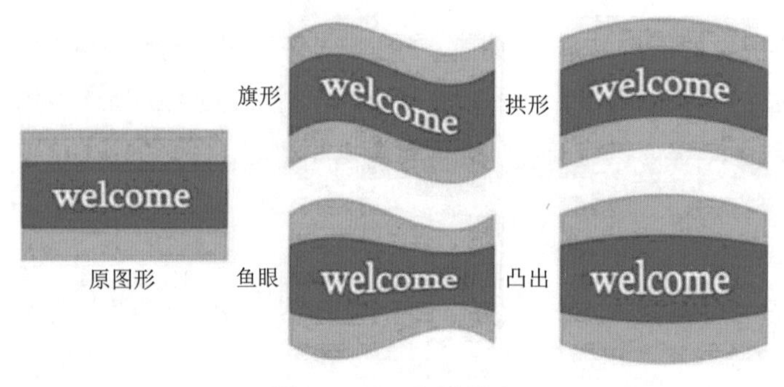

图 3-170 变形样式

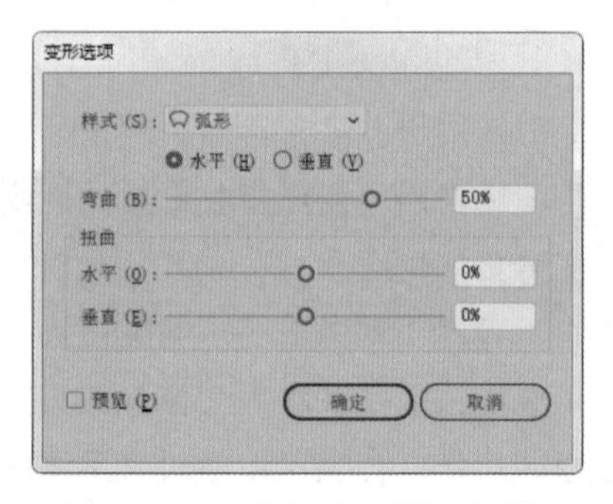

图 3-171 “变形选项”对话框

• 水平 / 垂直：设置变形的方向。

• 弯曲：设置变形的强度大小，值越大图形的弯曲度也就越大。

• 扭曲：设置图形的扭曲程度，可以指定水平或垂直方向的扭曲程度。

• 预览：勾选此复选框可以实时在绘图区看到封套效果。

2. 用网格建立

除了使用预设的变形功能，也可自定义网格来扭曲图形，选择“对象”→“封套扭曲”→“用网格建立”命令（或按【Alt+Shift+M】组合键），打开“封套网格”对话框，在其中可以设置网格的“行数”和“列数”，如图 3-172 所示。

“封套网格”对话框中各参数的说明：

行数 / 列数：设置网格的行数 / 列数，如图 3-173 所示。

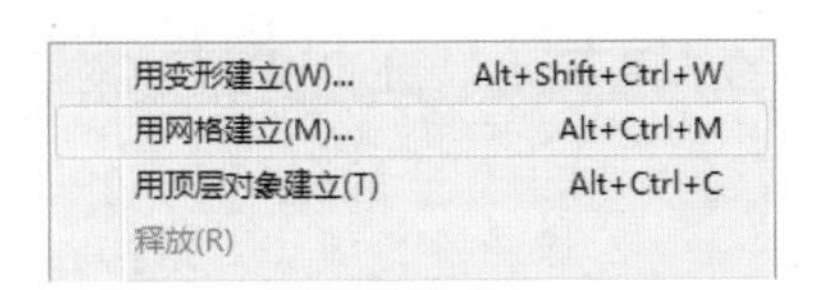

图 3–172 “用网格建立”

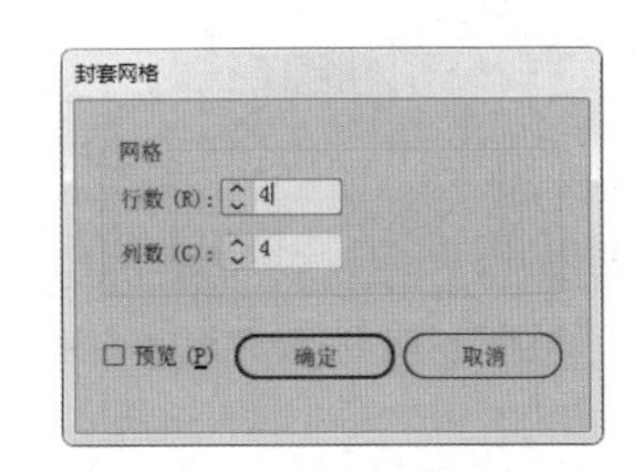

图 3–173 设置网格

使用时，先选中需要变形的图形，在“封套网格”对话框中设置合适的行数和列数，单击“确定”按钮，即可为所选图形对象创建一个网格状的变形封套，如图 3–174 所示，此时可以使用“直接选择工具”调整封套网格，使用方法与路径调整类似，将光标移动到选中的网格点上，按住鼠标拖动网格点，也可以调整网格点上的控制柄，改变网格的形状，可以修改一个网格点，也可以同时选择多个网格点进行调整，使图形产生对应的扭曲变形，如图 3–174 所示。

3. 用顶层对象建立

使用该命令可以将选择的图形，以该对象上方的路径形状为基础进行变形，选择“对象”→“封套扭曲”→“用顶层对象建立”命令（或者按【Alt+Ctrl+C】组合键），如图 3–175 所示。

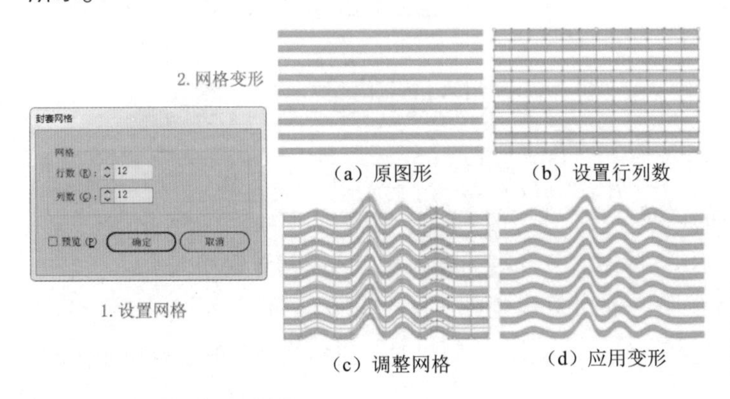

图 3–174 变形操作

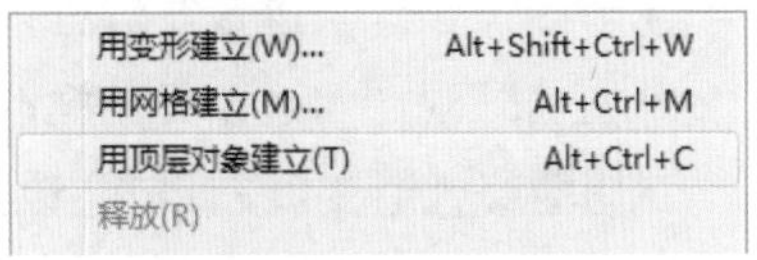

图 3–175 选择“用顶层对象建立”命令

使用时，首先在要扭曲变形的图形上方绘制相应的图形，将其路径作为封套变形的参照。然后选择要变形的图形和上方图形，选择“对象”→“封套扭曲”→“用顶层对象建立”命令（或按【Alt+Ctrl+C】组合键），可以将两个图形按照上方图形的路径形状进行变形，新图形的内容和原图形一致，形状则与上方图形路径一致，如图 3–176 所示。

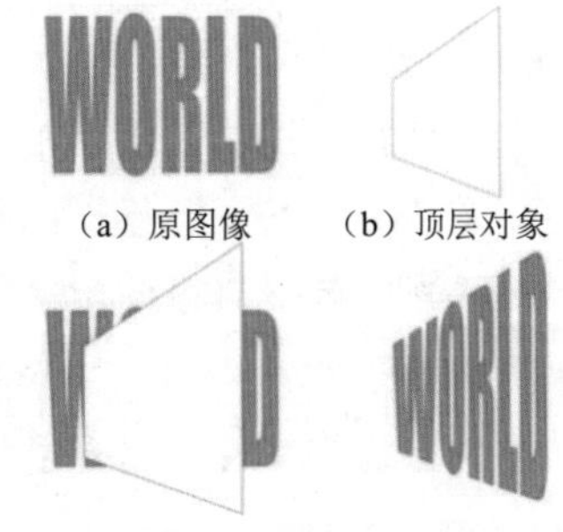

图 3–176 变形操作

二、编辑封套扭曲图形

1. 释放

还原变形前图形，在应用封套变形后，如果对变形的效果不满意，还可以选择“对象”→“封套扭曲”→“释放”命令还原图形，如图 3–177 所示。

2. 封套选项

通过“封套选项”命令可以调整封套扭曲的精确度，如扭曲外观、扭曲线性渐变和扭曲图案填充等，这些设置可以在使用封套扭曲前进行修改，也可以在变形后选择图形进行修改。选择“对象”→“封套扭曲”→“封套选项”命令，打开“封套选项”对话框，在该对话框中可以对封套进行设置，如图 3–178 所示。

图 3–177　选择“释放”命令

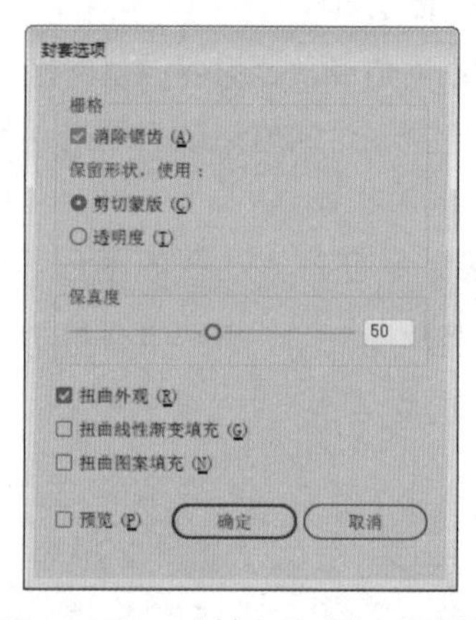

图 3–178　“封套选项”对话框

“封套选项”对话框中各参数的说明：

- 消除锯齿：勾选该复选框，可以消除封套变形时的锯齿，产生平滑过渡的效果。
- 扭曲外观：勾选该复选框，将对图形的外观属性进行拉曲变形。
- 扭曲线性渐变填充：勾选该复选框，在扭曲图形时，同时对填充的线性渐变进行扭曲变形，如图 3–179 所示。
- 扭曲图案填充：勾选该复选框，在扭曲图形的同时对填充的图案进行扭曲变形，如图 3–179 所示。
- 剪切蒙版：在使用相关的封套扭曲命令后，在图形上将显示图形的封套变形框。
- 透明度：可以使用透明通道保留封套的变形框。
- 保真度：设置封套变形时的封套内容保真程度，值越大封套的锚点越多，保真度也就越大。

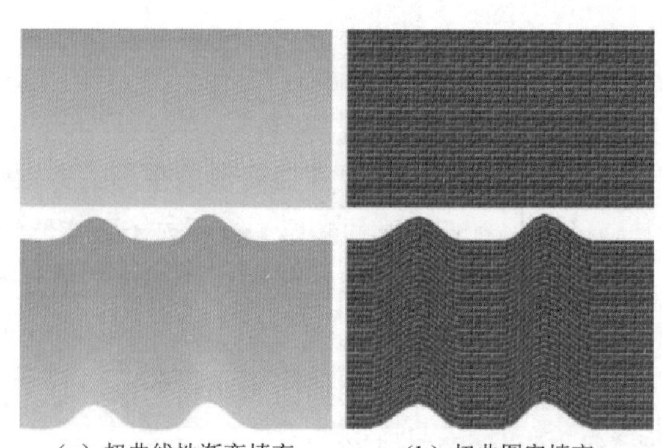

（a）扭曲线性渐变填充　（b）扭曲图案填充

图 3–179　扭曲线性渐变和图案填充

• 扩展：可以将封套变形后的图形扩展为普通路径，如图 3–180 所示。

3. 编辑内容

选择“对象”→“封套扭曲”→“编辑内容”命令可以撤回到变形前的图形，以便对原图形或封套路径进行修改，如果想回到封套变形效果，可以再次选择“对象”→“封套扭曲”→“编辑内容”命令，回到封套变形后的效果，如图 3–181 所示。

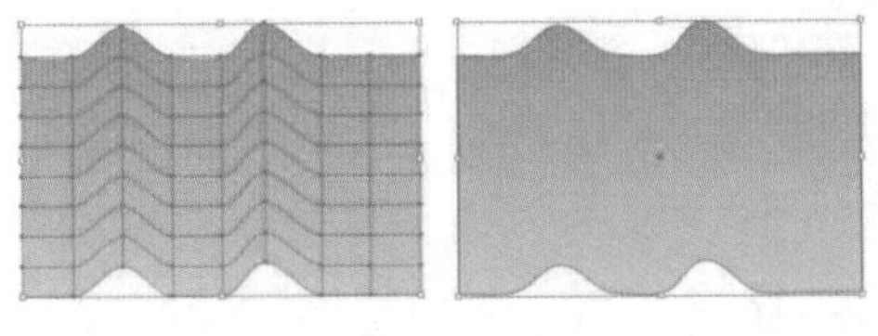

图 3–180 扩展

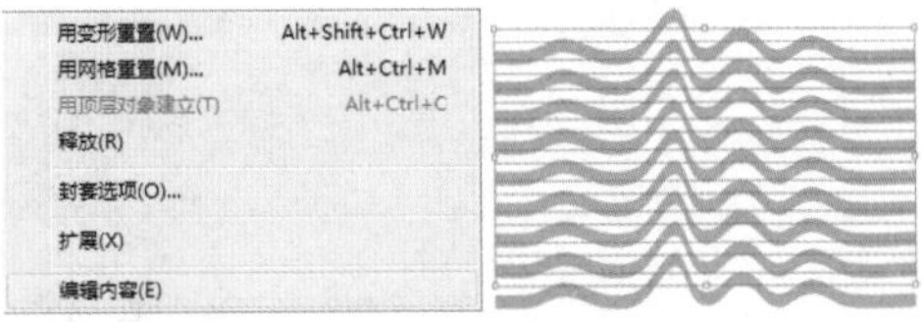

用变形重置(W)... Alt+Shift+Ctrl+W
用网格重置(M)... Alt+Ctrl+M
用顶层对象建立(T) Alt+Ctrl+C
释放(R)
封套选项(O)...
扩展(X)
编辑内容(E)

图 3–181 选择“编辑内容”命令

小 结

在本单元中，学习了 Illustrator CC 路径和路径绘制与编辑的相关知识，通过对本单元的学习，使读者可以运用路径工具绘制出需要的图形，并对绘制后的路径进行相关编辑，从而掌握绘制和编辑图形路径的各种方法和相关技巧。

同时，还学习了“路径查找器”工具的使用方法，利用“路径查找器”可以对多个图形的路径进行相加、相减、相交等修剪运算，从而形成新的图形。最后还学习了“液化变形工具”、“封套扭曲工具”等变形工具的使用，利用这些变形工具，可以对图形进行变形操作，达到预想的图形效果。

练 习

一、简答题

1. 描述将几个形状合并为一个形状的两种方式。

2. 剪刀工具和刻刀工具的区别是什么？

3. 如何使用橡皮擦工具以直线进行擦除？

4. 在“属性”或“路径查找器”面板中，形状模式和“路径查找器”效果之间的主要区别是什么？

5. 为什么要轮廓化描边？

二、操作题

新学期到来，在此迎接新生报名之际，各系部（学院）为了彰显自身的办学特色，故安排系（学院）学生会设计与制作新生宣传的相关图文展板和印刷单页，请你为系部（学院）设计与制作相关作品。

制作内容与要求：

1. 设计和制作“系徽”（院徽），如图 3–182 所示。

• 制作规格，尺寸为 A4、色彩为 CMYK、分辨率为 300 像素 / 英寸。

• 图形简洁、美观大方、寓意深刻。

图 3–182　系徽（院徽）

2. 设计和制作“新生宣传海报”。

• 制作规格，尺寸为 A4、色彩为 CMYK、分辨率为 300 像素 / 英寸。

• 作品画面富有美感，具有一定视觉冲击力，图形美观、色彩和谐，视觉效果良好。

• 作品构思新颖，立意深刻，能准确表达系部（学院）特色。

3. 设计与制作“新生报名须知”印刷单页。

• 制作规格，尺寸为 A4、色彩为 CMYK、分辨率为 300 像素 / 英寸，制作印刷出血。

• 作品画面富有美感，具有一定视觉冲击力，图形美观、色彩和谐，视觉效果良好。

• 内容表达准确，版面适合阅读。

• 提交作品要求：“×× 系（学院）系标 .ai”文件、“新生宣传海报 .ai”文件、“新生报名须知 .ai”文件，及对应的 jpg 文件。

单元四

颜色应用与填充技巧

在图像中，色彩拥有举足轻重的作用，不同的色彩能够给人不一样的感受。Illustrator CC 能够提供大量的色彩与色调的调整工具，用于处理图片的色彩与色调，使图片更生动、更有活力。

学习目标

- 了解 Illustrator CC 中常见的图像颜色模式
- 掌握纯色填充的基本操作
- 掌握渐变填充的基本操作
- 掌握图案填充的基本操作
- 掌握颜色命令的使用技巧

任务一 常见的图像颜色模式

颜色模式在 Illustrator 中常常会用到，每一种颜色模式都对应一种媒介。

任务描述

启动 Illustrator CC 软件，打开本书提供的素材文件，进行颜色模式的查看。了解每一种颜色的特征与使用场景。

任务实施

打开素材图片，选择“窗口”→“颜色”命令，打开“颜色”面板（快捷键为【F6】），单击“颜色”面板右上方的下拉按钮，进行颜色模式的查看，如图 4-1 所示。

图 4-1 颜色模式种类

相关知识

一、CMYK 颜色模式

CMYK 是反光原理产生的，通过三原色混色叠加成四色，这四个颜色分别是 Cyan 青色（C）、Magenta 洋红色（M）、Yellow 黄色（Y）、Black 黑色（K），如图 4-2 所示。物体吸收了白光中特定频率的光，将其余的光反射出来，就形成人们眼中看到的 CMYK 色彩，属于减法混色原理。CMYK 是印刷模式，媒介多是打印机、印刷机等印刷器械，常运用在画册、包装、海报等印刷品中。在印刷时，获得青、品红、黄、黑四张样板后，印刷厂则可以根据样板来印刷。

二、RGB 颜色模式

RGB 通过颜色发光原理设定，有红（R）、绿（G）、蓝（B）三种颜色，用 0 ~ 255 的值来衡量。利用这三种颜色的加法混合，产生各种各样的颜色，如图 4-3 所示。RGB 模式应用广泛，存在于屏幕等显示设备中，多存在于电子显示屏、投影仪、数码照相机等媒介，十分依赖电子设备，是计算机中最直接的色彩表示法，不存在于印刷品中，也是生活与设计中最常用的色彩模式。RGB 的色值范围为 0 ~ 255，当 RGB 数值相等时没有色相，称为灰度，数值越低灰度越高。该模式是计算机中最直接的色彩表示法。

三、HSB 颜色模式

色度（H）用来描述颜色的色素，用 0 ~ 359 来测量；饱和度（S）表示颜色饱和度，用 0% ~ 100% 表示，百分比越高，颜色越鲜明；明度（B）表示颜色中所含白色的值，用 0% ~ 100% 表示，百分比越高，则图像越亮，如图 4-4 所示。

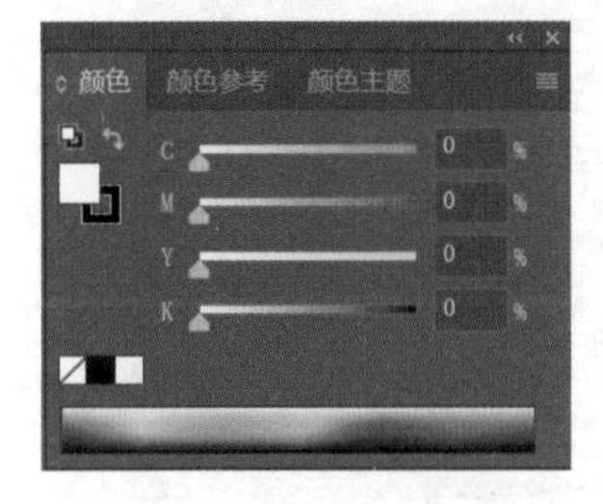

图 4-2 CMYK 颜色模式

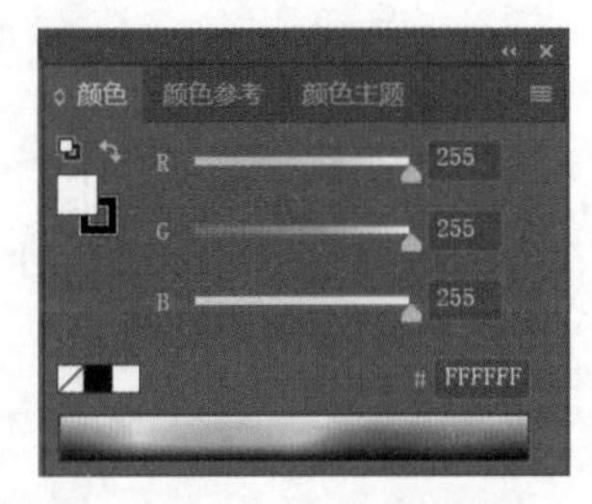

图 4-3 RGB 颜色模式

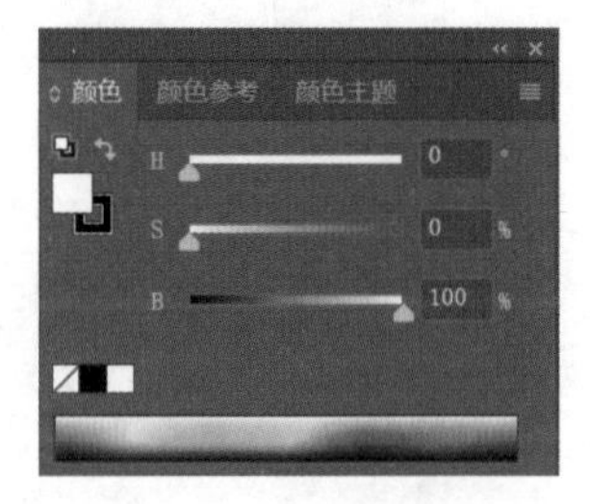

图 4-4 HSB 颜色模式

四、灰度模式

在灰度模式下，图像只有灰度而没有其他颜色。在这里用 8 位或者 16 位颜色来表示，如图 4-5 所示。如果将一个图像转换为灰度模式后，那么所有颜色将被不同的灰度代替。

五、Web Safe RGB 颜色模式

该模式保证颜色在网络上正确显示，网络上的图片清晰，层次丰富，是以降低了颜色的过渡为代价的。该模式值的范围为 0 ~ 9 和 A ~ F 的组合，6 位数字或者字母的组合就代表了一种颜色。比如 000000 代表黑色，FFFFFF 则代表白色，如图 4-6 所示。

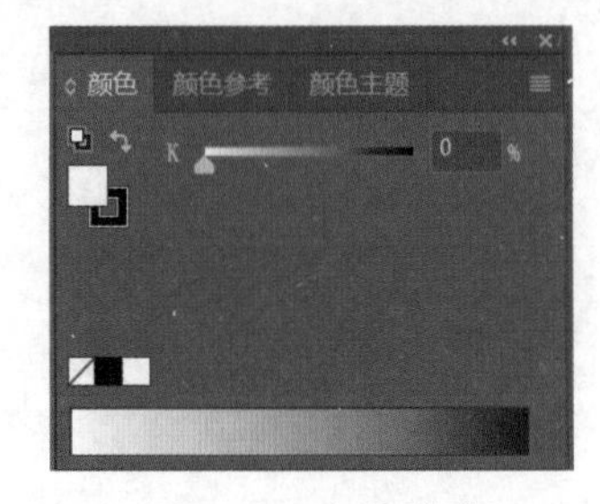

图 4-5 灰度模式

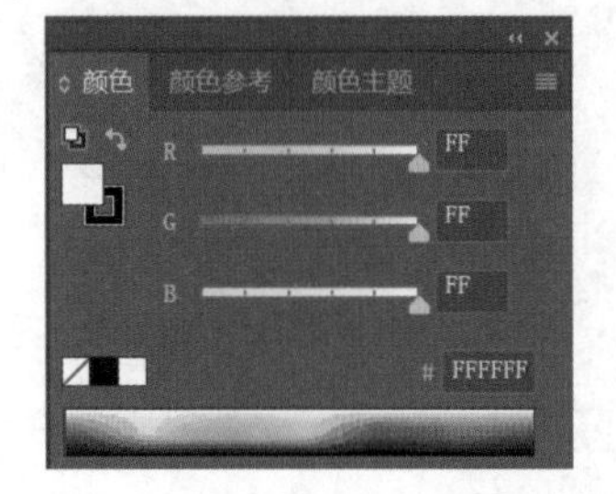

图 4-6 Web Safe RGB 颜色模式

任务二 实 色 填 充

任务描述

启动 Illustrator CC 软件，打开本书提供的素材文件“青蛙卡通图片.jpg”，对图像进行纯色填充。

任务实施

步骤 1 选择“文件”→“打开”命令，选择素材图片“青蛙卡通图片.jpg”，置入青蛙，并锁定，打开标尺，拖出参考线并放于正中位置，如图 4-7 所示。

图 4-7　置入青蛙卡通图片

步骤 2 选择工具箱中的“钢笔工具”，绘制青蛙图形。

步骤 3 绘制完成后，将青蛙的轮廓设置为 3，双击轮廓图标，打开“拾色器”窗口，设置其轮廓描边色为绿色，对其进行轮廓设置，如图 4-8 所示。

图 4-8　钢笔工具绘制青蛙轮廓

步骤 4 选中要填充的区域，双击填色图标，再次打开“拾色器”对话框，选择要进行填充的颜色，选择需要上色的路径区域，对小青蛙进行区域性填色即可，如图 4-9 所示。

图 4-9 填充后效果

任务拓展

打开本书提供的素材文件广告衫，对图像进行颜色填充，填充后效果如图 4-10 所示。

图 4-10 广告衫填充后效果

相关知识

实色填充又称单色填充，它是颜色填充的基础，可以使用颜色和色板来编辑，用于填充的实色对图形对象的填充分为两部分：内部填充和描边填充，在设置颜色前，要先确认填充的对象是内部填充还是描边填色。可以通过“颜色”面板来设置，单击填充颜色或描边颜色按钮，将其设置为当前状态，然后设置颜色即可，也可以通过工具箱底部相关区域来设置。

一、填色和描边基本选项

“颜色”、“色板”和“渐变”面板等都包含填色和描边设置选项，但较多使用的是工具箱和控制面板，如图 4-11 和图 4-12 所示。选择对象后，如果要为它填色或描边，可通过这两个面板快速操作。

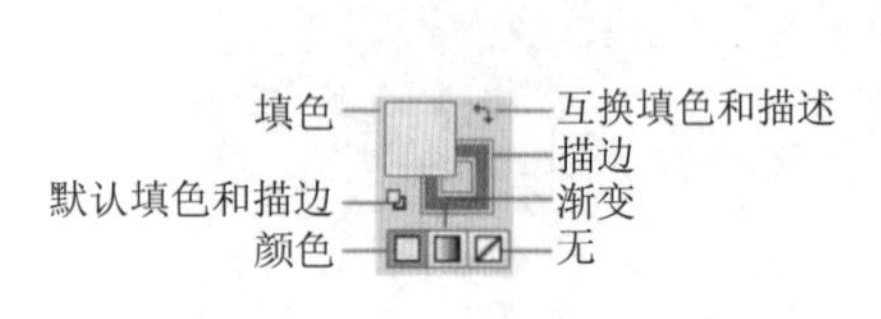

图 4-11　工具箱展示

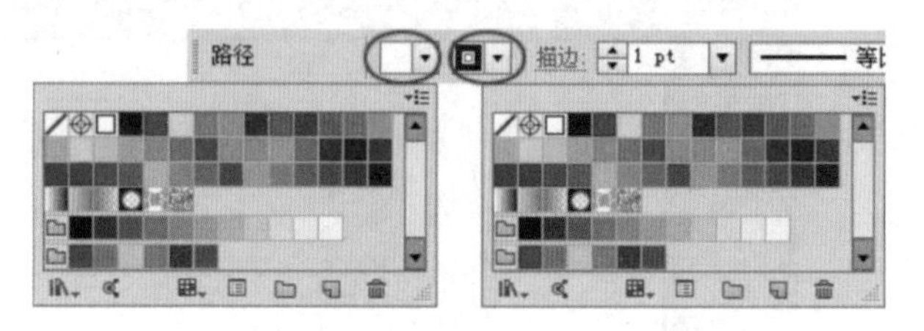

图 4-12　控制面板展示

二、工具箱底部按钮的使用方法

在使用工具箱底部按钮设置颜色和描边时，可使用选择工具 单击图形将其选中，它的填色和描边属性会出现在工具箱底部，如图 4-13 所示。

如果要为对象填色或修改颜色，可单击填色图标，将其设置为当前编辑状态，然后再通过颜色、色板、参考颜色和渐变等面板选择要填充的颜色进行填充即可；如果要添加或修改描边，可单击“描边”按钮，将描边设置为当前编辑状态，再通过颜色、色板、颜色参考描边和画笔面板设置描边内容。

三、“色板”面板

“色板”面板主要用于存放颜色，包括纯色、渐变色、图案等。在该面板的辅助下，对图案进行填充和描边变得更容易，选择“窗口”→“色板”命令，打开“色板”面板，如图 4-14 所示。

图 4-13　选中图形后的工具箱底部展示

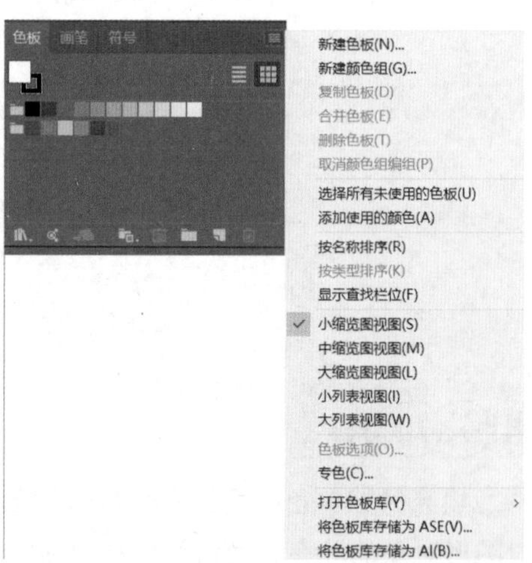

图 4-14　“色板”面板

单击【色板】面板右上角的面板菜单按钮，打开色板面板菜单。如果需要更多的预设颜色，可选择“打开色板库”命令获得更多的颜色。默认状态下，色板显示了所有颜色信息，如果需要单独显示不同的颜色信息，可以选择“显示色板类型”菜单，选择相关的菜单命令即可。

色板：新建色板有两种方式：一种是通过拖动方式添加颜色，如图 4–15 所示；另一种是通过“新建色板”按钮添加颜色，如图 4–16 所示。

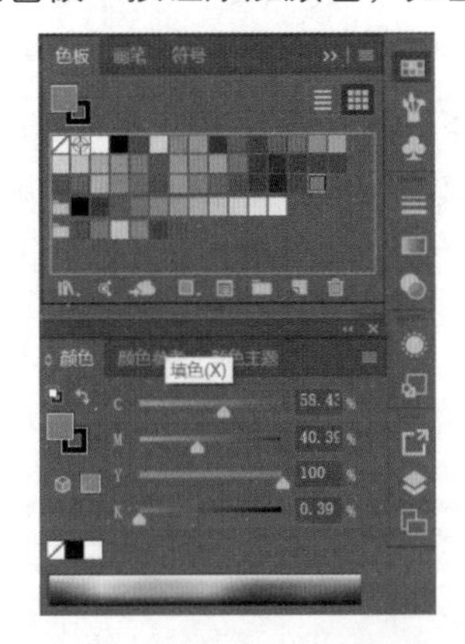

图 4–15　拖动方式添加颜色

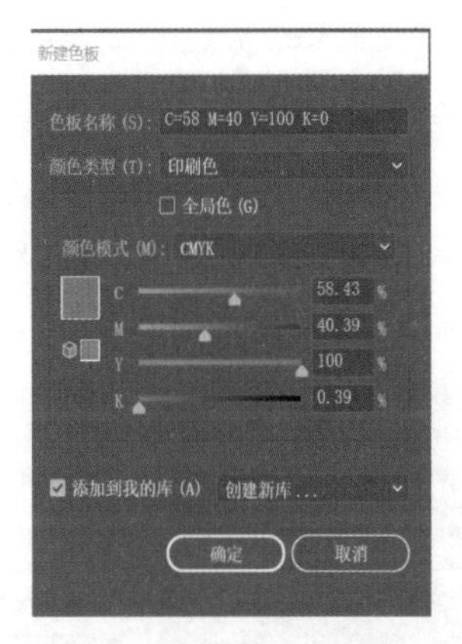

图 4–16　“新建色板”按钮添加颜色

新建颜色组：颜色组是将一些常用颜色或者相关颜色放在同一个组中，方便用户后期操作，颜色组中只能是单一颜色，不可以是渐变颜色或者图案。可以通过色板颜色创建颜色组，也可以通过现有对象创建颜色组。

从色板颜色中创建颜色组时，可在“色板”面板中选择要组成颜色组的颜色块，单击“色板”面板底部的“新建颜色组”按钮，打开“新建颜色组”对话框，输入新颜色组的名称，然后单击“确定”按钮即可，操作过程如图 4–17 所示。

利用现有矢量图形创建新颜色组时，首先单击选择现有矢量图形，然后单击“色板”面板底部的“新建颜色组”按钮，打开“新建颜色组”对话框，为新颜色组命名，然后单击“选定的图稿”单选按钮，单击“确定”按钮即可从现有对象创建颜色组，操作过程如图 4–18 所示。

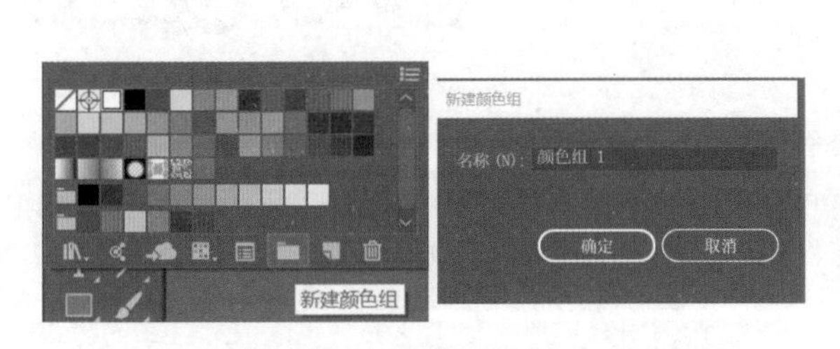

图 4–17　通过“色板”面板创建颜色组

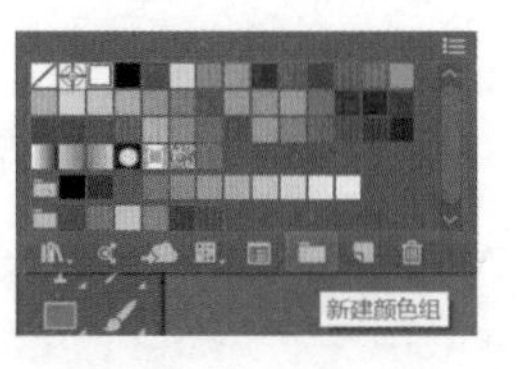

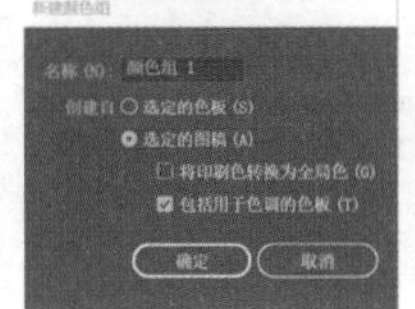
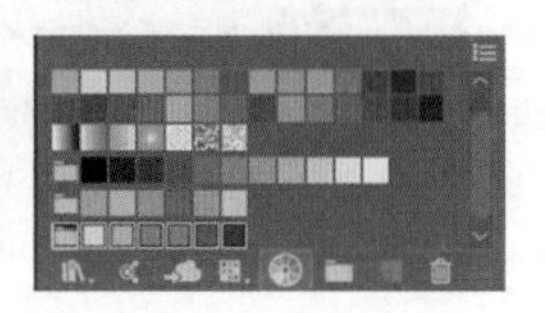

图 4–18　通过现有对象创建颜色组

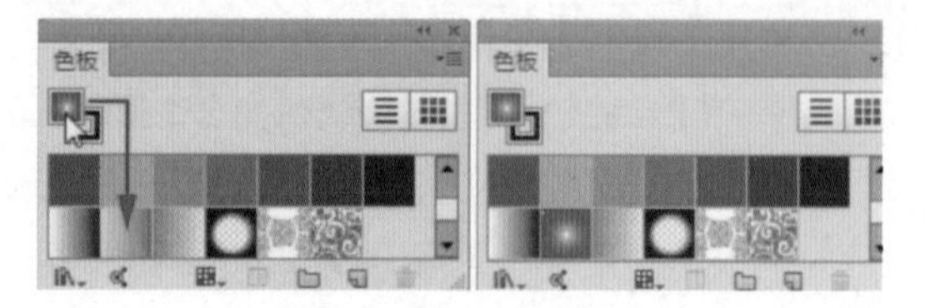

图 4-19　复制色板

复制、替换、合并色板：选择一个或多个色板（按住【Ctrl】键单击，可以选择多个色板），将它们拖动到“新建色板”按钮上，可以复制所选色板。如果要替换色板，可以按住【Alt】键将颜色或渐变从“色板”面板、“颜色”面板、“渐变”面板、某个对象或工具面板拖动到“色板”面板要替换的色板上，如图 4-19 所示。

如果要合并多个色板，可以选择两个或更多色板，然后从“色板”面板菜单中选择“合并色板”命令。第一个选择的色板名称和颜色值将替代所有其他选定的色板，如图 4-20 所示。

删除色板：对于多余颜色，可以单击色板菜单中的“删除色板”命令，将其删除即可，如图 4-21 所示。

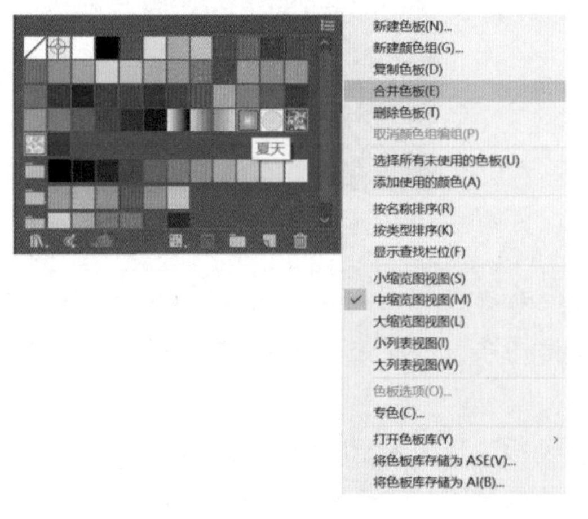

图 4-20　合并色板

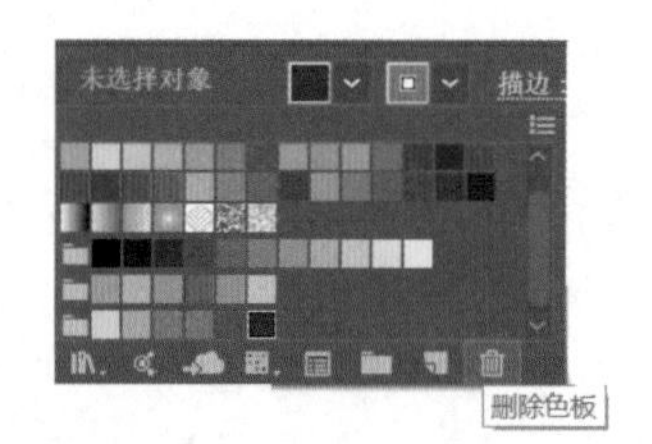

图 4-21　从现有对象创建颜色组

任务三　渐变填充与图案填充

任务描述

启动 Illustrator CC 软件，打开本书提供的素材文件“长江 .ai”，如图 4-22 所示对文件中的文字进行渐变填充。

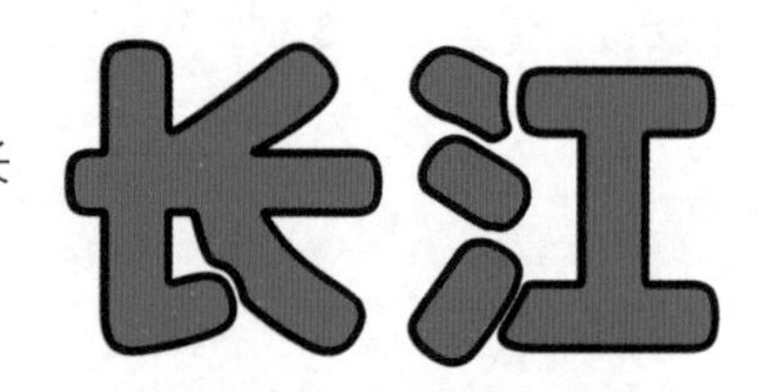

图 4-22　素材长江 .ai

任务实施

步骤 1　框选图中图形对象，单击工具箱底部的“渐变”按钮，即可为其填充默认的黑白线性渐变，如图 4-23 所示，并打开“渐变”面板，如图 4-24 所示。

图 4-23 默认黑白填充效果

图 4-24 “渐变”面板

步骤 2 双击“渐变”面板中的滑块，弹出相应“颜色”面板，如图 4-25 所示。此时可以在“颜色”面板中调整渐变颜色（注意颜色模式的选择），调整后的颜色效果可参考图 4-26。调整后图中对象效果如图 4-27 所示。

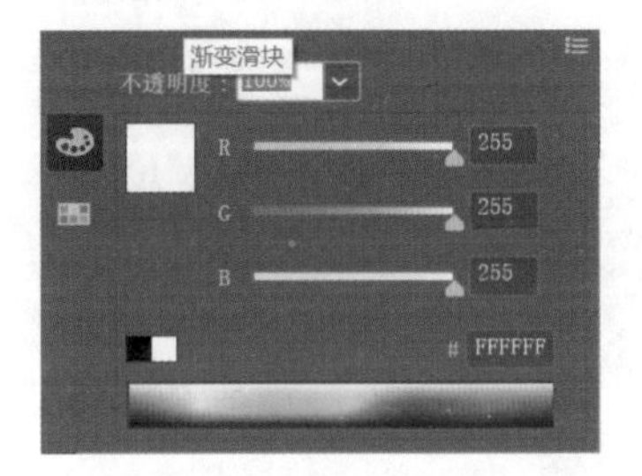

图 4-25 “颜色”面板

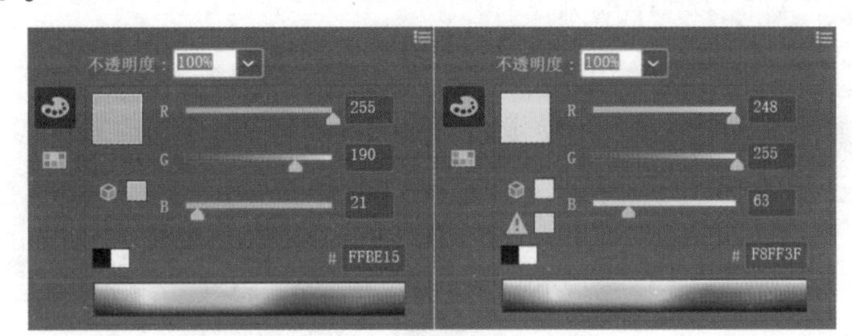

图 4-26 颜色效果参考

步骤 3 框选图中图形对象，选择描边选项，单击工具箱底部的“渐变”按钮，即可为其进行线性渐变描边，如图 4-28 所示。使用同样的方法可以对描边颜色进行更改，具体更改效果可参考图 4-29。

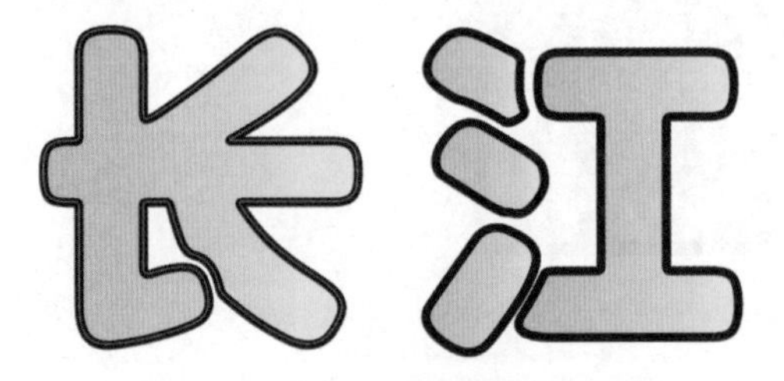

图 4-27 渐变填充后效果参考

图 4-28 渐变描边后效果参考

图 4-29 更改渐变描边后效果参考

步骤 4 如果要对图中“长江”二字进行图案填充，则可以框选图中图形对象，打开“色板”面板，单击色板底部的“显示色板类型菜单”按钮，选择“显示图案色板”选项，如图 4–30 所示。选择相应的图案后，即可为画板中对象进行图案填充，如图 4–31 所示。

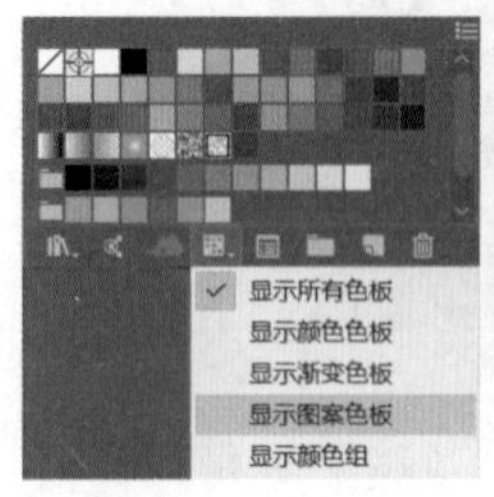

图 4–30　图案填充方法

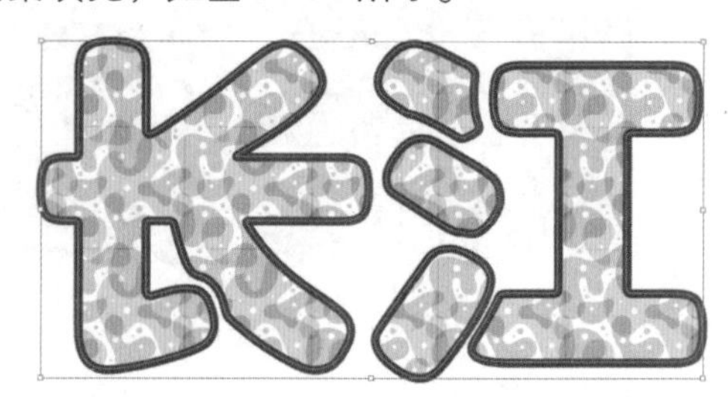

图 4–31　图案填充效果参考

任务拓展

启动 Illustrator　CC 软件，打开本书提供的素材文件“CD 封面 .ai”，如图 4–21 所示对文件中的图形进行渐变填充，最终效果可参考图 4–32。

图 4–32　CD 封面渐变填充

相关知识

渐变可以在对象中生成平滑的颜色过渡效果，在 Illustrator 中不仅可以自由设置渐变颜色，也可以使用大量预设的渐变库，还可以将自定义的渐变存储为色板。

图案填充是一种特殊的填充，Illustrator 在色板面板中为用户提供了两种图案，图案填充与渐变填充不同，它不但可以用来填充图形的内部区域，也可以用来填充路径描边，图案填充会根据图案和所要填充对象的范围决定图案的拼接效果，图案填充是简单但有用的填充方式，除了使用预设的图案填充，还可以自己创建需要的图案填充。

一、“渐变”面板

“渐变”面板如图 4–33 所示。

渐变填色框：显示了当前渐变的颜色，单击它可以用渐变填充当前选择的对象，如图 4–34 所示。

渐变菜单：单击按钮，可在打开的下拉菜单中选择一个预设的渐变。

类型：在该选项的下拉列表中可以选择渐变类型，包括线性渐变、径向渐变，如图 4–35 所示。

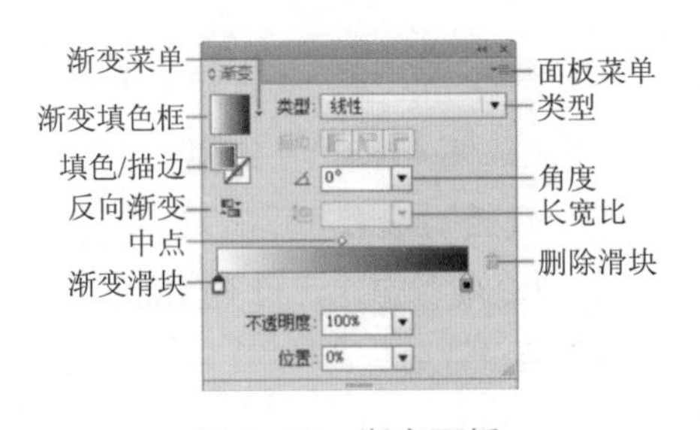

图 4–33 渐变面板

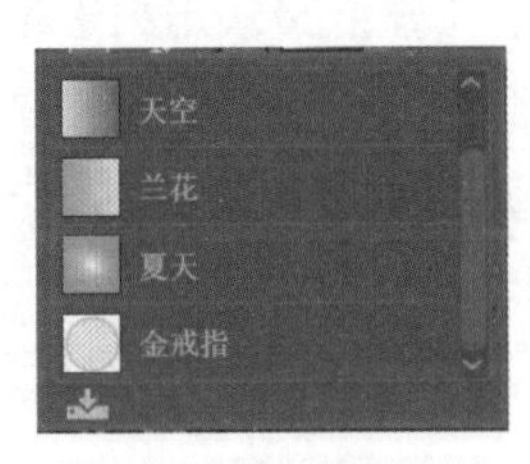

图 4–34 预设渐变选项

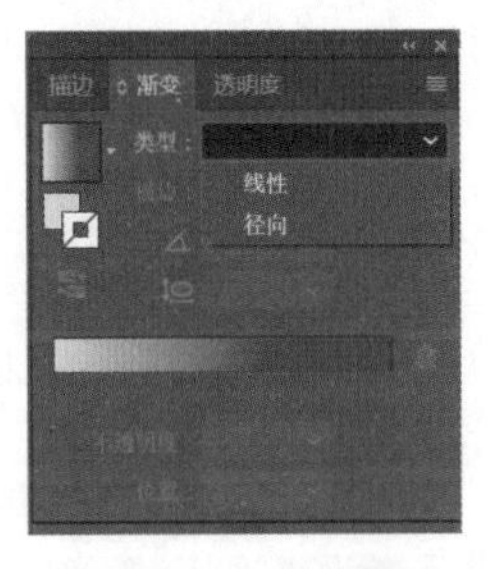

图 4–35 类型选项

反向渐变：单击该按钮可以反转渐变颜色的填充顺序。

描边：如果是用渐变色对路径进行描边，则单击按钮，可在描边中应用渐变；单击按钮可沿描边应用渐变；单击按钮，可跨描边应用渐变，如图 4–36 所示。

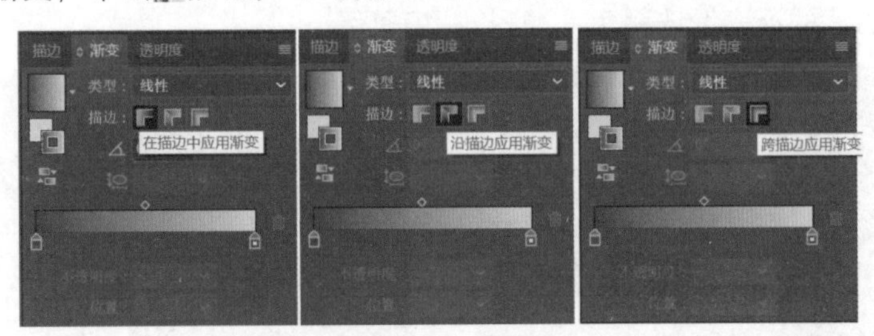

图 4–36 描边选项

角度：用来设置线性渐变的角度，单击按钮，输入相应数值，如图 4–37 所示。

图 4–37 渐变角度设置

长宽比：填充径向渐变时，可在选项中输入数值创建椭圆渐变，如图 4–38 所示，也可以通过修改椭圆渐变的角度使其倾斜。

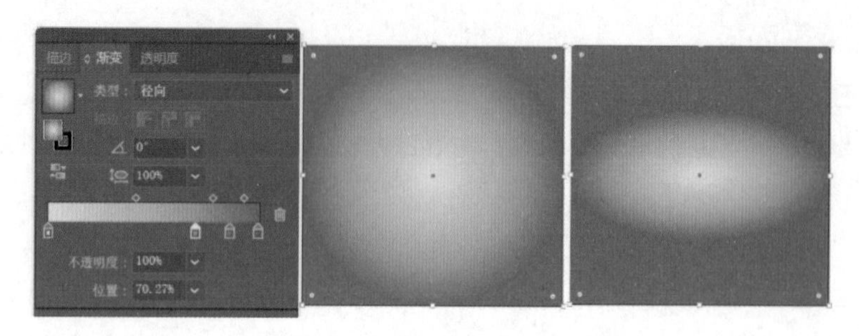

图 4–38　不同长宽比的填充效果

中点 / 渐变滑块 / 删除滑块：渐变滑块用来设置渐变颜色和颜色的位置，中点用来定义两个滑块中颜色的混合位置。如果要删除滑块，可以选中滑块后单击“垃圾桶”按钮。

不透明度：单击一个滑块后调整其不透明度，可以使颜色呈现透明效果。

位置：选择中点或渐变滑块后，可以在该文本框中输入 0~100 的数值来定位其位置。

如果要在对象之间创建颜色、不透明度和形状混合，可以使用“混合”命令或“混合工具”进行操作。

二、编辑渐变颜色

在线性渐变中，渐变颜色条最左侧的颜色为渐变色的起始颜色，最右侧的颜色为终止颜色，如图 4–39 所示。在径向渐变中，最左侧的渐变滑块定义了颜色填充的中心点，它呈辐射状向外逐渐过渡到最右侧的渐变滑块颜色，如图 4–40 所示。

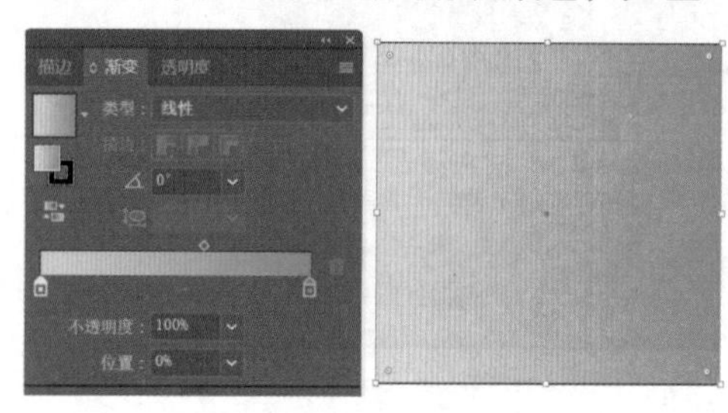

图 4–39　线性渐变

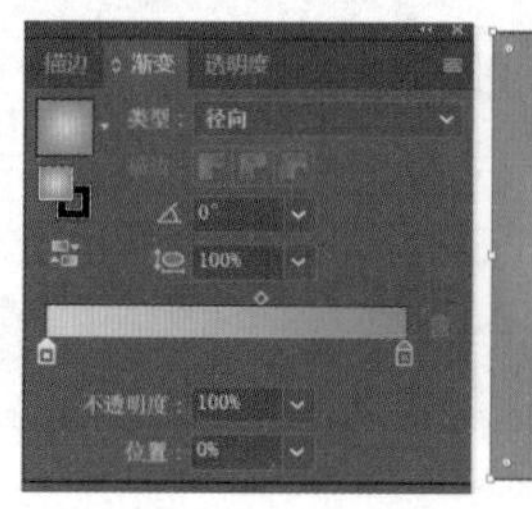

图 4–40　径向渐变

按住【Alt】键单击“色板”面板中的一个色块，可以将色块应用到所选滑块上，如图 4–41 所示，没有选择滑块时，可直接将一个色板拖动到滑块上，如图 4–42 所示。

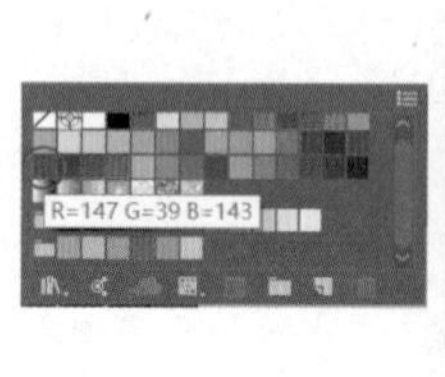

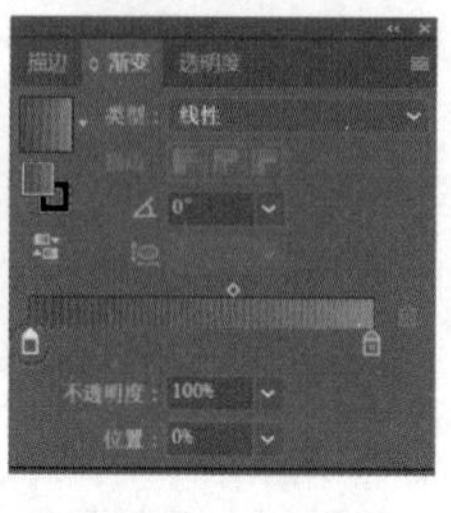

图 4–41　将色块应用到所选滑块上

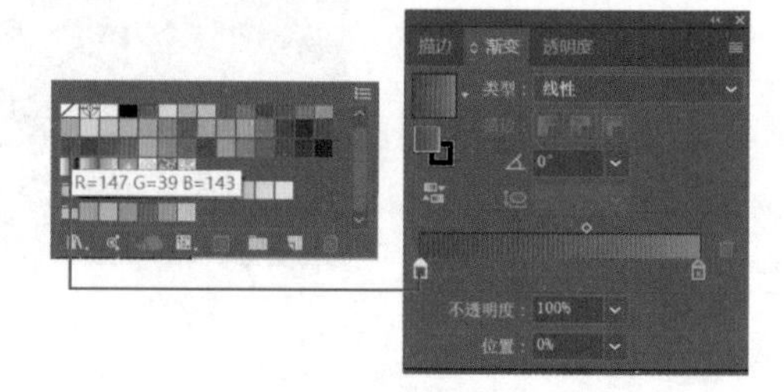

图 4–42　将色板拖动到滑块上

如果要增加渐变颜色的数量，可以在渐变色条下单击添加新的滑块，如图 4–43 所示。将“色板”面板中的色板直接拖动到“渐变”面板的渐变色条上则可以添加一个该色板颜色的渐变滑块。如果要减少颜色数量可以单击一个滑块，然后单击“垃圾桶”按钮删除即可，也可直接将其拖动到面板外。

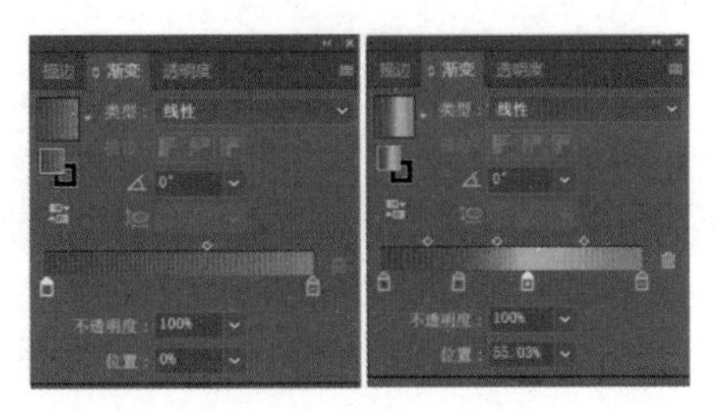

图 4–43 增加色块

按住【Alt】键拖动一个滑块可以对其进行复制，如果按住【Alt】键将一个滑块拖到另一个滑块上，则可交换这两个滑块的位置，如图 4–44 所示。

调整好渐变颜色后，单击“色板”面板中的“新建色板”按钮，打开“新建色板”对话框，输入色板名称，单击“确定”按钮，可以将其保存到“色板”面板中，以后需要时可以通过“色板”面板直接应用，如图 4–45 所示。

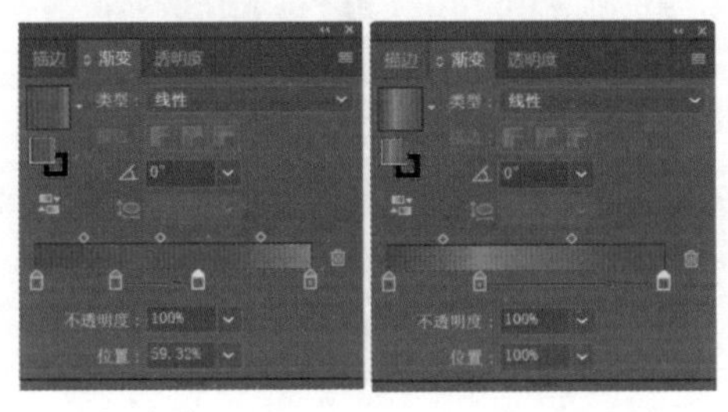

图 4–44 复制色块与交换色块位置

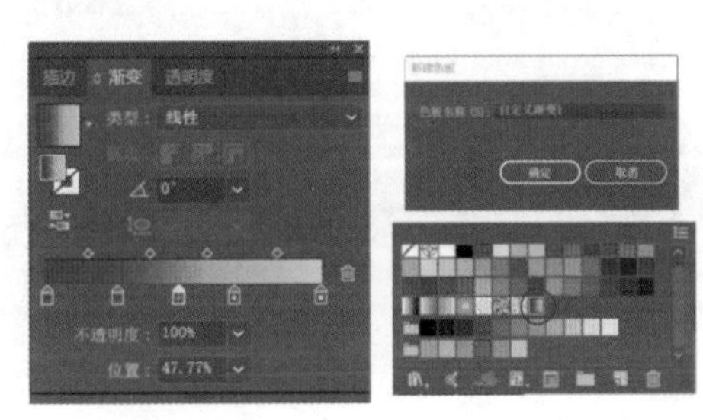

图 4–45 保存渐变颜色设置

三、线性渐变的编辑

选择工具箱中的“选择工具”，选择渐变对象，选择工具箱中的“渐变工具”，图形上会显示渐变批注。左侧的圆形图标是渐变的圆点，拖动它可以水平移动渐变，拖动右侧的圆形图标可以调整渐变的半径，如图 4–46 所示。

将光标放在右侧的圆形图标上，光标会变成状，此时单击并拖动鼠标可进行旋转；将光标放在渐变批注者下，可显示渐变滑块，将滑块拖动到图形外侧可将其删除。移动滑块可调整渐变颜色的混合位置，如图 4–47 所示。

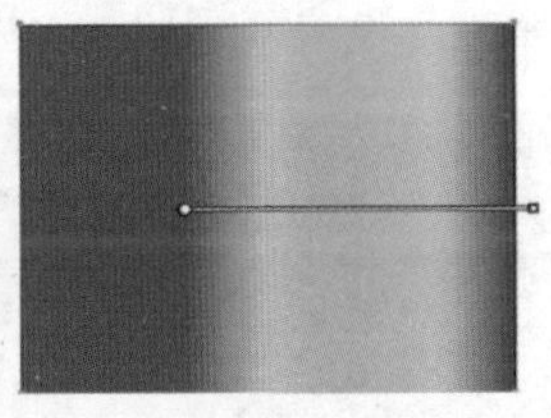

图 4–46 渐变工具

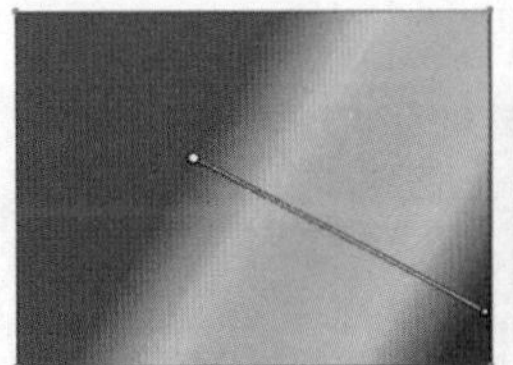

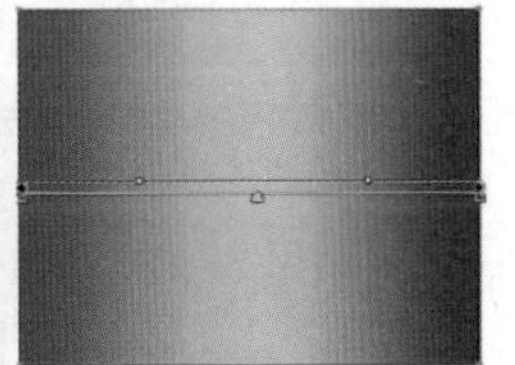

图 4–47 渐变旋转与位置调整

选择渐变对象后，选择工具箱的“渐变工具”在画板中单击并拖动鼠标，可以更加灵活地调整渐变的位置和方向。如果要将渐变的方向设置为水平、垂直或 45° 的倍数，可以在拖动鼠标时按住【Shift】键。

四、径向渐变的调整

使用选择工具，单击渐变对象，选择“渐变工具”，图形上会显示渐变批注者，拖动左侧的圆形图标可以调整渐变的覆盖范围。拖动中间的圆形图标可以水平移动渐变，拖动左侧的空心圆可同时调整渐变的圆点和方向，具体效果可参考图 4-48。

单击“色板”面板底部的色板菜单按钮。打开的下拉菜单中包含 Illustrator 提供的各种渐变库，如图 4-49 所示。

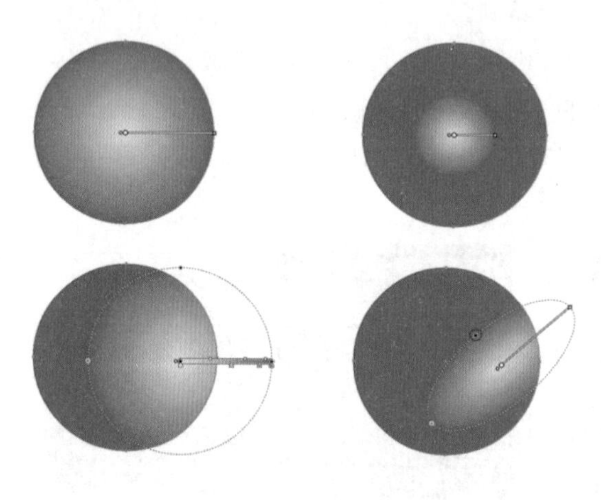

图 4-48　径向渐变调整

图 4-49　渐变库

五、图案填充与编辑

选择“窗口”→“色板”命令，打开“色板”面板，单击“色板类型”按钮，选择“显示图案色板”命令，则色板面板中只显示图案填充，如图 4-50 所示。

使用图案填充时，不但可以选择图形对象后单击图案图标填充图案，还可以通过鼠标直接拖动图案图标到要填充的图形对象上，释放鼠标即可应用图案填充。

图案也可以像图形对象一样进行缩放、旋转、倾斜和扭曲等多种操作。

利用矩形工具在文档中绘制一个矩形。在其前方填充“福”字图案，如图 4-51 所示。选中图案，选择“对象”→“图案”→“建立”命令，将图案添加到色板中，如图 4-52 所示。

图 4-50　显示图案色板

图 4-51　图案绘制

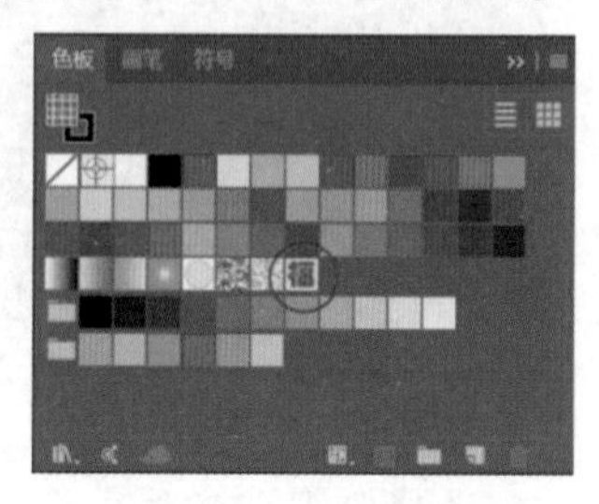

图 4-52　自定义图案

新建矩形并选中，选择“对象”→“变换”→“旋转”命令，打开“旋转”对话框，如图 4-53 所示。

在“旋转”对话框中设置角度为 45°，分别勾选“变换对象”“变换图案”复选框，观察图形旋转的不同效果，如图 4-54 ~ 图 4-56 所示。

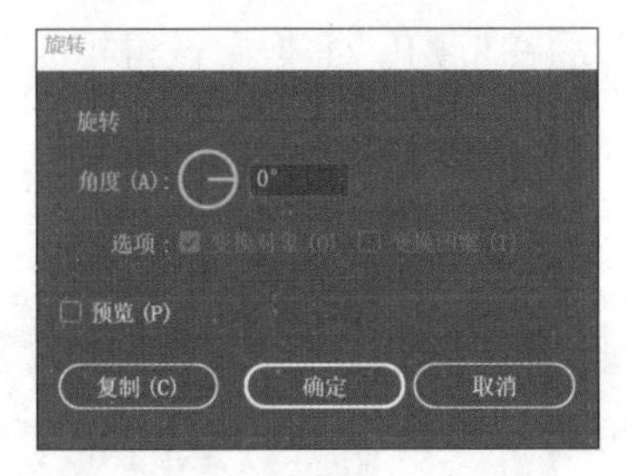

图 4-53 “旋转”对话框

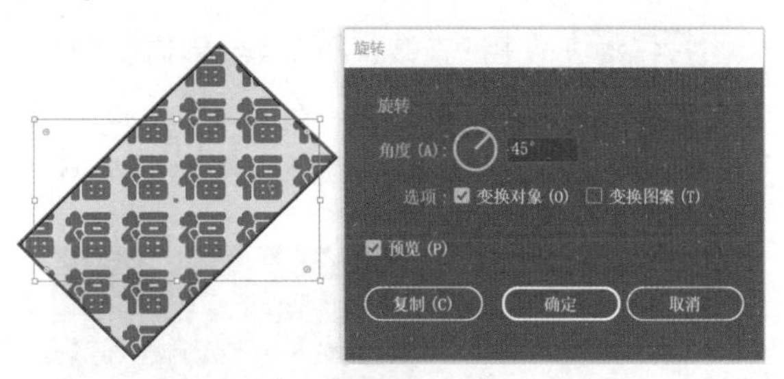

图 4-54 变换对象效果

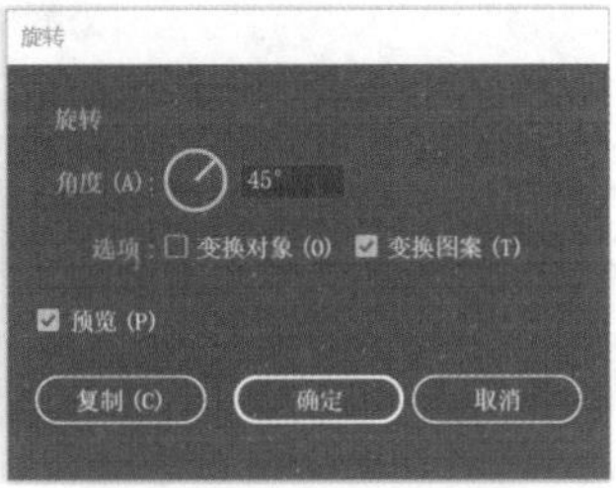
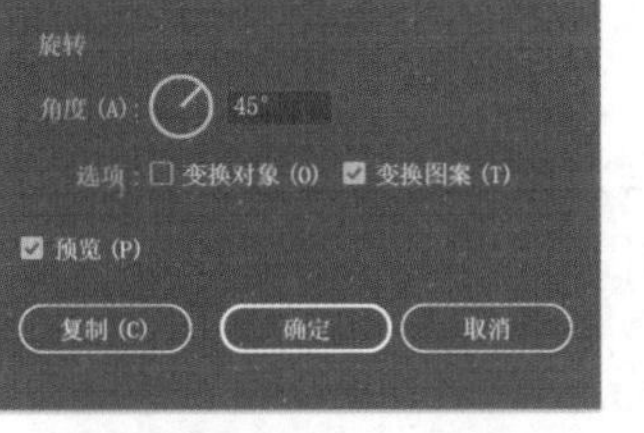

图 4-55 变换图案效果

图 4-56 同时变换对象和图案效果

任务四 渐变网格填充

任务描述

启动 Illustrator CC 软件，绘制带有水珠的树叶，并且为其进行渐变网格填充，效果可参考图 4-57。

任务实施

步骤 1 新建一个 Illustrator 文件，使用“钢笔工具”绘制一个树叶形状，颜色参考数值如图 4-58 所示。

图 4-57 树叶效果

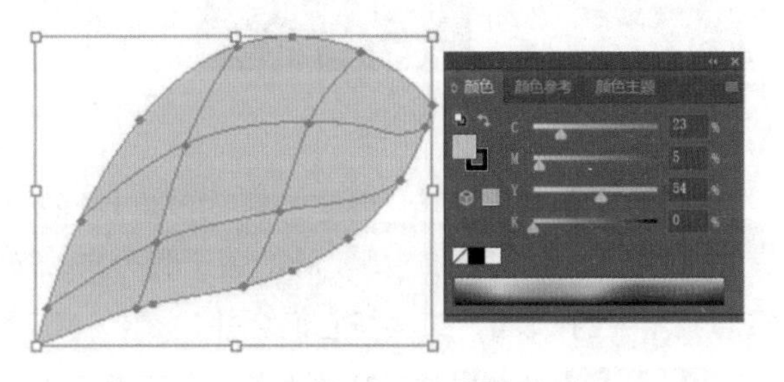

图 4-58 绘制树叶

步骤 2 选择“对象”→“创建渐变网格”命令，在其中设置行数和列数都为 3，单击“确定”按钮生成渐变网格对象，如图 4-59 所示。

步骤 3 使用“直接选择工具”单击图中所示网格片，然后在“颜色”面板中设置相应颜色;还可以使用“直接选择工具”单击图中所示的渐变网格点改变其颜色，如图 4-60 所示。同理，调整其他网格点或网格片的颜色，得到图 4-61 所示的颜色。

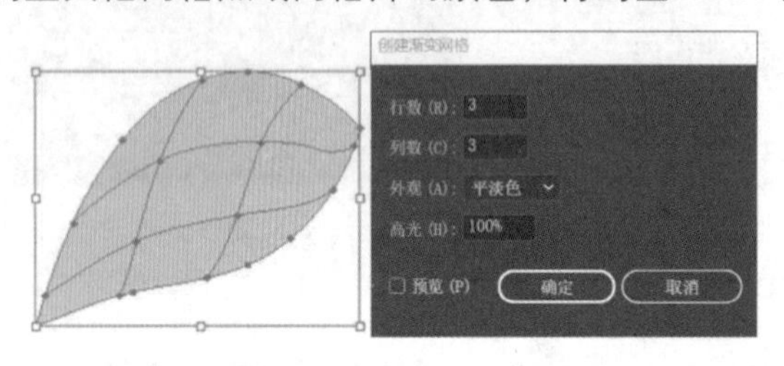

图 4-59　创建渐变网格

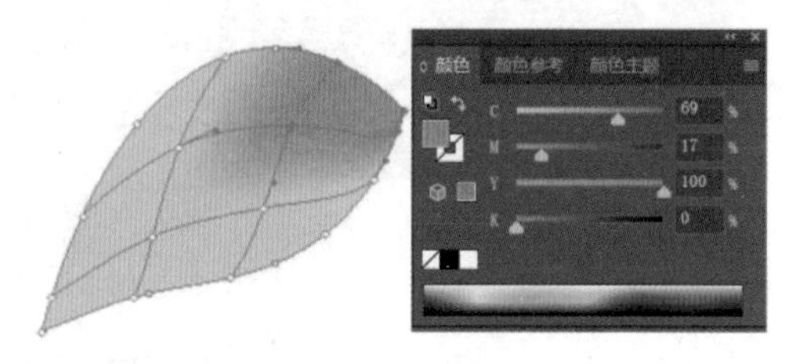

图 4-60　网格颜色设置

步骤 4 使用“钢笔工具”绘制曲线，作为树叶的高光部分，为其填充浅黄色，同理绘制另外一边的反光。再使用“钢笔工具”绘制叶脉，如图 4-62 所示。在“描边”面板中设置其粗细为 4 pt，如图 4-63 所示。

图 4-61　树叶绘制效果

图 4-62　绘制高光与叶脉

步骤 5 选择“对象”→“路径”→“轮廓化描边”命令，得到展开的填充色的图形，使用“钢笔工具”单击图中所示的锚点将其删除，然后使用“直接选择工具”调整形状，如图 4-64 所示。

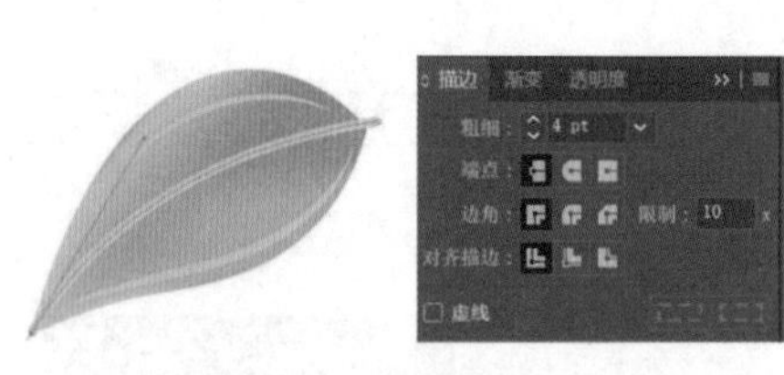

图 4-63　设置粗细

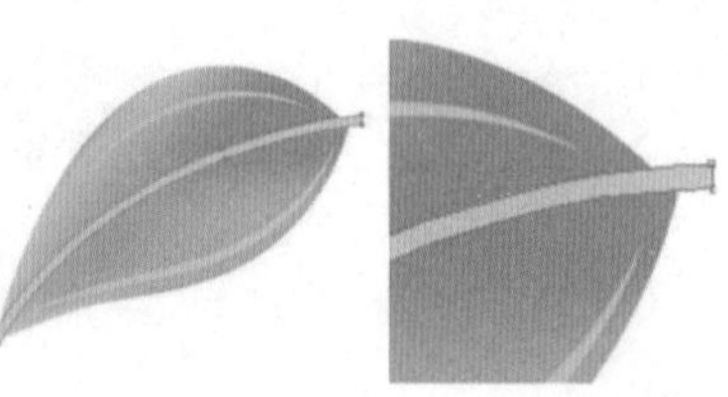

图 4-64　调整形状

步骤 6 继续使用“钢笔工具”绘制叶脉的分支，使用“移动工具”同时选择叶脉的主干和分支，单击路径查找器中的“联集”工具将它们合并，如图 4-65 所示。

步骤 7 绘制其他叶脉分支并和主干进行合并，设置叶脉的颜色为深一些的绿色渐变色，如图 4-66 所示，

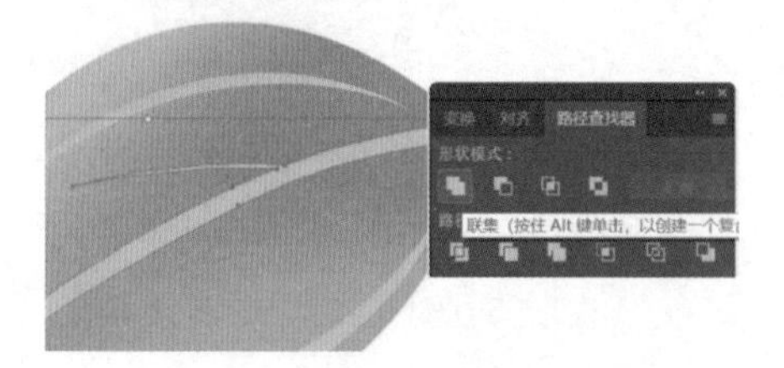

图 4-65　绘制与调整叶脉分支

使用“渐变工具”直接在页面上拖动，改变其渐变的方向和范围，如图 4-67 所示。

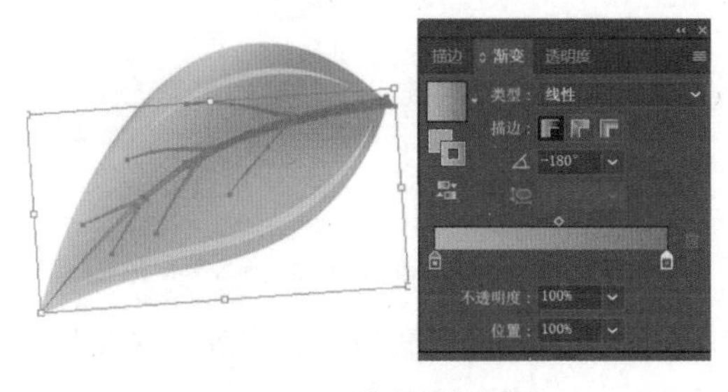

图 4-66　绘制其他叶脉

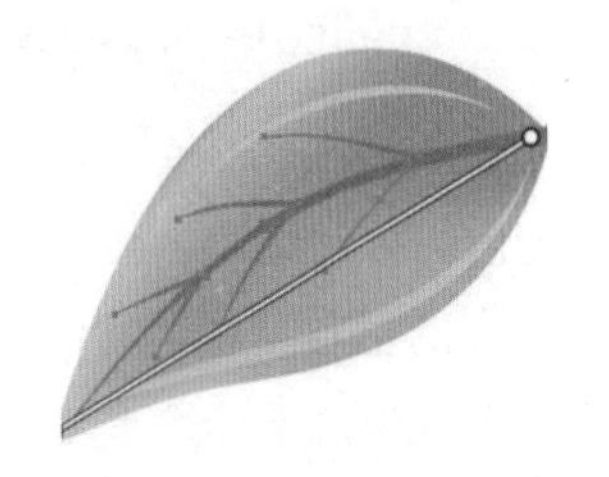
图 4-67　使用渐变工具调整渐变

步骤 8 为树叶加上水珠的效果，使用“椭圆工具”绘制一个圆形，如图 4-68 所示，为其设置径向渐变效果，如图 4-69 所示。

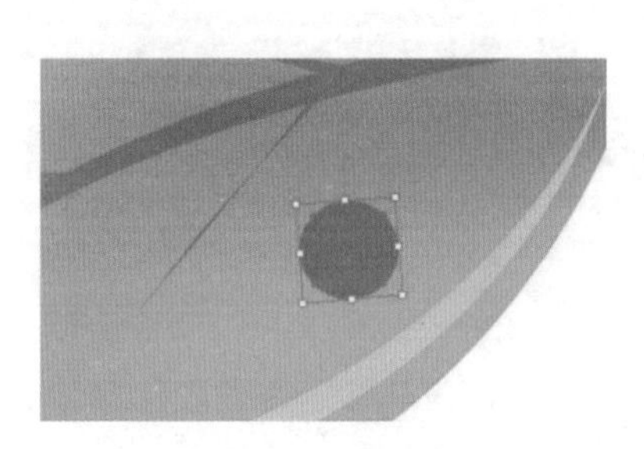
图 4-68　绘制水珠

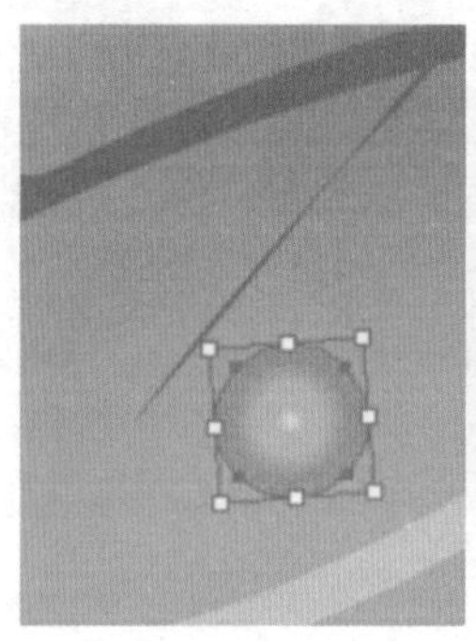
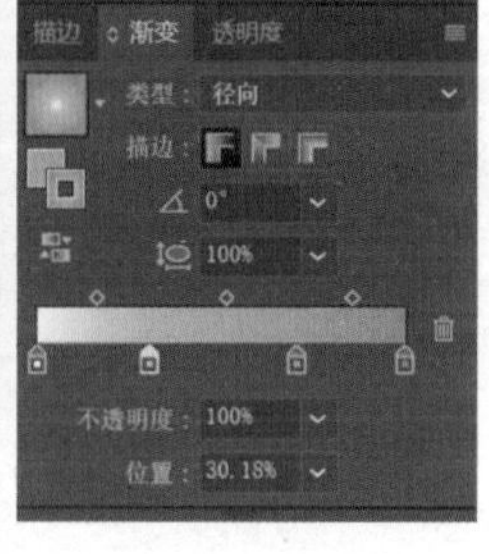

图 4-69　设置水珠径向渐变

步骤 9 框选所有对象，按【Ctrl+G】组合键将它们编组。继续绘制，方法同上，可以得到另外一片树叶，调整其大小和方向，使得最终效果如图 4-70 所示。

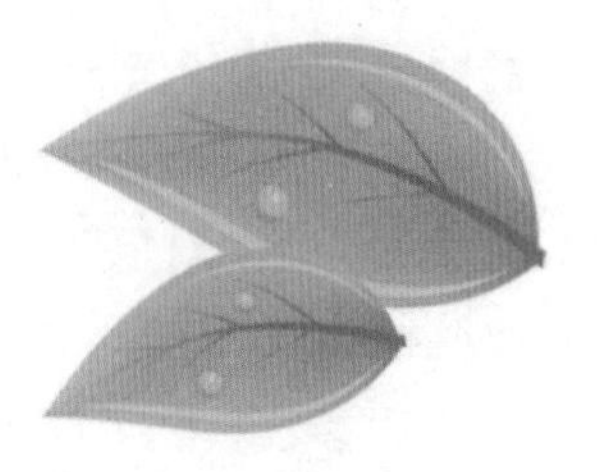
图 4-70　绘制完成

任务拓展

利用渐变和渐变网格命令，绘制海浪效果，效果可参考图 4-71。

图 4-71　海浪效果参考

相关知识

一、渐变网格与渐变的区别

渐变网格由网格点、网格线、网格片组成，由于网格点和网格片也可以着色，所以可以实现渐变色的平滑过渡，可以制作出写实的效果。

渐变网格与渐变填充的工作原理类似，都能在图像内部创建各种颜色平滑过渡的效果，渐变填充可以应用于一个或者多个填充，但是渐变方向是单一的，不能够分别调整，渐变网格只能应用于一个图形，但是可以在图形内部产生多个渐变，并且渐变可以沿着不同的方向分布，如图 4–72 所示。

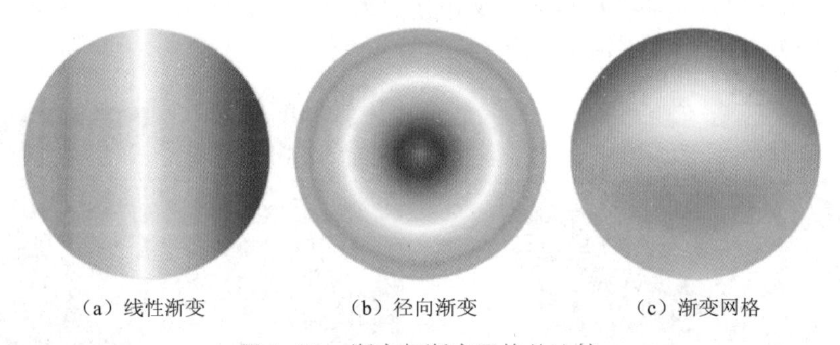

（a）线性渐变　（b）径向渐变　（c）渐变网格

图 4–72　渐变与渐变网格的比较

二、创建渐变网格

要想创建渐变网格填充，可以通过三种方法来实现，即“创建渐变网格”命令、“扩展”命令和网格工具。

使用“创建渐变网格”命令：该命令可以为选择的图形创建渐变网格。首先选择一个图形对象，然后选择“对象”→“创建渐变网格”命令，打开“创建渐变网格”对话框，在其中可以设置网格的相关信息，创建渐变网格效果如图 4–73 所示。

各选项参数的含义如下：

行数：设置渐变网格的行数。

列数：设置渐变网格的列数。

外观：设置渐变网格的外观效果，下拉列表中有 3 个选项供选择，即平淡色、至中心、至边缘。

高光：设置颜色的淡化程度，数值越大高光越亮，越接近白色，其取值范围为 0%~100%。

使用“扩展”命令可以将渐变填充的图形对象转换为渐变网格对象。首先选择一个具有渐变填充的图形对象，然后选择“对象”→“扩展”命令，打开“扩展”对话框，在其中可以选择要扩展的对象，如对象、填充和描边，然后在“将渐变扩展为”选项组中选中“渐变网格”单选按钮，单击“确定”按钮即可将渐变填充转换为渐变网格填充，使用“扩展”命令的操作效果如图 4–74 所示。

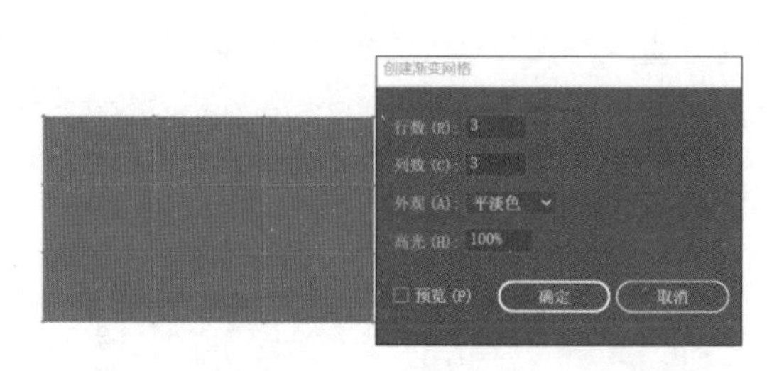

图 4–73 创建网格命令

图 4–74 扩展命令

使用“网格工具”创建渐变网格填充不同于前两种方法，它创建渐变网格的过程更加方便和自由，可以在图形的任意位置单击创建渐变网格。

选择工具箱中的“网格工具”，在填充颜色位置设置好要填充的颜色，然后将光标移动到创建网格渐变的图形上，单击即可在当前位置创建渐变网格，并为其填充设置好的填充颜色。多次单击可以添加更多的渐变网格，使用“网格工具”添加渐变网格的效果如图 4–75 所示。

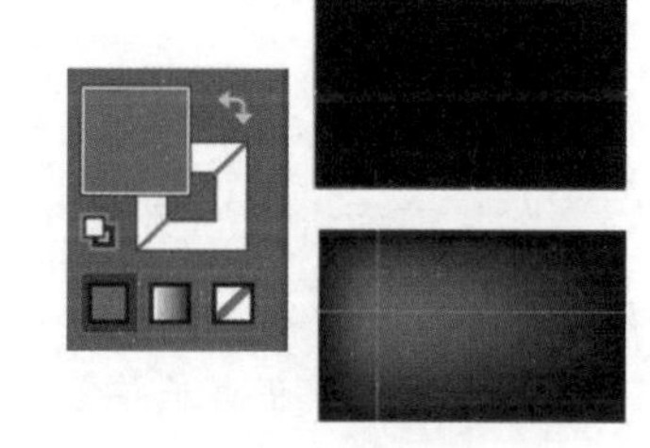

图 4–75 网格工具

使用“网格工具”在图形空白处单击，将创建水平和垂直的网格。如果在水平网格线上单击，可以只创建垂直网格，在垂直网格线上单击，可以只创建水平网格。

使用“网格工具”在渐变填充的图形上单击，不管在工具箱中事先设置什么颜色，图形的填充都将变成黑色。

三、编辑渐变网格

创建渐变网格后，如果对渐变网格的颜色和位置不满意，可以对其进行调整。

在编辑渐变网格前，需要了解渐变网格的组成部分，这样更有利于编辑操作。选择渐变网格后，网格上会显示很多的点，这些点称为锚点。如果这个锚点为曲线点，则会在该点旁边显示出控制柄效果。创建渐变网格后，还会出现网格线组成的网格区域。渐变网格的组成部分如图 4–76 所示，熟悉这些元素后就可以轻松地编辑网格。

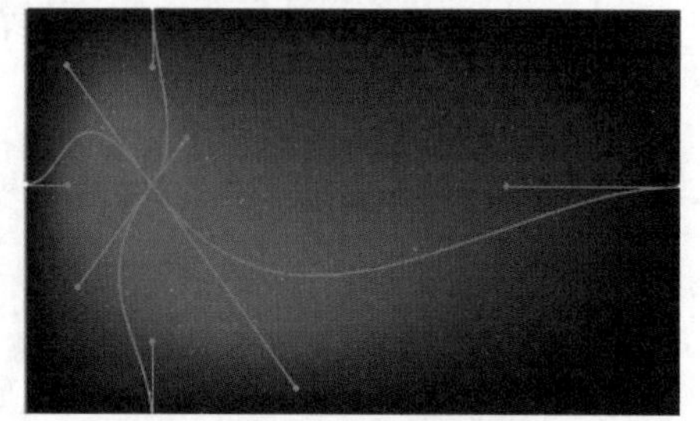

图 4–76 渐变网格的调整

编辑渐变工具，首先要选择渐变网格的锚点或网格区域，使用“网格工具”可以选择锚点，但不能选择网格区域，所以一般都使用“直接选择工具”选择锚点或网格区域，其使用方法与编辑路径的方法相同。只需要在锚点上单击即可选择该锚点，选择了锚点将显示为黑色实心效果而没有选中的锚点则显示为空心效果。选择网格区域的方法更加简单，只需要在网格区域中单击，即可将其选中。

使用“直接选择工具”，在需要移动的锚点上按住鼠标拖动，到达合适的位置后释放鼠标，则可将锚点移动。同样的方法可以移动网格区域，效果如图 4–77 所示。

创建后的渐变网格的颜色可以再次修改，使用“直接选择工具”选择锚点或网格区域，然后确认工具箱中填充颜色为当前状态，单击“色板”面板中的某种颜色，即可为该锚点或网格区域填色，也可以使用“颜色”面板编辑颜色进行填充，为锚点和网格区域着色的效果如图 4–78 所示。

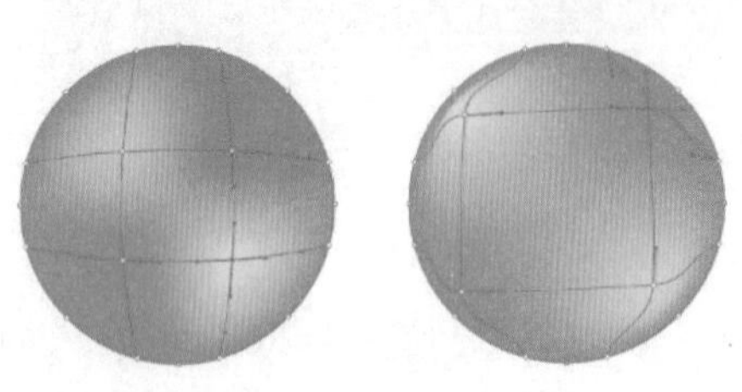

图 4–77　移动锚点位置

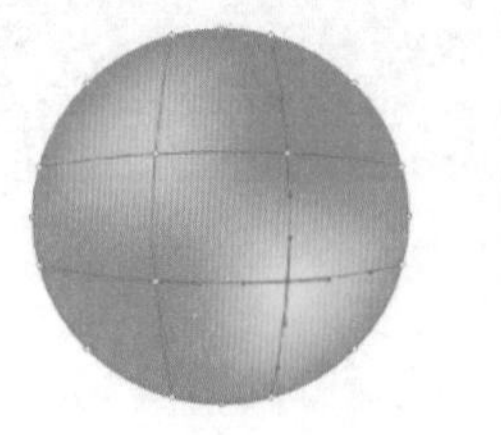
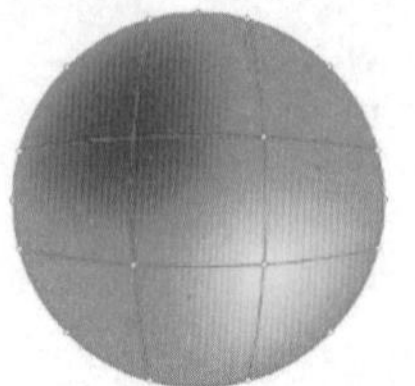

图 4–78　改变锚点位置颜色

四、其他编辑颜色命令

除了前面讲过的颜色控制方法之外，Illustrator 还为用户提供了其他编辑颜色的命令，使用这些命令可以改变图形对象的颜色混合方式，颜色属性和颜色模式等内容，选择“编辑”→“编辑颜色”命令，在其子菜单中显示了多种颜色的控制方法，如图 4–79 所示。

在“编辑颜色”子菜单中，除了“重新着色图稿”“前后混合”“水平混合”“垂直混合”不能应用于位图图像之外，其他命令都可以应用于位图图像和矢量图形。

1. “重新着色图稿”命令

可以根据图稿对象目前的颜色，自动在“实时颜色”对话框中显示出来，并可以通过“实时颜色”对话框对颜色进行重新设置。

首先选择要重新着色的图稿，然后选择“编辑”→“编辑颜色”→“重新着色图稿”命令，打开“重新着色图稿”对话框，在“当前颜色”中会显示当前选中的图形颜色组，选择图形与“重新着色图稿”对话框如图 4–80 所示。

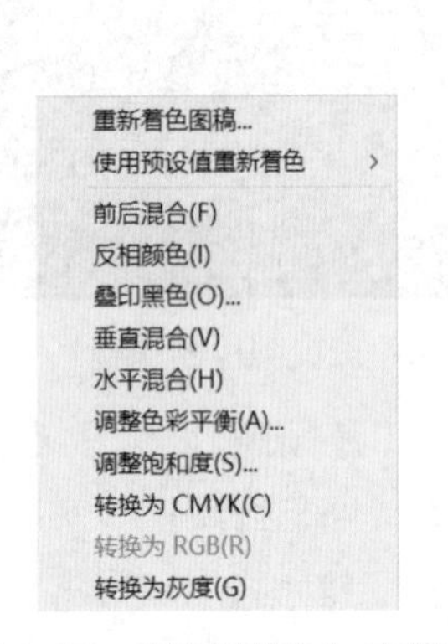

图 4–79　“编辑颜色”子菜单

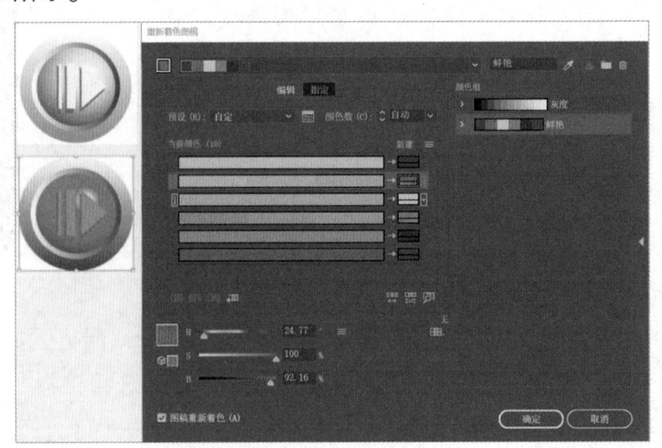

图 4–80　“重新着色图稿”命令

利用“重新着色图稿”对话框中的相关选项即可对图稿进行重新着色。从“协调规则”下拉列表中选择一组颜色，可以重新着色图稿，选择现有“颜色组”中的颜色组也可以重新着色图稿，这些修改都是同时修改图稿的所有颜色，如果想单独修改图稿中的某种颜色，可以在“当前颜色”列表中双击“新建”下方的颜色块，打开“拾色器”修改某种颜色，也可以单击“当前颜色”下方的颜色条，选择某种颜色后，在底部的颜色设置区修改当前颜色。

还可以在“重新着色图稿”对话框中，通过调整色轮上的颜色控制点来重新着色图稿，如图 4-81 所示。

图 4-81 编辑色轮显示效果

2. “混合”命令

混合颜色命令有 3 种方式：前后混合、水平混合和垂直混合。混合命令将从一组 3 个或更多的有颜色填充的图形对象，混合产生一系列中间过渡颜色。颜色混合后仍保留独立的图形个体。

前后混合是根据图形的先后顺序进行混合，主要依据最前面的图形和最后面的图形的填充颜色，中间的图形自动从最前面图形的填充颜色过渡到最后面图形的填充颜色，与中间图形的填充颜色无关。选择要混合的图形对象，然后选择“编辑”→“编辑颜色”→“前后混合”命令，即可将图形进行前后混合。

水平混合是根据图形的水平方向进行混合，主要依据最左侧的图形和最右侧图形的填充颜色，中间的图形自动从最左侧图形的填充颜色过渡到最右侧图形的填充颜色，与中间图形的填充颜色无关。选择要混合的图形对象，然后选择“编辑”→“编辑颜色”→“水平混合”命令，即可将图形进行水平混合。

垂直混合是根据图形的垂直方向进行混合，主要依据最上面的图形和最下面的图形的填充颜色，中间的图形自动从最上面图形的填充颜色过渡到最下面图形的填充颜色，与中间图形的填充颜色无关。选择要混合的图形对象，然后选择“编辑”→“编辑颜色”→“垂直混合”命令，即可将图形进行垂直混合。

颜色混合效果如图 4-82 所示。

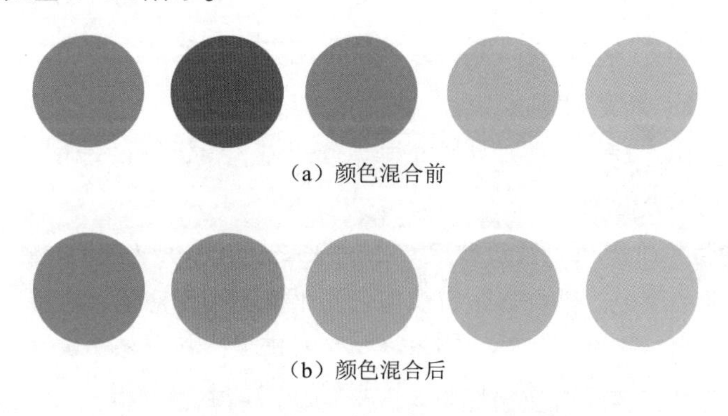

（a）颜色混合前

（b）颜色混合后

图 4-82 颜色混合效果展示

3. 反相颜色与叠印黑色

反相颜色命令用来创建负片效果，类似于照片的底片。在转换图像颜色时，如果它的颜色模式不是RGB模式,它将自动转换成RGB模式,而且它的颜色值会转换成原来颜色值的相反值。

选中要反相颜色的图形对象，选择“编辑”→“编辑颜色”→“反相颜色”命令，即可对选中的图像进行反相处理。反相颜色前后效果对比如图 4-83 所示。

“反相颜色”命令与“颜色”面板菜单中的“反相”命令不同,“反相”命令只适用于矢量图形的着色，而不能应用在位图图像上；“反相颜色”命令则可以应用于位图和矢量图中。

“叠印黑色”命令可以设置黑色叠印效果或删除黑色叠印。选择要添加或删除叠印的对象，可以设置自定义颜色的叠印，该自定义颜色的印刷色等价于包含指定百分比的黑色，或者设置包括黑色的印刷色的叠印。选择“编辑”→“编辑颜色”→“叠印黑色”命令，打开“叠印黑色”对话框，在其中可以设置叠印黑色属性，如图 4-84 所示。

原图　　反相后

图 4-83　反相效果展示

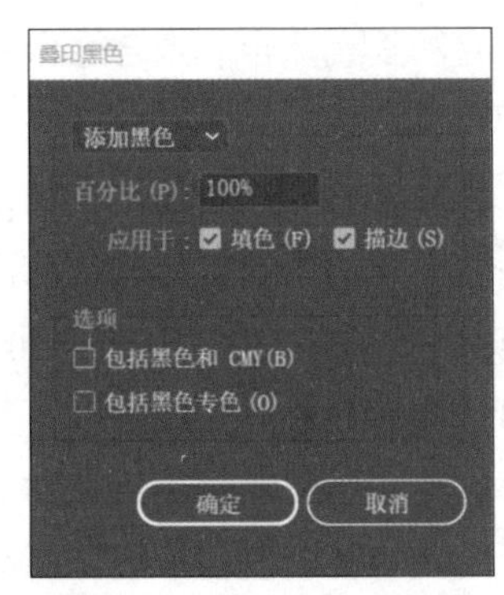

图 4-84　叠印黑色对话框

添加和移去黑色：在该下拉列表中选择“添加黑色”命令添加叠印；选择“移去黑色”命令删除叠印。

百分比：指定添加或移去叠印的对象。如输入60%，表示只选择包含至少60% 的黑色对象。

应用于：设置叠印应用的范围，可以选择填充和描边两种类型。

包括黑色和 CMYK：勾选该复选框，将叠印应用于青色、洋红和黄色的图形对象，以及由 CMY 组成的黑色。

包括黑色专色：勾选该复选框，叠印效果将应用于特别的黑色专色。

4. 调整色彩平衡与调整饱和度

Illustrator CC 为用户提供了两种调整命令，分别为“调整色彩平衡”和“调整饱和度”，主要用来对图形的色彩进行调整。

“调整色彩平衡”命令可以通过改变对象的灰度、RGB 或 CMYK 模式，并通过下方的相关颜色信息改变图形的颜色。选择要进行调整色彩平衡的图形对象，选择“编辑”→“编辑颜色”→“调整色彩平衡”命令，打开“调整颜色”对话框，在“颜色模式”下拉列表中可以选择某种颜色模式，勾选“填色”复选框将对图形对象的填充进行调色；勾选“描边”复选框，将对图形对象的描边进行调色。应用调整“色彩平衡”命令调色，效果如图 4-85 所示。

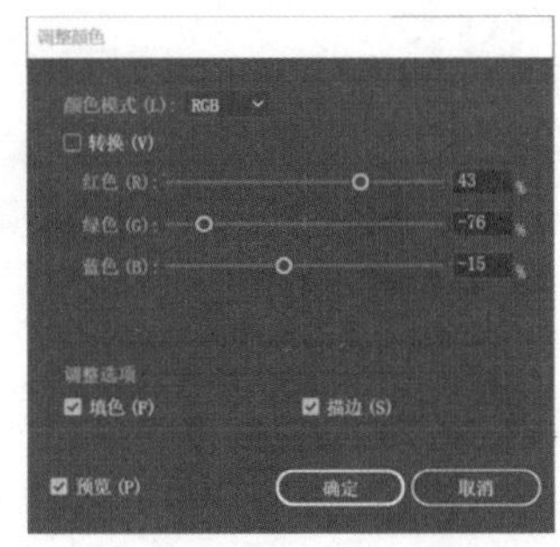

图 4–85　调整色彩平衡

“调整饱和度”命令可以增加或减少图形颜色的浓度，使图像颜色更加丰富或者更加单调。增加饱和度会使图形颜色鲜艳。减少饱和度会使图形颜色变浅。选择要调整饱和度的图形对象，然后选择“编辑”→“编辑颜色”→“调整色彩饱和度”命令，打开“饱和度”对话框，在“强度”文本框中设置数值，以调整增加或减少图形的颜色饱和度。当值大于 0 时，将增加颜色的饱和度；当值小于 0 时，将减少颜色的饱和度。图形的默认强度值为 0。调整饱和度前后的效果对比如图 4–86 所示。

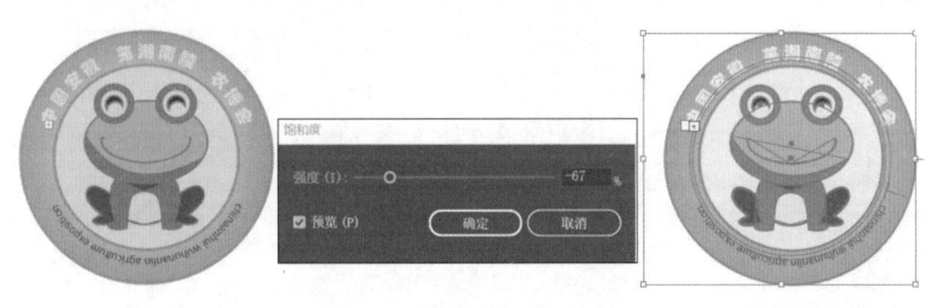

图 4–86　调整色彩饱和度

小　　结

本章主要讲解了颜色模式和主要的颜色控件；使用多种方法创建、编辑颜色并给对象上色；命名并存储颜色，创建色板；使用颜色组；使用“颜色参考”面板；将上色和外观属性从一个对象复制到另一个对象等颜色编辑方法，为以后的进一步学习打下基础。

练　　习

一、简答题

1. 什么是渐变？
2. 如何调整渐变中的颜色混合？
3. 指出两种在渐变中添加颜色的方法。

4. 如何调整渐变的方向？

5. 渐变和混合之间有什么不同？

二、操作题

利用混合工具制作书签。

制作内容与要求：

1. 设计和制作宣传册页，如图 4–87 所示。

图 4–87　书签

制作规格，尺寸为 A4、色彩为 CMYK、分辨率为 300 像素/英寸。

图形简洁、美观大方、寓意深刻。

2. 提交作品原文件："宣传册页 .ai" 文件及对应的 jpg 文件。

单元五

图层与蒙版

在 Illustrator 中，用户可以运用“图层”和“蒙版”更轻松地控制和处理图形对象，使操作过程更加清晰明了，使设计创意更加完整展现，使表达效果更加丰富多彩。在软件操作中如何应用“图层”和“蒙版”呢？本单元将通过两个任务引导读者了解 Illustrator 软件“图层”和“蒙版”的概念、操作技巧和应用效果。

学习目标

- 掌握图层的创建与编辑
- 理解剪切蒙版与不透明度蒙版
- 掌握蒙版的创建与应用

任务一　图层的创建与编辑

图层可以用来标记对象的位置及属性，便于用户绘制丰富多彩的图形效果。与 Photoshop 不同的是，在 Illustrator 中，用户创建任何线条或者图形，即便没有主动建立图层，它们都会自动生成独立的子图层，可以对其进行独立编辑，使操作充满自由度和便利性。

那么，在 Illustrator 中，还需要主动创建图层吗？用户创建图层有什么作用，以及如何操作这些图层呢？下面通过绘制“可爱猫粮手提包装盒”任务了解 Illustrator 中“图层”的创建与编辑技巧。

任务描述

在消费时代，商品竞争激烈，符合商品属性的包装设计能够瞄准受众的消费心理，靶向定位核心消费者。某宠物食品商家推出新款猫粮，需要为新品设计包装。本包装采用手提便携包装设计，便捷美观，可以自用或作为礼物送给有猫咪的朋友；颜色上采用了白色与肉桂粉色相结合的方式，视觉上清新活泼；文字设计突出产品功能和优势，涵盖“微信”和“淘宝”扫码功能，便于消费者加入群聊，及时交流沟通宠物养护方面的心得；手绘猫咪和猫爪突出产品属性，憨态呆萌的手绘形象充满吸引力。

启动 Illustrator 软件，结合本书提供的素材文件，制作图 5–1 所示的图形效果，通过在不同图层制作不同区域的图形，使读者了解图层的新建、复制、删除、锁定、重命名等操作，帮助读者在设计图形时理清思路，便捷操作。最后将文件保存为“可爱猫粮手提包装盒 .jpg”。

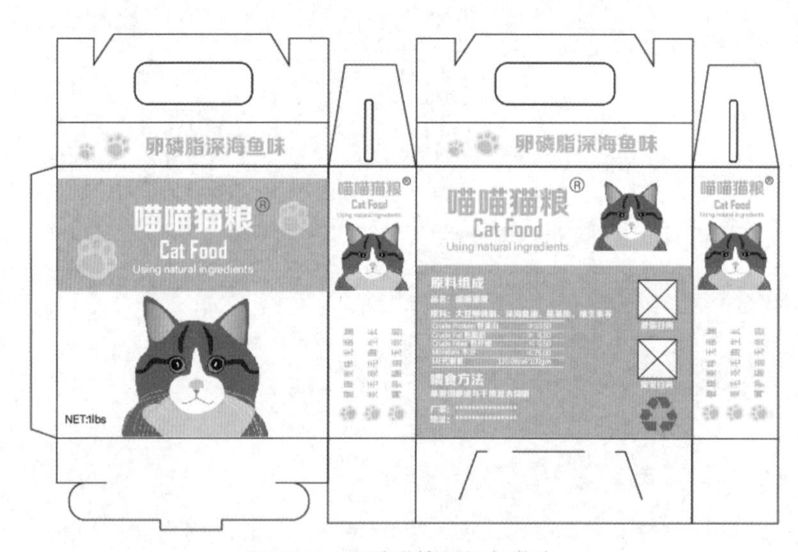

图 5–1　可爱猫粮手提包装盒

任务实施

步骤 1 启动 Illustrator 软件，选择“文件”→“新建”命令（或者按【Ctrl+N】组合键），新建 A4（210 mm × 297 mm）、横向、CMYK 模式的文件。

步骤 2 选择“文件”→“存储为”命令（或者按【Ctrl+Shift+S】组合键），在弹出的对话框中以名称“可爱猫粮手提包装盒 .AI”保存文件。

• 创建“包装盒轮廓”图层

步骤 3 选择“图层 1”，使用“钢笔工具”在画布中绘制手提包装盒展开示意图的外部轮廓，如图 5-2 所示。

步骤 4 选择工具箱中的“圆角矩形工具”，在刚才绘制的示意图中绘制镂空手提部分，完成手提包装盒展开示意图的绘制，如图 5-3 所示。

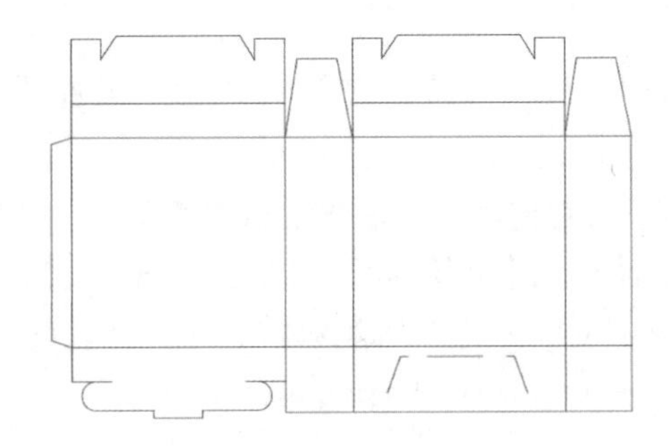

图 5-2 手提包装盒外轮廓

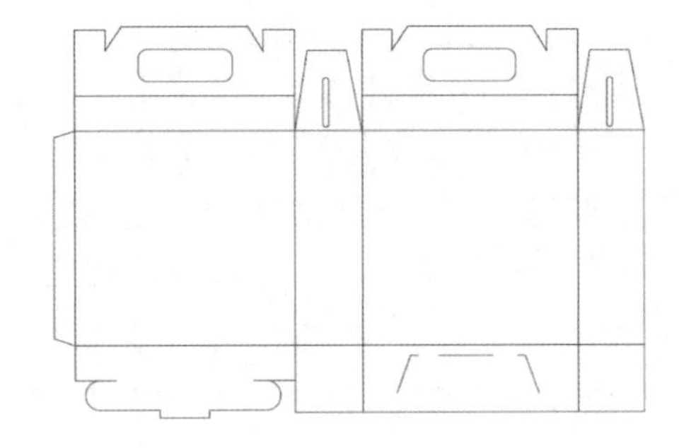

图 5-3 手提包装盒展开示意图

步骤 5 双击“图层”面板中图层缩览图右侧的图层名称，当其变为可编辑状态时，将“图层 1”重命名为“包装盒轮廓”，锁定该图层，如图 5-4 所示。

• 创建“正面”图层

步骤 6 单击“图层”面板右上角的面板菜单按钮，在弹出面板菜单中选择“新建图层（N）”命令，打开“图层选项”对话框，将新图层命名为“正面”，“颜色”设置为“淡红色”，如图 5-5 所示。

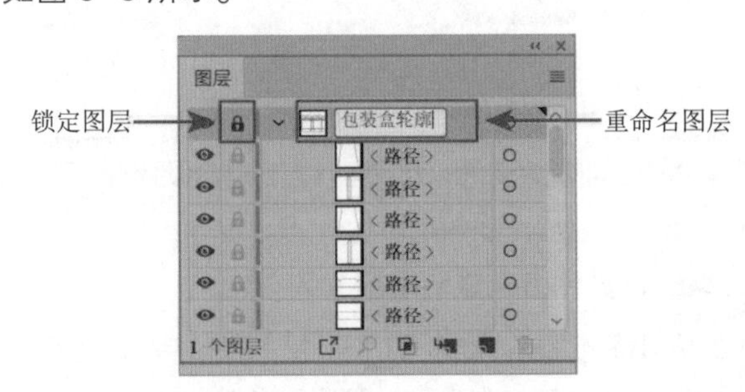

图 5-4 锁定及重命名图层

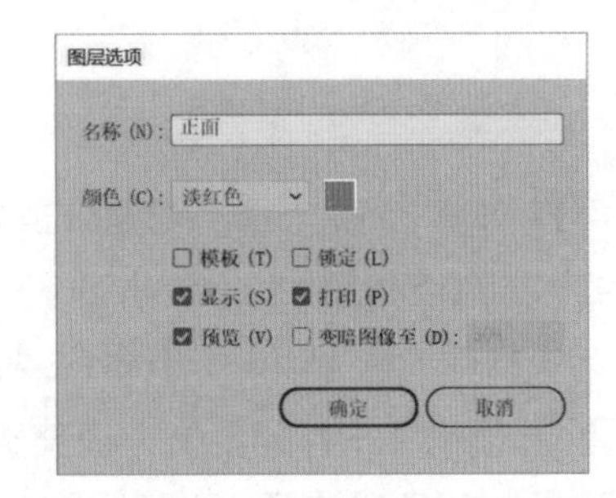

图 5-5 “图层选项”对话框

步骤 7 选择“正面”图层，选择“文件”→“置入”命令，打开素材“任务一：手绘猫咪”文件，使用“选择工具”调整素材大小和位置，如图 5-6 所示。

步骤 8 选择工具箱中的“矩形工具”，为置入品牌名称创建底板，在“正面”图层的手绘猫咪上方绘制矩形，无描边，填充颜色为（C：0，M：40，Y：40，K：0），如图 5-7 所示。

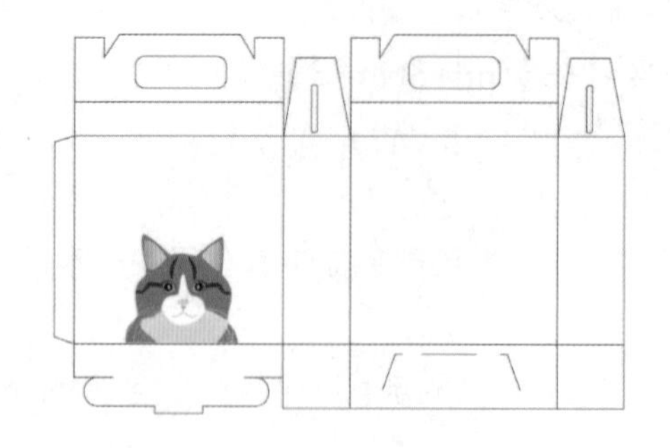

图 5-6 置入素材

图 5-7 创建矩形

步骤 9 打开素材“任务一：文字”文件，如图 5-8 所示，复制需要的文字到“正面”图层，选择工具箱中的“选择工具”，调整文字大小和位置。

步骤 10 本任务为虚拟案例，用户在现实中设计包装时，还需要绘制注册商标。以下可供参考：在“正面”图层上，使用“椭圆工具”按住【Shift】键绘制圆，无填充，描边红色（C：0，M：100，Y：100，K：0），大小为 1 pt；选择“文字工具”，输入字母“R”，红色（C：0，M：100，Y：100，K：0），调整字母“R”的大小和位置，将其置于红色圆中。完成“正面”图层的绘制，如图 5-9 所示。

图 5-8 复制文字

图 5-9 “正面”图层载入文字

步骤 11 选择“钢笔工具”绘制卡通猫爪，线条柔和少棱角，利用曲线使猫爪更粉嫩可爱。猫爪无描边，填充肉粉色（C：0，M：33，Y：18，K：0）和浅黄色（C：9，M：8，Y：18，K：0）。选中猫爪，按【Ctrl+G】组合键将其编组，如图 5-10 所示。

步骤 12 使用“选择工具”，调整猫爪的大小和位置。选中猫爪，复制一个新的猫爪，更改不透明度为 80%，调整大小和位置，如图 5-11 所示。“正面”图层制作完成。

• 创建“侧面 1”图层

步骤 13 单击“图层”面板底部的“创建新图层”按钮，生成新图层，新图层名称为“图层 3”，将“图层 3”重命名为“侧面 1”，如图 5-12 所示。

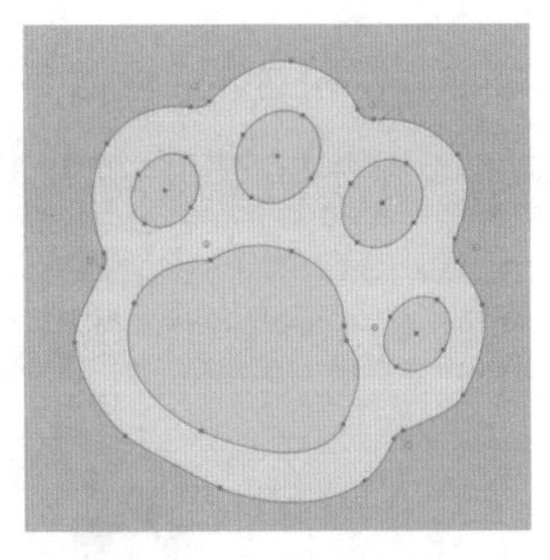

图 5-10 手绘卡通猫爪

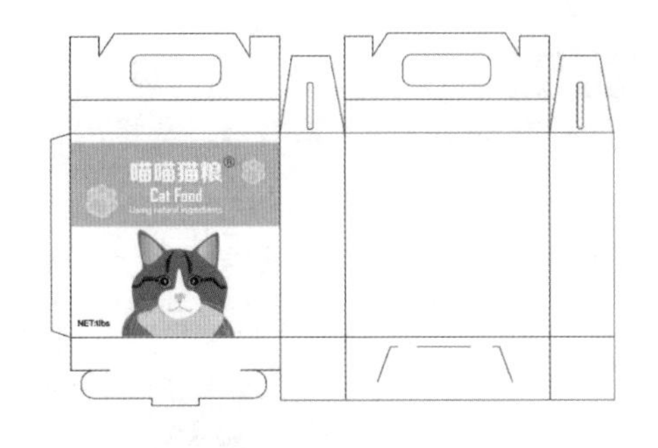

图 5-11 “正面”图层

步骤14 选择“正面”图层，在“正面”图层上选择手绘猫咪、手绘猫爪、注册商标和产品名称文字等内容，按【Ctrl+C】组合键复制；选择“侧面 1”图层，按【Ctrl+V】组合键粘贴。使用“选择工具”，调整复制内容的大小和位置，如图 5-13 所示。

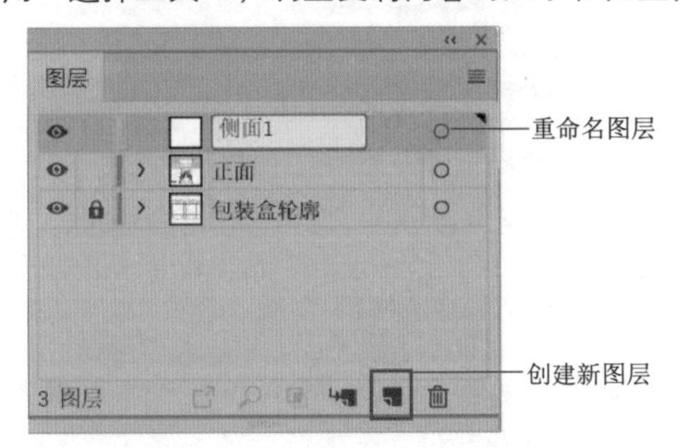

图 5-12 创建“侧面 1”图层

图 5-13 粘贴并调整复制内容

步骤15 在素材“任务一：文字”文件中，复制“健康美味无添加”“美毛亮毛助生长”“呵护肠道无负担”等文字内容到“侧面 1”图层，使用“选择工具”，调整文字大小、方向和位置，文字旋转时按住【Shift】键，可以实现 45° 倍数的旋转，如图 5-14 所示。

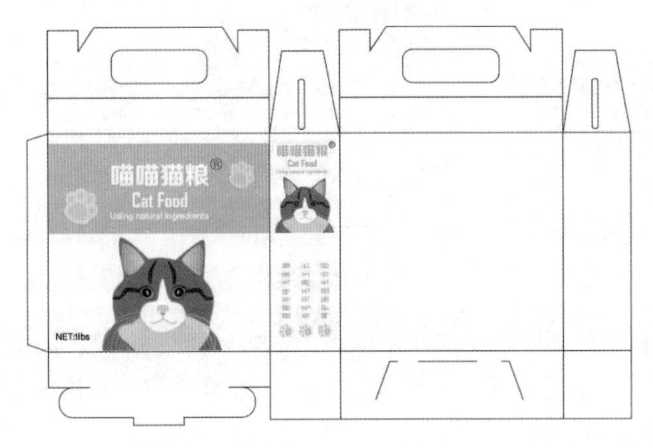

图 5-14 载入“侧面 1”图层文字

• 创建“背面”图层

步骤16 新建“背面”图层。选择“正面”图层，在“正面”图层上复制手绘猫咪、手绘猫爪、注册商标和产品名称文字等内容，选择“背面”图层，粘贴复制内容。使用“选择工具”，调整复制内容的大小和位置，如图 5-15 所示。

步骤17 选择“背面”图层，使用“矩形工具”创建矩形，无描边，填充颜色为（C：0，M：40，Y：40，K：0），并将其锁定，如图 5-16 所示。

图 5-15 调整“背面”图层素材

图 5-16 在“背面”图层中创建矩形

步骤18 使用“直线段工具”创建成分表格，绘制六条水平直线，描边白色（C：0，M：0，Y：0，K：0），大小为 1 pt。选中这些直线，执行“水平居中对齐”和“垂直居中分布”，如图 5-17 所示。

步骤19 选中中间四条水平直线，打开“描边”面板，勾选“虚线”复选框，输入大小为 1 pt，虚线参数设置如图 5-18 所示，将实线修改为虚线。选中绘制的六条直线段，按【Ctrl+G】组合键将直线段编组。如图 5-19 所示。

图 5-17 创建直线

图 5-18 更改直线段的描边

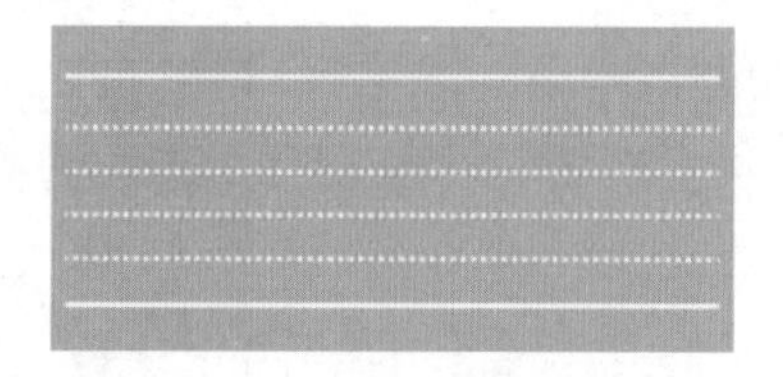

图 5-19 实线修改为虚线

步骤20 在素材“任务一：文字”文件中，复制原料成分等文字内容到“背面”图层，将原料置于表格内部左侧，选中执行“水平左对齐”，将含量置于表格内部右侧，选中执行“水平右对齐”，如图 5-20 所示。

步骤21 在素材“任务一：文字”文件中，复制“原料组成”“喂食方法”“厂家”“地址”等文字内容到“背面”图层，使用“选择工具”，调整文字大小和位置，如图 5-21 所示。

Crude Protein 粗蛋白	≥10.50
Crude Fat 粗脂肪	≥ 6.50
Crude Fiber 粗纤维	≤ 0.50
Moisture 水分	≤75.00
ME代谢能	120.0Kcal/100gm

图 5-20 成分表格

图 5-21 载入“背面”图层文字

步骤 22 留出商品二维码的空间。选择“矩形工具”，按住【Shift】键的同时拖动鼠标，在画布中创建正方形；选择“钢笔工具”，沿着正方形的对角绘制交叉直线段，将其与矩形编为一组，如图 5-22 所示。

步骤 23 复制步骤 22 中的“二维码留白区”，调整位置，与前一个“二维码留白区”水平居中对齐。在素材“任务一：文字”文件中，复制“微信扫码”“淘宝扫码”等文字到“背面”图层，使用“选择工具”，调整文字大小和位置，如图 5-23 所示。

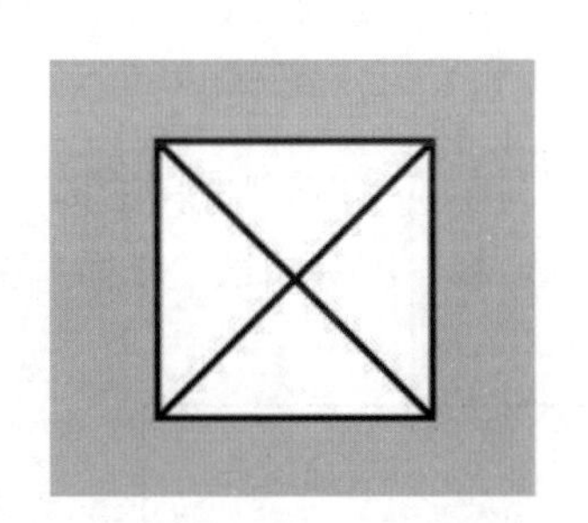

图 5-22 创建二维码留白区

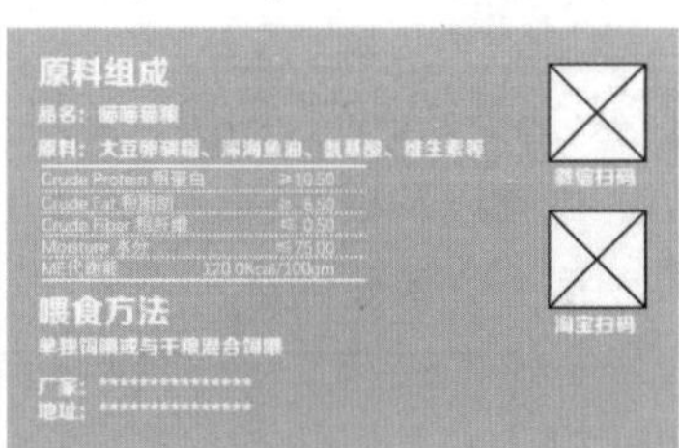

图 5-23 留出商品二维码的空间

步骤 24 选择“文件”→“置入”命令，打开素材“任务一：可回收标志”文件。使用“选择工具”调整素材大小和位置，完成“背面”图层的绘制，如图 5-24 所示。

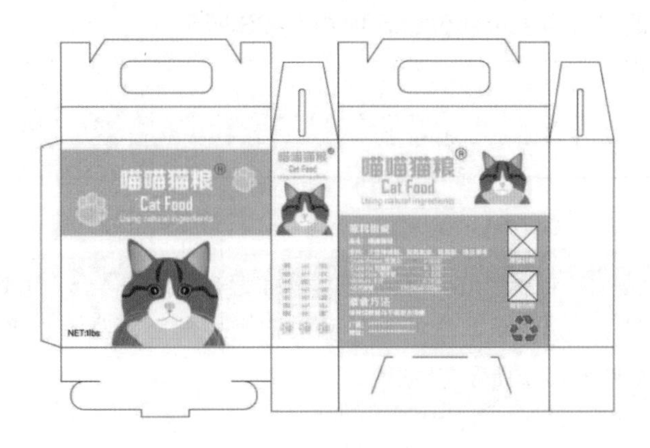

图 5-24 “背面”图层

• 创建“侧面 2”图层

步骤25 选中“侧面 1”图层，单击“图层”面板右上角的面板菜单按钮，在打开的面板菜单中选择“复制‘侧面 1’”命令，复制该图层。将刚才复制的图层重命名为“侧面 2”，将复制内容调整到合适位置，如图 5-25 所示。

• 创建“顶层”图层

步骤26 新建“顶层”图层，此时该文件的图层状态如图 5-26 所示。

图 5-25 “侧面 2”图层

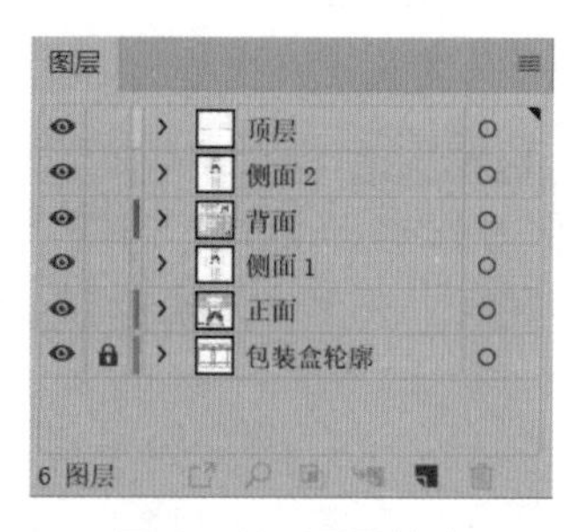

图 5-26 图层状态

步骤27 选择“正面”图层，复制“猫爪”到“顶层”图层。使用“选择工具”，调整“猫爪”的大小、位置以及透明度，如图 5-27 所示。注意“顶层”图层涵盖“正面”图层的上方和“背面”图层上方两处位置。

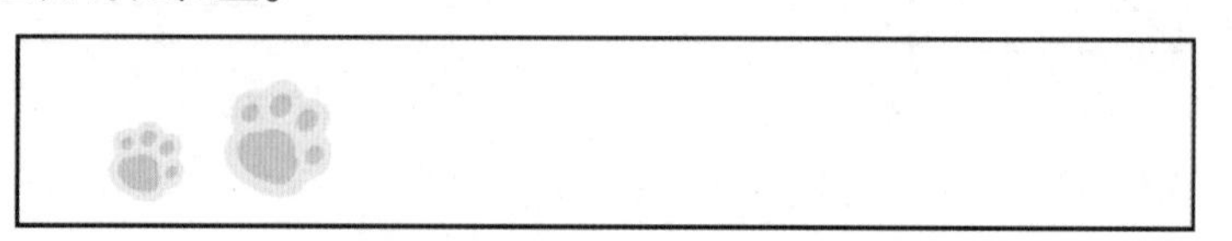

图 5-27 复制猫爪到“顶层”图层

步骤28 打开素材“任务一：文字”文件，复制“卵磷脂深海鱼味”文字到“顶层”图层，使用“选择工具”，调整文字大小和位置，如图 5-28 所示。

图 5-28 载入文字到“顶层”图层

步骤29 综上，完成了任务一的所有绘制步骤。选择“文件”→“导出”→“导出为”命令，选择文件的“保存类型”为 JPEG，命名为“可爱猫粮手提包装盒”，单击“确定”按钮，完成制作。最终效果图如图 5-29 所示。

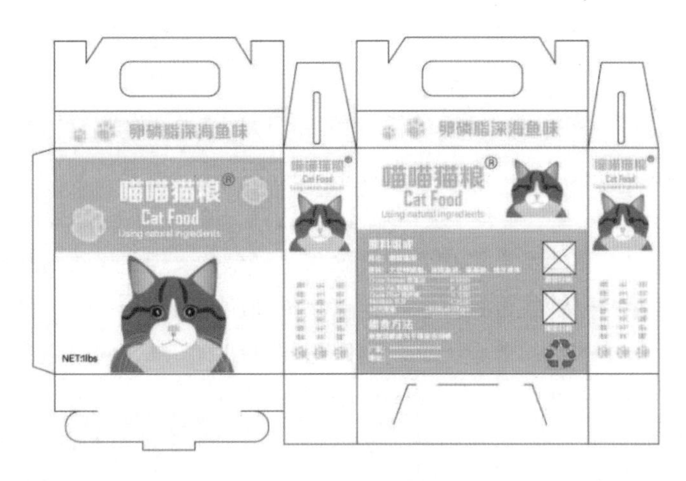

图 5-29 保存文件

任务拓展

打开本书提供的素材文件，制作图 5-30 所示的图像，并保存为“可爱狗粮包装盒 .jpg”，巩固练习图层的基本操作。

图 5-30 可爱狗粮包装盒

相关知识

一、图层概述

1. 图层概念

在 Illustrator 中，用户创建文档时会自动生成“图层 1”，用户每创建一个对象，都将存放在“图层 1”之中，即在“图层 1”之下自动生成以该对象为目标的子图层。使用图层可以有效地选择和管理对象，提高工作效率。

由于图层是透明的，通过调整图层的叠放顺序可以改变文件的显示效果。这种图像呈现方式和早期刑侦电视剧中的人像拼图是相同的道理：将不同类型的五官绘制在透明薄膜上，按照目击者的表述，一层一层地铺上脸型、发型、眉毛、眼睛、鼻子、嘴巴等薄膜，组成最后的效果。

这种图层叠放图像与纸上绘制图像的视觉效果是一致的，但是图层叠放作品具有更强的可修改性，如果觉得眼睛的形状或位置不合适，可以单独调整眼睛所在的薄膜，其他部分完全不受影响，因为它们居于不同层的薄膜之上。利用图层叠加的方式，可以避免重复劳动，很大程度上提高了后期修改的便利度。

2. 图层的不透明度

选择“窗口”→“透明度”命令（或者按【Shift+Ctrl+F10】组合键），打开“透明度”面板，如图 5–31 所示。用户可以在“透明度”面板中对图层进行调整不透明度、编辑图层混合模式、建立/释放不透明蒙版等操作。

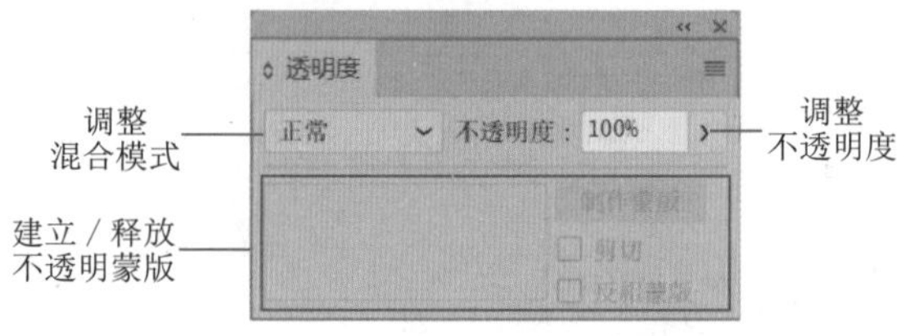

图 5–31 “透明度”面板

“不透明度”用于控制图层、图层组中像素和形状的不透明程度。调整图层的不透明度，单击数值右侧的扩展按钮 100% ›，弹出调整滑块，滑动滑块即可调整图层的不透明度，或者直接输入数值。数值取值范围为 0% ~ 100%，数值越小透明度越高，0% 为完全透明，50% 为半透明，100% 为完全不透明，如图 5–32 所示。

在 Illustrator 中，新建的文件图层默认显示为“白色”背景，实则是透明的，选择“视图”→“显示透明度网格”命令（或者按【Shift+Ctrl+D】组合键），可在绘图区中显示透明度网格，便于精准绘制图形和查看颜色的不透明度，如图 5–33 所示。再次按【Shift+Ctrl+D】组合键，即可隐藏透明度网格。

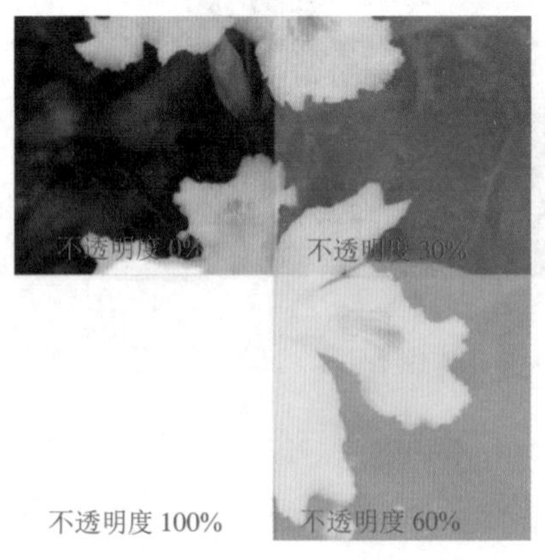

图 5–32 不同透明度效果

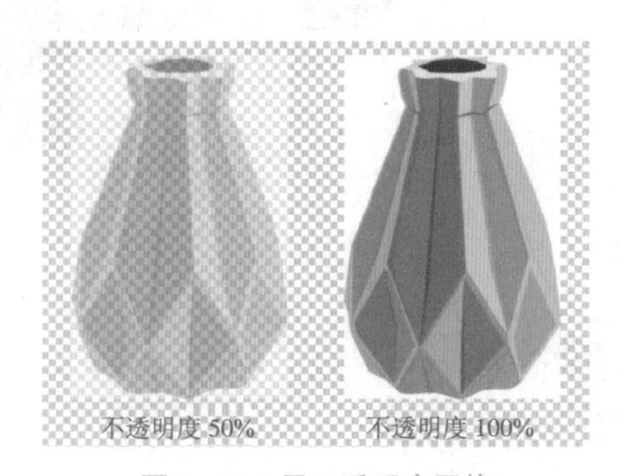

图 5–33 显示透明度网格

3. 图层的混合模式

混合模式的原理是取上一图层任意一个像素，与下一图层对应位置的像素进行数学运算，得到新的像素。为了便于说明情况，将上面图层颜色称为“混合色”，下面图层颜色称为“基色”，运算后的颜色称为“结果色”。

单击“透明度”面板“正常”右侧的下拉按钮 正常 ，在弹出的图层混合模式列表中选择需要设置的模式即可。

混合模式种类比较多，总体来说可以划分为以下类别：

类别	混合模式
变暗系	变暗、正片叠底、颜色加深
变亮系	变亮、滤色、颜色减淡
对比系	叠加、强光、柔光
负片系	差值、排除
HSL 系	色相、饱和度、混色、明度

1）变暗系

变暗系的运算法则是将混合色与基色之间的亮度进行比较，亮于基色的颜色被替换，暗于基色的颜色被保留。

以“正片叠底”模式为例，“正片叠底”模式即所谓“减色”，任何颜色和黑色混合结果都混为黑色，任何颜色和白色混合都保持不变。如图 5-34 所示，在素材左边绘制矩形填充白色，右边绘制矩形填充黑色，将二者执行“正片叠底”模式，左侧白色被过滤，右侧黑色被保留。

2）变亮系

变亮系的运算法则是将混合色与基色之间的亮度进行比较，亮于基色的颜色被保留，暗于基色的颜色被替换。

“变亮”与“变暗”、“滤色”与“正片叠底”、“颜色减淡”与“颜色加深”均是相反对应关系。以“滤色”模式为例，任何颜色和黑色混合结果都保持不变，任何颜色和白色混合都混为白色，如图 5-35 所示。

图 5-34 “正片叠底”模式

图 5-35 “滤色”模式

3）对比系

对比系的特点是让亮部更亮，暗部更暗，每一个“对比系”的混合模式都可以将其视为“变暗系”和“变亮系”的结合，如“叠加”模式是对暗部执行“正片叠底”模式，对亮部执行“滤色”模式，比 50% 暗的区域采用“正片叠底”模式变暗，比 50% 亮的区域则采用“滤色”模式变亮。

如图 5–36 所示。

4）负片系

负片系都有一定负片效果，“差值”模式是将当前图层与下方图层的亮度进行对比，用较亮减去较暗，所得差值为最后效果；“排除”模式与“差值”模式的效果类似，但“排除”模式具有高对比和低饱和度的特点，比“差值”模式效果柔和。如图 5–37 所示，白色作为混合色时，图像呈现负片效果；黑色作为混合色时，图像不发生变化。

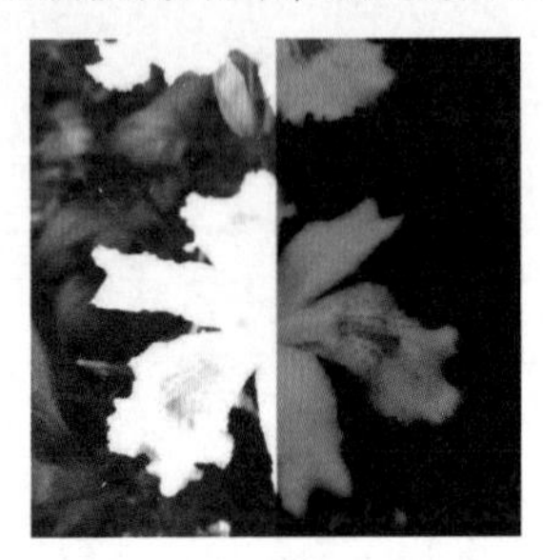
图 5–36 “叠加”模式

图 5–37 “差值”模式

5）HSL 系

HSL 系是基于图像色相、亮度、饱和度的运算，这组的四种模式混合效果差异较大。在素材左边绘制矩形填充绿色，右边绘制矩形填充红色，执行 HSL 系不同的模式查看效果。

“色相”模式是选择基色的亮度和饱和度值与混合色进行混合而创建的效果，混合后的亮度及饱和度取决于基色，色相取决于混合色，如图 5–38 所示。

“饱和度”模式是当基色与混合色的饱和度值不同时，使用混合色的饱和度值进行着色。当基色不变的情况下，混合色饱和度越低，结果色饱和度越低；混合色饱和度越高，结果色饱和度越高，如图 5–39 所示。

图 5–38 “色相”模式

图 5–39 “饱和度”模式

“混色”模式采用基色的亮度和混合色的色相与饱和度创建结果色。“混合”模式可以保护图像的灰色色调，但结果色的颜色由混合色决定，一般用于为图像添加单色效果，如图 5–40 所示。

“明度”模式与“混色”模式相反，它采用基色的色相与饱和度和混合色的亮度创建结果色。如图 5–41 所示。

图 5-40 “混色”模式

图 5-41 “明度”模式

4. “图层”面板

选择“窗口”→“图层”命令（快捷键为【F7】），打开“图层”面板。“图层”面板及其命令如图 5-42 所示。

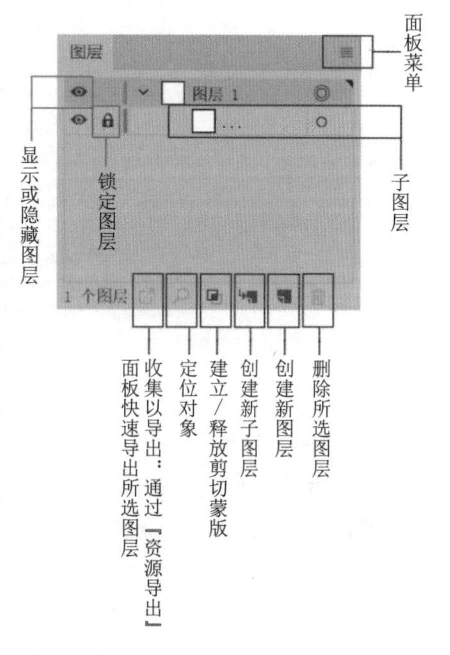

图 5-42 “图层”面板

- 面板菜单：单击该按钮，将展开面板菜单，用于新建、复制、删除、建立剪切蒙版等操作。
- 图层列表：选中某一图层，单击该按钮，将展开或关闭选中图层列表，用于查看选中图层中所包含的子图层。
- 显示或隐藏：选中某一图层，点亮该图标，可以显示选中图层；隐藏该图标，则选中图层及其所有子图层均不可见。
- 锁定：选中某一图层，点亮该图标，可以锁定选中图层，选中图层及其所有子图层均不可操作；隐藏该图标，则可解锁选中图层及其所有子图层。
- 收集以导出：选中某一图层，单击该按钮，可以通过“资源导出”面板快速导出所选图层。
- 定位对象：单击该按钮，可以选中所选对象所在的图层。
- 建立或释放剪切蒙版：选中某一图层，单击该按钮，可以为选中图层创建剪切蒙版；再次单击，可以释放剪切蒙版。
- 创建新子图层：单击该按钮，可以在当前选择的图层内创建一个子图层。
- 创建新图层：单击该按钮，可以在当前选择图层的上方新建一个图层。
- 删除所选图层：单击该按钮，或将选中图层拖到该按钮上，可以删除选中图层。
- 图层缩览图：双击“图层”面板中的图层缩览图，打开“图层选项”对话框。
- 图层 1 图层名称：双击“图层”面板中的图层名称，可以重命名图层。
- ：双击“图层”面板中对象名称后面的空白处，打开“选项”对话框，可以设置对象的“显示”与“锁定”，如图 5-43 所示。

5. 图层面板选项

单击“图层”面板右上方的面板菜单按钮≡，可展开面板菜单，选择“面板选项”命令，打开“图层面板选项”对话框，如图 5-44 所示，在其中可设置“图层”面板的显示状况。

选中“图层面板选项”对话框中的“仅显示图层”复选框☑ 仅显示图层 (H)，“图层面板选项”对话框“缩略图”区域的“组”和“对象”复选框失活，如图 5-45 所示。意味着“图层”面板中的缩略图将只显示图层。

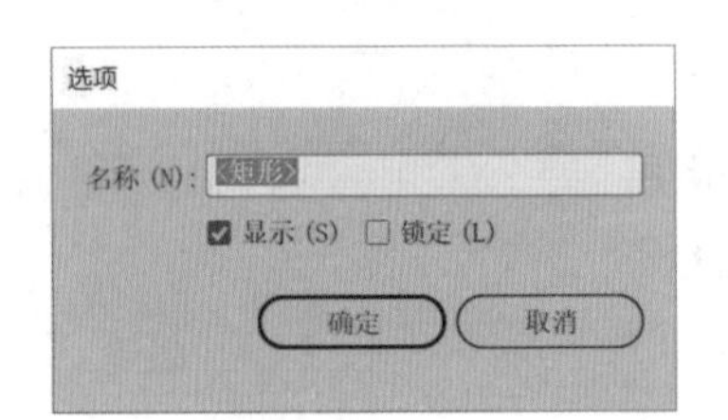

图 5-43　对象的“选项”对话框

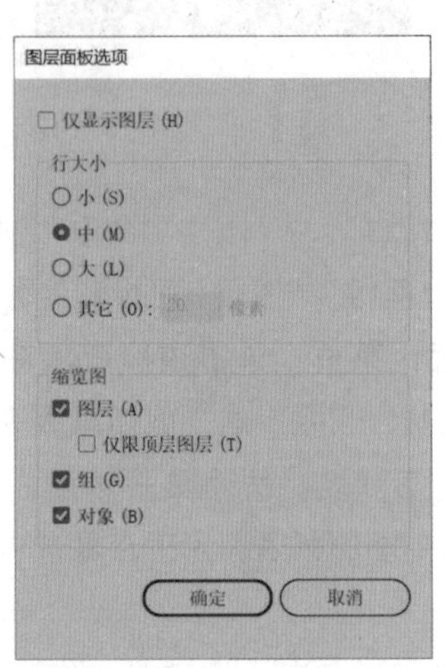

图 5-44　“图层面板选项”对话框

通过“图层面板选项”对话框中的“行大小”区域可以设置“图层”面板中图层的显示大小。“小”“中”“大”的显示对比如图 5-46 所示，用户可以根据使用习惯和需求调整“行大小”，同时用户还可以自定义大小。

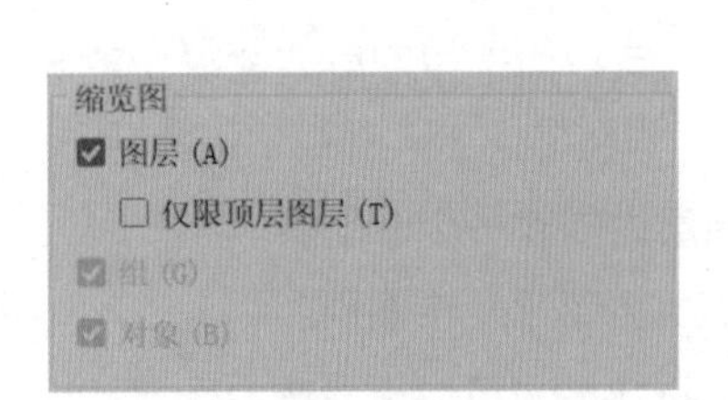

图 5-45　“组”和“对象”失活

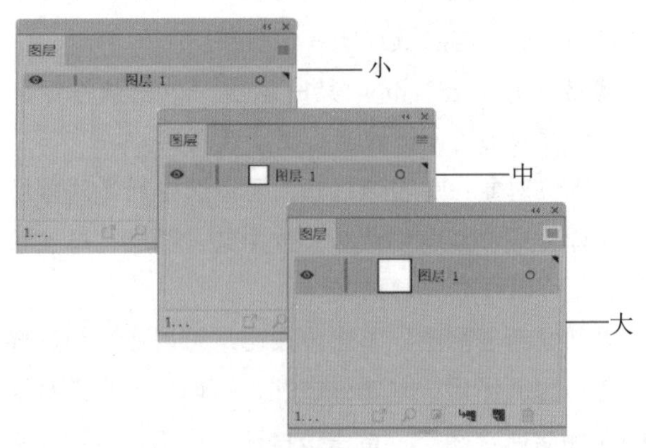

图 5-46　设置“行大小”

二、选择图层

选择单一图层：在“图层”面板中，单击某图层，即可选中该图层，如图 5-47 所示。

选择多个连续图层：在“图层”面板中，按住【Shift】键，分别单击两个图层，即可选中两个图层间的多个连续图层，如图 5-48 所示。

选择多个不连续图层：在“图层”面板中，按住【Ctrl】键，分别单击所需选择的图层，即可选中多个不连续图层，如图 5-49 所示。

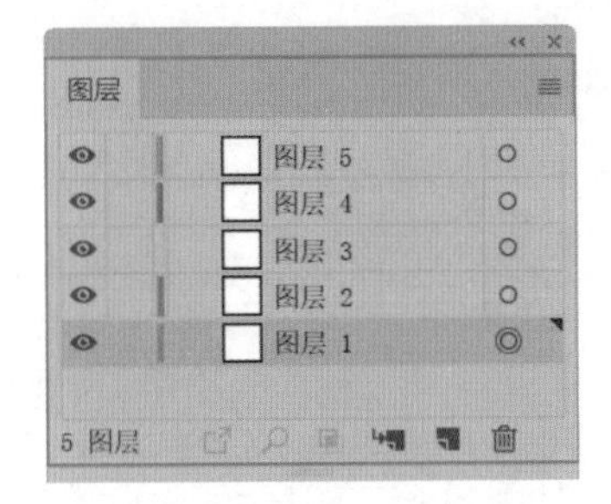

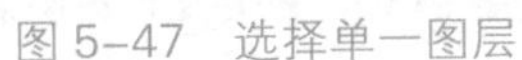
图 5-47 选择单一图层

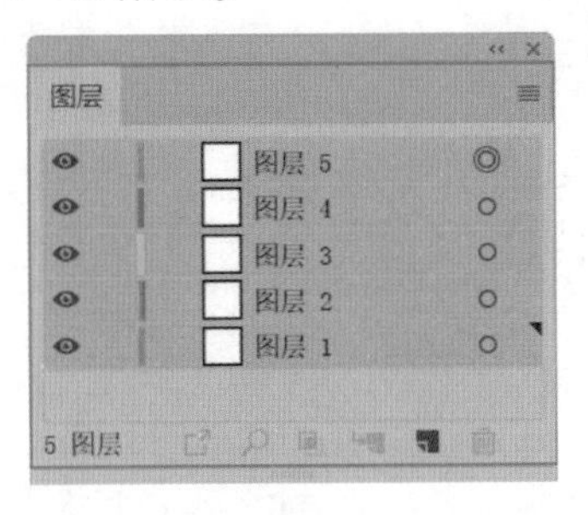

图 5-48 选择多个连续图层

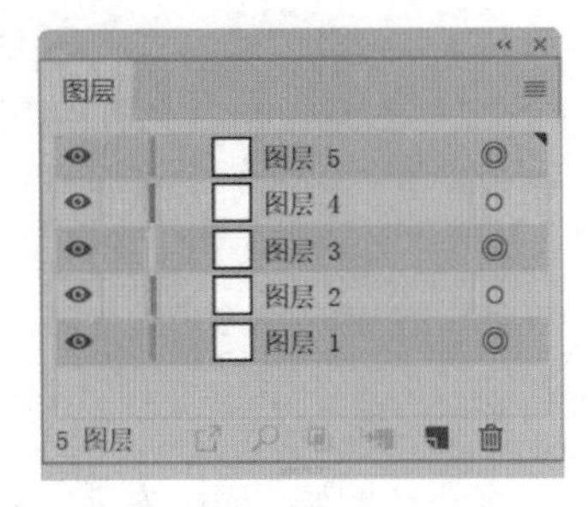

图 5-49 选择多个不连续图层

三、新建图层

1. 方法一

单击“图层”面板底部的“创建新图层”按钮可直接创建图层。如图 5-50 所示，单击“创建新图层”按钮创建“图层 2”。

单击“图层”面板底部的“创建新子图层”按钮，则在选择的图层内创建了一个新的子图层。如图 5-51 所示，单击“创建新子图层”按钮创建“图层 2”，与图 5-50 对比可见，两个“图层 2”的位置不同，表明图 5-51 中的“图层 2”是“图层 1”的子图层。

在图 5-51 中，如果对“图层 1”执行隐藏、锁定、调整透明度等基础操作，则其子图层（图层 2）也将被执行相同的操作。

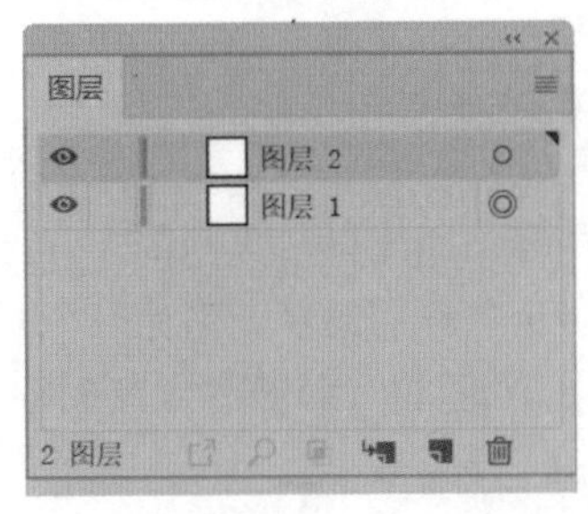

图 5-50 使用“创建新图层”按钮创建新图层

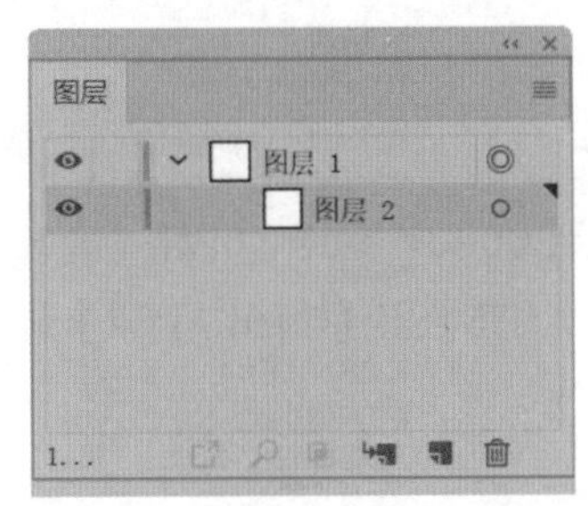

图 5-51 使用“创建新子图层”按钮创建新子图层

• 在单击“创建新图层”按钮的同时按住【Ctrl】键，可在现有图层的最顶层创建一个新图层。

• 在单击“创建新图层”按钮的同时按住【Alt】键，可在创建新图层的同时弹出“图层选项”对话框，可创建紧邻所选图层上方的新图层。如图 5-52 所示，选中“图层 2”，按住【Alt】键并单击“创建新图层”按钮，可在“图层 2”上方新建“图层 4”。

• 在单击“创建新图层”按钮的同时按住【Ctrl +Alt】组合键，可在创建新图层的同时弹出“图层选项”对话框，可创建所选图层下方的新图层。如图 5-53 所示，选中“图层 2”，按住【Ctrl +Alt】组合键并单击“创建新图层”按钮，可在“图层 2”下方新建“图层 4”。

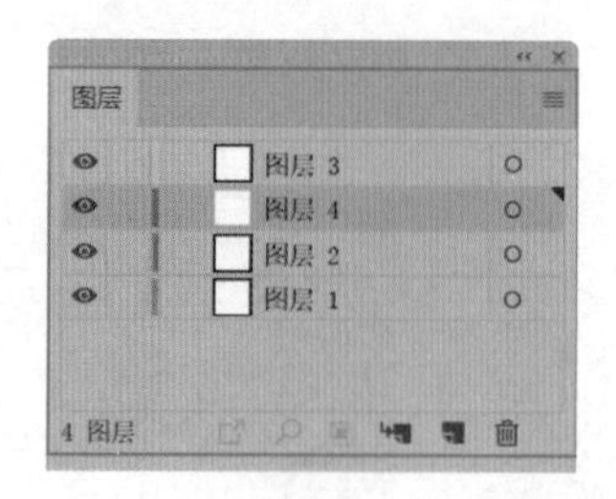

图 5-52　在所选图层上方新建图层

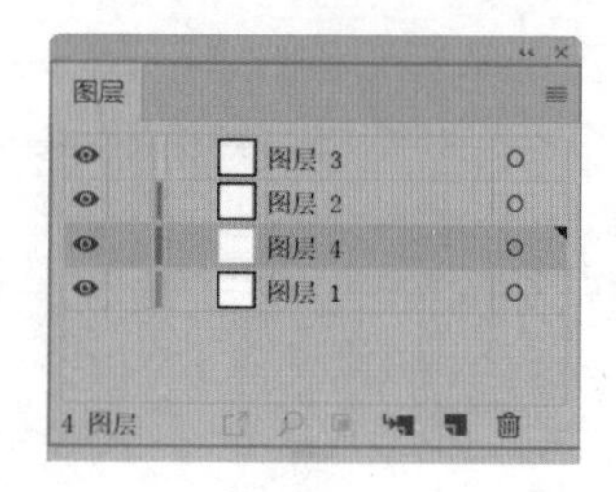

图 5-53　在所选图层下方新建图层

2. 方法二

单击“图层”面板右上方的面板菜单按钮，展开面板菜单，其中包含了图层的基本操作，如图 5-54 所示。在面板菜单中选择“新建图层”命令，打开“图层选项”对话框，如图 5-55 所示，单击“确定”按钮，即可创建一个新图层。

双击“图层”面板中的图层缩览图，也可打开“图层选项”对话框，如图 5-55 所示，在其中可设置图层名称、颜色、锁定、显示等选项。

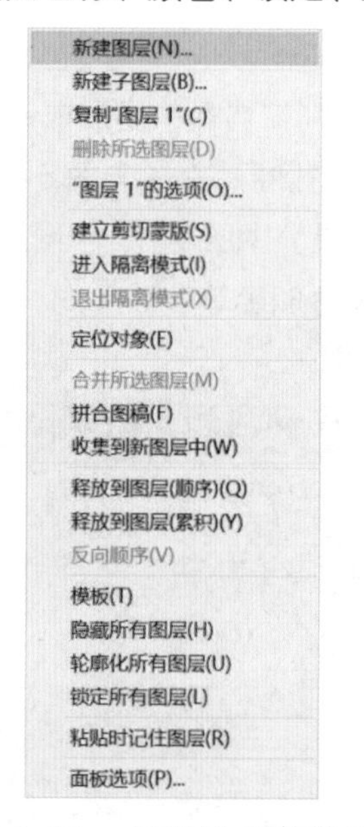

图 5-54　“图层”面板菜单

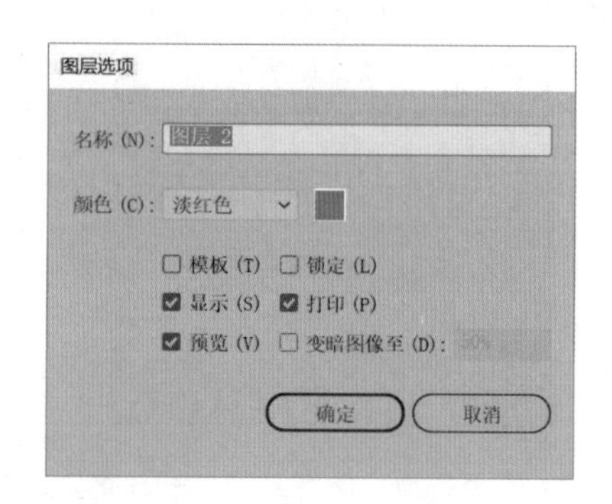

图 5-55　“图层选项”对话框

“名称”：用于标记新建图层的名称，在图层数量较多的时候，给定图层名称可以快速查找和管理对象。

“颜色”：用于标记该图层所有对象定界框、中心点、路径以及锚点的颜色，以此，用户可以快速定位对象所在图层。例如，在图 5-56 中，使用“选择工具”选中上面的“矩形”，其定界框是蓝色的，与“图层”面板中“图层 1”的标记颜色相同，表示该“矩形”在“图层 1”中；在图 5-57 中，选中下面的“矩形”，其定界框是红色的，与“图层”面板中“图层 2”的标记颜色相同，表示该“矩形”在“图层 2”中。

“模板”：用以将当前图层创建为模板图层。在“图层”面板中，“模板”前面会显示图标，图层的名称为倾斜的字体，并自动处于锁定的状态，如图 5–58 所示，“图层 2”是新创建的“模板”。

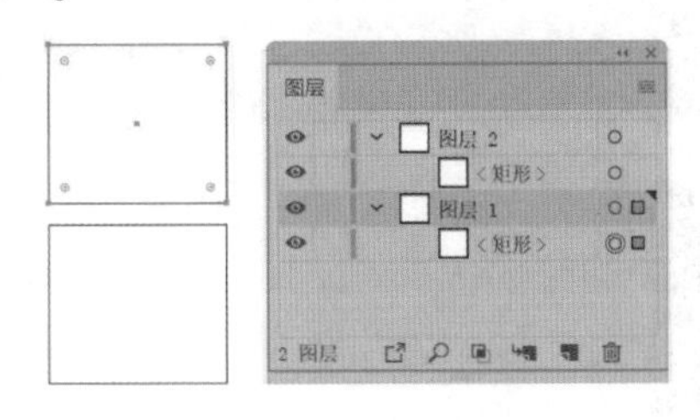

图 5–56　选中“图层 1”中的矩形

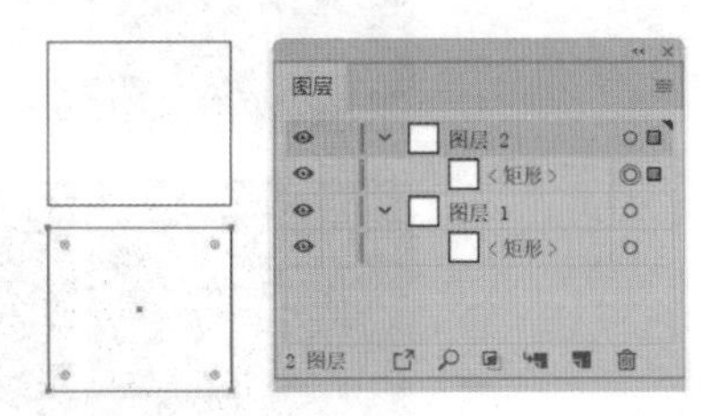

图 5–57　选中“图层 2”中的矩形

选择“模板”命令后，“视图”菜单中的“隐藏模板”命令被激活，执行该命令，可以隐藏模板图层。模板不能被打印和导出，取消模板选项的选择，可以将模板图层转化为普通图层。

模板图层经常被用于图像描摹，因为在轮廓模式下，模板图层依旧以原图的方式显示，如图 5–59 所示。

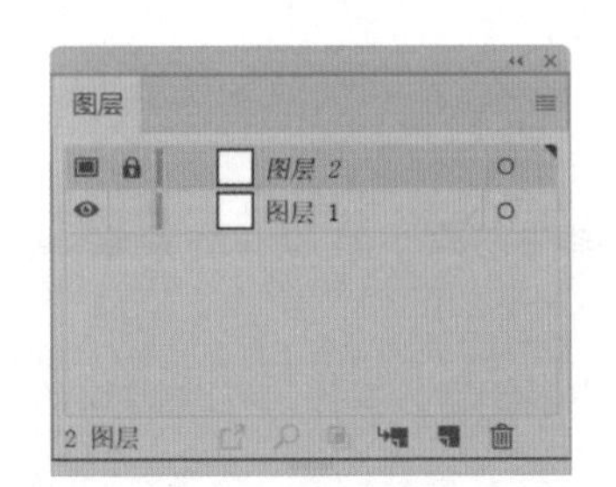

图 5–58　新建“模板”图层

图 5–59　轮廓模式下的“模板”图层

“锁定”：选择该项时，可将当前图层设置为锁定图层；取消选择时，可将当前图层设置为解锁图层。

“显示”：选择该项时，可将当前图层设置为可见图层；取消选择时，可将当前图层设置为隐藏图层。

“打印”：选择该项时，表示当前图层支持打印操作；取消选择时，表示当前图层不支持打印。

“预览”：选择该项时，可将当前图层的对象设置为预览模式；取消选择时，可将当前图层的对象设置为轮廓模式。

“图像变暗至”：选择该项，并配合输入数值，可以淡化当前图层中位图图像和链接图像的显示效果，矢量图不会发生变化，如图 5–60 所示。创建“图像变暗至 50%”的图层 2，分别在图层 1 和图层 2 置入位图，可见图层 2 中的位图变暗；分别在图层 1 和图层 2 创建矩形，图层 2 中的矩形矢量图未发生变化。

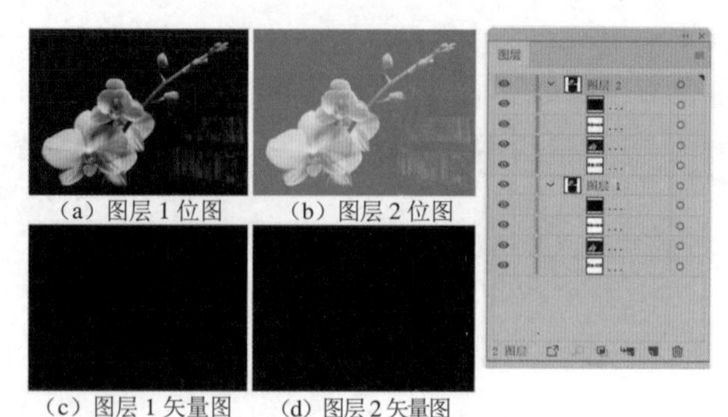

（a）图层 1 位图　（b）图层 2 位图

（c）图层 1 矢量图　（d）图层 2 矢量图

图 5-60　图层 2 变暗至 50%

四、复制图层

1. 图层的复制

复制图层可以快速得到所复制图层上的所有信息，节约绘制时间。例如，在任务一中，“侧面 2”图层由直接复制“侧面 1”图层而来。用户可以使用以下两种方法复制图层。

1）方法一

选中需要复制的图层，将其拖动到“创建新图层”按钮上即可，如图 5-61 所示，将“图层 1”拖动到“创建新图层”按钮上，得到“图层 1_ 复制”。

2）方法二

选中需要复制的图层，单击“图层”面板右上角的面板菜单按钮，在展开的菜单中选择“复制‘图层’”命令即可。

如图 5-62 所示，在“图层 1”上绘制“可爱头像”，执行“复制图层”操作，可以得到和“图层 1”一模一样的“可爱头像”。

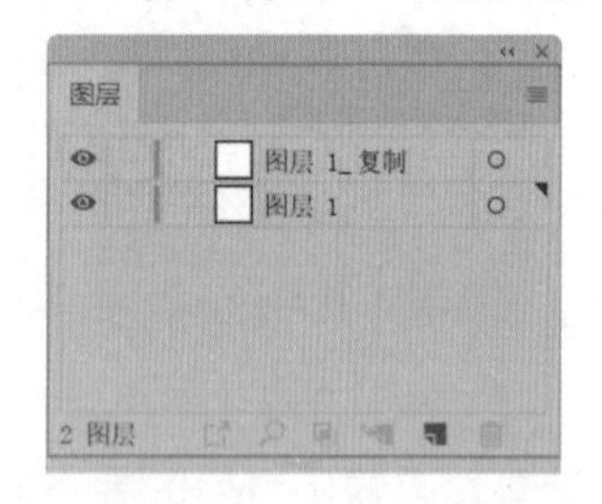

图 5-61　方法一复制“图层 1”

图 5-62　复制“可爱头像”图层

2. 跨图层复制

在制图过程中，有时需要把一个子图层从一个图层复制到另一图层，进行跨图层的复制。例如，将图 5-63 中“图层 1”头像上的“蝴蝶结”复制到“图层 1_ 复制”的头像上。在“图层 1”中选中“蝴蝶结”子图层，按【Ctrl+C】组合键复制，然后选择“图层 1_ 复制”，按【Ctrl+V】组合键粘贴，实现跨图层复制。

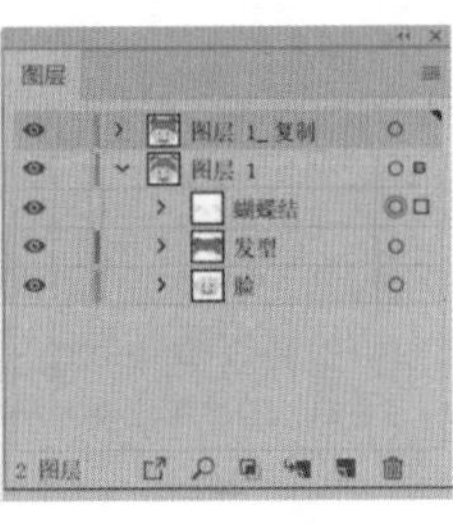

图 5-63　跨图层复制

单击“图层”面板右上角的面板菜单按钮，在展开的面板菜单中选择“粘贴时记住图层”命令 ✓ 粘贴时记住图层(R)，即使在粘贴前选中其他图层，粘贴的结果依然是在原图层之中。

五、删除图层

1. 方法一

选中需要删除的图层，单击“删除所选图层”按钮即可，或将选中图层拖动到“删除所选图层”按钮上即可。

2. 方法二

选中需要删除的图层，单击“图层”面板右上角的面板菜单按钮，在展开的面板菜单中选择“删除‘图层’”命令即可。

如图 5-64 所示，左边“可爱头像”带着“蝴蝶结”，选中右边“可爱头像”中的“蝴蝶结”子图层，执行“删除图层”操作，右侧“可爱头像”的“蝴蝶结”消失。

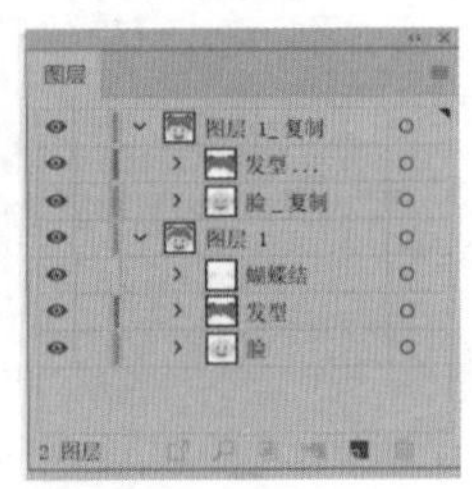

图 5-64　删除“蝴蝶结”子图层

六、合并图层

1. 合并所选图层

选中需要合并的图层，单击“图层”面板右上角的面板菜单按钮，在展开的面板菜单中选择“合并所选图层”命令即可。

“合并所选图层”命令是将用户所选中不同图层中的对象集合到同一个图层，删除其他空图层。与 Photoshop 软件合并图层不同，在 Illustrator 软件中，合并图层之后，图层内部各对象依然可进行独立选择或编辑等操作。

如图 5-65 所示，选中“图层 1”和“图层 1_复制”两个图层，执行“合并所选图层”命令，“图层 1_复制”中所有子图层集合到“图层 1”之中，没有子图层的“图层 1_复制”被自动删除。

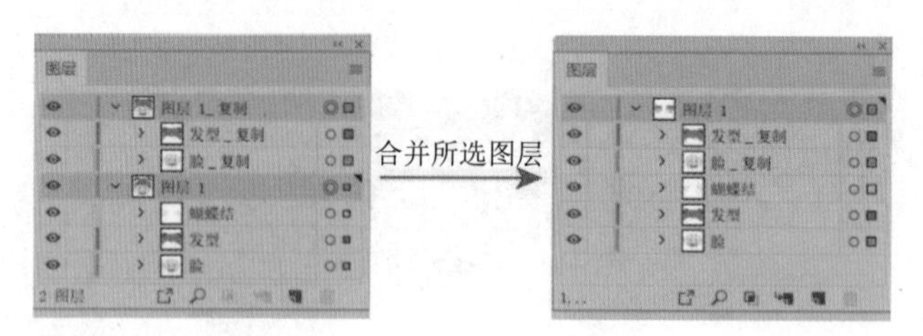

图 5-65　合并所选图层

2. 拼合图稿

选中某一图层，单击“图层”面板右上角的面板菜单按钮，在展开的面板菜单中选择“拼合图稿”命令，可将所有图层合并为一个图层。

“合并所选图层”命令是将用户所选图层作为集合图层，文件中其他图层内的子图层将全部集合到选中图层，删除其他空图层。

如图 5-66 所示，“拼合图层 1”：选中“图层 1”，执行“合并所选图层”命令，“图层 1_ 复制”中所有子图层集合到“图层 1”之中，没有子图层的“图层 1_ 复制”被自动删除；“拼合图层 1_ 复制”：选中“图层 1_ 复制”，执行“合并所选图层”命令，“图层 1”中所有子图层集合到“图层 1_ 复制”之中，没有子图层的“图层 1”被自动删除。

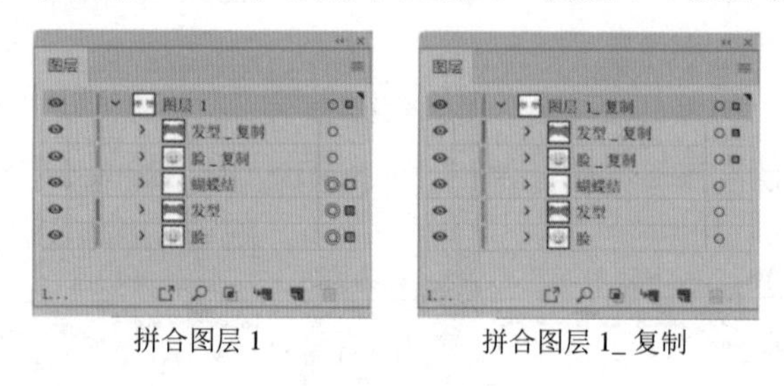

图 5-66　拼合图稿

3. 收集到新图层中

选中需要收集的图层，单击“图层”面板右上角的面板菜单按钮，在展开的面板菜单中选择“收集到新图层中”命令即可。

“收集到新图层中”命令是将用户所选中图层集合到一个新的图层，该图层为系统自动生成。

如图 5-67 所示，选中“图层 1”和“图层 1_ 复制”两个图层，执行“收集到新图层中”命令，“图层 1”和“图层 1_ 复制”中的所有对象被收集到“图层 2”之中。

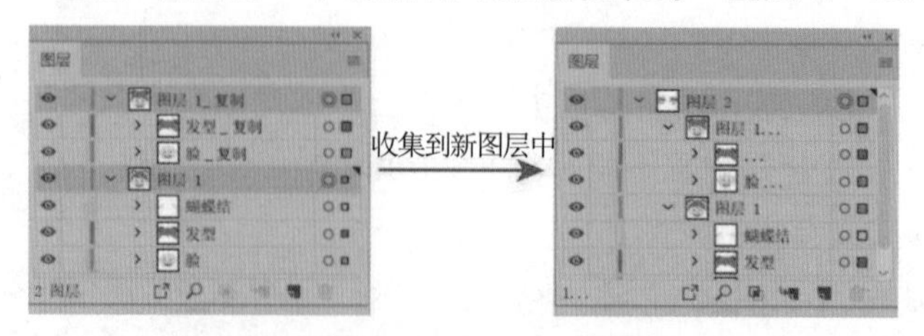

图 5-67　收集到新图层中

七、锁定图层

锁定图层可以避免绘制过程中的干扰，用户使用 Illustrator 时，既可以锁定任意某一图层，也可以执行快捷操作锁定所有图层。

单击“图层”面板中的“切换锁定”按钮，即可锁定该图层，再次单击该按钮可解锁图层，被锁定的图层无法进行操作。被锁定的图层在“图层”面板中有锁定标识，如图 5-68 所示。

当文件中只有一个图层时，单击“图层”面板右上角的面板菜单按钮，在展开的面板菜单中选择“锁定所有图层”命令，可将该图层及其所有子图层锁定；如果需要解锁，则在展开的面板菜单中选择“解锁所有图层”命令即可。

当文件中有超过一个图层时，选中一个图层，单击“图层”面板右上角的面板菜单按钮，在展开的面板菜单中选择“锁定其他图层”命令，可锁定除选中图层之外的所有图层；如图 5-69 所示，选中“图层 1”，执行“锁定其他图层”操作，则“图层 2”和“图层 3”被锁定。如果需要解锁，则在展开的面板菜单中选择“解锁所有图层”命令即可。

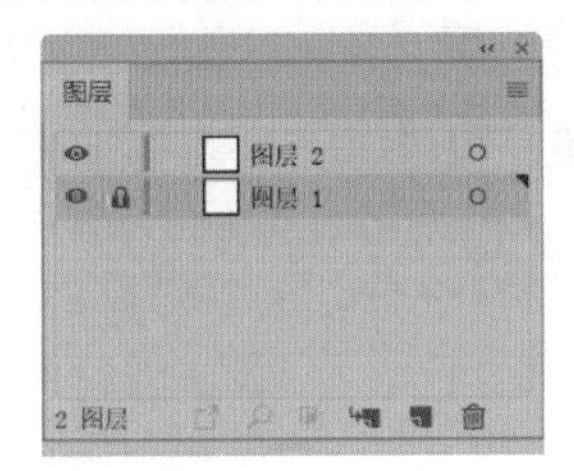

图 5-68　锁定“图层 1”

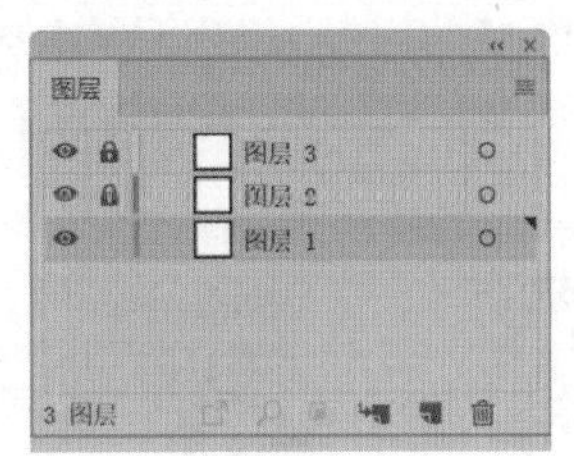

图 5-69　锁定其他图层

八、重命名图层

重命名图层既可以帮助用户梳理设计思路和制作过程，使文件清晰明了；又可以帮助用户快速定位图层，节约绘制时间。例如，在任务一中就是按照包装盒的每一面进行分层分步设计，因此文件制作过程中也按照每一图层进行逐步绘制，为了便于整理文件，按照每一图层的功能对图层进行重命名。用户可以使用以下两种方法重命名图层。

1. 方法一

在“图层选项”对话框中重命名图层。在“图层”面板中，双击所需重命名图层的缩略图，打开“图层选项”对话框，如图 5-70 所示，更改“名称”，单击“确定”按钮。

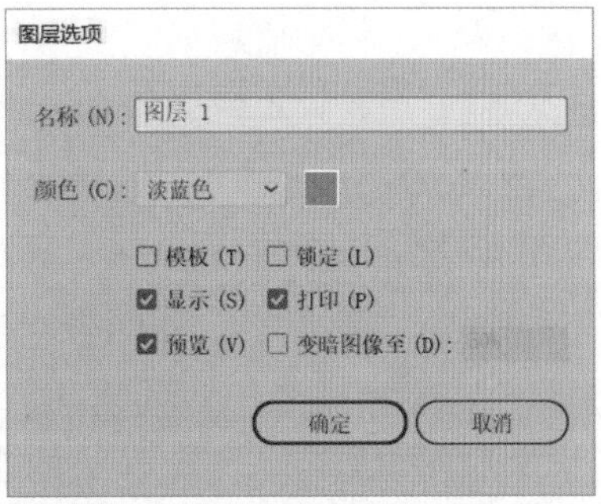

图 5-70　“图层选项”对话框

2. 方法二

在“图层”面板中，双击所需重命名图层的名称，进入修改状态，输入新名称，在其他区域单击可实现图层的重命名。

九、隐藏或显示图层

单击“图层”面板中图层的“切换可视性”按钮，即可隐藏该图层，再次单击该按钮可显示该图层。被隐藏的图层在“图层”面板中👁消失，如图 5-71 所示。

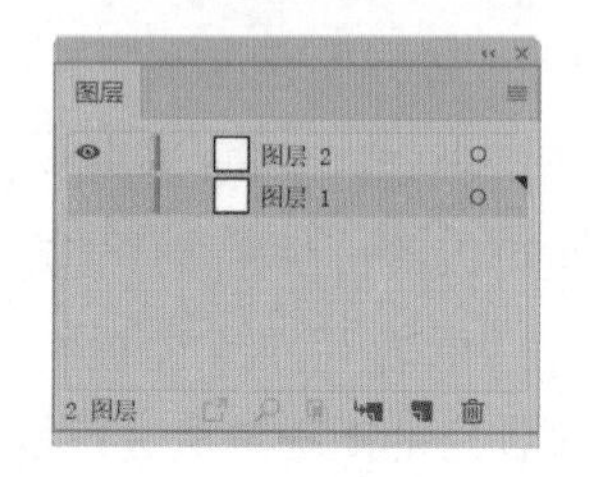

图 5-71　隐藏“图层 1”

如图 5-72 所示，单击隐藏“可爱头像”中的“蝴蝶结”子图层，小女孩的“蝴蝶结”被隐藏，其他保持不变。注意与删除“蝴蝶结”子图层的区别，删除图层不可逆，除非执行“撤销”操作；而隐藏图层是可逆操作，单击显示“蝴蝶结”子图层，“可爱头像”可以再次戴上“蝴蝶结”。

当文件中只有一个图层时，单击“图层”面板右上角的面板菜单按钮☰，在展开的面板菜单中选择“隐藏所有图层”命令，可将该图层及其所有子图层隐藏；如果需要显示图层，则在展开的面板菜单中选择“显示所有图层”命令即可。

当文件中有超过一个图层时，选中一个图层，击“图层”面板右上角的面板菜单按钮☰，在展开的面板菜单中选择“隐藏其他图层”命令，可隐藏除选中图层之外的所有图层，如图 5-73 所示，选中“图层 1”，执行“隐藏其他图层”操作，则“图层 2”和“图层 3”被隐藏。如果需要显示，则在展开的面板菜单中选择“显示所有图层”命令即可。

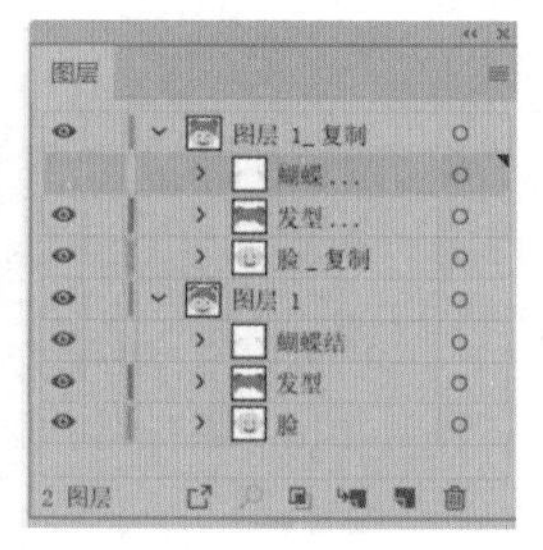

图 5-72　隐藏“蝴蝶结”子图层

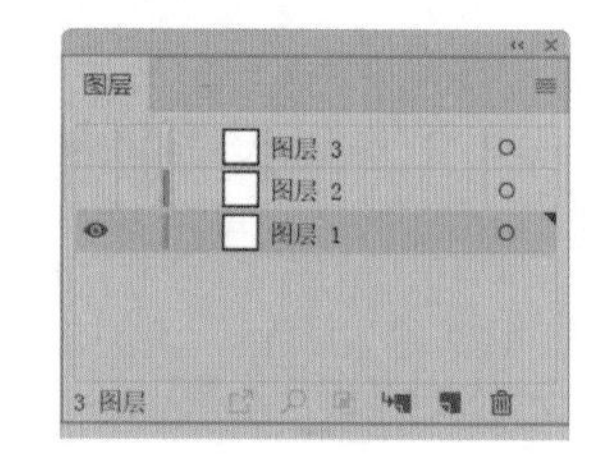

图 5-73　隐藏其他图层

十、收集以导出

单击“图层”面板中的“收集以导出”按钮↗可以通过“资源导出”面板快速导出所选图层，如图 5-74 所示。

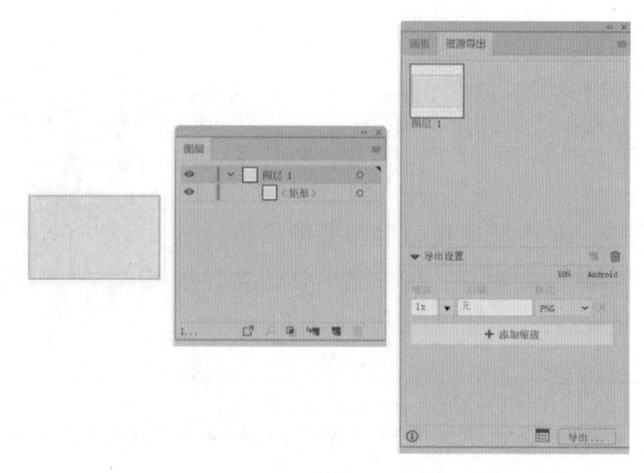

图 5-74　收集以导出

在“资源导出”面板中可以设置导出图像的缩放、后缀和格式等参数，单击“添加缩放”按钮，如图 5-75 所示，可以添加并导出已设定缩放比例的图像。

注意：“隔离模式”时无法执行“收集以导出”，退出“隔离模式”即可导出，如图 5-76 所示。

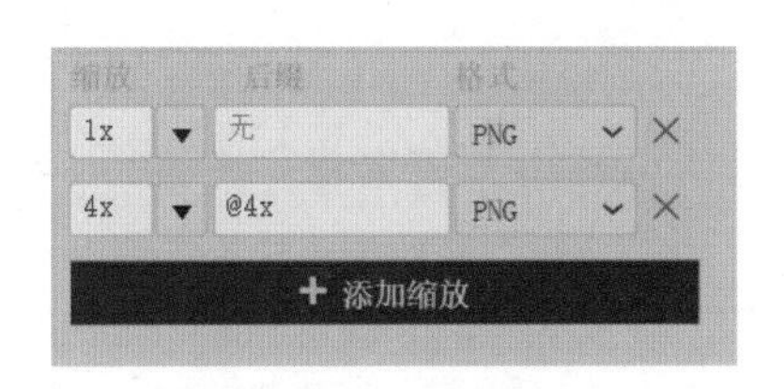

图 5-75　添加缩放

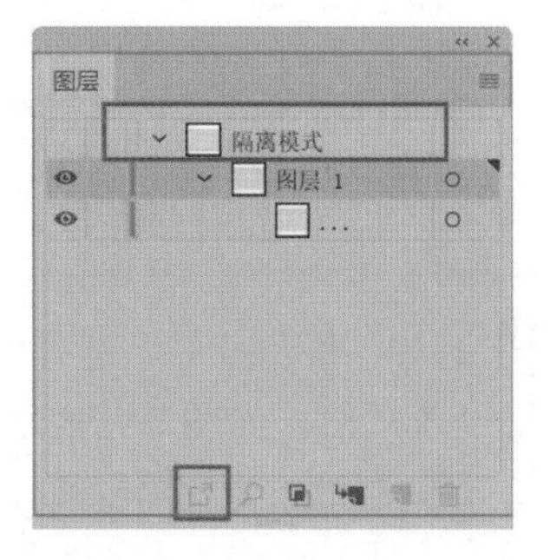

图 5-76　“隔离模式”无法导出

任务二　蒙版的创建与应用

“蒙版”一词本身来自生活应用，也就是“蒙在上面的板子”。在 Illustrator 中，不论是剪切蒙版，还是不透明蒙版，归根结底就是遮盖与显示的问题。从本质上说，“蒙版”是保护部分图像而留下其他部分图像以供修改，将图像中不想被修改影响到的部分隐藏起来，这就是“蒙版”的作用。

任务描述

在网络购物越发流行的当下，有一些颇具韵味的实体小店成为人们竞相追捧的网红打卡地，吸引越来越多顾客的光临，丰富实体经济。某家杂货铺以复古为特色，以年轻人为核心消费群体，请为杂货铺制作宣传海报。海报以杂货铺实景为背景，色彩浓艳热烈，引人注意；为了制造神秘感，将实景使用滤镜和不透明度蒙版进行处理，达到朦胧与真实相互碰撞的效果；加入店内实景的剪切蒙版设计，点亮了杂货铺，达到虚实相继的目的；招牌利用剪切蒙版制作木质背景，使用白色文字增加色彩对比，矢量画笔边框的加入，使招牌既复古又时尚。

启动 Illustrator 软件，结合本书提供的素材文件，制作图 5-77 所示的图形效果，使用“剪切蒙版”和“不透明蒙版”两种蒙版效果，使读者了解如何创建和编辑剪切蒙版，如何创建和编辑不透明蒙版，帮助读者理解这两种蒙版各自实现效果的差别。最后将文件保存为“缤纷杂货铺宣传海报 .jpg”。

图 5-77　缤纷杂货铺宣传海报

任务实施

步骤 1 选择“文件”→“新建”命令（或者按【Ctrl+N】组合键），打开“新建文档”对话框，设置宽度为 400 mm、高度 300 mm、CMYK 色彩模式，单击“确定”按钮，完成画布的创建。

步骤 2 选择“文件”→“存储为”命令（或者按【Ctrl+Shift+S】组合键），在打开的对话框中以名称“缤纷杂货铺宣传广告 .AI”保存文件。

• 创建“背景”图层

步骤 3 选中“图层 1”，选择“文件”→“置入”命令，打开素材“任务二：杂货铺”文件，将素材嵌入文件，如图 5–78 所示。

图 5–78　嵌入素材至文件

步骤 4 选中背景素材，选择“效果”→“艺术效果”→“木刻”命令，在对话框右侧设置参数，如图 5–79 所示，单击“确定”按钮，素材“木刻”效果如图 5–80 所示。

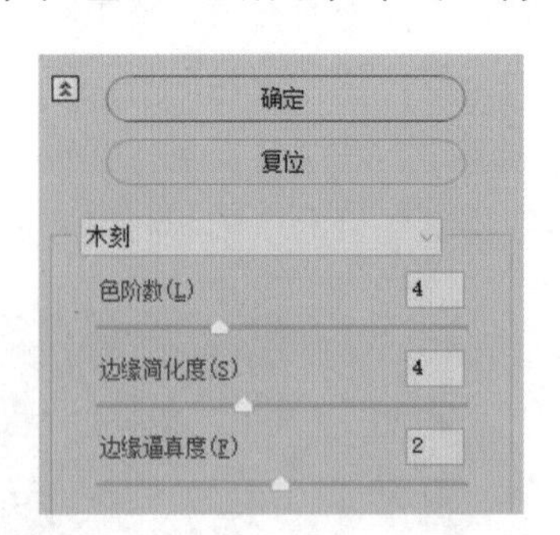

图 5–79　设置“木刻”参数

图 5–80　“木刻”效果

步骤 5 选择“矩形工具”绘制 400 mm × 300 mm 矩形，添加从左到右为从黑到白的渐变填充，如图 5–81 所示。

步骤 6 选中蒙版（渐变矩形）和蒙版对象（木刻效果素材），选择“窗口”→“透明度”命令，打开“透明度”面板，单击面板中的“制作蒙版”按钮，为“木刻效果素材”制作不透明度蒙版，效果如图 5–82 所示。

图 5–81 绘制渐变矩形

图 5–82 制作不透明度蒙版

步骤 7 制作完不透明度蒙版之后，两个子图层变成一个子图层，此时的图层状态如图 5–83 所示。将“图层 1”重命名为“背景”，锁定“背景”图层。综上完成“背景”图层的绘制。

• 创建“前景”图层

步骤 8 单击“创建新图层”按钮，创建新图层，将该图层命名为“前景”。“图层”面板如图 5–84 所示。

步骤 9 在“前景”图层中，选择“文件”→“置入”命令，打开素材“任务二：杂货铺”文件，再次将素材嵌入文件。

步骤 10 选择“钢笔工具”绘制素材右下杂货展示架的路径，结合“锚点工具”和“直接选择工具”调整绘制的路径，如图 5–85 所示。

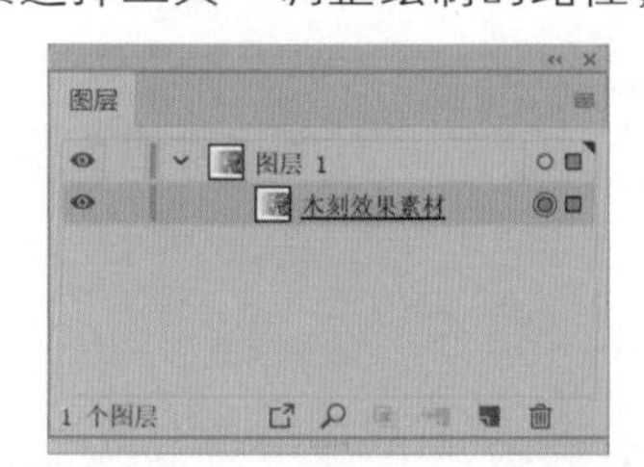

图 5–83 不透明度蒙版的图层状态

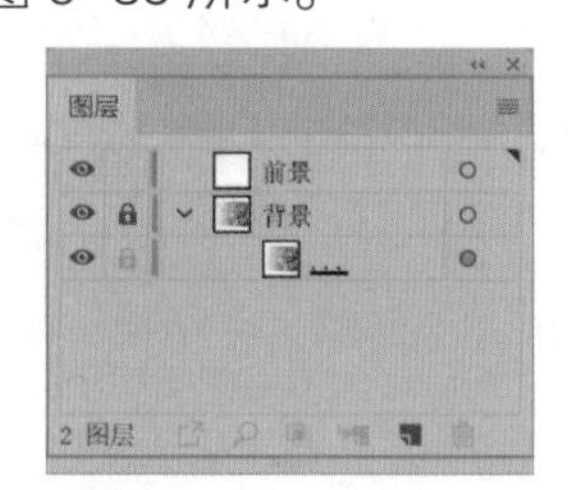

图 5–84 创建“前景”图层

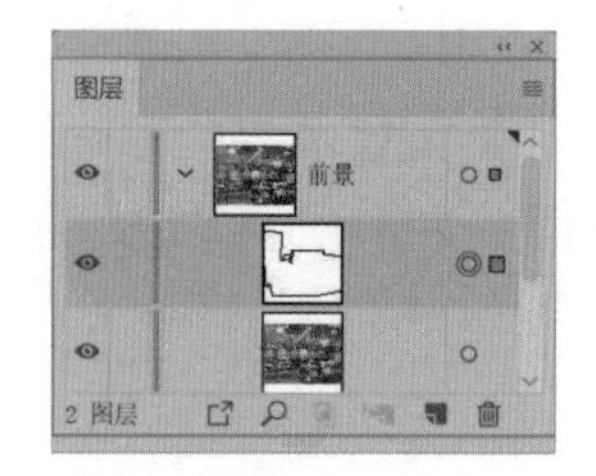

图 5–85 创建杂货展示架的路径

步骤 11 在“前景”图层中，选中蒙版（路径）和蒙版对象（素材），选择“对象”→“剪切蒙版”→“建立”命令，给杂货架创建剪切蒙版，效果如图 5–86 所示。此时蒙版与蒙版对象被自动编为一组，名称为“剪切组”，效果如图 5–87 所示。

图 5–86 建立剪切蒙版

图 5–87 自动生成剪切组

步骤 12 选择“钢笔工具”，绘制“三边形”，无描边，填充为黑色（C：80，M：80，Y：

90，K：70）填充，调整不透明度为 45%。将该图层置于“剪切组”下方，如图 5–88 所示。

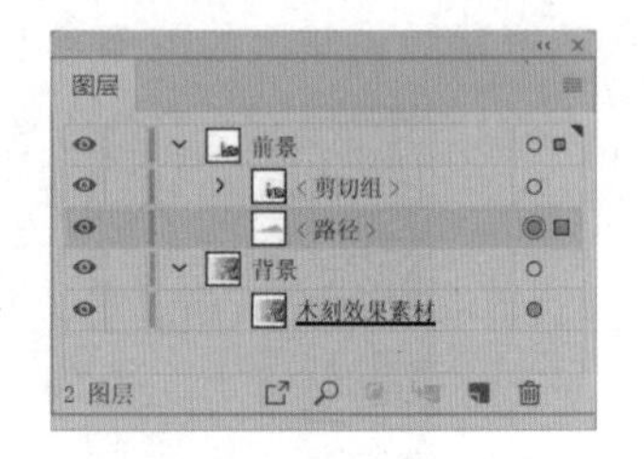

图 5–88　绘制三边形

步骤 13 选中“三边形”，选择“窗口”→“属性”命令，打开“属性”面板，选择“外观”，为“三边形”添加“fx”→“模糊”→“高斯模糊”，打开“高斯模糊”对话框，设置半径参数，单击“确定”按钮，如图 5–89 所示。

步骤 14 将“三边形”子图层重命名为“柜组投影”，完成“前景”图层的绘制，如图 5–90 所示。

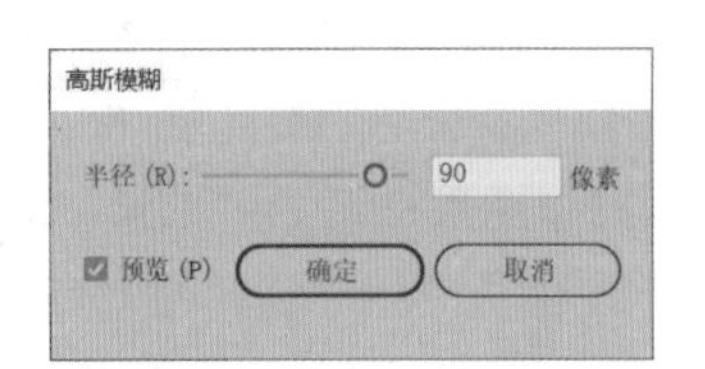

图 5–89　设置“高斯模糊”

图 5–90　“前景”图层

• 创建“招牌”图层

步骤 15 单击“创建新图层”按钮，创建新图层，将该图层命名为“招牌”。图层状态如图 5–91 所示。

步骤 16 选择“招牌”图层，使用“钢笔工具”在“招牌”图层的左侧绘制“六边形”，无填充，如图 5–92 所示。

图 5–91　创建“招牌”图层

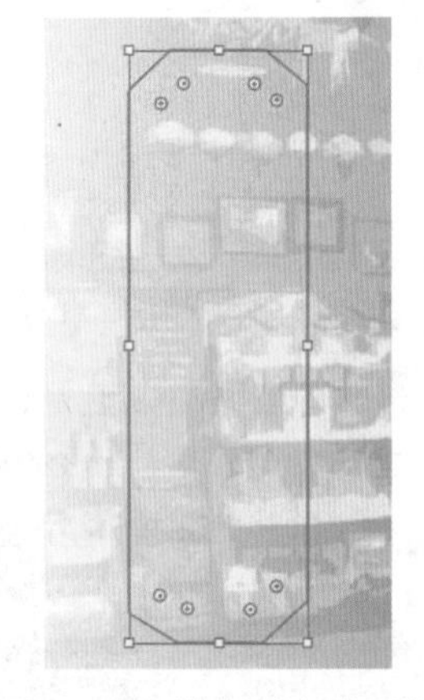
图 5–92　绘制“六边形”

步骤 17 选中“六边形”，选择“窗口”→“画笔”命令，打开“画笔”面板，选择“画笔库菜单”→“矢量包”→“手绘画笔矢量包”，调出“手绘画笔矢量包”列表，如图 5–93 所示。

步骤 18 选择“手绘画笔矢量包 01”，为“六边形”描边添加画笔效果，设置其描边为浅褐色（C：40、M：45、Y：50、K：5），大小为 0.75 pt，如图 5-94 所示。

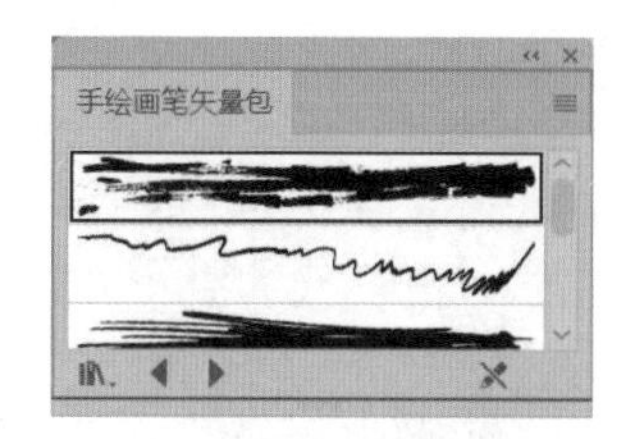

图 5-93 “手绘画笔矢量包”列表

图 5-94 设置“六边形”描边

步骤 19 复制“六边形”，将其作为蒙版。选择“文件”→“打开”命令，选择素材“任务二：木纹肌理”，置入素材，将其作为蒙版对象，如图 5-95 所示。

步骤 20 选中蒙版（六边形）和蒙版对象（任务二：木纹肌理）后右击，在弹出的快捷菜单中选择“建立剪切蒙版”命令，给招牌创建木纹图案的剪切蒙版，效果如图 5-96 所示。

图 5-95 创建蒙版与蒙版对象

图 5-96 创建招牌剪切蒙版

步骤 21 选择“钢笔工具”，在招牌的上方绘制挂绳，无填充，描边为深咖色（C：65、M：95、Y：100、K：65），大小为 3 pt，如图 5-97 所示。

步骤 22 将刚才绘制的两个曲线编为一组，重命名组名为“挂绳”。将“挂绳”叠放到“剪切组”之下，如图 5-98 所示。

图 5-97 绘制挂绳

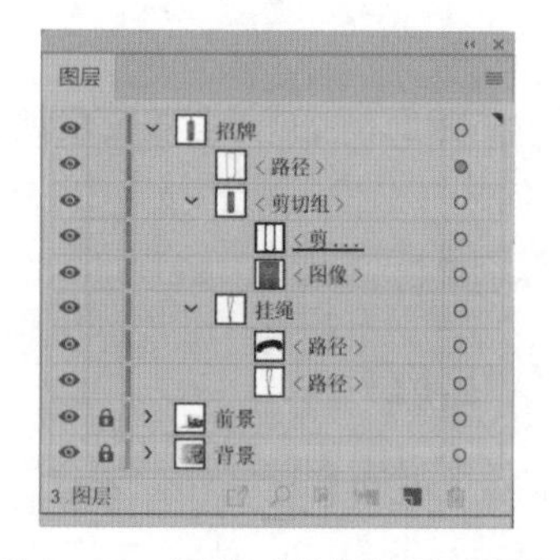

图 5-98 调整“挂绳”叠放顺序

步骤23 选择“文件”→“打开”命令，选择并打开素材“任务二：文字”文件。复制素材上的所有文字至“招牌”图层，调整大小和位置，如图 5-99 所示。

步骤24 选择“直线段工具”，在文字“生活用品”至“私人订制”的右侧绘制直线，无填充，描边颜色为灰白色（C：0、M：0、Y：0、K：5），描边大小为 2 pt，如图 5-100 所示。

图 5-99 “招牌”图层载入文字

图 5-100 绘制直线段

步骤25 选择“钢笔工具”，绘制“四边形”，无描边，填充为黑色（C：80、M：80、Y：90、K：70）填充，调整不透明度为 45%。将“四边形”子图层重命名为“招牌投影”，置于“挂绳”图层的下方，如图 5-101 所示。

步骤26 选中“招牌投影”，为其添加“fx”→“模糊”→“高斯模糊”，弹出“高斯模糊”对话框，设置参数，单击“确定”按钮。完成“招牌”图层的绘制，效果如图 5-102 所示。

图 5-101 调整“招牌投影”叠放顺序

图 5-102 “招牌”图层

步骤27 综上，完成了任务二的所有绘制步骤。选择“文件”→“存储为”命令（或者按【Ctrl+Shift+S】组合键），选择文件的“保存类型”为 jpg，命名为“缤纷杂货铺宣传海报 .jpg”。

任务拓展

打开本书提供的素材文件，制作图 5-103 所示的图像，并保存为“城市明信片 .jpg”，巩固练习剪切蒙版的创建。

图 5-103 城市明信片

相关知识

一、剪切蒙版

剪切蒙版是可以用其形状遮盖其他对象，使其只可见蒙版形状之内的区域。

创建或使用剪切蒙版意味着使用一个对象来遮盖或隐藏另一个对象的一部分，位于蒙版内的对象会显示出来，位于蒙版外的对象则会被隐藏起来。简单来说，剪切蒙版的特点是“上形下图”“内显外藏”，如图 5–104 所示。

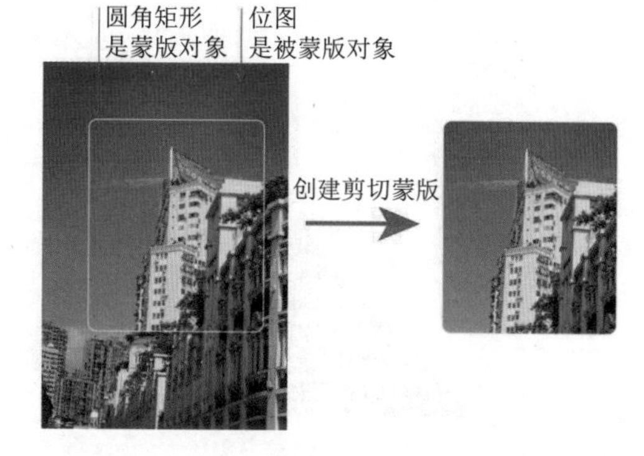

图 5–104　创建剪切蒙版效果示意

在图 5–104 中，圆角矩形是蒙版对象，位图是被蒙版对象。使圆角矩形位于位图之上，当二者被执行创建剪切蒙版操作之后，圆角矩形（蒙版对象）之外的图像被遮盖，只显示位于圆角矩形内部的图像。

当执行“建立剪切蒙版”操作后，剪切蒙版和遮盖对象成为一个剪切组。可以对选择对象建立剪切蒙版，也可以对一个组或图层中的所有对象建立剪切蒙版。无论蒙版对象的属性如何，建立剪切蒙版后，都会变成一个无填充且无描边的对象。

1. 创建剪切蒙版

创建剪切蒙版时需要先明确用作蒙版对象的形状和图形对象的显示区域，确保蒙版对象位于图形对象之上。以本单元任务二的任务拓展为例。

创建剪切蒙版之前，完成以下准备工作。

（1）新建文件，选择“矩形工具”绘制矩形，无描边，填充为 45°的线性渐变。

（2）置入素材“任务拓展：城市”，给素材添加“效果”操作，将其作为被蒙版对象。

（3）使用“钢笔工具”在画布右侧绘制直角梯形，将其作为蒙版对象。完成以上步骤之后，画布状态如图 5–105 所示，图层状态如图 5–106 所示。

图 5–105　画布状态

图 5–106　图层状态

使用以下方法可以创建剪切蒙版：

1）方法一：使用“图层”面板中的“建立 / 释放剪切蒙版”按钮创建

注意：选择子图层时“建立 / 释放剪切蒙版”按钮不可用，应选择图层，然后单击“建立 / 释放剪切蒙版”按钮，即可创建剪切蒙版，这种方法是全遮盖法。画布状态如图 5–107 所示，图层状态如图 5–108 所示。

图 5–107　使用方法一创建剪切蒙版

图 5–108　使用方法一的图层状态

由图 5–107 可见，使用方法一创建的剪切蒙版遮盖了该图层中的所有对象；由图 5–108 可见，蒙版对象（直角梯形）变为“剪切路径”，遮盖了“图像”和矩形。

2）方法二：使用“对象”菜单创建剪切蒙版

选择蒙版对象和图形对象，选择“对象”→“剪切蒙版”→“建立”命令（或者按【Ctrl+7】组合键），即可创建剪切蒙版，这种方法是选择遮盖法，任务拓展就采用了这种蒙版方法。画布状态如图 5–109 所示，图层状态如图 5–110 所示。

图 5–109　使用方法二创建剪切蒙版

图 5–110　使用方法二的图层状态

由图 5–109 可见，使用方法二创建的剪切蒙版只遮盖了被选择的图形对象（素材“任务拓展：城市”），渐变矩形未受影响；由图 5–110 可见，蒙版对象（剪贴路径）和图形对象（图像）自动生成为“剪切组”，蒙版只遮盖了“图像”，未遮盖“矩形”。

3）方法三：通过鼠标右键快捷菜单创建剪切蒙版

选中并右击蒙版对象和图形对象，在弹出的快捷菜单中选择“建立剪切蒙版”命令，如图 5–111 所示，此时创建的剪切蒙版效果与方法二所创建的效果一致，图层状态也一致。

2. 释放剪切蒙版

要释放剪切蒙版时，首先选中剪切蒙版对象，然后可以采取以下方法：

方法一：单击“图层”面板中的“建立/释放剪切蒙版”按钮，如图 5-112 所示。

图 5-111 选择“建立剪切蒙版”命令

图 5-112 释放剪切蒙版效果示意

方法二：选择“对象”→“剪切蒙版”→“释放”命令（或者按【Ctrl+Alt+7】组合键）。

方法三：右击剪切蒙版对象，在弹出的快捷菜单中选择“释放剪切蒙版”命令。

3. 剪切组的基本操作

采用方法二和方法三创建剪切蒙版之后，在“图层”面板中，蒙版对象和被蒙版对象会被自动移到“剪切组”中，如图 5-113 所示。

图 5-113 剪切组

此时，如果将其他未创建剪切蒙版的对象拖入“剪切组”中，可以对该对象进行遮盖，如图 5-114 所示，在“图层 1”的“剪切组”之外创建“椭圆”，填充为黄色，不透明度为 50%；将“椭圆”拖入“剪切组”，可快速实现对“椭圆”创建剪切蒙版，如图 5-115 所示。同理，如果将已创建剪切蒙版的对象拖出“剪切组”外，可以排除对该对象的遮盖。

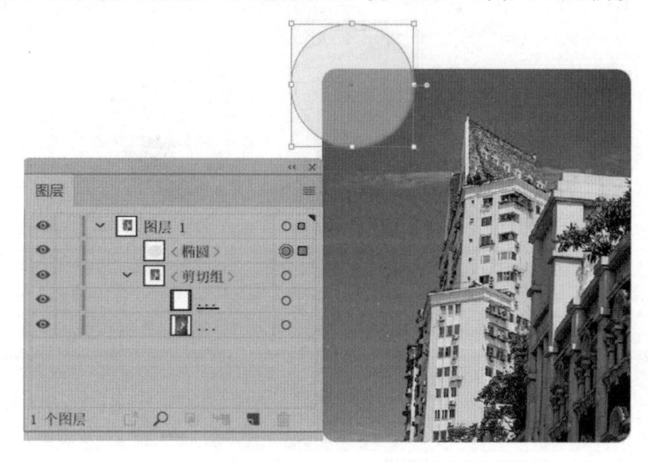

图 5-114 “剪切组”外创建“椭圆”

图 5-115　将“椭圆”拖入“剪切组”

在“图层”面板中，选中“剪切组”后，使用“移动工具”移动对象，可实现对“剪切组”的整体移动，如图 5-116 所示。

图 5-116　移动“剪切组”

在“剪切组”内，选择蒙版对象或被蒙版对象，使用“移动工具”移动或调整对象，可以改变蒙版效果。如图 5-117 所示，选中用于蒙版的椭圆，调整椭圆大小，更改蒙版效果。

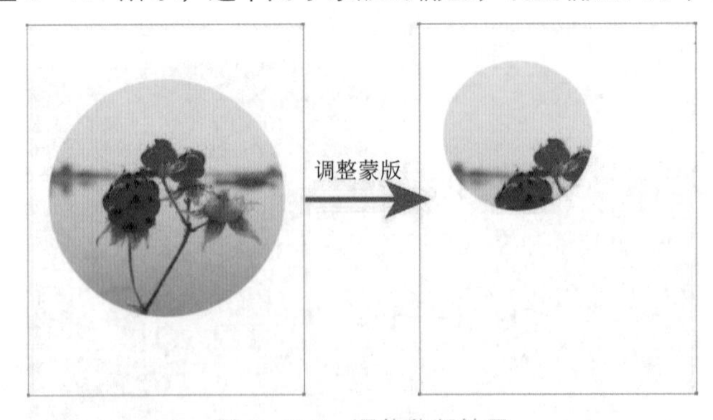

图 5-117　调整蒙版效果

4. 文字剪切蒙版

在 Illustrator 中，可以使用文字创建剪切蒙版，从而实现为文字添加图案填充的效果。如下例所示：

步骤 1 新建文件，使用“椭圆工具”绘制两个椭圆作为被蒙版对象，更改颜色和位置，使用“圆角矩形工具”绘制圆角矩形作为蒙版对象，选中蒙版对象和被蒙版对象，建立剪切蒙版，如图 5–118 所示，将其作为文字剪切蒙版的背景。

图 5–118 创建背景

步骤 2 置入图像素材，使用“文字工具”输入文字“city”，设置字体为“Goudy Stout”，字号为 72 pt，如图 5–119 所示。

图 5–119 输入文字

步骤 3 选中文字和图像素材，执行创建剪切蒙版，效果如图 5–120 所示。

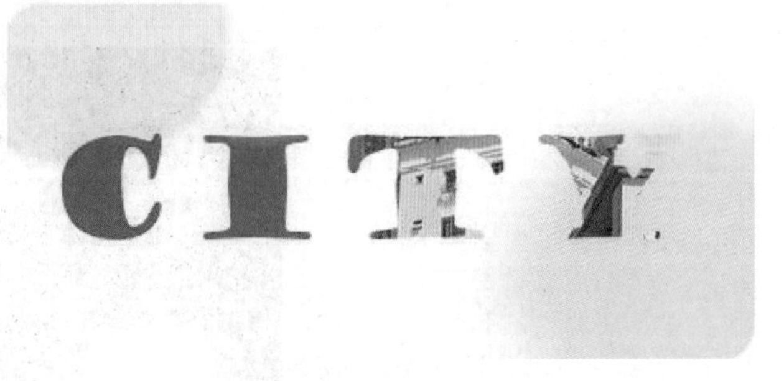

图 5–120 文字蒙版

二、内部绘画模式

内部绘画功能与剪切蒙版的工作方式不同，但工作效果类似，都可以实现剪切蒙版效果。在内部绘图模式下，需先创建将要在其中工作的容器或对象，然后使用内部绘画功能。

1. 内部绘画的应用

示例：创建内部绘画。

步骤 1 创建一个容器或对象，例如绘制小松树，选中松树，选择工具箱中的“内部绘画”工具，激活内部绘制模式，图像四周会出现矩形边框，如图 5-121 所示。

步骤 2 在内部绘画区域中所绘制图形不会超过原有对象范围，即小松树的边缘。选择“钢笔工具”绘制松树“光影”形状，填充白色，调整透明度，如图 5-122 所示。

步骤 3 绘制过程中，即使“光影”形状超出边界也不会受到影响，“光影”形状与松树形状自动生成“剪切组”，效果如图 5-123 所示。

图 5-121 激活内部绘画

图 5-122 在内部绘画中绘制形状

图 5-123 内部绘画效果

2. 内部绘画的基本操作

示例：内部绘画编辑技巧。

新建文件，使用“矩形工具”并按住【Shift】键绘制正方形，单击“内部绘画”工具，此时正方形变为剪切路径，可以在正方形内部绘画，如图 5-124 所示。

内部绘画除了可以使用“钢笔工具”绘制形状（如给小松树绘制光影）之外，还支持几乎所有工具和操作，如“画笔工具”“形状工具”“文件”的基本操作等。选择“文件”→“置入”命令，打开素材“夜景”，将素材嵌入文件，如图 5-125 所示。

图 5-124 激活正方形内部绘画

图 5-125 内部绘画嵌入文件

在图 5-125 中，红色定界框为素材“夜景”的边框，在内部绘画功能下，只显示剪切路径中的的内容，超出部分不显示。正方形和素材“夜景”自动生成一个“剪切组”，如图 5-126 所示。

内部绘画的剪切路径（正方形）及内容（素材“夜景”）都可以根据需要进行调整。例如选中素材“夜景”，执行图像的缩放和移动等基本操作，选中正方形内，将右上角的“角点”转换为“平滑点”，如图 5-127 所示。

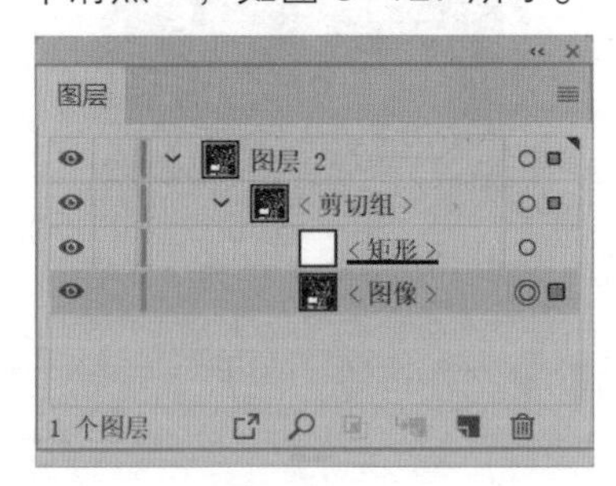

图 5-126 内部绘画“剪切组”

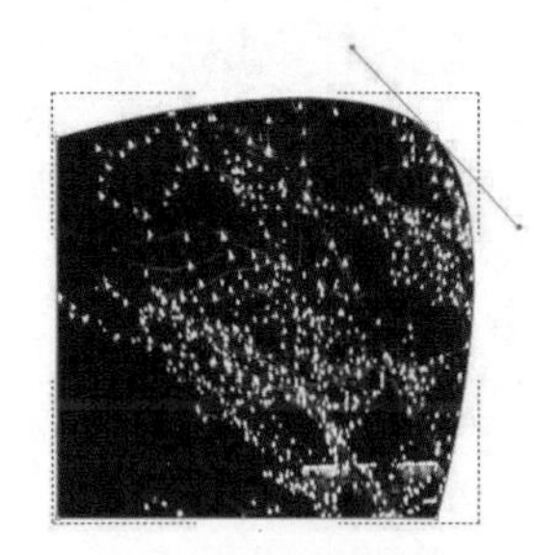

图 5-127 调整容器及内容

3. 编辑剪切路径

在内部绘画功能中，单击图标可以编辑剪切路径，其属性栏如图 5-128 所示。

图 5-128 “编辑剪切路径”属性栏

- ：用于更改剪切路径的填充，按住【Shift】键可以调出替代色彩用户界面，如图 5-129 所示。

- ：用于更改剪切路径的描边颜色，按住【Shift】键可以调出替代色彩用户界面，如图 5-130 所示。

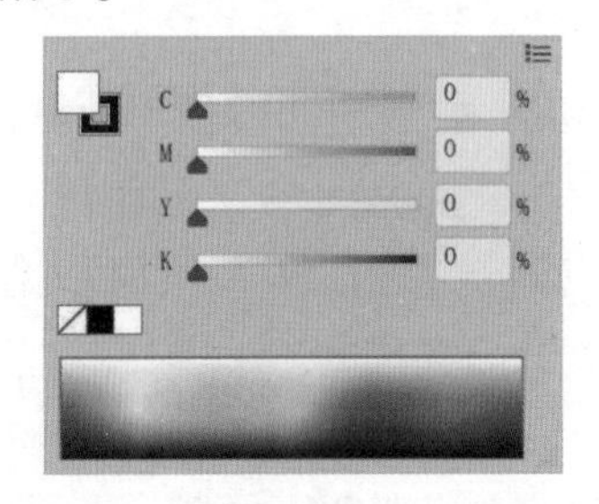

图 5-129 替代填充色彩用户界面

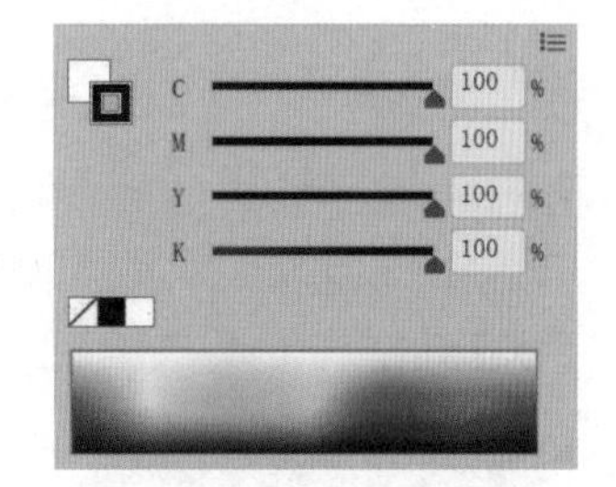

图 5-130 替代描边色彩用户界面

- 描边：用于设置剪切路径描边的端点、虚线、箭头等，单击可调出“描边”面板，如图 5-131 所示。

- 1 pt：用于设置剪切路径的描边粗细。如图 5-132 所示，描边颜色为橘色（C：0、M：70、Y：70、K：0），描边居中对齐，描边大小为 30 pt，不透明度为 100%。

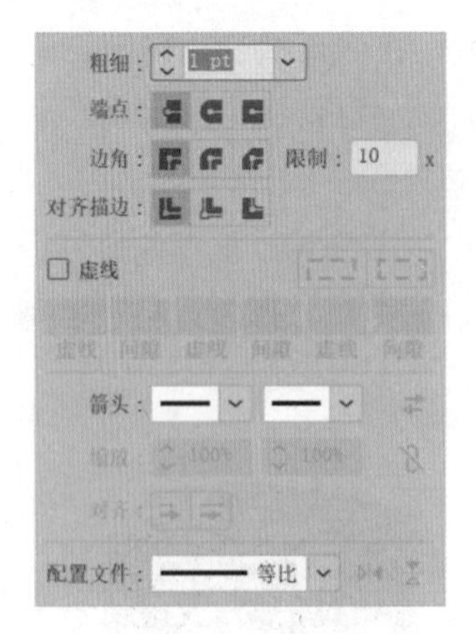

图 5-131 “描边”面板

图 5-132 设置剪切路径的描边

• 等比：变量宽度配置文件，单击可弹出配置文件列表，用户也可以自定义配置文件。

• 基本：定义画笔，单击可调出“画笔”面板，如图 5-133 所示，用法参见“画笔工具”。

• 不透明度：单击该图标，可调出“不透明度”面板，如图 5-134 所示，用户可以设置混合模式、调整不透明度、制作不透明度蒙版等操作。

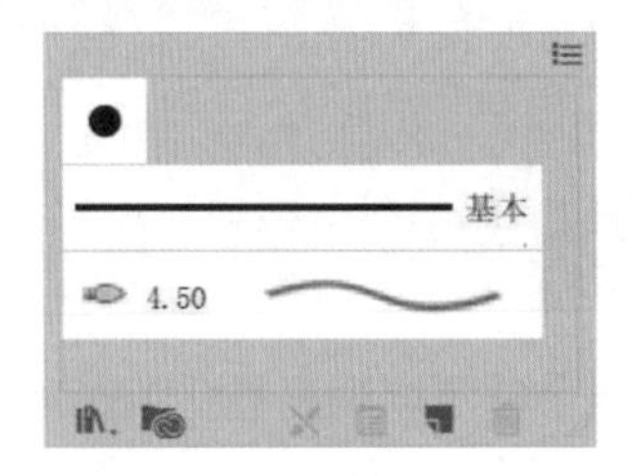

图 5-133 “画笔”面板

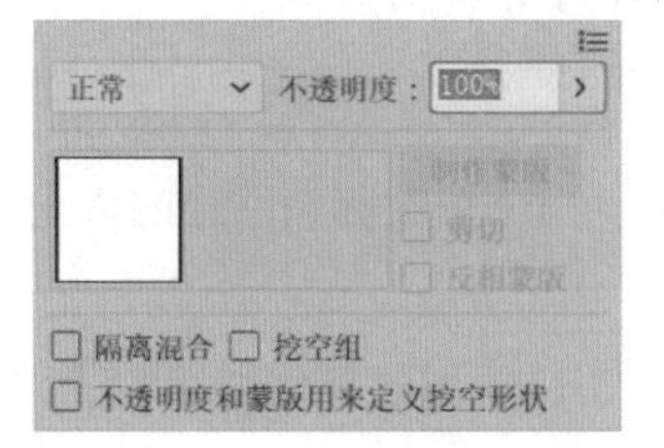

图 5-134 “不透明度”面板

• 100%：调整数值，可以更改剪切路径的不透明度，如图 5-135 所示，调整剪切路径的不透明度为 50%，注意与图 5-132 的对比。

• 样式：用于设置剪切路径的图形样式，单击可调出“图形样式”面板，如图 5-136 所示，用户可以新建样式，或在“图形样式库菜单”中选择所需样式。

图 5-135 不透明度为 50%

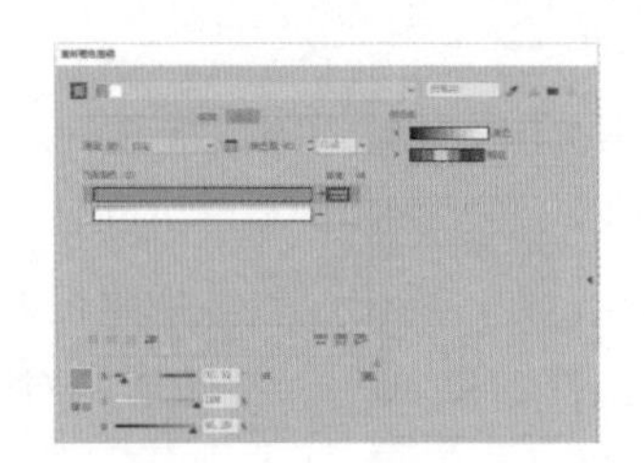

图 5-136 “图形样式”面板

• ：重新着色图稿，给图形重新定义颜色，并支持批量修改颜色。单击该图标弹出“重新着色图稿”对话框，在对话框的“指定”区域可以控制对图稿重新着色的方式，如图 5–137 所示；在对话框的“编辑”（单一或批量）区域编辑现用颜色，如图 5–138 所示。

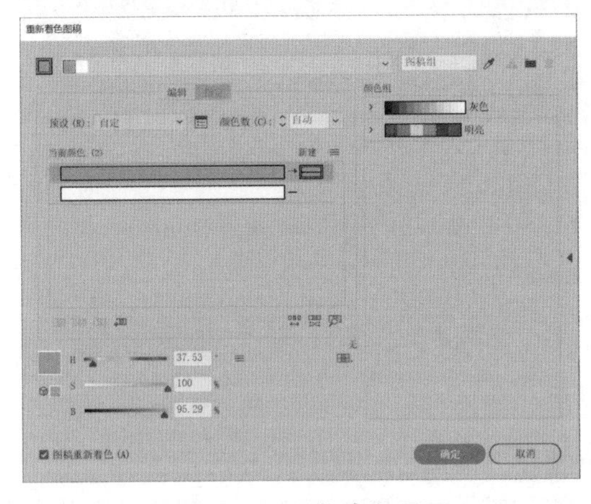

图 5–137 “指定”界面

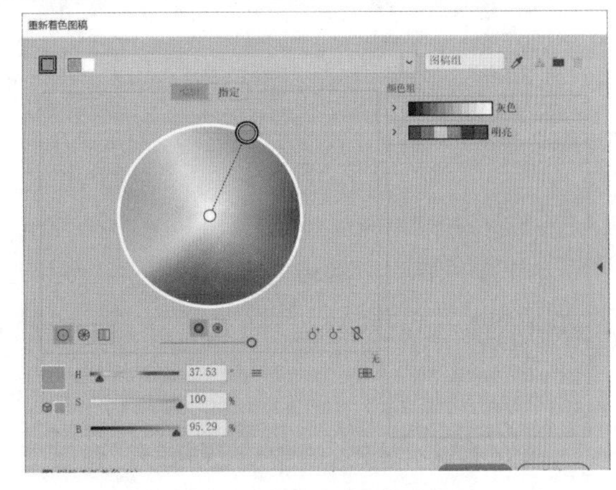

图 5–138 “编辑”界面

• 对齐：用于设置对象的对齐、分布和分布间距等，单击该图标可调出“对齐”面板，如图 5–139 所示。

• 形状：用于设置剪切路径的形状，如宽度、高度、角度、圆角半径等，单击该图标可调出“形状属性”面板，如图 5–140 所示。

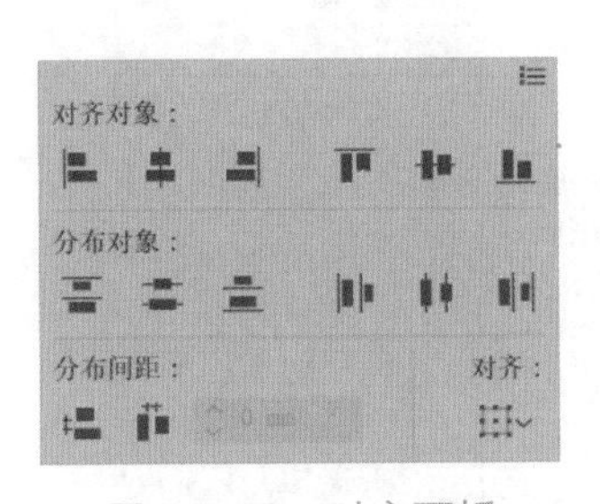

图 5–139 对齐面板

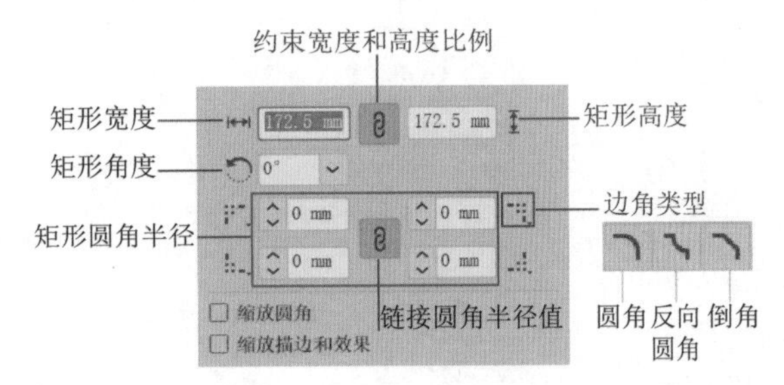

图 5–140 形状属性面板

• 变换：用于设置剪切路径的变换，如缩放、移动、旋转、倾斜等操作，单击该图标可调出“变换”面板，如图 5–141 所示。

• ：隔离选中的对象，如图 5–142 所示，在“图层”面板中，选中“剪切组”中的“矩形”子图层，单击该图标，“矩形”子图层进入“隔离模式”。一般用于较为复杂的文件，不想影响到其他图层时，可以对需要编辑的图层执行“隔离模式”。

• ：用于选择类似对象，单击右侧扩展按钮，弹出选择列表，可以选择填充颜色类似的对象、描边颜色类似的对象、不透明度类似的对象等，如图 5–143 所示。

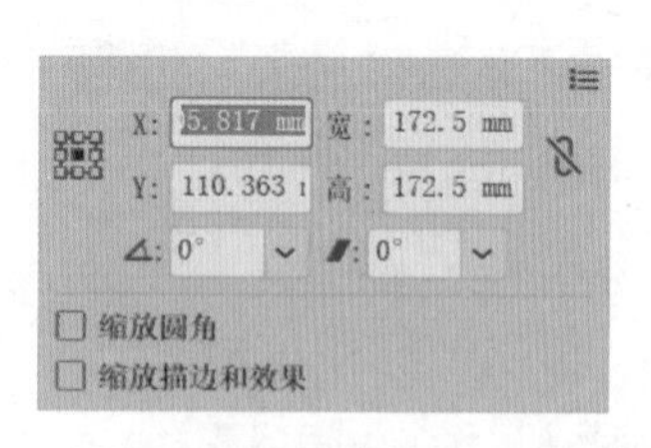

图 5-141 “变换”面板

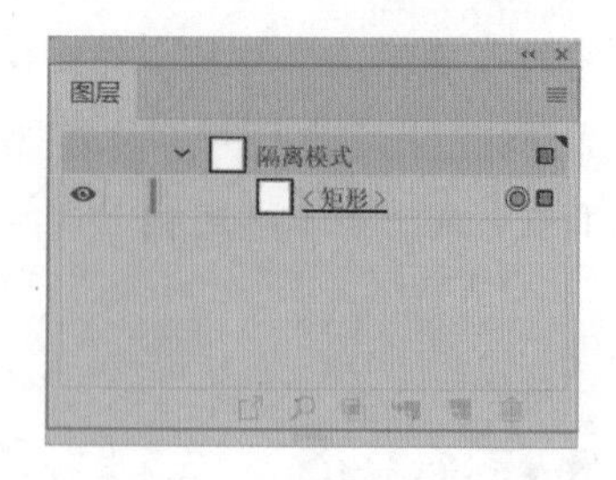

图 5-142 隔离选中的对象

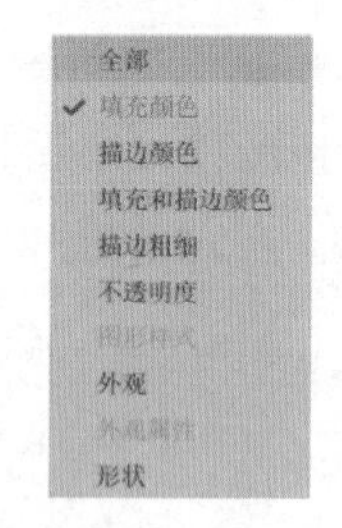

图 5-143 选择列表

4. 编辑内容

单击图标可以编辑内容，其属性栏如图 5-144 所示。

图 5-144 “编辑内容”属性栏

图像描摹：单击右侧的扩展按钮，弹出“描摹预设”菜单，如图 5-145 所示。

例如，选中图像，当图像被执行“灰阶”描摹之后，选项栏激活图像描摹的扩展操作 图像描摹 预设：灰阶 视图：描摹结果 扩展，此时的图像状态如图 5-146 所示。

单击“图像描摹面板”按钮，可调出“图像描摹”面板，在该面板可以设置描摹参数，面板各功能示意如图 5-147 所示。

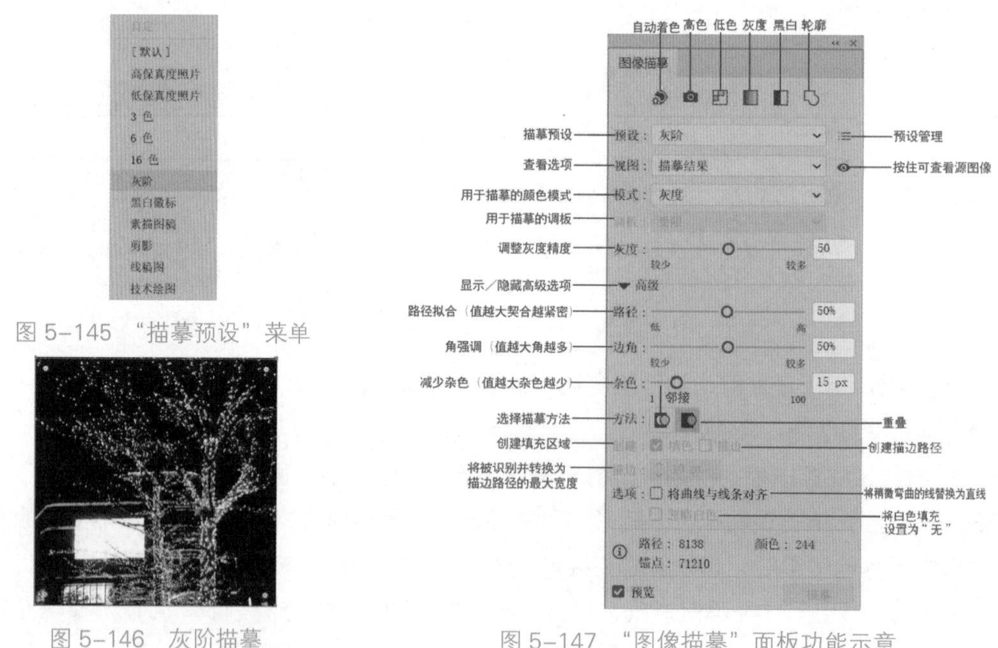

图 5-145 “描摹预设”菜单

图 5-146 灰阶描摹

图 5-147 “图像描摹”面板功能示意

单击“视图”按钮 视图：描摹结果 可查看选项，单击右侧的扩展按钮，可展开查看选项列表，如图 5-148 所示，选择“描摹结果（带轮廓）”选项，效果如图 5-149 所示。

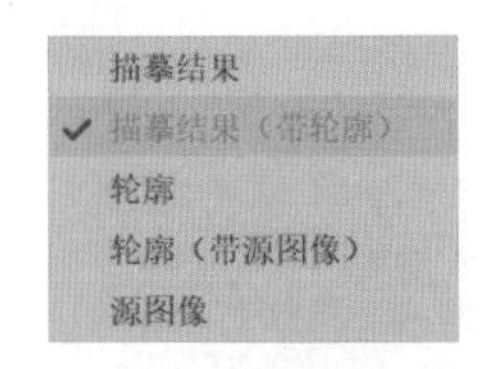

图 5-148 查看选项列表

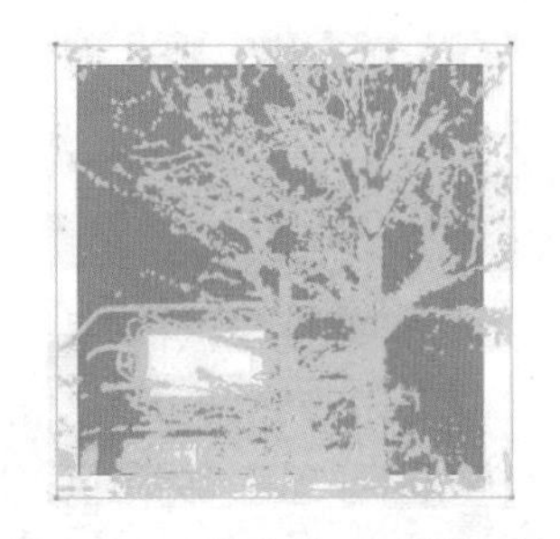

图 5-149 描摹结果（带轮廓）

单击“扩展”按钮 扩展 可查看选项，可以将描摹对象转换为路径，如图 5-150 所示。

• 裁剪图像：用于裁剪内容，单击该按钮，调出裁剪边框，如图 5-151 所示。调整裁剪边框，按【Enter】键可确定裁剪内容。

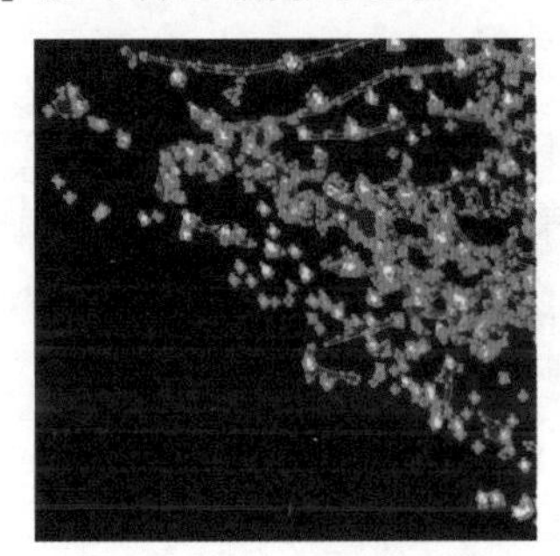

图 5-150 扩展为路径（局部）

图 5-151 调出裁剪边框

三、不透明蒙版

不透明蒙版实际上就是使用不透明度的灰色来隐藏或显示图像中的某些细节，一般来说，不透明蒙版的基本规则是：蒙版对象中的白色区域会完全显示下面的图形对象，黑色区域会完全遮盖下面的图形对象，灰色区域会使图形对象呈现不同程度的透明效果，就像阴影和高光一样。

因此，制作不透明蒙版时，同样要具备蒙版对象和图形对象（被蒙版对象），且蒙版对象位于图形对象之上，如图 5-152 所示。

1. 创建不透明蒙版

选择“文件”→“置入”命令，置入素材图片，使用“椭圆工具”绘制圆形，为椭圆添加从白色到黑色的渐变填充，设置渐变类型为“径向”；选中圆形渐变和素材图片，选择“窗口”→“透明度”命令（或者按【Shift+Ctrl+F10】组合键），调出“透明度”面板，如图 5-153 所示。

图 5-152 蒙版对象位于被蒙版对象之上

图 5-153 “透明度”面板

在“透明度”面板中，单击“制作蒙版”按钮 制作蒙版 ，即可创建不透明蒙版，蒙版效果如图 5-154 所示。

（a）置入素材并绘制渐变圆形

（b）制作不透明度蒙版

图 5-154　创建不透明蒙版

图 5-154（b）所示的不透明蒙版效果，实际上它还默认勾选了“剪切”复选框☑ 剪切，如此制作出来的不透明蒙版效果还包含了剪切蒙版的效果，即蒙版以外的部分不显示，蒙版以内的部分显示为“白显黑遮”的效果。如果取消勾选“剪切”复选框，则不透明蒙版效果如图 5-155 所示。

在“透明度”面板中，还有一个“反相蒙版”复选框☐ 反相蒙版，它可以实现反相效果，如图 5-156 所示。

图 5-155　取消勾选“剪切”复选框

图 5-156　勾选“反相蒙版”复选框

将图 5-156 与图 5-154（b）对比观察，可见“反相蒙版”的效果与原效果相反，既原来遮住的边缘部分被显示，原来显示的中心部分被遮盖。需要注意的是，即使效果不同，用于制作不透明蒙版的椭圆渐变方式并未发生改变。

除了单击“制作蒙版”按钮 制作蒙版 实现不透明蒙版效果之外，还可以单击“透明度”面板右上角的面板菜单按钮☰，展开面板菜单，选择“建立不透明蒙版”命令即可，如图 5-157 所示。

2. 编辑不透明蒙版

设置不透明蒙版之后，“透明度”面板如图 5-158 所示。当图片缩览图周围有一个矩形框时，表示图片处于编辑状态，当调整图片大小时，整个蒙版效果会跟随变化，如果只需调整图片，单击“链接”按钮 断开链接即可。

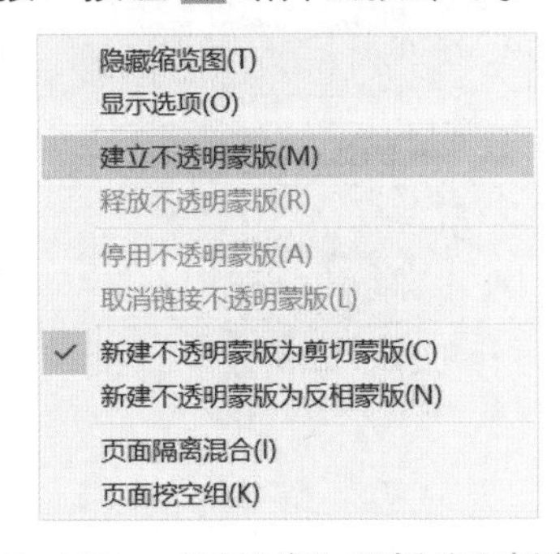

图 5-157 “透明度”面板的面板菜单

图 5-158 执行不透明蒙版后的“透明度”面板

单击蒙版对象缩览图可以进入蒙版编辑状态，矩形框会转移到蒙版对象缩览图上，此时可修改其形状和位置，也可以修改其填充色来改变蒙版的遮盖效果。如图 5-159 所示，在编辑蒙版状态下，移动蒙版，改变蒙版内容。

在“透明度”面板中，按住【Alt】键单击蒙版缩略图，画布将会进入蒙版编辑状态，如图 5-160 所示，用户可以根据设计需要修改蒙版；再次按住【Alt】键单击蒙版缩略图，可解除蒙版编辑状态。

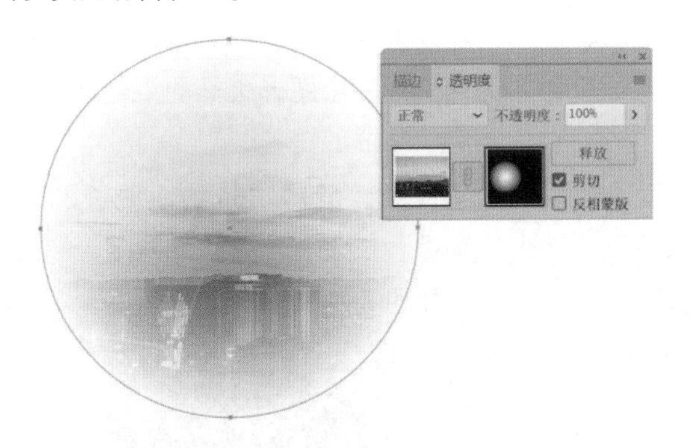
图 5-159 调整蒙版位置

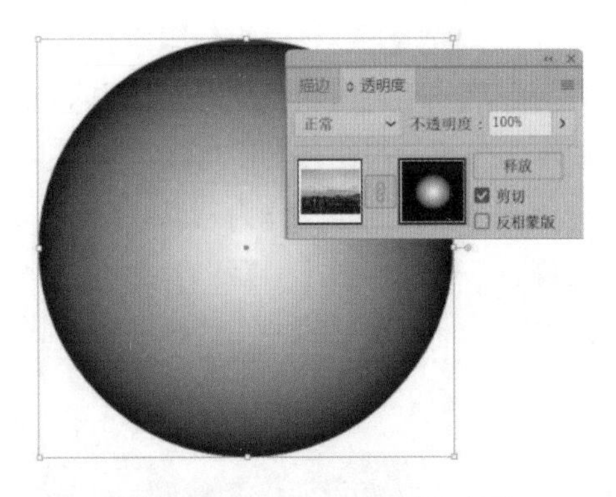
图 5-160 按住【Alt】键单击蒙版缩略图

在“透明度”面板中，按住【Shift】键单击蒙版缩略图，蒙版缩略图被标记红色的“×”，表示蒙版被禁用，如图 5-161 所示。再次按住【Shift】键单击蒙版缩略图，可以解除禁用。

除了调整不透明蒙版的颜色、大小、位置等基本操作，还可以使用画笔工具创造自定义形状。如图 5-162 所示，在蒙版对象上使用画笔涂抹，画笔颜色为白色，涂抹后的效果如图 5-163 所示。

图 5-161 禁用蒙版

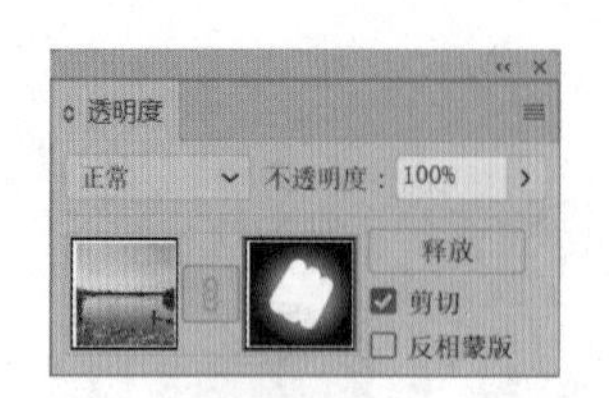

图 5-162　画笔涂抹蒙版

图 5-163　涂抹后的效果

3. 释放不透明蒙版

要释放不透明蒙版效果，可以在选中蒙版对象后，单击“透明度”面板中的“释放”按钮 释放 ，即可使对象恢复到不透明蒙版前的状态。或单击“透明度”面板右上角的面板菜单按钮，在展开的面板菜单中选择“释放不透明蒙版”命令即可。

4. 透明度面板选项

单击“透明度”面板右上角的面板菜单按钮，在展开的面板菜单中选择“显示选项”命令，可以展开“透明度”面板，如图 5-164 所示。

- □ 隔离混合：针对组和组内有混合模式的图层，勾选“隔离混合”复选框可以防止混合模式的应用范围超过组的底部。简单地说，就是在一个组中的两个或多个图形之间的混合模式只在组内生效，与组外的图形无关。

例如，置入素材作为背景，绘制“矩形”和“椭圆”并填充颜色，选择“椭圆”，执行“正片叠底”模式，置于“矩形”之上，将“椭圆”与“矩形”编组。在没有勾选“隔离混合”复选框时，“椭圆”的“正片叠底”模式对“背景”也起作用，如图 5-165 所示。

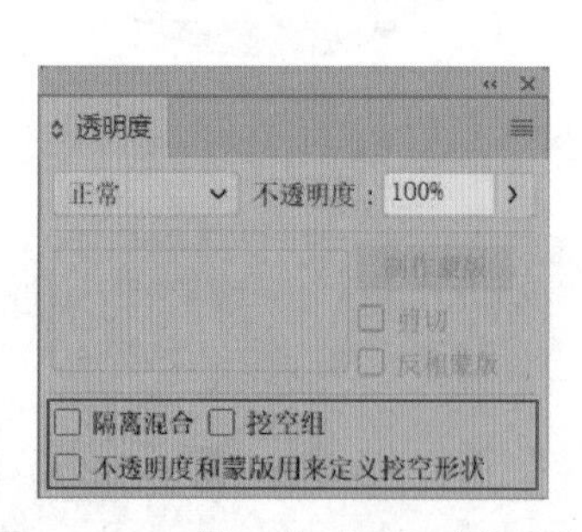

图 5-164　展开的“透明度”面板

图 5-165　未勾选“隔离混合”复选框

选中编组，勾选“隔离混合”复选框，则“椭圆”的“正片叠底”模式只在组内起作用，“背景”不受影响，如图 5-166 所示。

- □ 挖空组：针对组和组内有混合模式或者半透明的图层，勾选“挖空组”复选框可以防止组元素相互透过对方显示出来。

例如，置入素材作为背景，绘制“矩形”和“椭圆”并填充颜色，选择“椭圆”，执行“正片叠底”模式，调整“不透明度”为 50%，置于“矩形”之上，将“椭圆”与“矩形”编组。在没有勾选“挖空组”复选框时，“矩形”透过“椭圆”显示出来，如图 5-167 所示。

图 5-166 勾选“隔离混合”复选框

图 5-167 未勾选“挖空组”复选框

选中编组，勾选“挖空组”复选框，“椭圆”挖空与“矩形”的重叠部分，即“矩形”被“椭圆”遮盖，如图 5-168 所示。

图 5-168 勾选“挖空组”复选框

- □ 不透明度和蒙版用来定义挖空形状：是使挖空组中的元素按其不透明度设置和蒙版成形。在接近 100% 不透明度的蒙版区域，挖空效果较强；在不透明度较小的区域，挖空效果较弱；若使用渐变蒙版作为挖空区，则下方对象会被逐渐挖空。

例如，置入素材作为背景，绘制“矩形”和“椭圆”并填充颜色，选择“椭圆”，执行“正片叠底”模式，为其创建白到黑垂直渐变的“不透明蒙版”，置于“矩形”之上，将“椭圆”，与“矩形”编组，选中编组，勾选“挖空组”复选框。若此时没有勾选“不透明度和蒙版用来定义挖空形状”复选框，挖空效果如图 5-169 所示。使用“编组选择工具”选中“椭圆”，勾选“不透明度和蒙版用来定义挖空形状”复选框，挖空效果如图 5-170 所示。

图 5-169 未勾选“不透明度和蒙版用来定义挖空形状”复选框

图 5-170 勾选“不透明度和蒙版用来定义挖空形状”复选框

示例：使用剪切蒙版和不透明蒙版制作二次曝光效果。

步骤 1 新建文件，置入素材“花瓶”，使用“钢笔工具”描摹花瓶路径，将其命名为“花瓶路径 1”，如图 5-171 所示。

步骤 2 置入素材“风景”，将其置于“花瓶路径 1”子图层之下，选中“花瓶路径 1”和“风景”，创建剪切蒙版，生成“剪切组”，如图 5-172 所示。

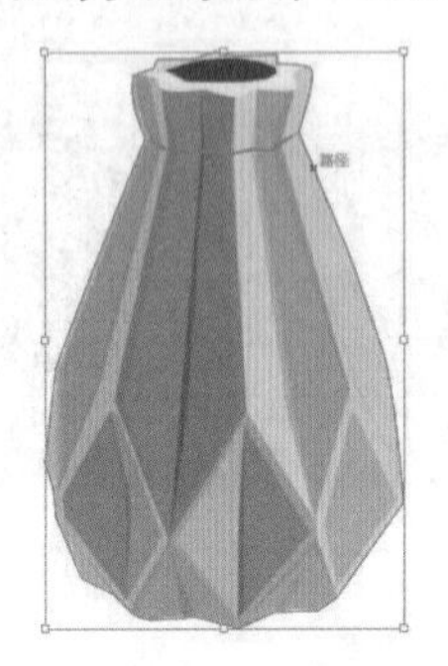

图 5-171　描摹花瓶路径

图 5-172　创建剪切蒙版

步骤 3 复制“花瓶路径 1”，重命名为“花瓶路径 2”，将其拖出“剪切组”，并调整叠放层次于顶层。此时图层状态如图 5-173 所示。

步骤 4 选中“花瓶路径 2”，填充白色到黑色的水平线性渐变，如图 5-174 所示。

步骤 5 选中“花瓶路径 2”和“剪切组”，创建不透明蒙版，完成绘制，保存文件。效果如图 5-175 所示。

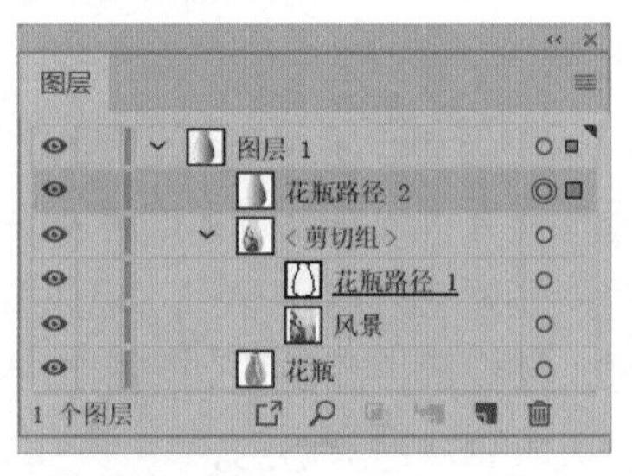

图 5-173　复制“花瓶路径 1”

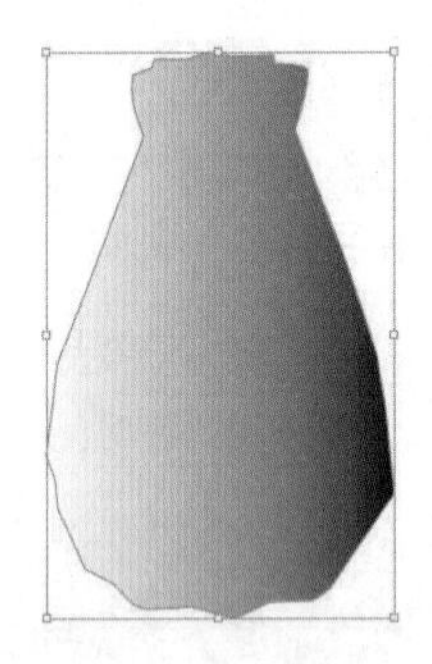

图 5-174　填充“花瓶路径 2”

图 5-175　创建不透明蒙版

小　结

本单元主要讲解了“图层”和“蒙版”的基本操作，通过本单元学习使读者能够掌握“图层”和“蒙版”的使用方法，帮助读者在使用软件进行创作时更加便捷，轻松实现预期效果。本单元内容不难理解，关键在于加强练习，及时巩固知识和技能，增强对“图层”和“蒙版”

的熟悉程度，结合平时积累，积极应用所学，提高软件应用能力。

- 理解“图层”面板的功能设置；
- 掌握“图层”的选择、新建、复制、删除；
- 掌握“图层”的合并、锁定、重命名、显示或隐藏；
- 理解“蒙版”的效果和意义
- 掌握“剪切蒙版”的建立和释放；
- 掌握“内部绘画”的基本操作；
- 掌握“不透明蒙版”的创建与应用。

练　　习

一、简答题

1. 指出创建图稿时使用图层的两个好处。
2. 描述如何调整文件中图层的排列顺序。
3. 更改图层的颜色有什么用途？
4. 将分层文件粘贴到另一个文件中将发生什么？“粘贴时记住图层”选项有哪些功能？
5. 如何创建图层剪切蒙版？

二、操作题

制作夏夜逐凉文化海报，最终效果如图 5-176 所示。

本案例主要考察读者对于图层和蒙版的运用，将文件保存为“夏夜逐凉 .jpg”。

图 5-176　夏夜逐凉文化海报

单元六

高级艺术工具的使用

Illustrator CC 2018 提供了丰富的艺术图案资源，本单元主要讲解艺术工具的使用，首先讲解了画笔艺术，包括“画笔”面板和各种画笔的创建和编辑方法，画笔库的使用。然后讲解了符号艺术，包括“符号”面板和各种符号工具的使用和编辑方法，利用画笔库和符号库中的图形会使你的图形更加绚丽多姿。最后讲解了混合的艺术，讲解了混合的建立与编辑，混合轴的替换、混合的释放与扩展。

通过本章艺术工具的讲解，学习者能够快速掌握艺术工具的使用方法，并利用这些种类繁多的艺术工具提高创作水平，设计出更加丰富的艺术作品。

学习目标

- 学习“画笔”面板的使用
- 学习“符号”面板的使用
- 掌握画笔的创建及使用技巧
- 掌握符号艺术工具的使用技巧
- 掌握混合艺术工具的使用技巧

任务一 画笔艺术

画笔工具是Illustrator中非常重要的绘图工具，熟练掌握“画笔工具”和“画笔”面板的功能，能够为设计者提供很多方便，为设计带来丰富的效果。本任务讲解如何使用画笔工具进行图案绘制，帮助初学者快速掌握画笔面板功能和画笔的使用。

任务描述

打开 Illustrator 软件，制作图 6-1 所示的艺术字效果，并保存为自己需要的格式，方便以后使用。

图 6-1 艺术字体

任务实施

步骤 1 启动 Illustrator 软件，新建画布，选择默认画布大小，进入工作页面。

步骤 2 创建一个与画布大小相同的矩形（1 366 px × 768 px），使用“渐变工具”为矩形填充渐变色。

步骤 3 打开“渐变”面板，将渐变类型调整为径向渐变，渐变中心的颜色为 #D8FF1F，渐变边缘的颜色为 #F00B762，然后为矩形添加渐变颜色作为背景，如图 6-2 所示。

图 6-2 背景

步骤 4 使用矩形工具，绘制 200 px × 50 px 的矩形，并将填充色设置为白色，描边色设置为无色。

步骤 5 使用矩形工具，绘制 30 px × 90 px 的矩形，并将填充色设置为红色，描边色设置为无色。得到的形状如图 6-3 所示。

步骤 6 使用旋转工具为刚刚绘制的红色矩形进行旋转操作，双击旋转工具，打开“旋转”对话框，设置旋转角度为 –30° ，如图 6–4 所示。

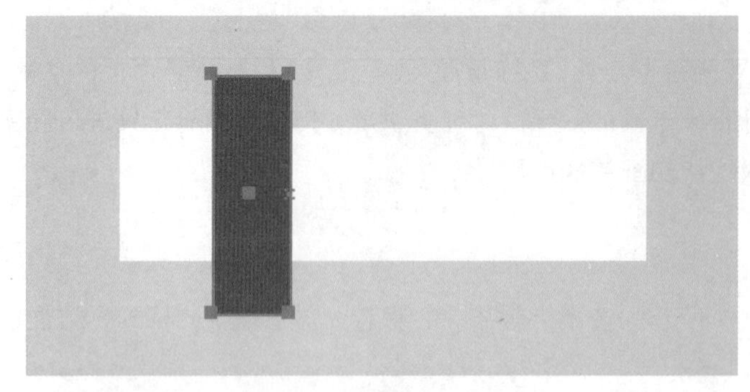

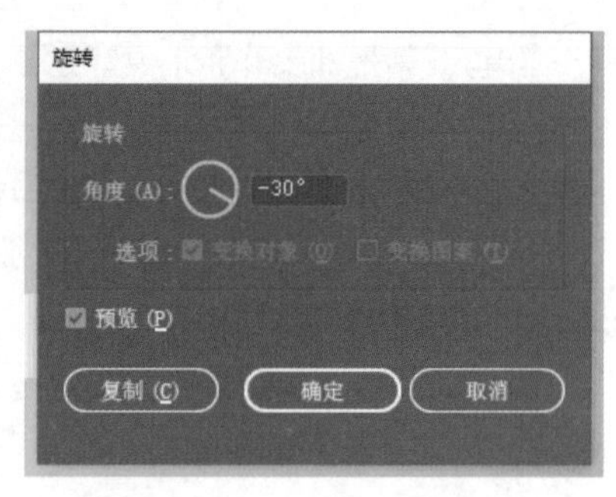

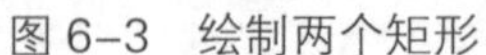

图 6–3 绘制两个矩形　　图 6–4 “旋转”对话框

步骤 7 选中旋转后的矩形，按住【Shift】键向右拖动鼠标，进行平移复制，再按【Ctrl+D】组合键进行平移复制，得到的效果如图 6–5 所示。

图 6–5 旋转后效果

步骤 8 选中三个红色矩形和一个白色矩形，选择工具箱中的“形状生成工具”，单击与白色矩形不相交的部分，得到分割开的单个形状，使用“直接选择工具”选择与白色矩形不相交的部分，按【Delete】键进行删除，效果如图 6–6 所示。

图 6–6 删除不相交部分

步骤 9 使用矩形工具，对齐中间红色矩形的交叉点，绘制一个矩形，效果如图 6–7 所示。

图 6-7　绘制矩形

步骤10 选中除背景外的所有矩形，按【Ctrl+Shift+F9】组合键，打开“路径查找器”面板，单击“分割”工具，将所有的矩形沿着边界进行分割，效果如图 6-8 所示。

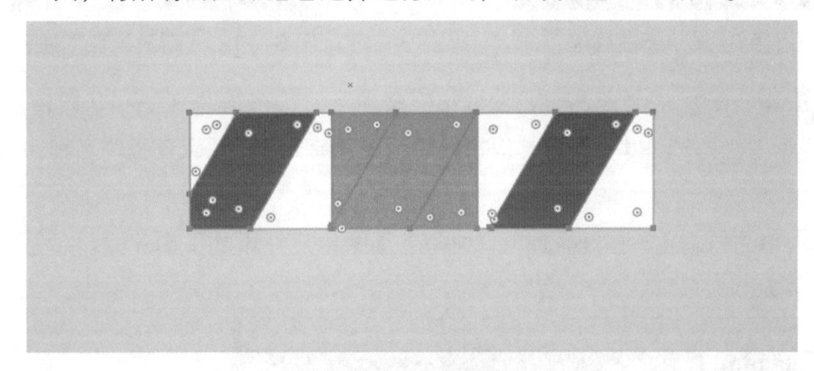

图 6-8　分割图形

步骤11 选中中间矩形的三个部分，使用“吸管工具”为其还原原本的颜色。使用“直接选择工具”将中间矩形部分移开，如图 6-9 所示。

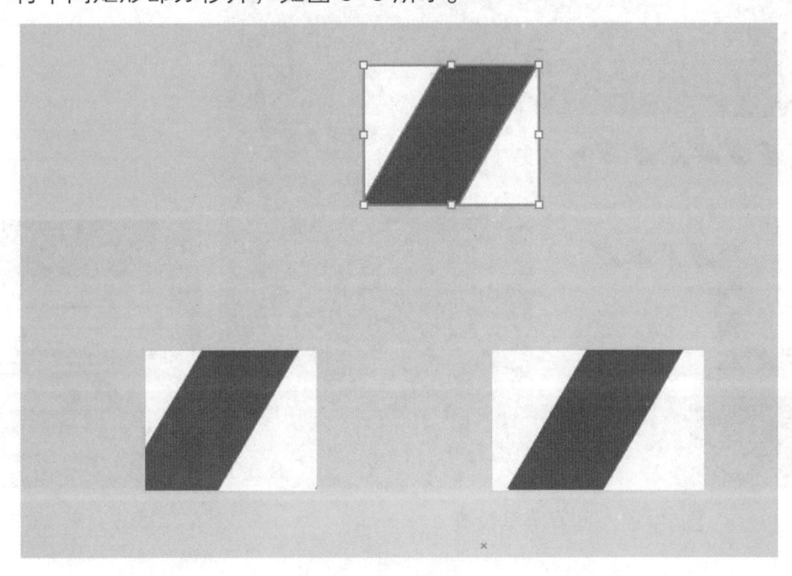

图 6-9　修改图案颜色

步骤12 将上方分离开的矩形新建为画笔图案，如图 6–10 所示。保持矩形为选中状态，打开“画笔”面板，单击“新建画笔”按钮，打开“新建画笔”对话框，如图 6–11 所示。将选中的图案新建为图案画笔。

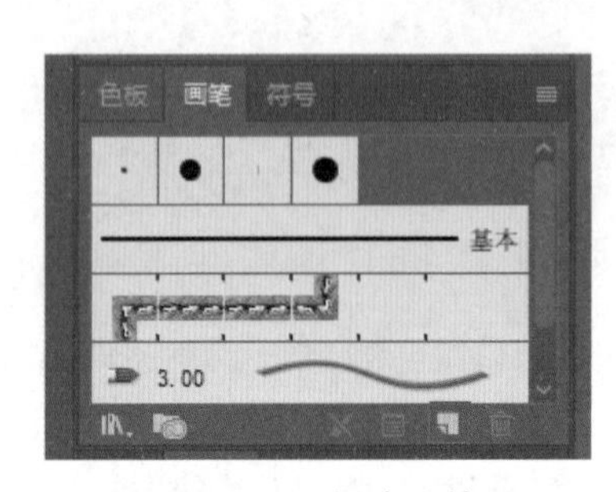

图 6–10　新建画笔

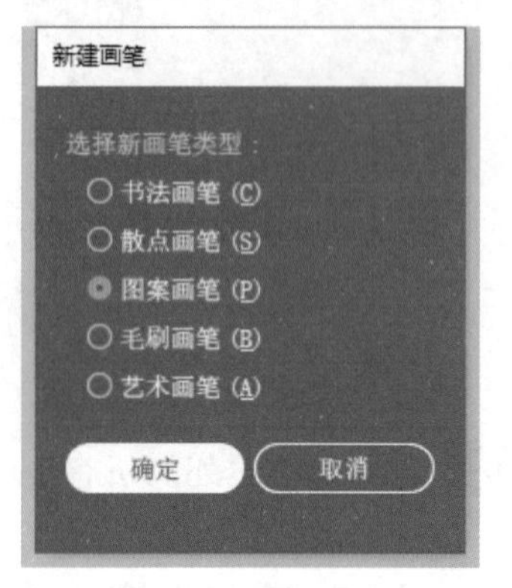

图 6–11　“新建画笔”对话框

步骤13 在“图案画笔选项”对话框中，将所选择的图案设置为边线拼接，将外角拼贴和内角拼贴均设置为自动居中，保持其他拼接均为无图案状态，并设置画笔名称为“红色彩条”，如图 6–12 所示。

步骤14 单击“确定”按钮，此时“画笔”面板中已经添加了创建的“红色彩条”画笔，如图 6–13 所示。

图 6–12　图案画笔设置

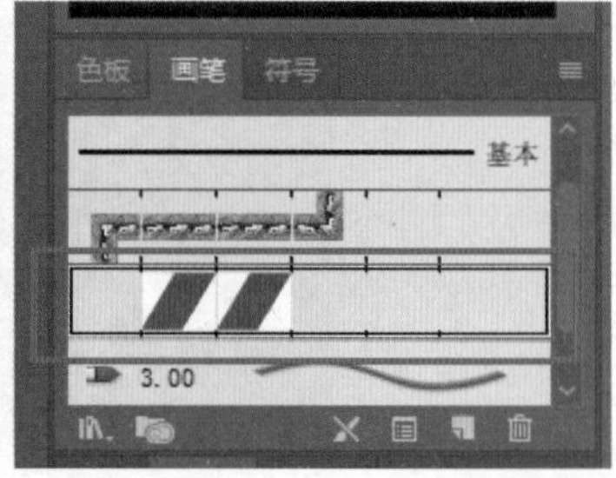

图 6–13　画笔新建成功

步骤15 在画布中创建两个半径为 50 px 的圆形，并调整圆形位置，与剩下的两个矩形进行部分对齐，效果如图 6–14 所示。

步骤16 选中图 6–14 中所有对象，单击“路径查找器”面板中的“分割”工具，使得所有形状沿着边界进行分割。对分割后的形状进行颜色调整，保留图 6–15 所示的半圆形。

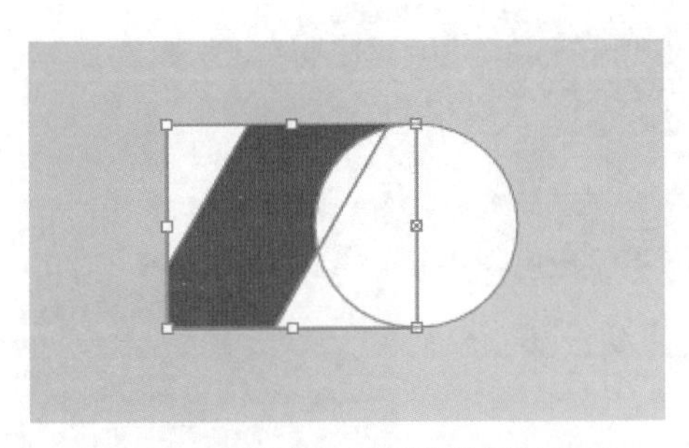

图 6–14　创建两个半圆并调整位置

图 6–15　分割并保留图案

步骤17 使用同样的方式，对另外一个矩形进行相同的操作，得到另外一个半圆形图案，效果如图 6–16 所示。

图 6–16　图案起始和结束图案

步骤18 选中其中左边半圆，选择“对象”→“图案”→“建立”命令，新建一个色板图案，并命名为“左半圆”。使用同样的方法，将右边半圆图案新建为色板图案。此时，“色板”面板中出现两个半圆的图案，如图 6–17 所示。

步骤19 回到“画笔”面板中，找到“红色彩条”画笔，双击画笔，打开“图案画笔选项”对话框，在起点拼接和终点拼接下拉列表中分别选择“左半圆”和“右半圆”图案，如图 6–18 所示。

步骤20 至此，图案画笔的创建已经完成，接下来。使用“文字工具”绘制所需图案路径。使用“文字工具”在画布中创建一个文本对象，输入字母“ABC”，字体设置为“Lucida Calligraphy Italic”，调整到合适大小。选中文本对象，按【Ctrl+Shift+O】组合键给文本对象创建轮廓，使用“直接选择工具”删除轮廓中外围的点，保留文本的单一线条，效果如图 6–19 所示。

步骤21 选中“ABC”文本对象，打开“画笔”面板，选择“红色彩条”图案画笔，为文本对象添加图案画笔效果，填充效果如图 6-20 所示。

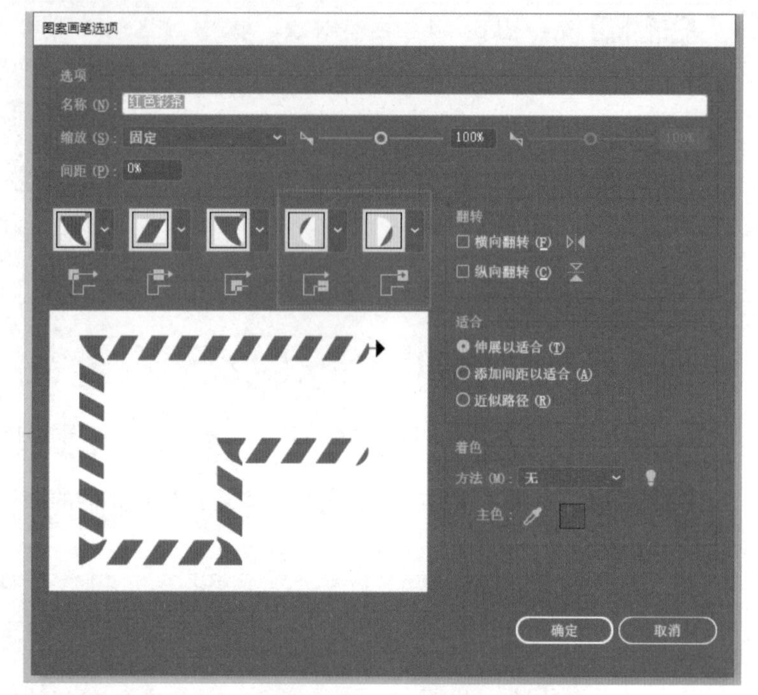

图 6-17 添加图案

图 6-18 画笔设置

图 6-19 绘制路径

图 6-20 填充画笔

任务拓展

根据本任务的制作步骤，结合图 6-21 所示的图案效果，尝试制作斑马条纹艺术字效果。

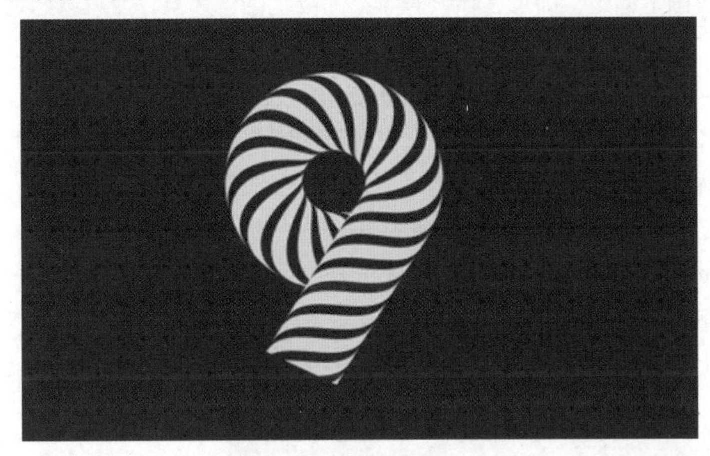

图 6-21 斑马条纹艺术字

相关知识

1. 画笔面板

“画笔”面板及其按钮说明如图 6-22 所示。

2. 画笔库菜单

画笔库是 Illustrator 给设计者提供的画笔笔刷库，其中有丰富的画笔笔刷图案，设计者可根据图案风格需要，选择合适的画笔库进行加载，所选画笔库中的画笔就会显示在“画笔”面板中，供设计者选择调用，如图 6-23 所示。

画笔
基本
3.00
新建画笔
画笔库菜单
删除画笔
库面板
所选对象选项
移除画笔描边

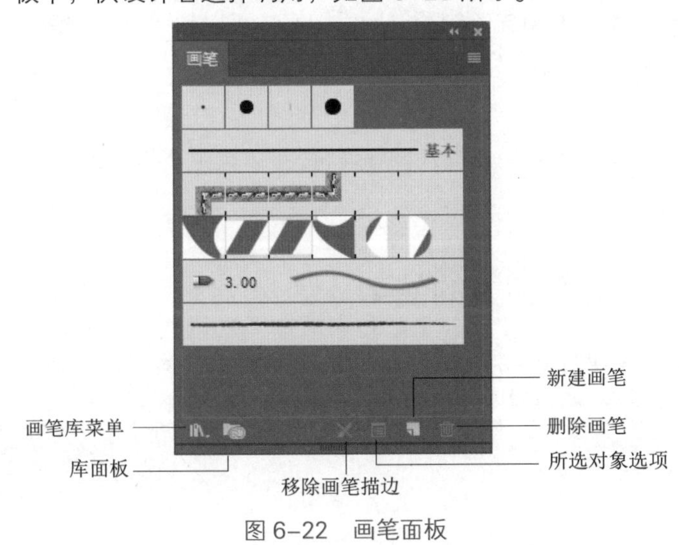

图 6-22 画笔面板

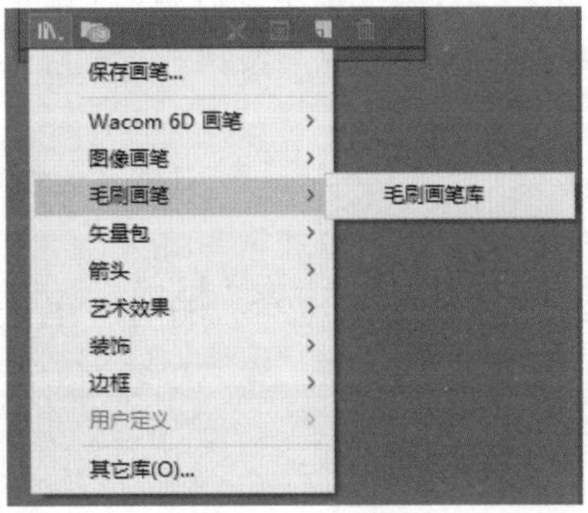

保存画笔...
Wacom 6D 画笔
图像画笔
毛刷画笔
毛刷画笔库
矢量包
箭头
艺术效果
装饰
边框
用户定义
其它库(O)...

图 6-23 画笔库

3. 移去画笔描边

在画笔使用过程中，如果对于某个路径所使用的画笔不满意，可以选中已经添加画笔图案的对象，单击移去画笔描边，即可去除该对象上的画笔图案效果，变成原始路径图案。

4. 所选对象选项

当设计者选中添加画笔图案对象时单击所选对象选项按钮，打开“描边选项(图案画笔)”对话框，如图 6-24 所示。在其中可调整画笔图案的粗细、间距等属性，从而调整画笔图案的外观，使得图案达到合适的填充效果。

5. 新建画笔

倘若 Illustrator 自带的画笔库中没有合适的画笔图案，此时可手动创建自定义画笔图案。当设计好画笔图案后，保持图案处于选中状态，单击“新建画笔”按钮，打开“新建画笔”对话框，如图 6-25 所示。

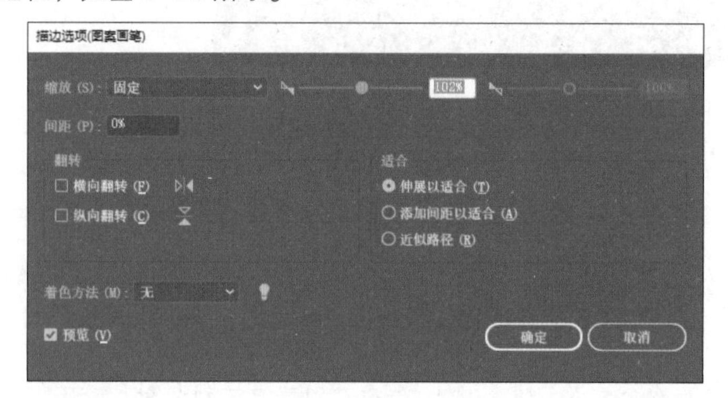

图 6-24 对象设置

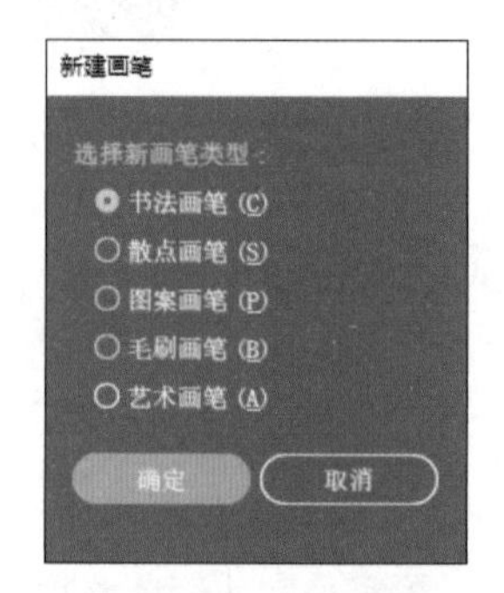

图 6-25 新建画笔

Illustrator 中共有五种画笔类型，其中“书法画笔”和“毛刷画笔”可以直接通过单击“新建画笔”按钮进行设置，其他类型的画笔则需要事先绘制画笔所需图案才可以创建。若对新建的画笔效果不满意，可以在“画笔”面板中双击画笔图案进行设置调整。

6. 删除画笔

若对画笔效果不满意，或者对“画笔”面板中无用画笔进行管理时，可以选中不需要的画笔，单击“删除画笔”按钮进行删除。

任务二 符号工具的使用

在 Illustrator 中，符号与画笔类似，均是 Illustrator 中所提供的图形图案。符号的创建不同于画笔的创建，它不受图形对象的限制，可以说所有的矢量和位图对象，都可以用来创建新符号。

任务描述

启动Illustrator软件，结合本书提供的素材文件，制作图6-26所示的图形效果，并保存为“夜晚 .jpg”。

图 6-26　夜晚

任务实施

步骤1 启动 Illustrator 软件，新建画布，选择默认画布大小，进入工作页面。

步骤2 选择“文件”→“置入”命令，导入本任务素材“云朵”，并在置入对话框中取消勾选“链接”复选框，如图 6-27 所示。Illustrator 中符号即是一种图案，这种图案可以是在 Illustrator 中绘制的矢量图形图案，也可以是导入的位图图形图案，本任务使用导入的位图“云朵”作为符号图案。

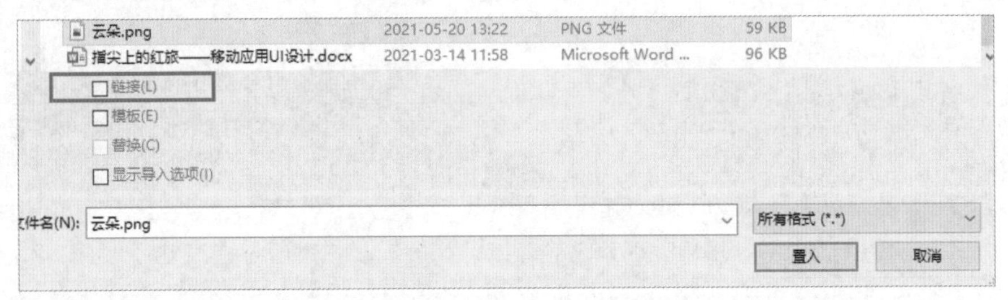

图 6-27　置入设置

步骤3 选中所置入的“云朵”素材，打开“符号”面板，单击底部的“新建”按钮，将所选择的素材创建为符号，如图 6-28 所示。

步骤4 在弹出的“符号新建”对话框中，修改符号名称为“云朵”，保持其他默认设置，单击“确定”按钮创建符号。此时，“符号”面板中已出现“云朵”符号图案，如图 6-29 所示。

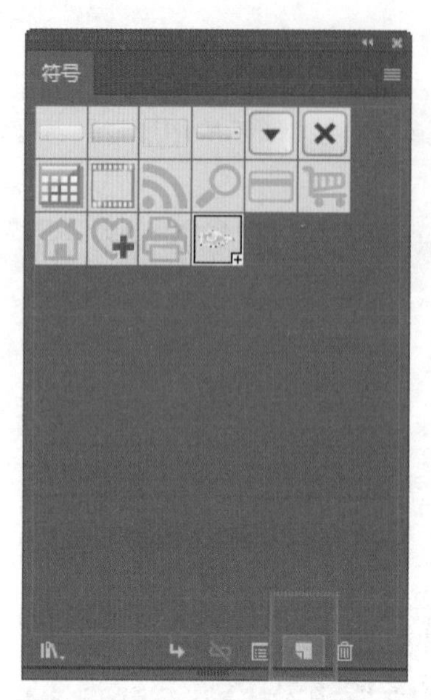

图 6-28 “符号”面板

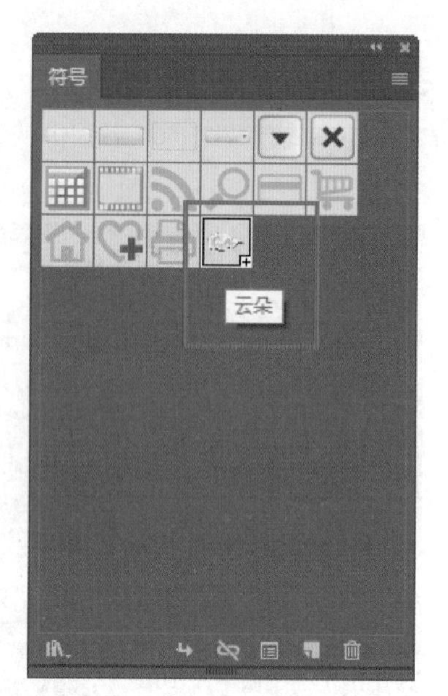

图 6-29 “云朵”符号

步骤 5 选择“文件”→“置入”命令，导入本任务素材“夜晚”，并取消勾选“链接”复选框。导入素材后，调整“夜晚”素材的大小，调整至和画布同样大小，作为背景，如图 6-30 所示。

图 6-30 素材背景

步骤 6 在“符号”面板中选中“云朵”符号图案，再双击工具箱中的“符号喷枪工具”，弹出“符号工具选项”对话框，设置直径为 200 px，如图 6-31 所示。

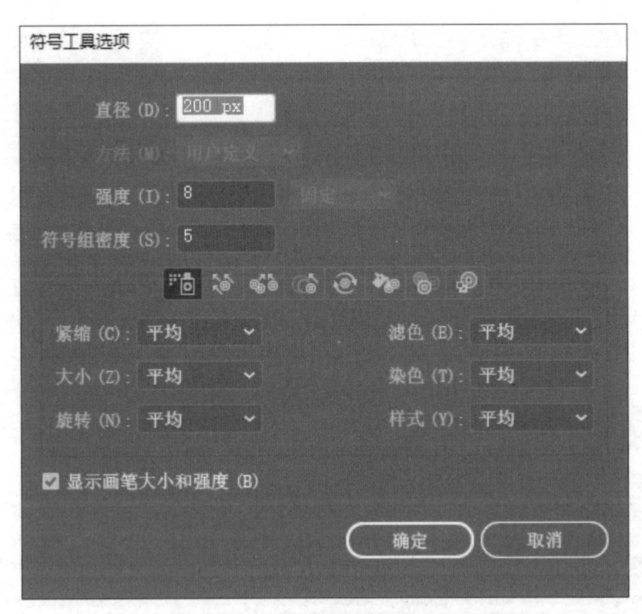

图 6–31 “符号工具选项”对话框

步骤 7 单击背景的天空位置并按住鼠标拖动，绘制一串符号对象。按住鼠标拖动会创建了多个符号图案，但多个符号图案组成一个符号对象，后期只能对单个符号对象进行编辑，如图 6–32 所示。

图 6–32 创建符号对象

步骤 8 所创建的符号对象中，所有符号图案大小颜色完全一致，为了营造错落有致的层次感，需要对符号对象进行进一步编辑。

步骤 9 单击“符号喷枪工具”，在弹出的工具组面板中选择“符号缩放器工具”，对符号对象中图案大小进行调整缩放，如图 6–33 所示。

步骤 10 使用“符号缩放器工具”单击并在符号对象上拖动，可以放大符号图案；按住【Alt】键单击，在符号对象上拖动可缩小符号图案。根据近大远小的透视关系，调整符号图案中云朵的大小关系，提升远近层次感，如图 6–34 所示 。

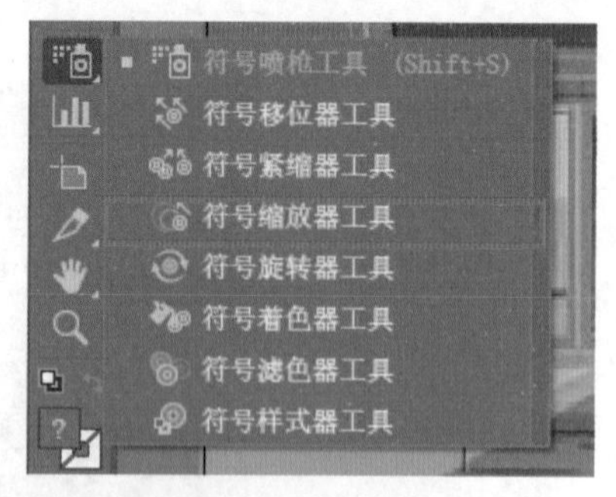

图 6–33　符号缩放工具

图 6–34　提升图案远近层次

步骤 11 画面中符号图案的位置需要进行调整，有的区域符号图案过于密集，而有的区域过于疏松。选择“符号位移器工具”单击并按住鼠标拖动，可调整符号位置，让符号朝着鼠标移动方向进行位移，如图 6–35 所示。

图 6–35　将符号图案进行平均分布

步骤12 此时，符号对象中的图案颜色统一，在实际当中，远处图形应当较暗，近处图形较为清晰明显。选择“符号滤色器工具”对远处较小图案调整颜色，降低颜色，增加画面层次感。

步骤13 将前景色设置为黑色，双击“符号着色器工具”调整直径大小为 100 px，强度设置为 4，对画面中较小的符号图案进行滤色处理。得到的效果如图 6–36 所示。

图 6–36 符号滤色处理

步骤14 通过一系列的符号工具处理，已经得到较为丰富的画面效果，此时将画布保存为“夜景 .jpg”图片。

任务拓展

根据本任务中所使用的符号工具，绘制图 6–37 所示的炊烟袅袅的画面。要求新建大小为 600 px × 200 px 大小画布，并在画布上绘制炊烟图案作为符号。最终结果保存为 JPG 格式图片。

图 6–37 炊烟袅袅

相关知识

一、“符号”面板

“符号”面板用于放置符号，如图 6–38 所示。使用“符号”面板可以管理符号文件，可以新建符号、重新定义符号、复制符号、编辑符号和删除符号等操作。

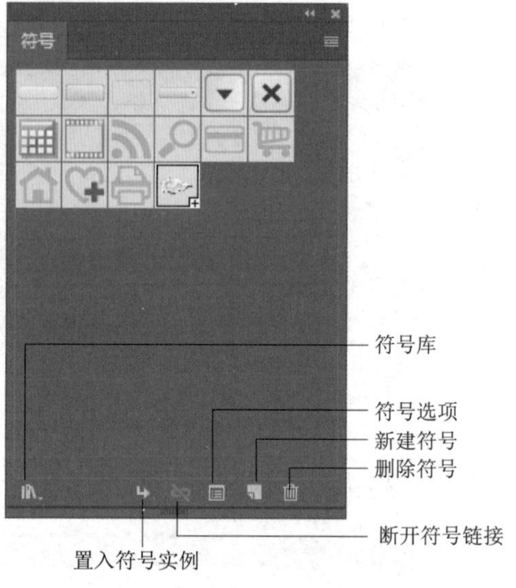

图 6–38　“符号”面板

（1）符号库：Illustrator 中提供了丰富多彩的符号图案，用户可以进入符号库，找到自己所需要的符号类型，并加载相应的符号库，该库中符号就会显示在“符号”面板中，供用户使用。

（2）置入符号实例：将“符号”面板中选中的符号放置到画布中。置入符号实例可放置单独的符号图案。

（3）断开符号链接：将置入画布中的符号与符号面板断开链接，此时画布中的符号图案可作为独立的图案进行编辑，符号工具将无法对其进行编辑操作。

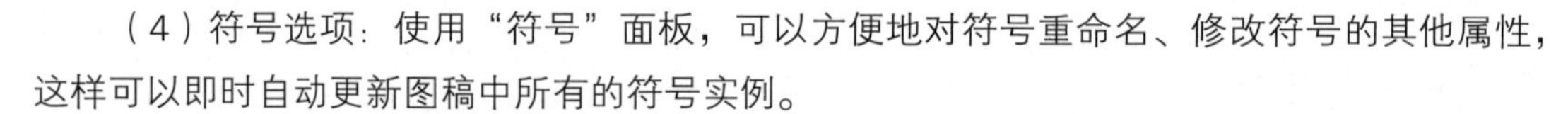

（4）符号选项：使用“符号”面板，可以方便地对符号重命名、修改符号的其他属性，这样可以即时自动更新图稿中所有的符号实例。

（5）新建符号：将画布中导入的位图或设计的矢量图创建为符号图案。

（6）删除符号：将“符号”面板中的符号图案删除。

二、符号工具

（1）符号喷枪器工具：符号喷枪器工具像生活中的喷枪一样，只是喷出的是一系列的符号对象，利用该工具在文档中单击或随意拖动，可以将符号应用到文档中。

（2）符号移位器工具：符号位移器工具主要用来移动文档中的符号组中的符号实例，它还可以改变符号组中符号的前后顺序。

（3）符号紧缩器工具：符号紧缩器工具可以将符号实例向内收缩或向外扩展。以制作紧缩与分散的符号组效果。

（4）符号缩放器工具：符号缩放器工具可以将符号实例放大或缩小，以制作出大小不同的符号实例效果，生产丰富的层次感觉。

（5）符号旋转器工具：符号旋转器工具可以旋转符号实例的角度，制作出不同方向的符号效果。首先选择要旋转的符号组，然后在工具箱中选择符号旋转器工具，在要旋转的符号上按住鼠标拖动，拖动的同时在符号实例上出现一个蓝色的箭头图标，显示符号实例旋转的方向效果，达到满意的效果后释放鼠标，即可将符号实例旋转一定的角度。

（6）符号着色器工具：使用符号着色器工具可以在选择的符号对象上单击或拖动，对符号进行重新着色，以制作出不同颜色的符号效果，而且单击的次数和拖动的快慢将影响符号的着色效果。单击的次数越多，拖动的时间越长，着色的颜色越深。

（7）符号滤色器工具：符号滤色器工具可以改变文档中选择符号实例的不透明度，以制作出深浅不同的透明效果。

（8）符号样式器工具：符号样式器工具需要配合“样式”面板使用，为符号实例添加各种特殊的样式效果，比如投影、羽化和发光等效果。

三、符号工具选项

符号工具仅仅影响用户正在编辑的符号或用户在“符号”面板中选择的符号。每个符号工具都有一些相同的选项，如直径，强度，密度等，这些选项详细说明了最近选择的或者将被建立和编辑的符号设置。在工具箱中的符号工具上双击，就会打开“符号工具”选项对话框（见图 6–31）。

（1）直径：符号工具的笔刷直径大小，大的笔刷可以在用户使用符号修改工具时，选择更多的符号。

（2）强度：符号绘制时的强度，较高的数值将产生较快的改变。

（3）符号组的密度，即符号集的引力值，较高的数值导致符号图形密实地堆积在一起。它的作用针对于整个符合集，并不仅仅只针对新加入的符号图形。

（4）显示画笔大小和强度：绘制符号图形时显示符号工具的大小和强度。

任务三　利用混合工具制作艺术字

混合工具是 Illustrator 所提供的一种特效工具，可以实现两个对象之间形状和颜色的渐变效果。设计者基于良好的创意，加上能够熟练使用混合工具，便可创建出具有强大艺术效果的图形图案。

任务描述

启动 Illustrator 软件，根据本任务所提供的操作步骤，制作图 6–39 所示的艺术字效果。

图 6–39　艺术字效果

任务实施

步骤 1 启动 Illustrator 软件，新建画布，选择默认画布大小，进入工作页面。

步骤 2 使用“椭圆工具”在画布上绘制一个 50 px × 50 px 的圆形，给圆形填充渐变色。

步骤 3 按【Ctrl+F9】组合键，打开“渐变”面板，设置渐变颜色的起始颜色和结束颜色。起始颜色为 #7FC7FF，结束颜色为 #C915FF，两点颜色的不透明度均设置为 100%，渐变类型为“线性”，效果如图 6-40 所示。

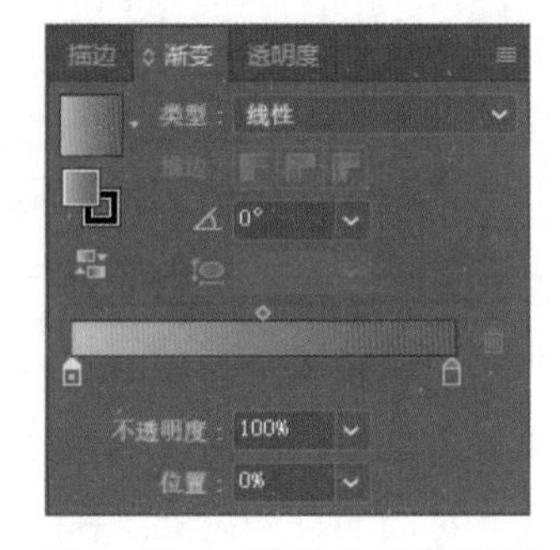

图 6-40 “渐变”面板设置

步骤 4 将所设置的渐变颜色作为圆形的填充颜色，并将圆形的描边色设置为无。

步骤 5 选中圆形，按住【Alt】键的同时沿水平方向拖动鼠标，复制一个圆形图案。选中新复制的圆形图案，再次打开“渐变”面板，将“渐变”面板中的角度设置为 90°，得到效果如图 6-41 所示。

图 6-41 新复制的圆形图案

步骤 6 选中两个圆形图案，按【Ctrl+Alt+B】组合键建立混合效果，如图 6-42 所示。

图 6-42 建立混合效果

步骤 7 此时，所建立的是默认的混合效果。双击工具箱中的混合工具，打“混合选项”对话框，可以对混合效果进行修改。

步骤 8 由于本任务是进行颜色混合，为了保证颜色变化的平滑度，这里使用“指定的距离”间距，并将间距大小设置为 1 px，得到的效果如图 6-43 所示。

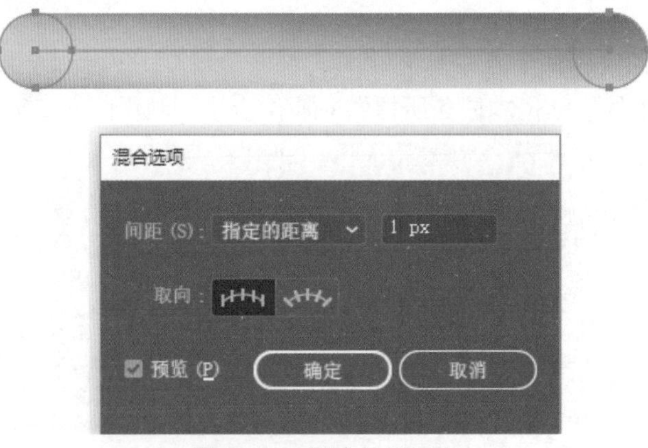

图 6-43 混合选项设置

步骤9 此时，已经得到一个制作完成的混合效果图形案例。接下来，需要将混合效果运用到实际艺术字路径中。

步骤10 使用“文字工具”创建文本对象，输入“Adobe”字样，设置字体为“Comic Sans MS”，字体大小为 200 px。有两种方法可以获取到字体路径。

步骤11 选中字体，选择“文字”→“创建轮廓”命令，将文本对象转换为矢量图形，对矢量图形中的锚点进行删除修改，得到文字路径。该种方式所得到的路径效果需要取消编组，并且释放复合路径，才能够被混合工具使用。另一种方式是使用“钢笔工具”，沿着文本对象，重新绘制文字路径。两种方式得到的文字路径效果如图 6-44 所示。

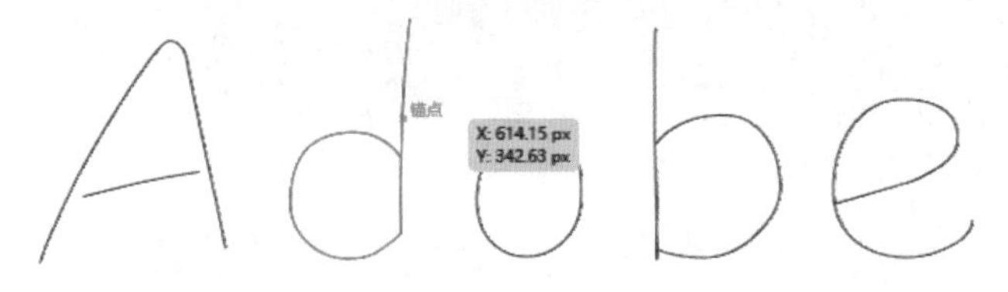

图 6-44　文本路径

步骤12 选中创建的混合对象，复制多个。选中一个混合对象，按住【Shift】键再同时选中文本路径中的某个单独路径。选择“对象”→“混合”→“替换混合轴”命令，将文本路径作为混合对象的路径，效果如图 6-45 所示。

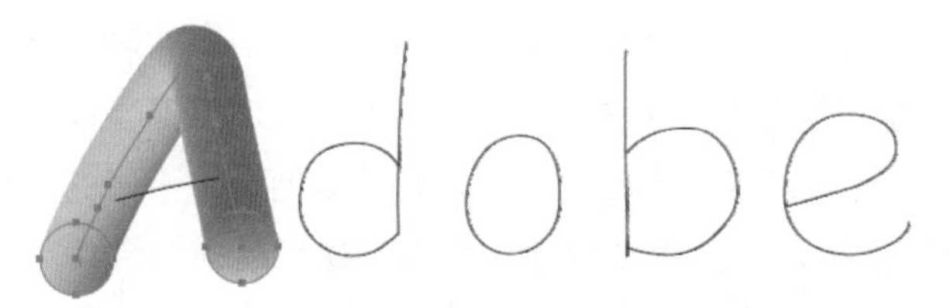

图 6-45　替换混合路径

步骤13 使用相同的方式，为文本对象中其他路径添加混合效果，最终得到的艺术字效果如图 6-46 所示。

图 6-46　文本混合效果

步骤14 为已经添加混合效果的艺术字添加背景，此时使用混合工具所制作的艺术字效果已经完成，如图 6-39 所示，将其保存为 .JPG 格式。

任务拓展

根据本任务中所使用的混合工具，制作图 6-47 所示的实例图案。新建 1 366 px × 768 px 的画布，在画布中创建文本对象 Illustrator，使用混合工具制作混合效果，最终结果保存为 .JPG 格式图片。

图 6-47　混合效果艺术字

相关知识

1. 建立混合

建立混合分为三种方法：一种是使用混合建立菜单命令。第二种是使用“混合工具”。使用混合建立菜单命令，图形会按默认的混合方式进行混合过渡，而不能控制混合的方向。而使用“混合工具”建立混合过渡具有更大的灵活性，它可以创建出不同的混合效果；第三种方法是使用【Ctrl+Alt+B】组合键，快速建立混合，使用快捷键建立混合和第一种使用混合建立菜单命令效果一致，均是使用默认混合效果。混合建立方式如图 6-48 所示。

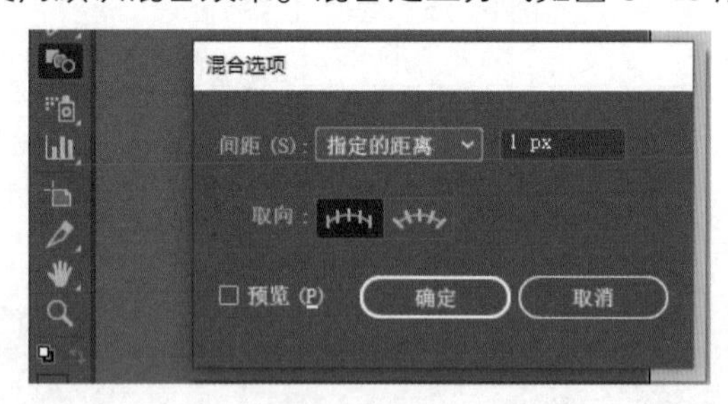

图 6-48　混合建立方式

2. 编辑混合对象

混合后的图形对象是一个整体，可以像图形一样进行编辑和修改。混合建立后，依然可以双击混合对象中的图案对象，对图案的填充色和描边色进行修改，从而影响混合效果的颜色渐变关系；可以对图案对象的位置进行修改，从而影响混合效果的图形形状；可以对图案的上下层关系进行修改，从而影响混合对象向内混合或向外混合的混合效果。

3. 混合选项

混合后的图形，还可以通过“混合选项”对话框设置混合的间距和混合的取向。双击工具箱中的混合工具或选择“对象”→“混合”→“混合选项”命令，打开“混合选项”对话框，如图 6-49 所示。

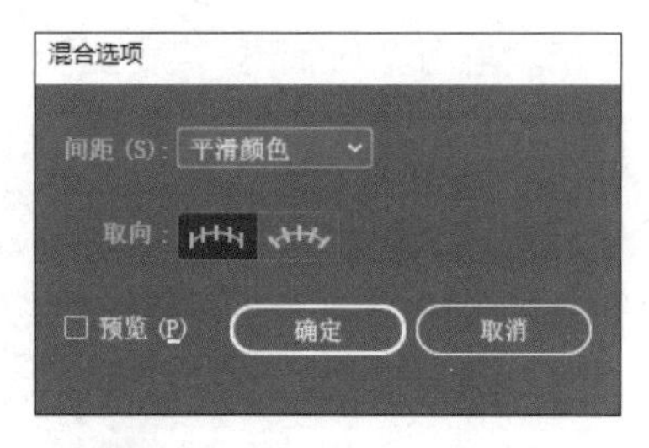

图 6-49　混合选项对话框

混合选项中，间距有三种模式，平滑颜色、指定的步数、指定的距离，其中平滑颜色主要针对颜色混合效果的混合建立。在画布中创建两个颜色不一样的形状图案，使用平滑颜色间距模式，选中混合工具，分别单击两个图案，即可得到颜色混合效果，如图 6-50 所示。

图 6-50　间距为“平滑颜色”混合效果

当在“混合选项”对话框中选择“间距”为“指定的步数”时（见图 6-51），在建立混合时，会根据混合对象两者之间的颜色与形状差距，使用相应个数的图形进行填充，所填充的图形在颜色和形状上存在渐变的效果。

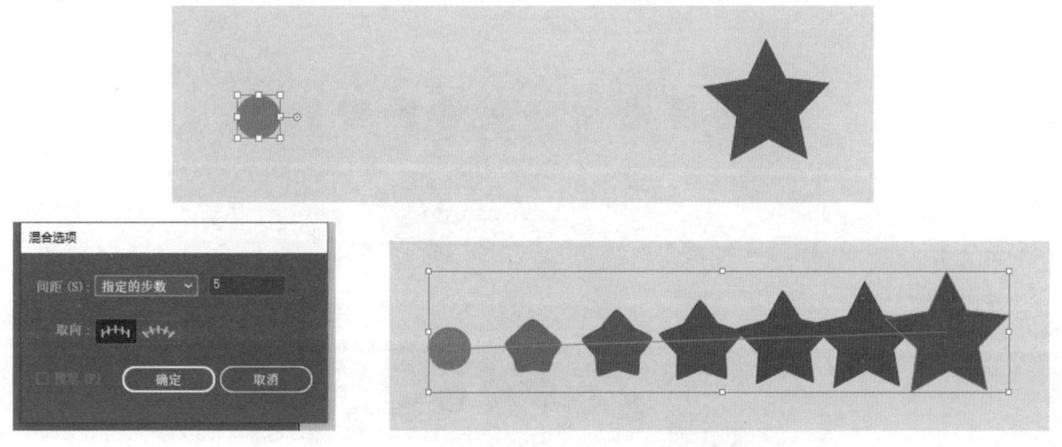

图 6-51　间距为“指定的步数”混合效果

在“混合选项”对话框中选择“间距”为“指定的距离”时，主要针对形状混合效果如图 6-52

所示。当两个形状不一致的混合对象建立混合效果时，使用指定的距离时会根据混合对象之间的间距，按照固定的间隔填充多个混合对象。当混合间距越小，所建立的混合效果越平滑。

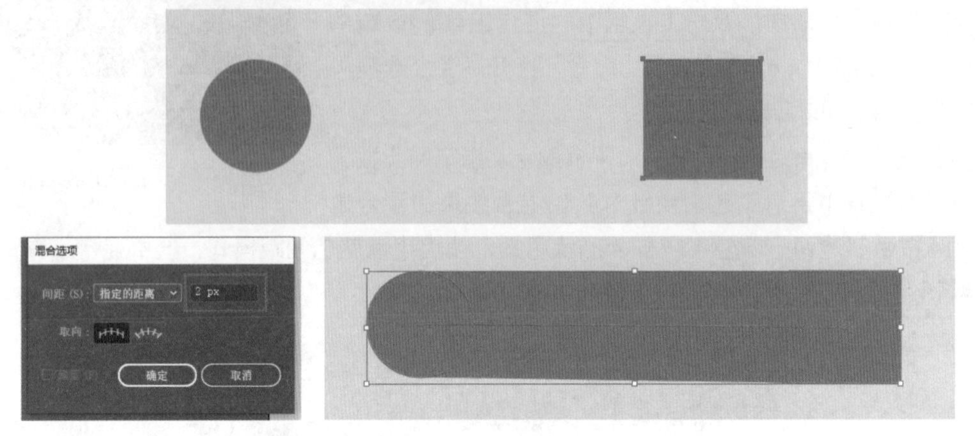

图 6-52　间距为“指定的距离”混合效果

4. 替换混合轴

默认混合图形时，在两个混合图形之间会创建一个直线路径。当使用“释放”命令将混合释放时，会留下一条混合路径。但不管怎么创建，默认的混合路径都是直线，如果想制作出不同的混合路径，可以通过“替换混合轴”命令完成，如图 6-53 所示。

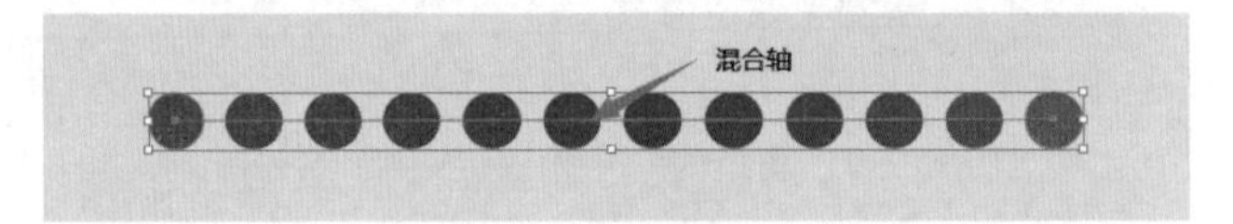

图 6-53　混合轴

在使用“替换混合轴”命令时，需要选中已经建立混合的对象和单独的路径作为即将替换的混合轴。然后选择“对象”→“混合”→“替换混合轴”命令，即可实现混合轴替换，具体效果如图 6-54 所示。

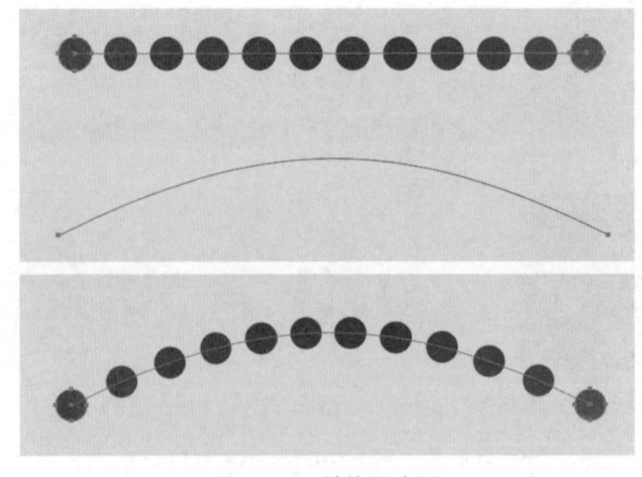

图 6-54　替换混合轴

5. 反向混合轴和反向堆叠

利用“反向混合轴”和“反向堆叠”命令，可以修改混合路径的混合顺序和混合层次，具体效果如图 6-55 和图 6-56 所示。

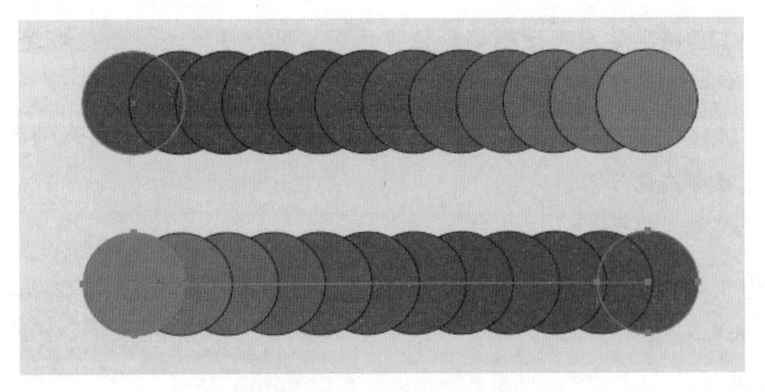

图 6-55 反向混合轴效果

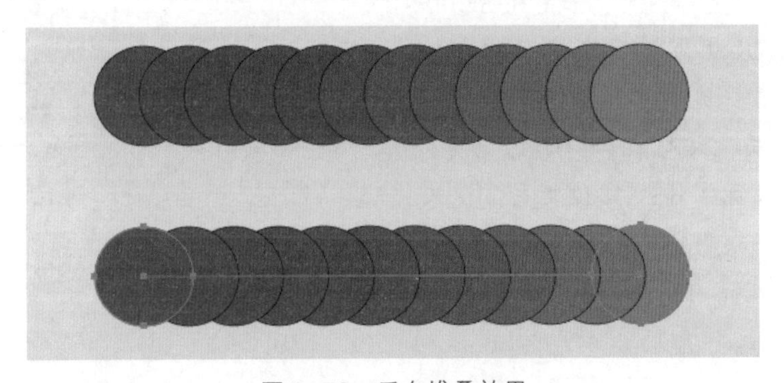

图 6-56 反向堆叠效果

6. 释放和扩展

混合的图形还可以进行释放和扩展，以恢复混合图形或将混合的图形分解出来，更细致地进行编辑和修改。

小 结

本单元对Illustrator高级艺术工具的使用进行了详细讲解，高级艺术工具包括画笔、符号、混合等。通过本单元的学习，读者可以掌握高级艺术工具的基本使用，加深了读者对高级工具的认知，并能够使用高级工具绘制具有一定艺术效果的图案。随着读者学习的不断深入，对高级工具的使用会愈发熟练，可将好的艺术想法更好的进行展现。

- 掌握“画笔”面板的使用
- 掌握“符号”面板的使用
- 掌握画笔的创建及使用技巧
- 掌握符号艺术工具的使用技巧
- 掌握混合艺术工具的使用技巧

练　　习

一、简答题

1. 使用画笔工具将画笔应用于图稿和使用绘图工具将画笔应用于图稿之间有什么不同？

2. 简述如何将艺术画笔中的图稿应用于内容。

3. 简述如何编辑使用画笔工具绘制的路径？“保持选定”选项如何影响画笔工具？

4. 使用符号有哪些优点?

5. 如何更新现有的符号？

二、操作题

利用混合工具制作书签。

制作内容与要求：

1. 设计和制作宣传册页，如图 6–57 所示。

制作规格，尺寸为 A4、色彩为 CMYK、分辨率为 300 像素 / 英寸。

图形简洁、美观大方、寓意深刻。

2. 提交作品原文件：“宣传册页 .ai” 文件及对应的 .jpg 文件。

图 6–57　宣传册页

单元七

文字处理与图表应用

Illustrator 提供了强大的文字处理功能。可以在图稿中添加一行文字、创建文本列和行、在形状中或沿路径排列文本以及将字形用作图形对象。例如，在确定图稿中文本的外观时，在 Illustrator 中设置字体以及行距、字符间距和段落前后间距等，使图稿更加美观。同时，Illustrator 图表可让观众以可视方式交流统计信息，用户在创建图稿时，可以创建多达九种类型的可视化图表，使需要表现的信息清晰明了，简单易读。

学习目标

- 文字工具的使用方法
- “文字”面板的使用方法
- 路径类文字的编辑
- 认识图表的九种类型
- 数据组编辑和图表格式选项

任务一　建立画册首页

在平面设计中，文字作为传统的信息表达方式，具有不可替代的作用，它和图形、色彩等一起将理性思维个性化地表现出来，最终实现具有个人风格和艺术特色的视觉传达方式。在平面设计领域中，字体不仅是信息传达的重要媒介，也是视觉传达的重要因素之一。

另外，文本对象和图形对象一样可以进行各种变换和编辑，同时通过应用各种外观和样式属性，制作出绚丽多彩的文本效果。

任务描述

Illustrator 软件作为最普遍使用的平面设计软件，提供了强大的文字处理工具和界面文字处理方法，本任务通过画册首页的建立，在多个区域加入并处理文字格式，完成一个常用的封面设计，展示并讲解文字工具的使用和文字面板的使用方法。

任务实施

步骤 1 启动 Illustrator 软件，选择“文件”→“新建”命令（或者按【Ctrl+N】组合键），新建 285 mm × 210 mm、横向、出血 3 mm，CMYK 模式的文件。

• 封面底层建立

步骤 2 选择“文件”→“置入”命令（或者按【Ctrl+Shift+P】组合键），置入素材中的“实训楼”图片素材，单击确认置入，按住【Shift】键，使用“选择工具”等比缩放图片到合适大小，单击工具栏中的嵌入按钮 嵌入，完成图片的嵌入；再次单击画板对齐中的水平居中和右侧对齐按钮，使图片水平右侧对齐画板。

步骤 3 选择矩形工具，绘制矩形，填充颜色（#6F9CAC），使用方向键微调图片和矩形位置，效果如图 7–1 所示。

图 7–1　封面制作

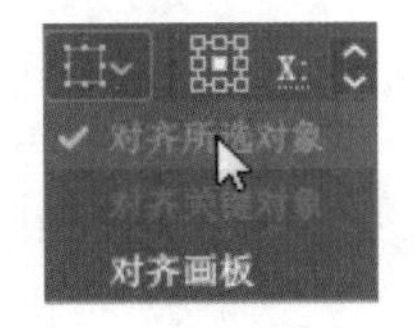

图 7–2 对齐所选对象

步骤 4 使用“矩形工具”绘制符合出血位大小的矩形，并填充颜色（#9DAEAB）。

步骤 5 使用“矩形工具”在水面位置绘制两个长方形，较大的长方形填充为空，白色描边 1.5 pt；较小的长方形填充白色，不透明度为 35%。选择两个长方形，单击居中对齐按钮。

注意：对齐对象时，选择多个对象后，要确定对齐方式为所选对象，如图 7–2 所示。

继续置入素材图校徽，放置在画面的右上角，如图 7–3 所示。

图 7–3 加入 Logo

步骤 6 在素材文件夹中，置入通信类图标，并在图标上绘制矩形，填充为空，2 pt 黑色描边。

步骤 7 复制两次该矩形框，分别放置在另外两个图标的周围，使用对象对齐方式，分别对齐图标和框架，以及三个图标，效果如图 7–4 所示。

注意：在选择图层对象时，为了防止选择错误，此处按【Ctrl+2】组合键把背景矩形对象锁定后再选择。

图 7–4 加入图标

• 文字内容的加入和编辑

步骤8 选择“文字工具”，如图 7–5 所示，在画板中单击，输入文字“商贸学校介绍”，以及文字的大写拼音字母

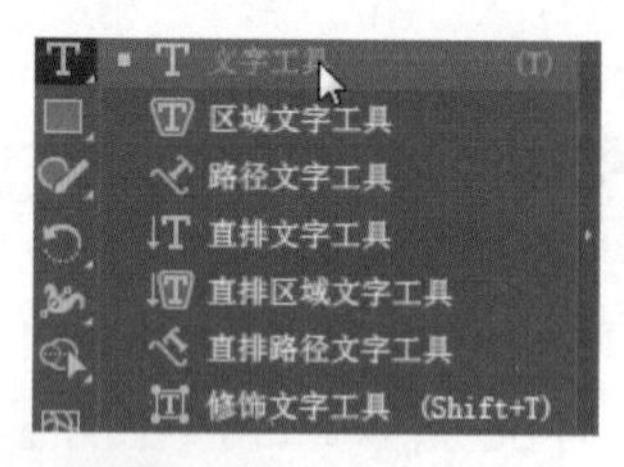

图 7–5 文字工具组

步骤9 选中中文，选择“窗口”→“字符”命令，打开“字符”面板，修改中文的字体和大小，如图 7–6 所示，选中拼音字母，修改字体和字符间距，如图 7–7 所示。

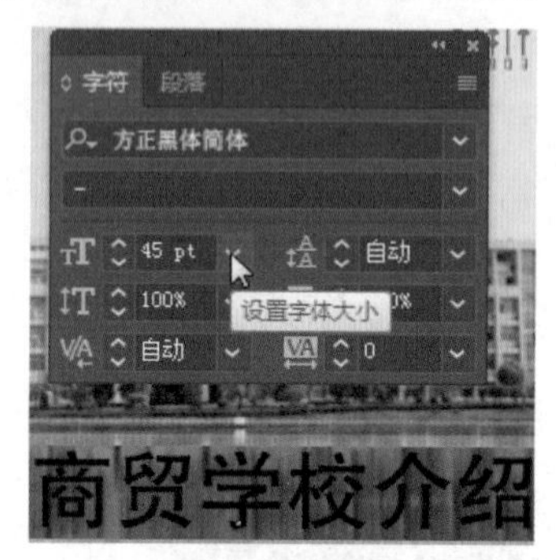

图 7–6 设置字体大小

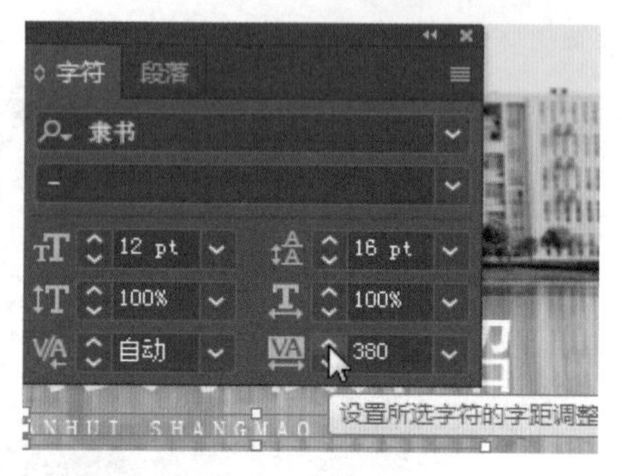

图 7–7 设置字符间距

注意：修改字符间距时，按【Alt+ 左右方向键】组合键比较方便。

步骤10 使用“文字工具”在图标右侧输入相关信息，完成对齐和间距调整，如图 7–8 所示。

图 7–8 对齐文本

步骤11 在校徽右侧绘制竖线，1 pt 描边，颜色（#036EB8），设置描边属性为虚线 2 pt，如图 7–9 所示。

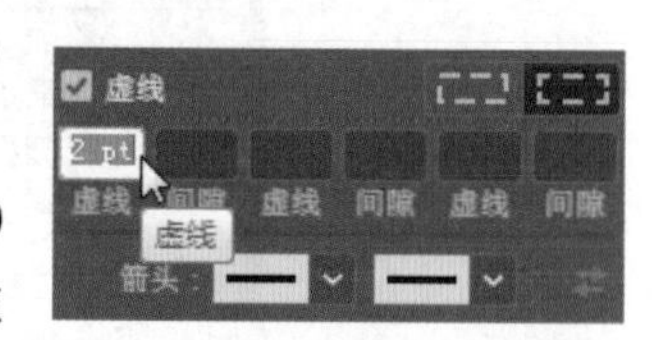

图 7–9 设置虚线

步骤12 选择“直排文字工具”，在竖线的右侧写上“100 年”，单击“字符”面板右上角的面板菜单按钮，取消选择“标准垂直罗马对齐方式”命令，如图 7–10 所示。

步骤13 继续编辑字符面板，这里设置的参数如图 7-11 所示，其中字符间距值为 380。

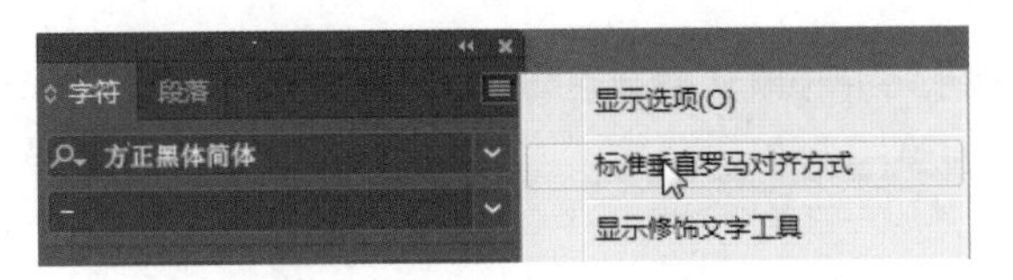

图 7-10 垂直罗马对齐

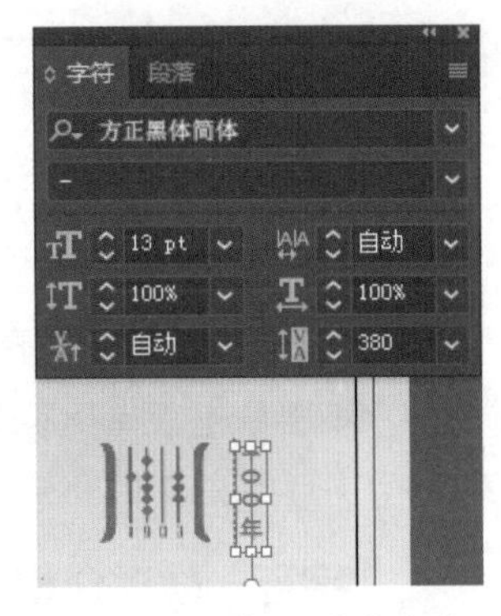

图 7-11 加入垂直文字

任务拓展

使用素材文件中的“校园”等图片素材，制作图 7-12 所示的安徽商贸职业技术学院的招生手册首页。

图 7-12 学院的招生手册首页

相关知识

一、Illustrator 中的文字工具

文字工具组见图 7-5。其中，主要提供了一般文字工具，区域和路径文字工具及修饰文字工具。在使用这些工具时，可以在画板中单击输入文字；也可以在画板中拖拉形成文字区域，然后在文字区域中输入文字；还可以在已有的描边轮廓上单击输入路径文字，最后一个修饰文字工具可以单独对选中的文字进行旋转和移动等操作。

二、点文字的创建

点文字是指从单击位置开始并随着字符输入而扩展的一行或一列横排或直排文本。每行文本都是独立的；对其进行编辑时，该行将扩展或缩短，但不会换行。这种方式非常适用于在图稿中输入少量文本的情形。

（1）选择“文字工具”或“直排文字工具”。鼠标指针会变成一个四周围绕着虚线框的文字插入指针。靠近文字插入指针底部的短水平线，标出了该行文字的基线位置，文本都将位于基线上。

（2）可在“控制”面板、“字符”面板或“段落”面板中设置文本格式。

（3）单击文本行起始位置，开始输入文字。

说明：不要单击现有路径对象，这样会将文字对象转换成区域文字或路径文字。如果现有对象恰好位于要输入文本的地方，可先锁定或隐藏对象。

三、“字符”面板介绍

“字符”面板如图 7–13 所示，选中“文字工具”，单击属性栏中的字符按钮，打开“字符”面板，Illustrator CC 2018 版本中，通过“窗口”或者按【Ctrl+T】组合键均可打开“字符”面板的简化版，可以通选择面板菜单中的“显示选项”命令显示全部选项。

“字符”面板参数众多，使用时把鼠标停留在相关参数上，软件会提示相应的参数说明。如图 7–14 所示，鼠标指向的是两个字符间的字距微调，而右侧是整行文字的字距微调。

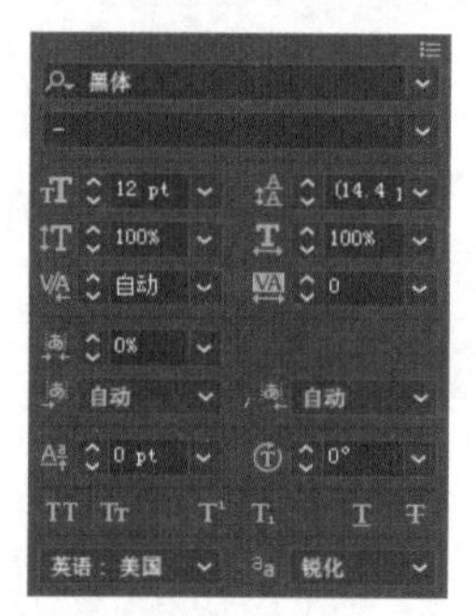

图 7–13　字符面板

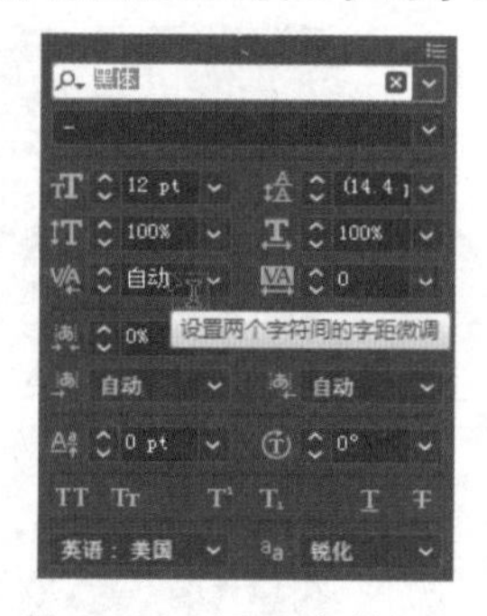

图 7–14　设置字符间距

下面详解“字符”面板中各选项的说明：

- 15 pt，设置字体大小。
- (18 pt)，设置行距。
- 100%，设置字体的垂直缩放。
- 84.53%，设置字体的水平缩放。
- 自动，设置两个字符间的字距微调。
- 2020，设置所选字符间距的调整。
- 0%，设置字符的比例间距。
- 自动，插入右侧空格。
- 自动，插入左侧空格。
- 0 pt，设置字符的基线偏移。

- 0°，设置字符的旋转。
- TT Tr T' T, T Ŧ，分别是设置全大写字母、小型大写字母、上标、下标、设置下画线和删除线。
- 英语：美国，设置文字的语言类型。
- 锐化，设置字符消除锯齿的方法。

四、文字和文字对象的选择

1. 选择字符

选择字符的方法有如下几种：

- 选择任意文字工具，拖动可以选择一个或多个字符，按住【Shift】键并拖动鼠标，以扩展或缩小选区。
- 将指针置于字符上，然后双击可以选择相应的字符；将指针放在段落中，然后三击可以选择整个段落。
- 选择一个或多个字符，然后选择“选择”→“全部”命令可选择文字对象中的所有字符。

2. 选择文字对象

文字对象是一个包含“域”的对象，选择某个文字对象后，将在文档窗口中该对象周围显示一个边框，并在“外观”面板中显示文字“文字”。

选择某个文字对象后，可以为该对象中的所有字符应用全局格式设置选项，其中包括“字符”和“段落”面板中的选项、填充和描边属性以及透明度设置等。另外，还可以对所选文字对象应用效果、多种填色和描边以及不透明蒙版（单独选中的字符无法如此操作）。

文字对象的选择方法有如下几种：

- 在文档窗口中，使用“选择工具”或“直接选择工具”单击文字，按住【Shift】键并单击可选择额外的文字对象。
- 在“图层”面板中，找到要选择的文字对象，然后在目标按钮和滚动条间单击其右边缘。如图7–15所示，按住【Shift】键并单击“图层”面板中项的右边缘，可在选择的现有对象中添加或删除对象。

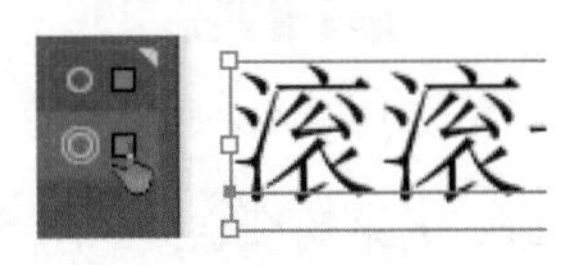

图7–15 添加或取消对象

- 请选择“选择”→“对象”→“文本对象”命令，选择文档中的所有文字对象。

3. 选择文字路径

选定文字路径后，用户便可调整其形状，对其应用填色和描边属性。点文字无法使用这种选择级别。选择某个文字路径后，将在“外观”面板中显示文字“路径”。

在“轮廓”视图中，可以最方便地选择文字路径，选择“直接选择工具”或“编组选择工具”进行选择，如果选定了文字对象，单击对象边框外缘便可取消选择。单击文字路径，注意不要单击到字符。（如果单击到字符，选择的将会是文字对象，而非文字路径。）

五、编辑文字

（1）在编辑时，可以更改字符的颜色和外观，包括对文字应用填色、描边、透明设置、效果和图形样式，以此改变文字对象的颜色和外观。只要不栅格化文本，文本将仍保持可编辑状态。如图 7–16 所示，往下，分别是应用 25% 透明度和图形样式后的文字效果，此时依然是文本文字。

安徽商贸

安徽商贸

安徽商贸

图 7–16　修改文字外观

（2）给输入的字母文字应用全部大写字母和小型大写字母。在“文字”面板中，全部大写字母和小型大写字母在面板下方，如图 7–17 所示。在应用效果时，首先选择相关文本（小写字母），再单击相应的按钮。其中小型大写字母是只改变字母的大小写，不改变字母的占位空间，如图 7–18 所示。

TT　Tт

图 7–17　大写和小型大写字母

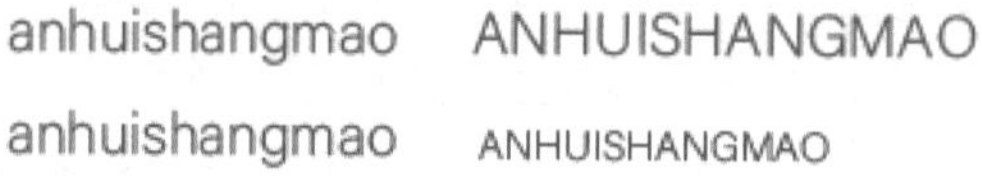

anhuishangmao　ANHUISHANGMAO

anhuishangmao　ANHUISHANGMAO

图 7–18　字符的占位空间

（3）创建文本的上标或下标。上标和下标文本（又称为上位和下位文本）是相对于字体基线升高或降低了位置的缩小文本，如图 7–19 所示。

T^1　T_1

图 7–19　上标和下标

在创建上标或下标文字时，Illustrator 采用预定义的基线偏移值和字体大小。所应用的值是相对当前字体大小和行距的百分比，而且这些值都基于“文档设置”对话框中“文字”部分的设置。例如，分别选中“商贸”的“贸”字，再单击上标和下标按钮后的文字效果如图 7–20 所示

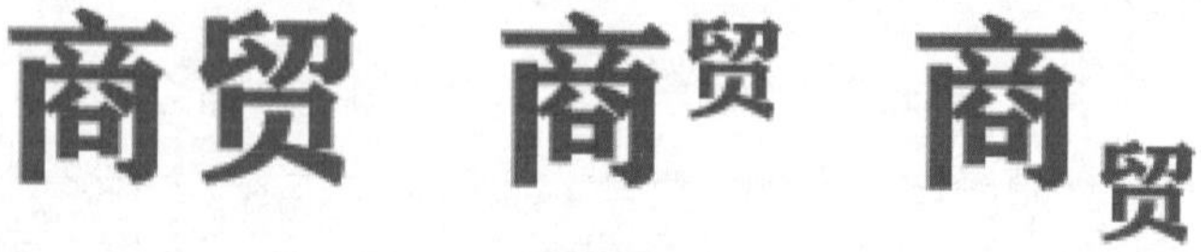

商贸　商^贸　商_贸

图 7–20　上标和下标

任务二　制作画册插页

任务描述

建立图 7–21 所示的画册插页图。

图 7–21　画册内页

任务实施

步骤 1 启动 Illustrator 软件，选择“文件”→“新建”命令（或者按【Ctrl+N】组合键），新建 285 mm × 210 mm、横向、出血 3 mm、CMYK 模式的文件。

• 插页基础建设

步骤 2 使用“矩形工具”绘制矩形铺满文档和出血位，打开标尺，拖出参考线，垂直方向上放置在约 80 mm 处，形成黄金分割比例；水平方向分别放置在 95 mm 和 190 mm 处，把文档分成横向 3 等份，为后面的排版做准备，如图 7–22 所示。

步骤 3 制作上方对象，使用“矩形工具”绘制和文档一样宽的长方形，填充黄色（#DF993D），按住【Alt】键，使用“移动工具”横向向内收缩矩形的宽度，目的是形成对称的颜色块，如图 7–23 所示。

图 7–22　排版准备

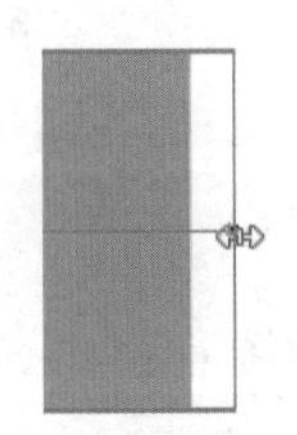

图 7–23　对称缩放

步骤 4 按【Ctrl+2】组合键，锁定刚才的黄色长方形。选择“文字工具”，在黄色长方形上方单击输入图 7–24 左侧文字；再次拖动“文字工具”，形成文本框，打开素材“文案文字”，复制第一段文字，效果如图 7–24 右侧所示。

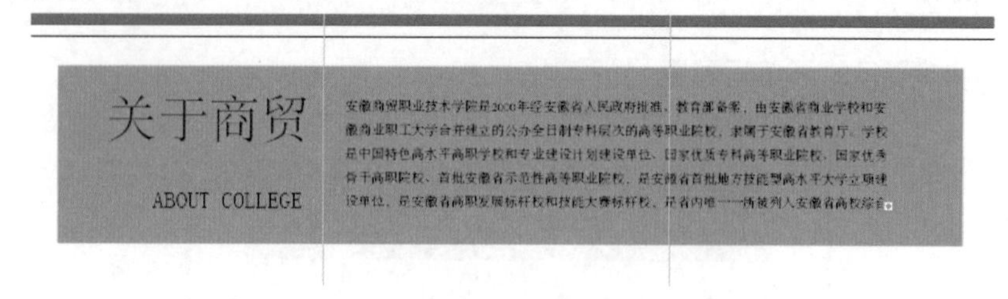

图 7–24　置入文本

步骤 5 按住【Shift】键单击，选中左侧两行文字，打开“对齐”面板，选择居中对齐。选择右侧文字块，通过“窗口”菜单或者“文字”属性栏中的段落按钮，打开“段落文字”面板，对段落选择两端对齐，首行缩进 19 pt，避头尾集选择“严格”以禁止标点符号出现在行当前后方。再给左侧文字设置方正黑体简，右侧选择等线字体。最终效果如图 7–25 所示。

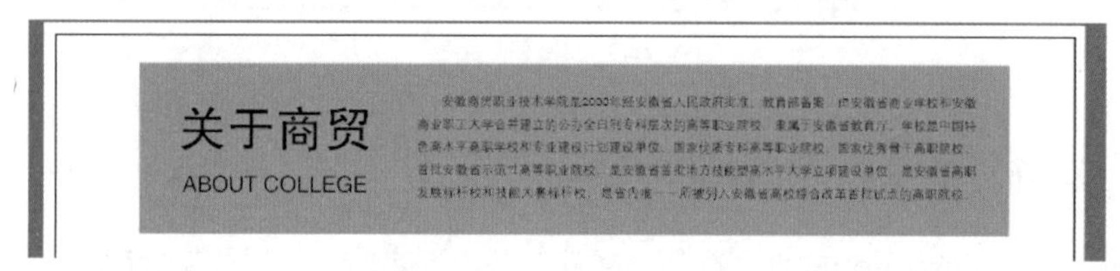

图 7–25　编辑文本

• 制作列文字引导图

步骤 6 下方是一个常见的列文字显示，通常需要给每一列添加图片来美化和引导列。

步骤 7 拖入图片，单击“置入”按钮，收缩图片大小；在图片上方绘制矩形，并再次复制两个同样的矩形，给后面两个图片做同样的剪贴蒙版备用，如图 7–26 所示。

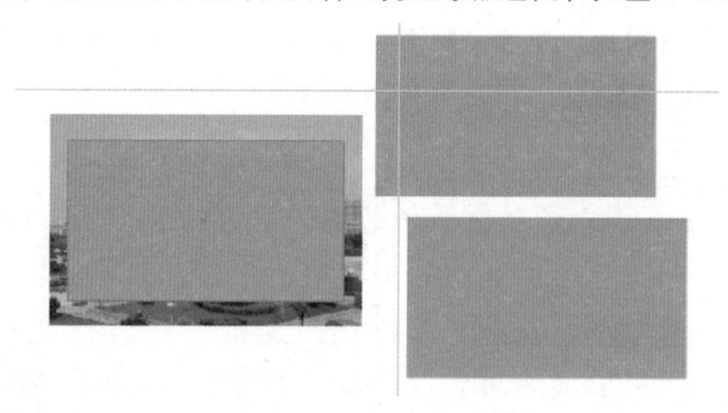

图 7–26　剪贴蒙版

步骤 8 同时选中图 7–26 左侧图片和矩形框，在其上方右击，在弹出的快捷菜单中选择“建立剪切蒙版”命令；重复步骤 7 和步骤 8，完成三列文字引导图的制作，如图 7–27 所示。后面可以用描边无填充矩形给图片做个框架，使它更加美化。

图 7–27　图片的剪贴蒙版

• 制作列文字

步骤9 下方列文字的编排，通常情况会分区进行，但当文字量特别大且左右栏连在一起查看时，Illustrator 除了提供“区域文字选项”方式，还提供了“文字工具”连续绘制文本框的方式，下面进行介绍。

步骤10 复制素材“文案文字”中后三段文字，选择“文字工具”，在画板左侧拖拉形成文本框，粘贴刚才复制的文字。此时，在文本框右下方看到一个“红色方格”，如图 7–28 所示。

步骤11 切换成选择工具，用“选择工具”单击该“红色方格”，移开鼠标，可以看到鼠标上有一个文本框简略图，如图 7–29 所示。

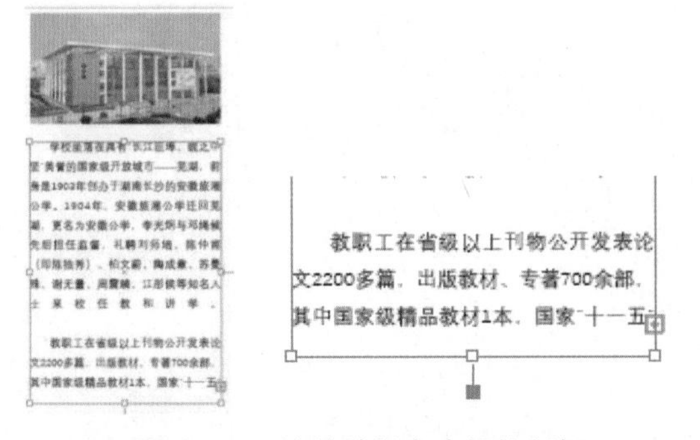

图 7–28　连续绘制文本框控制柄

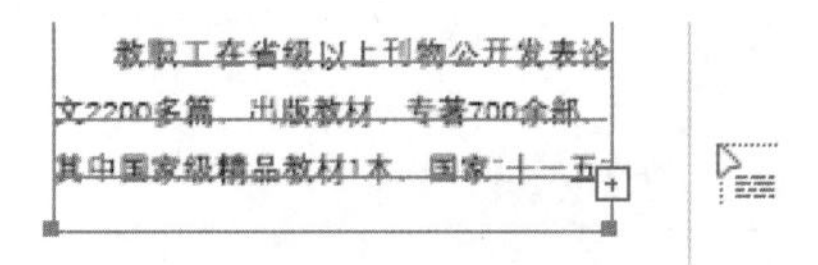

图 7–29　连续绘制文本框

步骤12 定位鼠标到第二列位置上单击，可以看到更多的文字在第二列显示出来，使用相同的方法生成第三列，最后效果如图 7–30 所示。

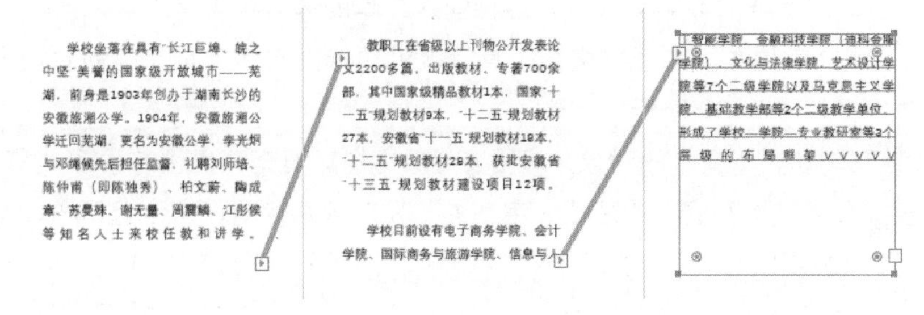

图 7–30　分栏显示效果

步骤13 此时三栏文字是整体编辑的，首先把文字内容移动到相应列中，再使用“段落”面板编辑段落属性。

步骤14 在图片和列文字之间加入标题文字，使用“文字工具”输入后统一样式即可，最终效果见图 7-21。

任务拓展

使用拓展任务素材，制作图 7-31 所示的商贸学校招生内页。

图 7-31　学院招生手册内页

相关知识

一、在区域中输入文本

区域文字（又称段落文字）利用对象边界来控制字符排列（既可横排，也可直排）。当文本触及边界时，会自动换行，以落在所定义区域的外框内。当需要创建包含一个或多个段落的文本（比如用于宣传册之类的印刷品）时，这种输入文本的方式相当有用。

（1）定义区域文字边界。选择“文字工具”或者“直排文字工具”拖动对角形成矩形来定义区域文字边界，如图 7-32 所示。

（2）预先绘制制作区域文字的对象，即便该对象有描边填充等也没有关系，接下来用“文字工具”、“直排文字工具”或者“区域文字工具”在对象路径的任意位置单击，都可以输入区域文字，如图 7-33 所示。

图 7–32 区域文字边界

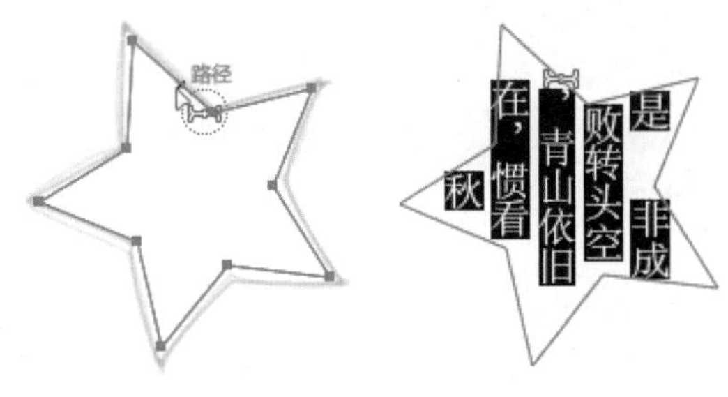

图 7–33 区域文字

（3）输入文字后，打开“字符”和“段落”面板对其进行进一步编辑。

（4）如果输入的文字比较多，就会在区域边框下方出现一个有加号的红色小方格，这时用“选择工具”单击小方格，可以把“溢出”的文字设置在另外一个相同的对象中，这称为“串接文字”，如图 7–34 和图 7–35 所示。

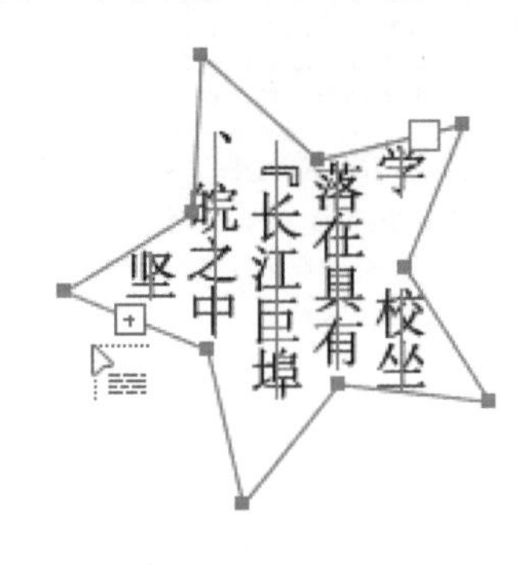

图 7–34 区域文字的串接

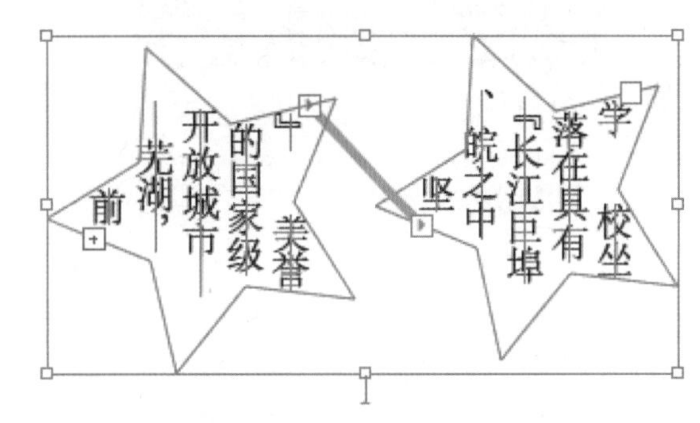

图 7–35 区域文字串接结果

注意：图 7–35 所示为直排文字输入，所以操作串接文字是往左进行的。

二、将文本绕排在对象周围

Illustrator 可以将区域文本绕排在任何对象的周围，其中包括文字对象、导入的图像以及在其中绘制的对象。如果绕排对象是嵌入的位图图像， Illustrator 则会在不透明或半透明的像素周围绕排文本，而忽略完全透明的像素。

绕排是由对象的堆叠顺序决定的，可以在“图层”面板中单击图层名称旁边的三角形以查看其堆叠顺序。要在对象周围绕排文本，绕排对象必须与文本位于相同的图层中，并且在图层层次结构中位于文本的正上方。此时，在“图层”面板中将内容向上或向下拖移以更改层次结构是比较好的。

示例：制作一个文本绕排文字对象。

步骤 1 新建一个 200 mm × 200 mm、CMYK 模式、300 PPI 的文件，在画板上输入“商贸”文字，选择“文本”→“创建轮廓”命令（或者按【Ctrl+Shift+O】组合键）将文字轮廓化。轮廓化后的文字成为一个复合对象，不在具有文本属性。

步骤 2 使用“文字工具”拖拉对角形成文字区域，把文本素材复制到文字区域，此时在“图层”面板中修改图层顺序，把“商贸”文字放在区域文字的正上方，如图 7–36 所示，此时，正在把“商贸”图层往区域文本图层上方拖动。

步骤 3 选择“商贸”文字，选择“对象”→“文本绕排”→“建立”命令，生成图 7–37 所示效果。

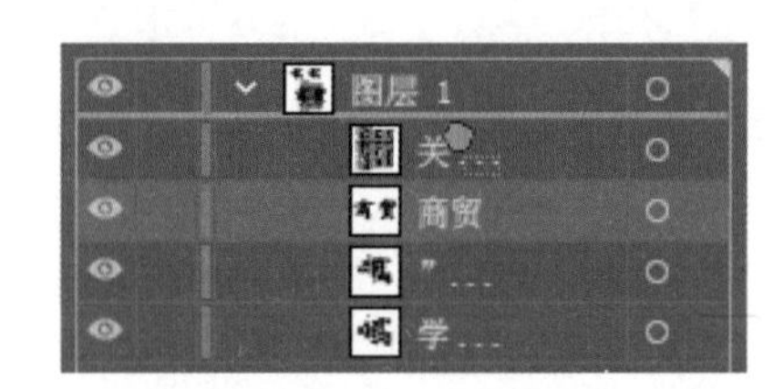

图 7–36　修改图层顺序

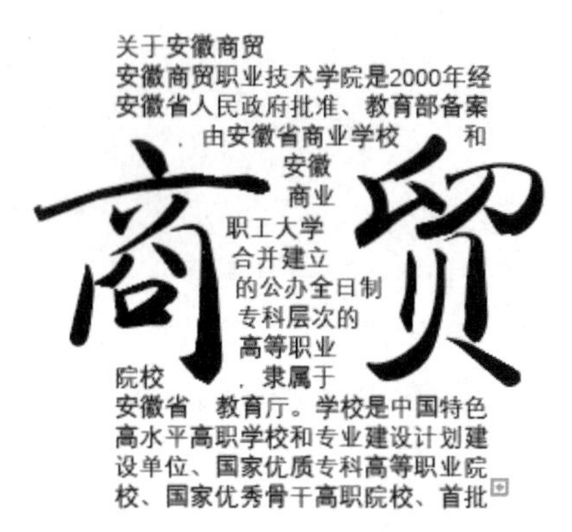

图 7–37　文本绕排

三、创建路径文字

路径文字是指沿着开放或封闭的路径排列的文字。当输入水平文本时，字符的排列与基线平行。当输入垂直文本时，字符的排列与基线垂直。无论是哪种情况，文本都会沿路径点添加到路径上的方向来排列。

（1）路径文字可以在开放或者封闭的路径上输入，但在封闭路径上输入时，必须选择“路径文字工具” 路径文字工具，否则将会变为区域文字输入。

（2）路径文字可以在路径的两侧翻转，使用“选择工具”按住路径文字的中点，注意鼠标形态发生了变化，再拖动鼠标往路径另一侧移动，完成了路径文字的翻转，如图 7–38 所示。

（3）路径文字建立以后，可以对路径文字应用“路径文字效果”，方法是，选择文字后，选择“文字”→“路径文字”命令，然后选择某个效果，如图 7–39 所示。

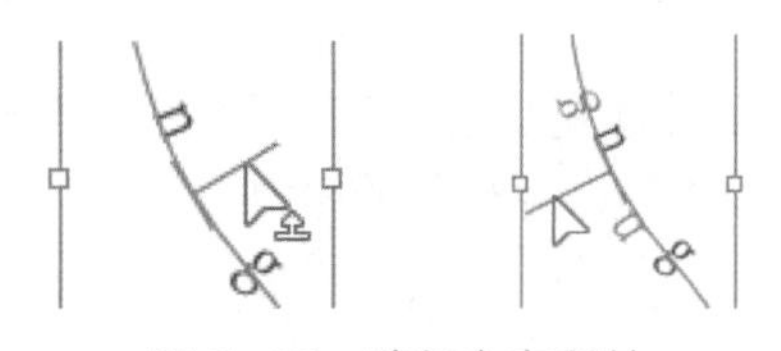

图 7–38　路径文字翻转

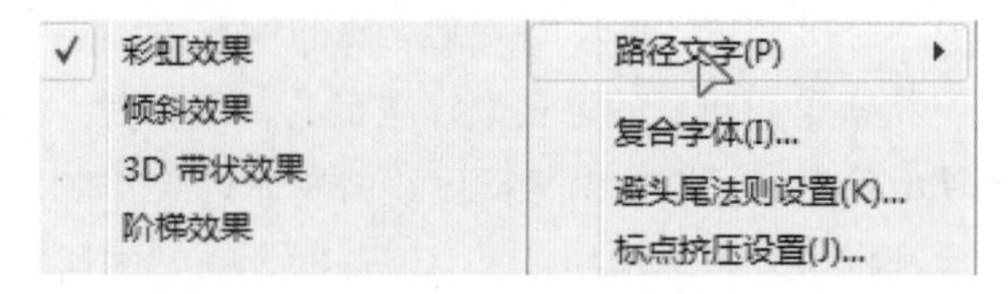

图 7–39　路径文字效果

路径文字效果如图 7–40 所示。

四、制表符文字面板

Illustrator 的窗口菜单中还提供了其他一些文字面板，如图 7–41 所示。

图 7–40　效果演示

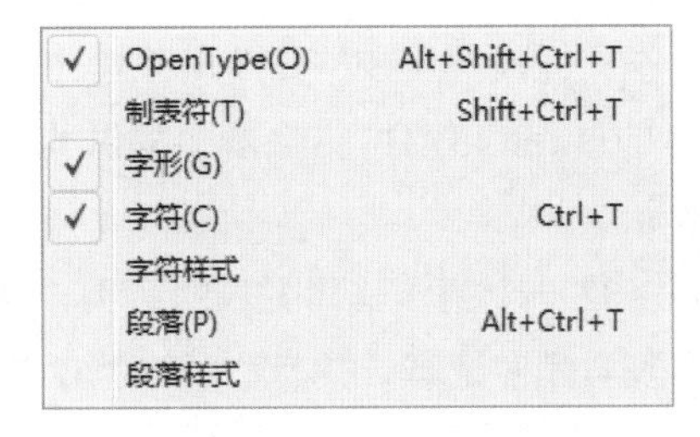

图 7–41　制表符面板

“制表符”面板中的缩进标记为▶，拖动上方的标记，可以缩进首行文本。拖动下方的标记可缩进除第一行之外的所有行。按住【Ctrl】键拖动下方的标记可同时移动这两个标记并缩进整个段落，如图 7–42 所示。

选择上面的标记并在 X 中键入一个值，缩进文本的第一行，单位是 mm，选择下方的标记并键入 X 的值可移动除第一行句子之外的所有句子。

使用制表符面板也可以创建悬挂缩进，使用悬挂缩进时，将缩进段落中除第一行以外的所有行，如图 7–43 所示。

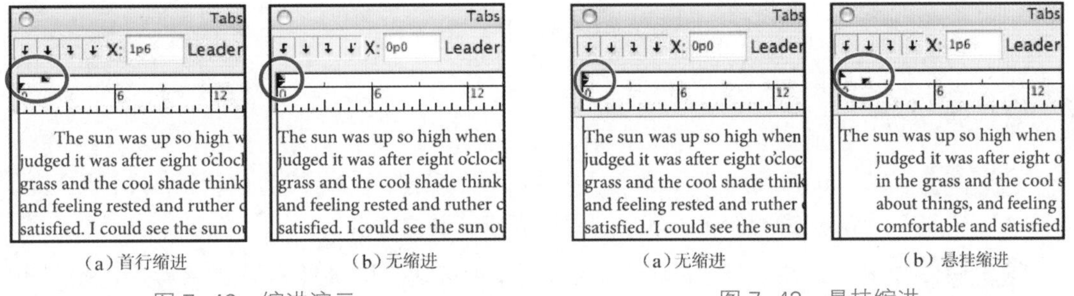

（a）首行缩进　（b）无缩进

图 7–42　缩进演示

（a）无缩进　（b）悬挂缩进

图 7–43　悬挂缩进

方法类同首行缩进，在缩进标记▶上用指标符面板中任意工具，单击并按住下方的三角形向右拖动即可，也可以在 X 符号后面的文本框中输入数值指定缩进量。

任务三　建 立 图 表

图表可让用户以可视方式交流统 计信息，在 Illustrator 中，可以创建九种不同类型的图表，并且通过自定义可以让这些图表来满足不同客户的需要。新建图表时，选择工具箱中的“图表工具”，然后在画板中单击或者按住拖动来实现。在工具箱中按住图表工具不放，可以查看所有不同类型的图表。

实用、美观的图表设计常常被用于文档展示、海报设计等方面，精致的图表设计不仅可以清晰地表达数据，还可以大大吸引人眼球。

任务描述

学院信息展示时，通过图表来表现重点数据是非常有用的，本任务使用 Illustrator 中的图表工具制作安徽商贸学校的三个院系学生人数图表。

启动 Illustrator 软件，结合本书提供的素材文件，制作图 7-44 所示的图形效果，并保存为“院系学生数 .ai”。

本任务是一个制作基础图表的实例，通过该实例的制作，初步了解图表工具，图表数据对话框和图表类型对话框，并且利用这些工具进行图表的建立和基本编辑。

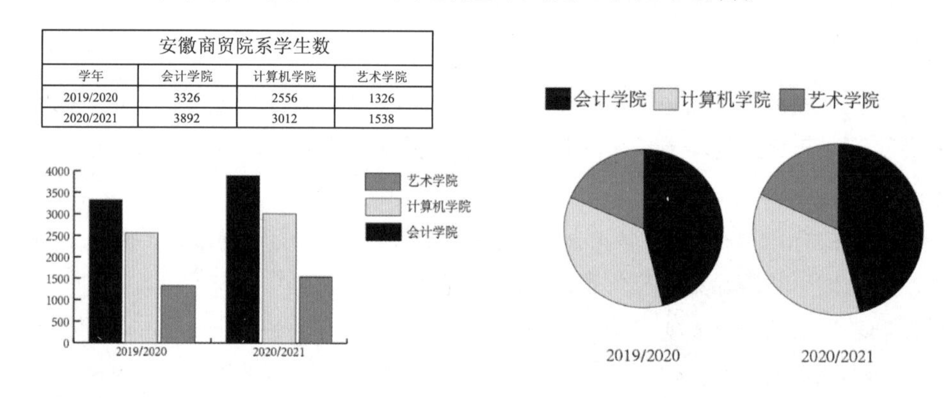

安徽商贸院系学生数

学年	会计学院	计算机学院	艺术学院
2019/2020	3326	2556	1326
2020/2021	3892	3012	1538

图 7-44 院系学生数图表

任务实施

步骤 1 启动 Illustrator 软件，选择“文件”→“新建”命令（或者按【Ctrl+N】组合键），新建 A4（1 000 mm × 800 mm）、横向、CMYK 模式的文件。

步骤 2 选择“文件”→“存储为”命令（或者按【Ctrl+Shift+S】组合键），在打开的对话框中以名称“院系学生数 .AI”保存文件。

• 导入学生人数表格图

步骤 3 选择“文件”→“置入”命令（或者按【Shift+Ctrl+P】组合键），把素材中的“表格元数据”图片置入到画板中。

• 创建图表，输入图表数据

步骤 4 选择工具箱中的“柱形图工具”，单击并长按，打开图表工具组，如图 7-45 所示。

步骤 5 选择“堆积柱形图工具”，在画板中单击或者拖动鼠标左键，生成图表初始创建对象，如图 7-46 所示。

柱形图工具 (J)
堆积柱形图工具
条形图工具
堆积条形图工具
折线图工具
面积图工具
散点图工具
饼图工具
雷达图工具

图 7-45 图表工具组

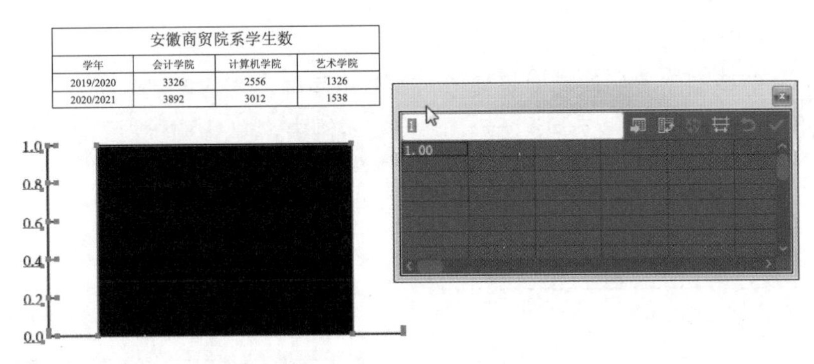

图 7-46 图表初创工具图

步骤 6 在表格数据中填写数据，注意首行首列空置不填。第一列年份数据属于文本数据，需要在填写时加上英文双引号，其他栏目如同 Excel 表格编辑分别填写数值和相关中文即可。关于图表表格数据对话框在后面知识点中有详细介绍。

步骤 7 填写完成数据后，因为“计算机学院”列宽度不够，单击图表数据栏中的单元格样式，把列宽度改为 10，可以看到完整的列文字，如图 7-47 所示。

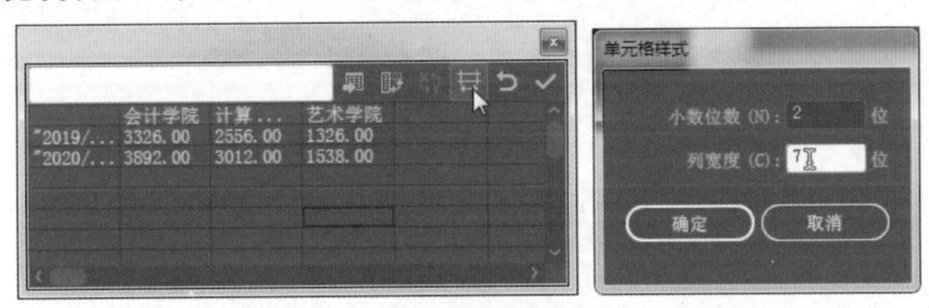

图 7-47 修改列宽

步骤 8 单击图表数据栏中的“对号”确认图表的建立，再选择“对象”→“图表”→“图表类型”命令，确保没有选中“在顶部添加图例”单选按钮，让图例出现在图表的右侧，建立图 7-48 所示的柱状图。

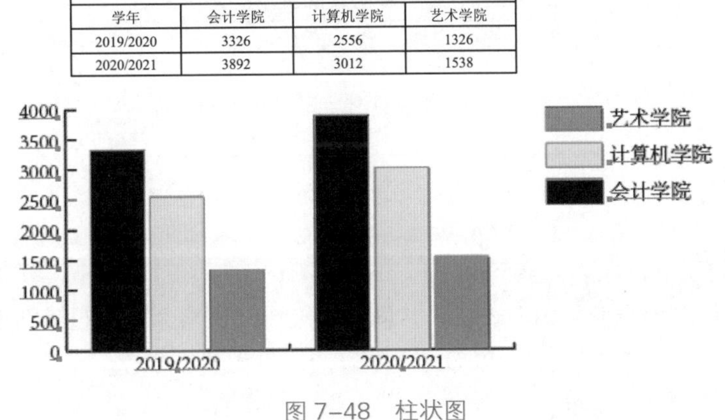

图 7-48 柱状图

• 创建饼状图

步骤 9 其他类型图表的创建方法类似，下面用同样的方法创建学生数据饼图，在选择工具时选择饼图工具即可，如图 7–49 所示，注意在本例中，将图例的位置设置到图表的上方。

安徽商贸院系学生数			
学年	会计学院	计算机学院	艺术学院
2019/2020	3326	2556	1326
2020/2021	3892	3012	1538

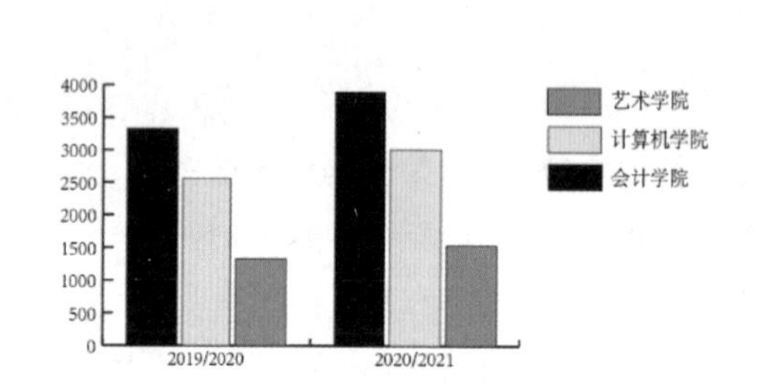

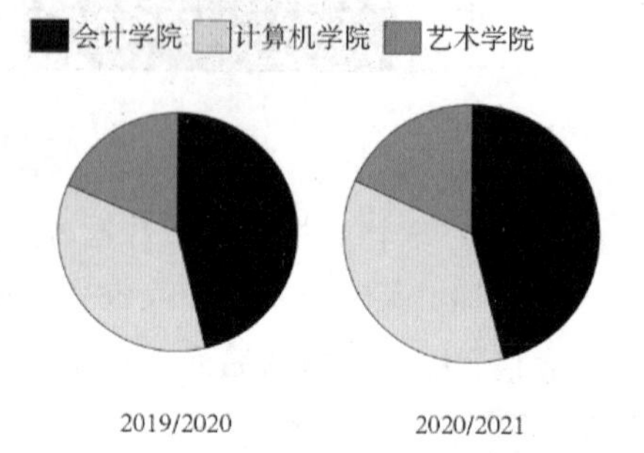

图 7–49　创建饼图

其他类型图表的建立方法类似，不再重复，读者可自行实践。

任务拓展

本实例通过 Illustrator 图表工具中的“条形图”，制作某专业学生课外活动人数图表，如图 7–50 所示。

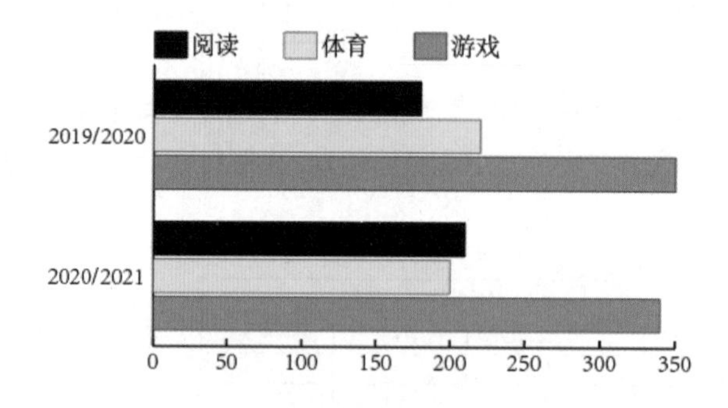

图 7–50　学生课外活动统计图表

相关知识

一、创建图表

Illustrator 提供了便于使用的图表工具，同时，在创建图表后，通过最初使用的工具确定生成的图表类型；同时，可以在建立以后方便地修改图表类型等参数。

（1）按照以下方式重新定义图表的尺寸和比例：

• 在使用工具拖动绘制表格制作完成后，用“比例修改工具”修改图表尺寸时，按住【Alt】键拖动可从中心绘制或者修改（新版 Illustrator 中，直接拖动比例修改工具即可）。按住【Shift】键可将图表限制为一个正方形。

• 通过单击要创建图表的位置，在对话框中输入图表的宽度和高度，来创建图表。

注意：修改重新定义的尺寸对象是图表的主要部分，并不包括图表的标签和图例。

（2）在“图表数据”窗口中输入图表的数据。

图表数据需要按特定顺序排列，该顺序根据图表类型的不同而变化。

（3）单击“应用”按钮✓，或者按数字键盘上的 Enter 键，完成图表的创建。

“图表数据”在关闭之前将保持打开状态，它不会因为确认“应用”自动关闭。右击图表，在弹出的快捷菜单中选择“数据”命令，可以重新打开“图表数据”。

二、调整列宽和小数精度

在“图表数据”上方单击“单元格样式”按钮，可以调整列宽和小数精度。注意，调整列宽度不会影响图表中列的宽度，它用来改变图表数据表格的列宽，以适应观看的需要。

小数点精度默认值为 2 位小数，所以，在单元格中输入的数字 4 在“图表数据”窗口框中显示为 4.00；在单元格中输入的数字 1.55823 显示为 1.56。

三、输入图表数据

图表数据窗口如下图 7–51 所示。

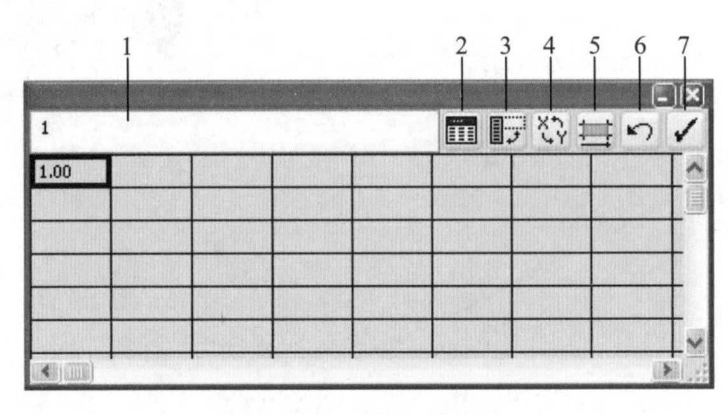

图 7–51　图表数据窗口

1— 输入文本框；2— 导入数据；3— 换位行 / 列；4— 切换 x/y 轴；5— 单元格样式；6— 恢复；7— 应用

（1）在现有图表情况下，选择“对象”→“图表”→“数据”（或者右击图表，在弹出的快捷菜单中选择相应命令）重新打开图表数据表格，完成数据的修改。

（2）数据输入方法：

• 选择工作表中的单元格，然后，在窗口顶部的文本框中输入数据。按【Tab】键可以在输入数据时选择同一行中的下一单元格；按【Enter】键可以在输入数据并选择同一列中的下一单元格；使用箭头键从单元格移动到单元格；或者单击另一单元格即可将其选定。

• 从电子表格（如 Excel）中粘贴数据。

• 使用字处理应用程序创建文本文件，该文本文件中每个单元格的数据由制表符隔开，每行数据由段落回车符隔开。数据只能包含小数点或小数点分隔符。

注意：如果不小心把图表数据输入反了（即，在行中输入了列的数据，或者相反），通过单击“换位”按钮可以切换数据行和数据列。

（3）单击“应用”按钮，或者按数字键盘中的【Enter】键，完成图表的数据修改。

任务四　图表的格式化

图表在平面展示时能够突出重点，使内容条理化。Illustrator 在图表设计中还提供了大量的方法格式化图表，下面通过柱状图、饼状图和标记图（折线图表和散点图表）来展示图表的格式化。

任务描述

启动 Illustrator 软件，使用软件自带的符号和图形样式等制作图 7–52 所示的图形效果，并保存为“图表的格式化 .ai”。

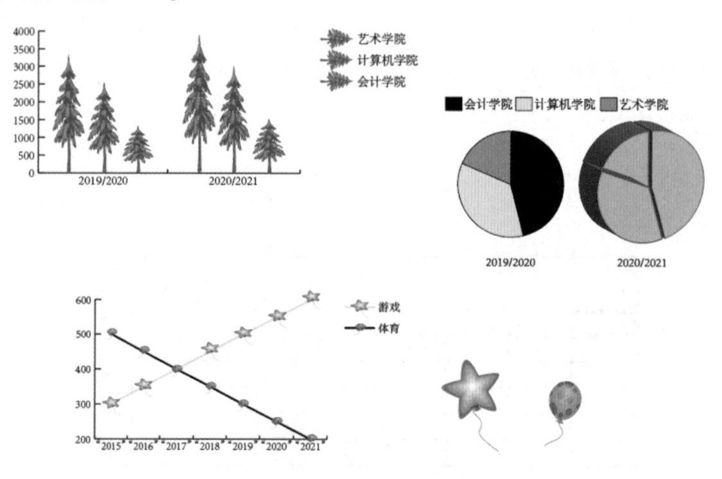

图 7–52　图表的格式化

任务实施

步骤 1 选择“文件”→“新建”命令（或者按【Ctrl+N】组合键），打开“新建文档”对话框，设置宽度为 800 px、高度为 600 px、CMYK 色彩模式，单击“确定”按钮，完成画布的创建。

步骤 2 选择“文件”→“存储为”命令（或者按【Ctrl+Shift+S】组合键），在弹出的对话框中以名称“图表的格式化 .AI”保存文件。

• 使用图像制作柱状图

步骤3 打开“任务三学生数图表”文件，打开“符号”面板中的“自然”标签，如图7–53所示。

步骤4 单击“树木1”，拖动到画板中，如图7–54所示。

步骤5 右击“树木1”符号，在弹出的快捷菜单中选择“断开符号链接”命令，如图7–55所示。

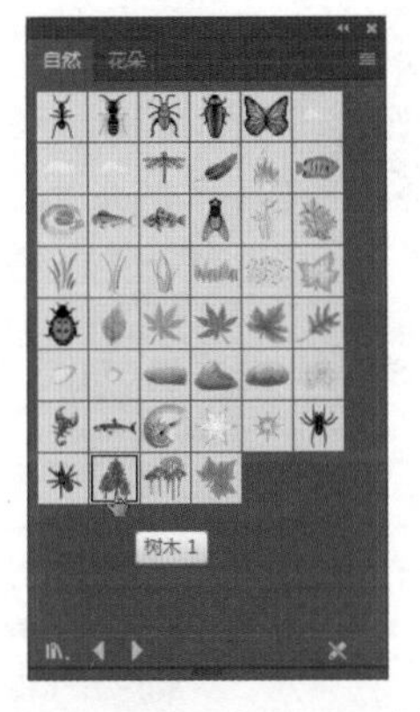

图7–53 “自然”面板

图7–54 树本1

图7–55 选择“断开符号链接”命令

步骤6 再次右击“树木1”符号，在弹出的快捷菜单中选择“取消编组”命令，如图7–56所示。

步骤7 右击树木符号两侧的小树木，并且将其删除，只留下中间较大的树木，如图7–57所示。

步骤8 单击选中图7–57中的树木符号，选择“对象”→“图表”→“设计”命令，打开“图表设计”对话框，如图7–58所示。

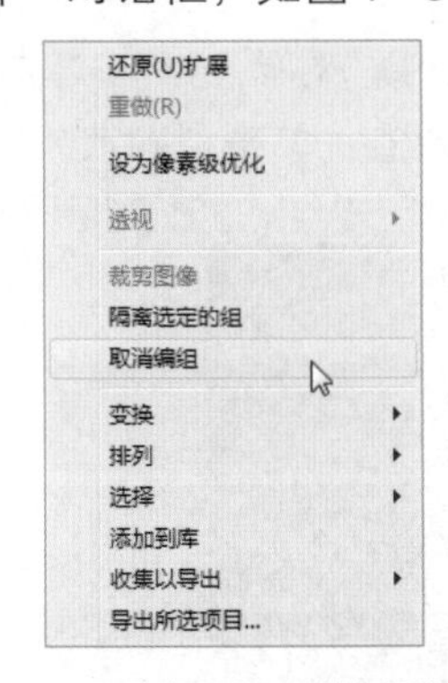

图7–56 选择“取消编组”命令

图7–57 删除小树本

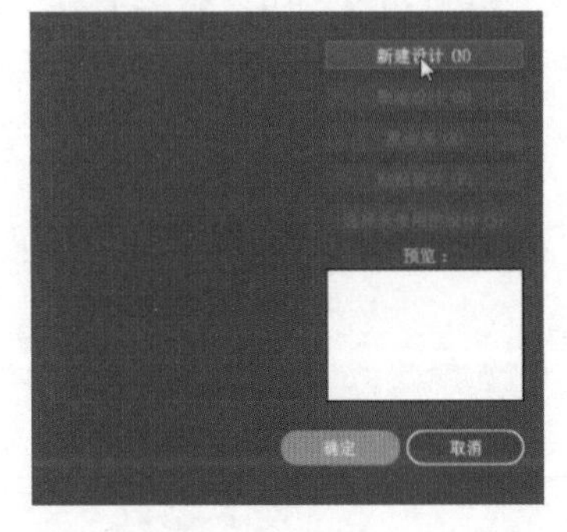

图7–58 “图表设计”对话框

步骤9 单击“新建设计”按钮，把“树木”符号图定义为图表设计，再单击“重命名”按钮，给设计重新命名，如图7–59所示。

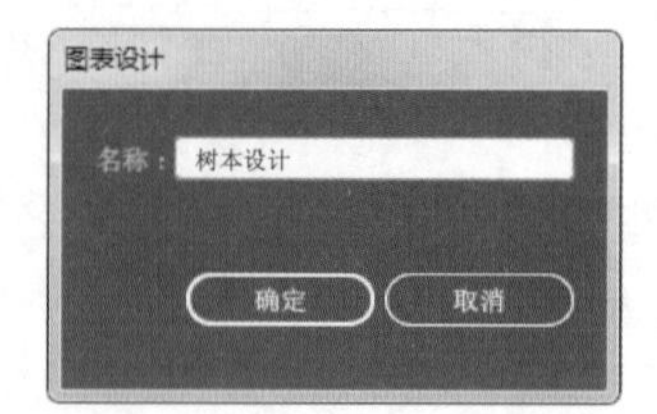

图 7–59　重命名

步骤10 返回到画板状态，右击柱状图，在弹出的快捷菜单中选择“列”命令，如图 7–60 所示，再次打开“图表设计”对话框，选择刚才定义的“树木设计”。

步骤11 回到画板，柱状图效果如图 7–61 所示。

图 7–60　针对列的图表设计

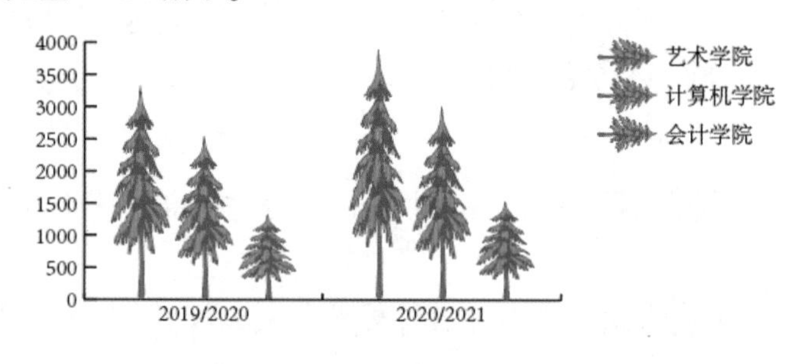

图 7–61　最终效果

• 使用“图形样式”制作个性饼状图

步骤12 使用“移动工具”选择“学生人数图表”中的饼状图，选择“对象”→“拼合透明度”命令，打开“拼合透明度”对话框，如图 7–62 所示，保持默认参数值，单击“确定”按钮。

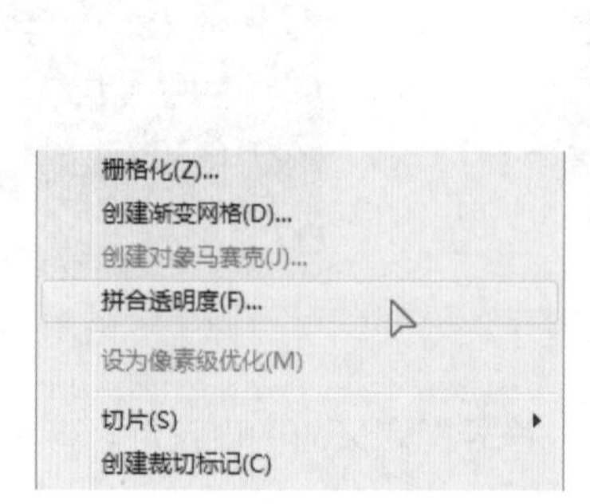

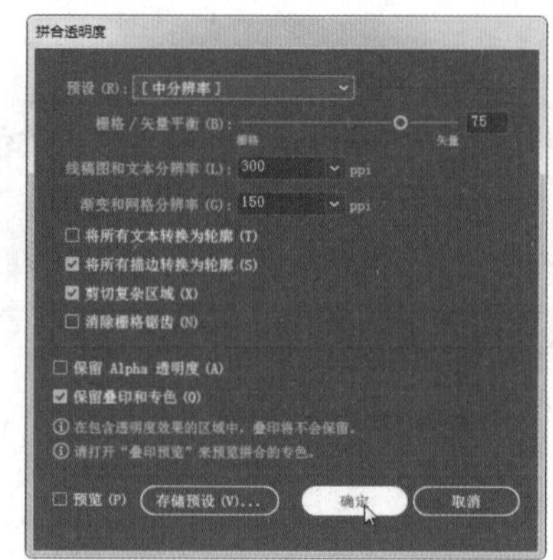

图 7–62　拼合透明度

步骤13 选择“对象”→“扩展”命令，打开“扩展”对话框，如图 7–63 所示。

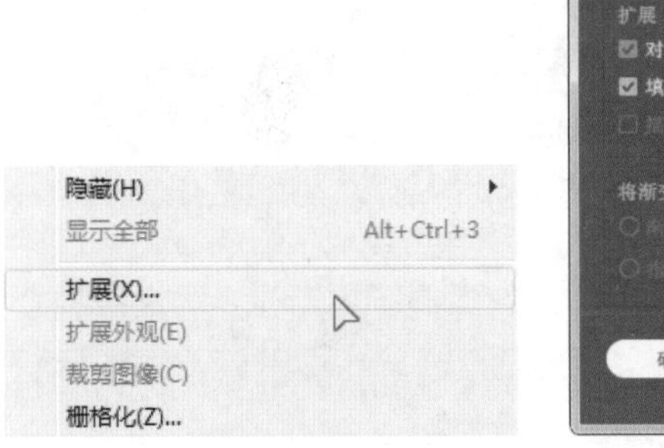

图 7–63　扩展对象

步骤 14 选择取消群组后的饼状图描边线条，执行删除操作，如图 7–64 所示。

步骤 15 删除线条描边饼状图和原图对比，如图 7–65 所示，右侧是删除描边后的效果。

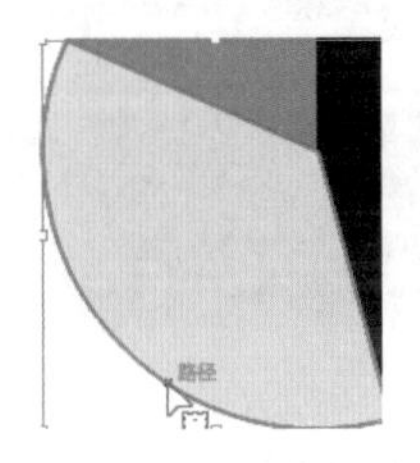

图 7–64　删除描边

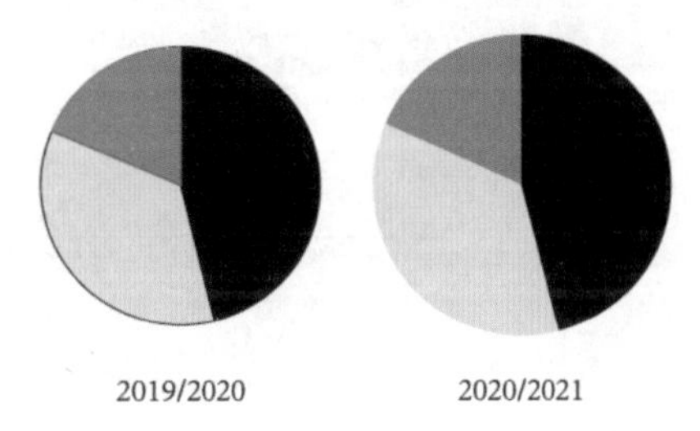

图 7–65　前后对比

步骤 16 右击扩展后的“饼状块”，在弹出的快捷菜单中选择“取消群组”命令。

步骤 17 分别选择每一块“饼状块”，打开“图形样式”中的“3D 效果”面板，单击“3D 效果 14”，如图 7–66 所示。

步骤 18 适当修改使用样式后的“饼状块”的位置和排列顺序，使其整体性加强，最终效果如图 7–67 所示。

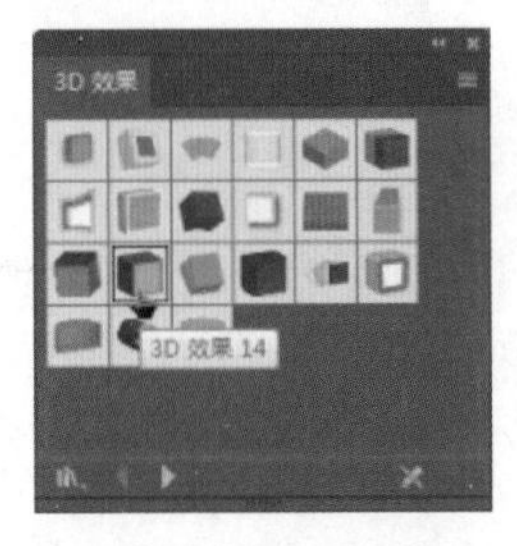

图 7–66　3D 效果面板

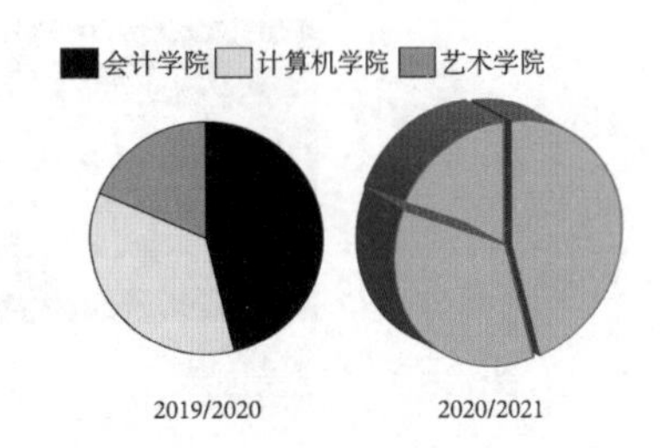

图 7–67　效果前后

• 制作标记折线图

步骤 19 在 Illustrator 中，图表的标记也是可以重新设计的，下面在图 7–67 文件画板的下方位置，制作一个某专业学生在课后时间“体育”和“游戏”人数的折线图表，如图 7–68 所示

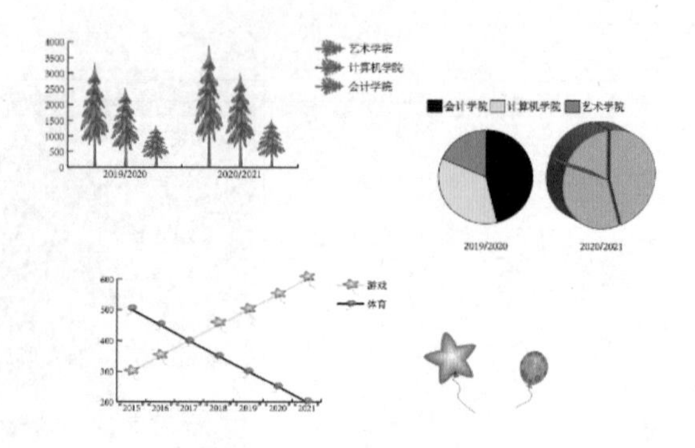

图 7-68　重新设计标记

步骤20 单击折线图表工具，在画板空白处拖动，在弹出的图表数据表格中输入相关数据，生成图 7-69 所示的图表。

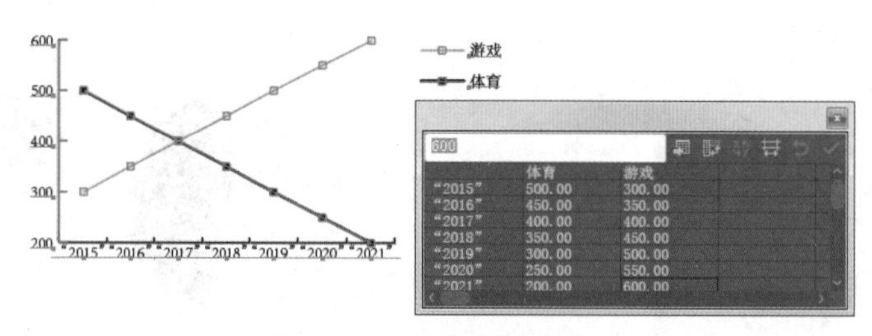

	体育	游戏
"2015"	500.00	300.00
"2016"	450.00	350.00
"2017"	400.00	400.00
"2018"	350.00	450.00
"2019"	300.00	500.00
"2020"	250.00	550.00
"2021"	200.00	600.00

图 7-69　制作折线图表

步骤21 打开“符号”面板中的“庆祝”标签，把其中的气球 1 和气球 3 拖入画板中，如图 7-70 所示。

步骤22 使用前面的方法（步骤 8 和步骤 9），分别定义两个气球为图表的设计，并重新命名。

步骤23 选择“编组选择工具” 。

步骤24 分别选中折线图中的“体育”和“游戏”折线图标记，如图 7-71 所示。

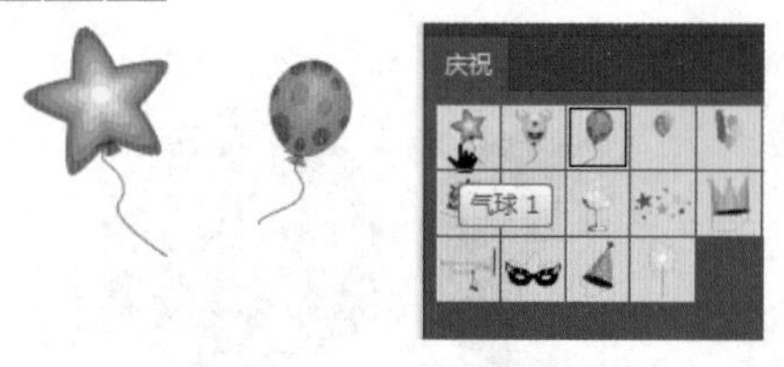

图 7-70　符号面板

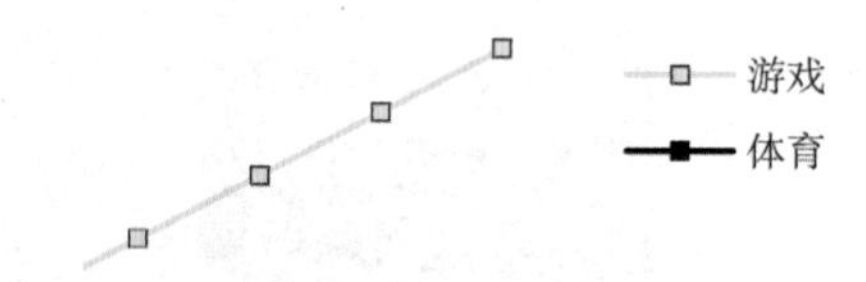

图 7-71　选择标记

步骤25 选择“对象”→“图表”→“标记”命令，如图 7-72 所示。

步骤26 打开图表设计对话框，选择刚才定义的“气球标记”，效果如图 7-73 所示。

图 7-72　标记定义菜单

图 7-73　效果

步骤27 此时，折线图表“标记”图案还是很小的，接下来通过“比例大小工具”，分别调整每个“标记”的尺寸，最终效果如图 7–74 所示。

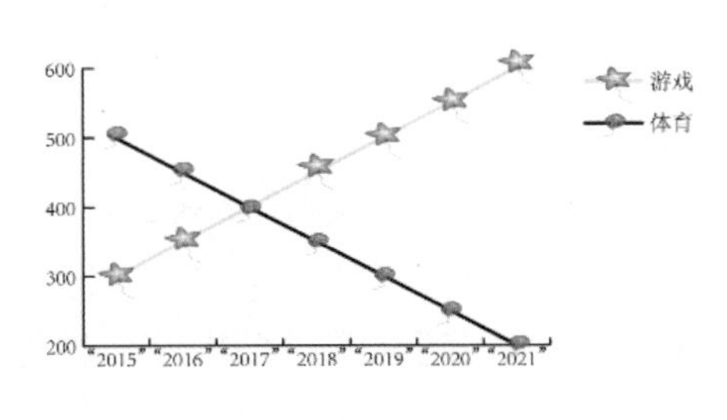

图 7–74 最终效果

任务拓展

打开本书提供的效果图，仿照制作图 7–75 所示的图表，并保存为“图表创建并格式化.ai”。

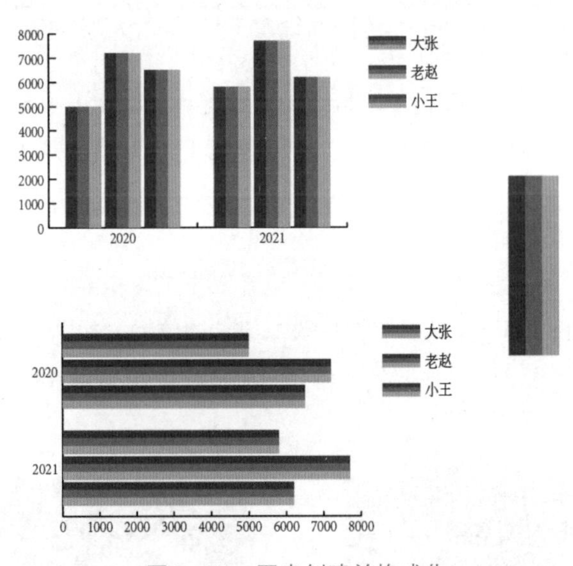

图 7–75 图表创建并格式化

相关知识

一、设置图表格式和自定图表

Illustrator 中可以设置图表格式。例如，可以更改图表轴的外观和位置、添加投影、移动图例、组合显示不同的图表类型。通过“选择工具”选定图表，然后选择“对象”→“图表”→“类型”命令，在弹出的格式对话框中查看更改图表的设置格式。

也可以用多种方式手动自定义已有的图表。通过直接选择对象，然后更改底纹的颜色；更改字体和文字样式；移动、对称、切变、旋转或缩放图表的任何部分或所有部分；自定义列和标记的设计。还可以对图表应用透明、渐变、混合、画笔描边、图表样式和其他效果。注意，这些自定义修改应该在最后进行，因为重新生成图表将会删除这些设置。下面列举几个常见的图表格式化。

二、更改图表类型

（1）用“选择工具”选择图表。

（2）选择“对象”→“图表”→“类型”命令或者双击工具箱中的图表工具，均可打开“图表类型”对话框。

（3）在“图表类型”对话框中，单击与所需图表类型相对应的按钮，然后单击“确定”按钮。

注意：在用渐变的方式对图表对象进行上色以后，更改图表类型就会出现意外的结果。为了防止不需要的结果，需要到图表编辑结束再应用渐变，或使用“直接选择工具”选择渐变上色的对象，另外注意用印刷色上色这些对象；然后重新应用原来的渐变。

三、设置图表轴格式

除了饼状图之外，所有图表都有显示图表测量单位的数值轴。用户可以选择在图表的一侧显示数值轴或者两侧都显示数值轴。

条形、堆积条形、柱形、堆积柱形、折线和面积图也有在图表中定义数据类别的类别轴。

以下是控制每个轴上显示多少个刻度线，改变刻度线的长度，并将前缀和后缀添加到轴上的数字。

（1）用“选择工具”选择图表。

（2）选择“对象”→“图表”→“类型”或者双击工具箱中的图表工具。

（3）在“数值轴下拉列表中选择”要更改数值轴的位置，如图 7-76 所示。

（4）从对话框顶部的“图表选项”下拉列表中选择一个要设置刻度线和标签格式的轴，并进行相关设置，如图 7-77 所示。

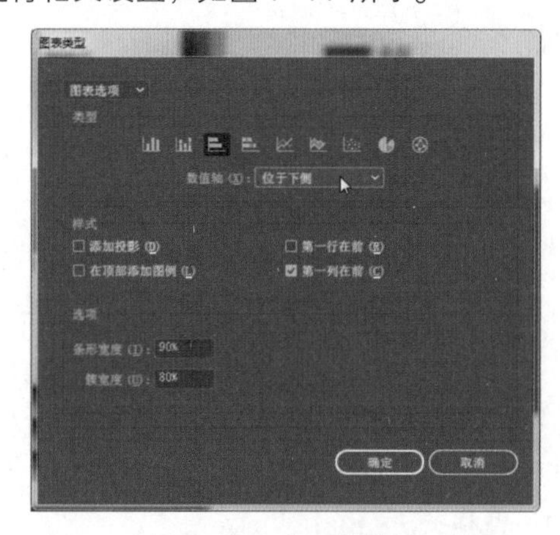

图 7-76　定义数值轴

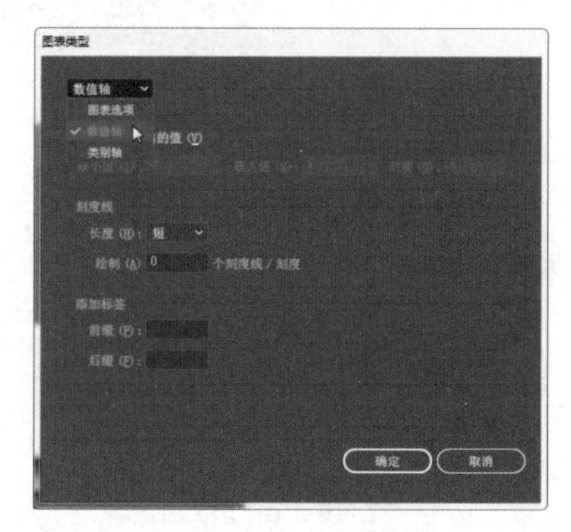

图 7-77　定义格式

刻度值确定数值轴、左轴、右轴、下轴或上轴上的刻度线的位置。选择“忽略计算出的值”选项可以手动计算刻度线的位置。创建图表时接受数值设置或者输入最小值、最大值和标签之间的刻度数量。

刻度线确定刻度线的长度和刻度线/刻度的数量。对于类别轴，选择“在标签之间绘制刻度线”选项可以在标签或列的任意一侧绘制刻度线，或者取消选择将标签或列上的刻度线居中的选项。

添加标签确定数值轴、左轴、右轴、下轴或上轴上的数字的前缀和后缀。例如，用户可以将百分号添加到轴数字。

四、为数值轴指定不同比例

如果图表在两侧都有数值轴，则可以为每个轴都指定不同的数据组。这样使 Illustrator 可以为每个轴生成不同的比例。在相同图表中组合不同的图表类型时此技术特别有用。

（1）选择“编组选择工具”。

（2）单击要指定给数值轴的数据组的图例。

（3）在不移动图例的情况下，使用“编组选择工具”，再次单击，选定用图例编组的所有柱形，也就是使用“编组选择工具”选中多个相关的图例和图表柱形。

（4）选择“对象”→“图表”→“类型”命令或者双击工具箱中的图表工具。

（5）在“图表类型”的“数值轴”下拉列表框中选择要指定数据的轴。

（6）单击“确定”按钮。

五、设置图表中文本的格式

为图表的标签和图例生成文本时，Illustrator 使用默认字体和字体大小。同时，用户可以方便地更改文字格式使其复合视觉效果。

（1）选择“编组选择工具”。

（2）单击一次，选择要更改的文字；单击两次，选择所有的文字；更多次单击，可扩大选择范围。

（3）在选择文字之后，就可以方便地更改文字属性，如图 7–78 所示。

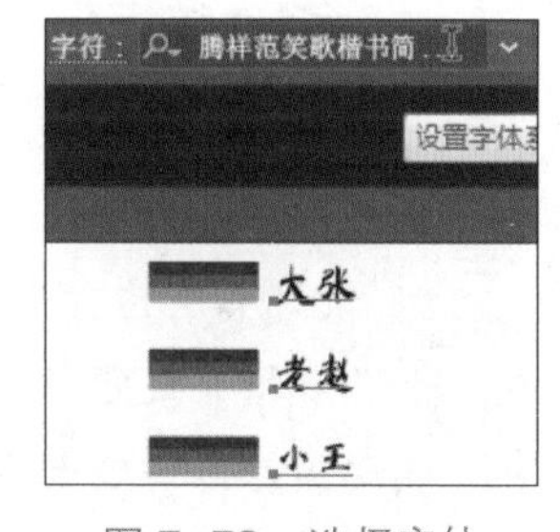

图 7–78 选择字体

六、将照片和符号添加到图表

在 Illustrator 中，可以使用“图表设计”将插图添加到柱形和标记，使图表柱形和标记型图表看起来更加个性化。图表设计可以是图表中表示值的简单绘图、徽标和其他符号，也可以是包含图案和参考线对象的复杂对象。Illustrator 包含许多预设的图表设计，在简化版本中，可以使用它自带的符号进行自定义，通过创建新的图表设计，并将其存储在“图表设计”对话框中。

小 结

本单元主要讲解了“文字”和“图表”的基本操作，通过本单元学习使读者能够掌握“文字”和“图表”的使用方法，帮助读者在使用软件进行创作时更加便捷，轻松实现预期效果。本单元内容不难理解，关键在于加强练习，及时巩固知识和技能，增强对“文字”和“图表”

的熟悉程度，结合平时积累，积极应用所学，提高软件应用能力。

- 掌握“文字工具”的使用方法；
- 掌握“文字”相关面板的操作方法；
- 掌握“文字”对象的多种形式制作；
- 掌握“图表”的各种类型的基本情况；
- 掌握“图表”的建立和数据输入；
- 掌握“图表”类型的编辑方法；
- 掌握“图表”的个性化编辑方法。

练　　习

一、简答题

1. 在 Illustrator 中有哪些创建文本的方法？有哪些创建形状的基本工具？
2. 使用修饰文字工具的作用是什么？
3. 字符样式和段落样式之间有什么不同之处？
4. 将文本转换为轮廓有哪些优点？

二、操作题

利用表格、文字排版制作说明书。

制作内容与要求：

1. 设计和制作宣传册页，如图 7–79 所示。

制作规格，尺寸：A4；色彩：CMYK；分辨率：300 像素 / 英寸。

图形简洁、美观大方、寓意深刻。

2. 提交作品原文件：“宣传册页 .ai”文件及对应的 jpg 文件。

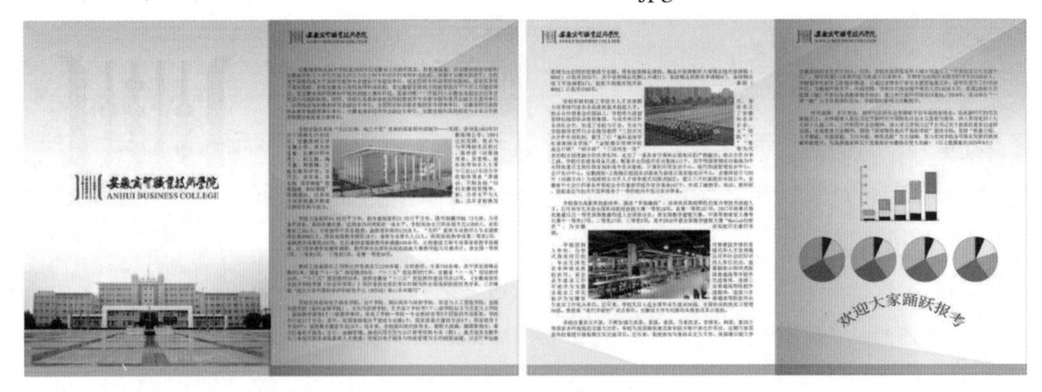

图 7–79　宣传册页

单元八
效果菜单的应用

本单元介绍了滤镜和效果的使用方法，以及各种滤镜产生的效果，如 3D 效果、扭曲和变换效果、风格化效果等，而且每组又含若干效果命令，每个效果的功能各不相同，只有对每个效果的功能都比较熟悉，才能恰到好处地运用这些效果。通过本单元的学习，读者可以使用滤镜与效果中的相关命令处理与编辑位图图像与矢量图形，同时为位图图像和矢量图形添加一些特殊效果。

学习目标

- 了解滤镜与效果
- 掌握各种效果与滤镜的使用
- 掌握特效处理位图图像的方法
- 掌握特效处理矢量图形的方法

任务一　Illustrator 效果的应用与编辑

Illustrator 的“效果”菜单为用户提供了许多特殊功能，使得使用 Illustrator 处理图形更加丰富。在“效果”菜单中大体可以根据分隔线将其分为 3 部分。第 1 部分由两个命令组成，前一个命令是重复使用上一个效果命令；后一个命令是打开上次应用的“效果”对话框进行修改。第 2 部分主要是针对矢量图形的 Illustrator 效果；第 3 部分主要是类似 Photoshop 效果，主要应用在位图中，也可以应用在矢量图形中。效果菜单如图 8–1 所示。

这里要特别注意“效果”菜单中的大部分命令不但可以应用于位图，还可以应用于矢量图形。最重要的一点是，“效果”菜单中的命令，应用后会在“外观”面板中出现，方便再次打开相关对话框进行修改。下面通过绘制“复古图纸”任务了解 Illustrator 效果菜单中“Illustrator 效果”的创建与编辑技巧。

任务描述

启动 Illustrator 软件，制作图 8–2 所示的“复古图纸”效果，并保存为“复古图纸 .jpg”和“复古图纸 .ai”。

本任务通过使用 Illustrator 中的效果菜单命令，在图形中创建效果、编辑效果，使读者掌握 Illustrator 效果的创建、编辑、删除等操作，熟悉软件中“Illustrator 效果”类的使用效果。

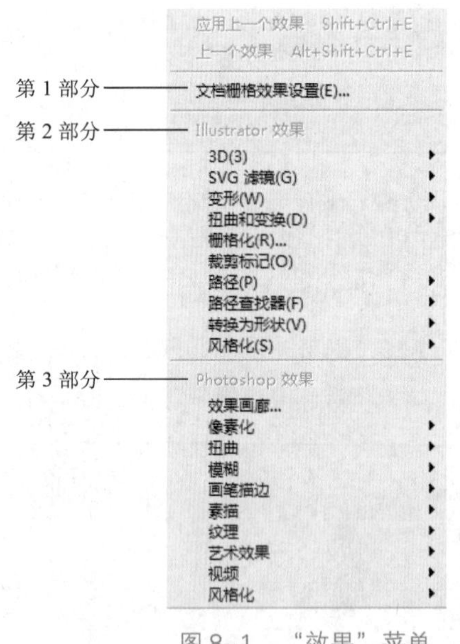

图 8–1　“效果”菜单

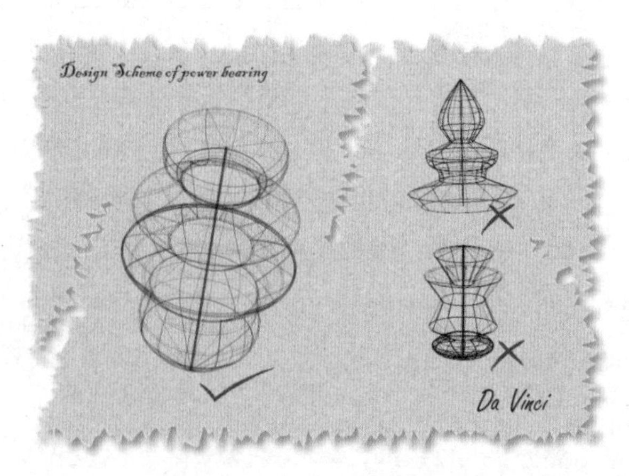

图 8–2　复古图纸效果图

任务实施

步骤 1 启动 Illustrator 软件，选择“文件”→“新建”命令（或者按【Ctrl+N】组合键），新建 A4（210 mm × 297 mm）、横向、CMYK 模式的文件。

步骤 2 选择“文件”→“存储为”命令（或者按【Ctrl+Shift+S】组合键），在打开的对话框中以名称“复古图纸 .ai”保存文件。

步骤 3 选择“矩形工具”，在画布中绘制矩形，并填充浅灰黄色，如图 8-3 所示，锁定该图层。

图 8-3 绘制矩形

步骤 4 选择矩形，选择“效果”→“纹理”→“纹理化”命令，打开“纹理化”对话框，选择纹理类型为“砂岩”，如图 8-4 所示，从而制作出牛皮纸纹理效果，如图 8-5 所示。

图 8-4 “纹理化”对话框

图 8-5 牛皮纸纹理效果

步骤 5 选择钢笔工具，任意绘制多个图形，如图 8-6 所示。

步骤 6 选择“效果”→“3D”→“绕转”命令，打开“3D 绕转选项”对话框，选择线框方式，具体参数设置如图 8-7 所示。

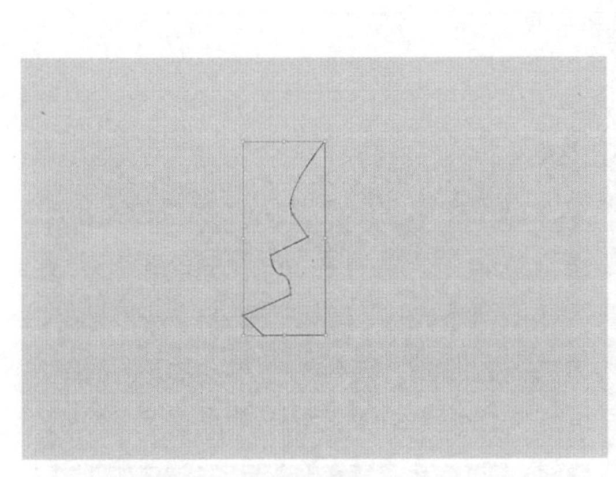

图 8-6 任意绘制多个图形

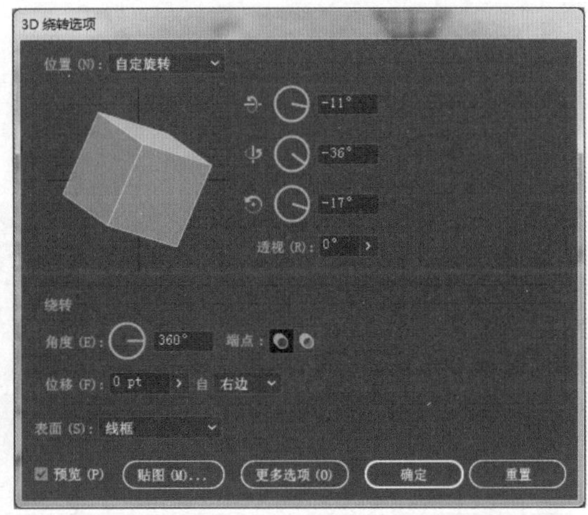

图 8-7 绕转效果设置

步骤 7 选择“画笔工具”制作毛笔效果，如图 8-8 所示。

步骤 8 选择文字工具，输入文字，效果如图 8-9 所示。

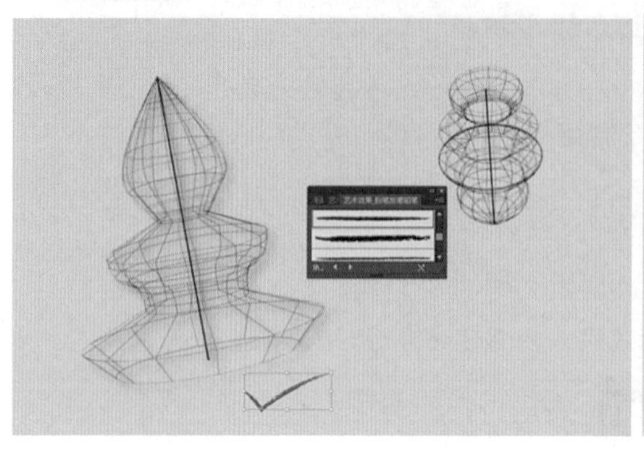

图 8-8　绘制毛笔效果

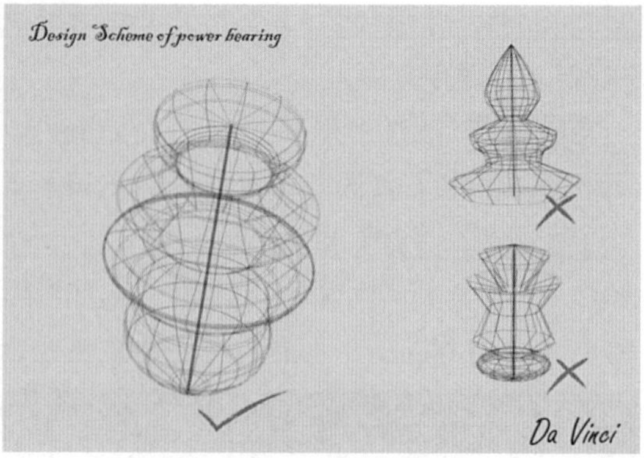

Design Scheme of power bearing
Da Vinci

图 8-9　输入文字

步骤 9 选择钢笔工具，绘制图 8-10 所示图形，制作牛皮纸撕裂效果。

步骤 10 选择“效果”→“风格化”→“投影”命令，效果如图 8-11 所示。

Design Scheme of power bearing
Da Vinci

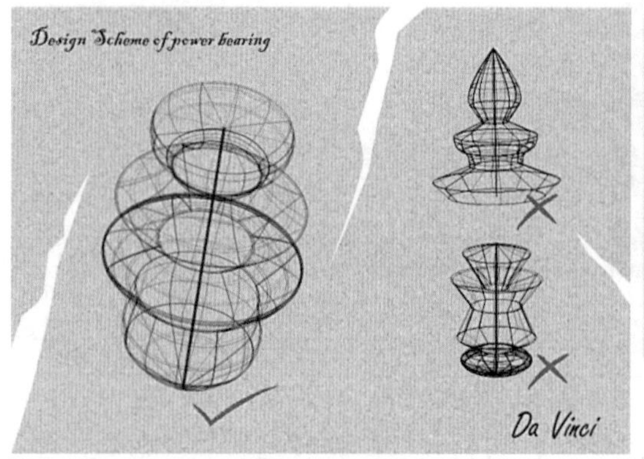

图 8-10　牛皮纸撕裂效果

Design Scheme of power bearing
Da Vinci

图 8-11　投影效果

步骤 11 选择变形工具，制作纸边，效果如图 8-12 所示。

步骤 12 选择矩形，选择“效果”→“扭曲和变换”→“粗糙化”命令，制作毛边效果，如图 8-13 所示。

Design Scheme of power bearing
Da Vinci

图 8-12　纸边效果制作

粗糙化
选项
大小 (S):
2%
相对 (R)
绝对 (A)
细节 (D):
10
/英寸
点
平滑 (M)
尖锐 (N)
预览 (P)
确定
取消

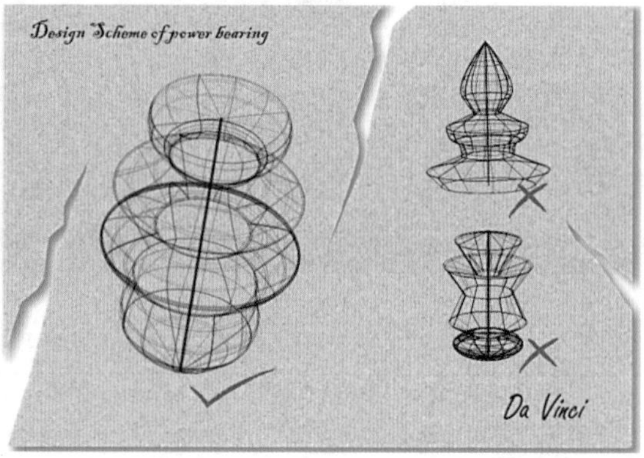

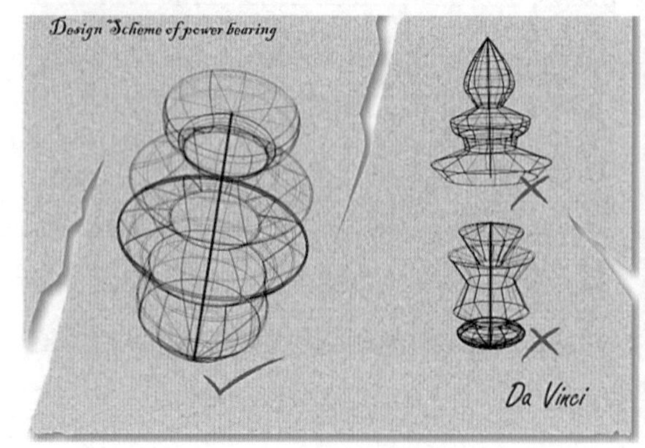

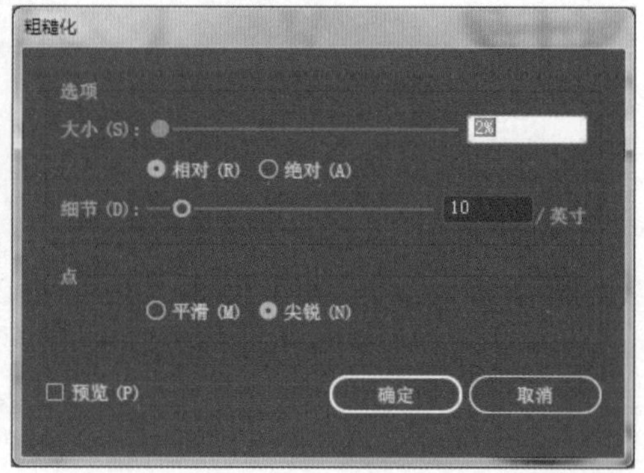

图 8-13　毛边效果制作

步骤13 最终完成效果如图 8–2 所示，按照要求进行保存。

任务拓展

打开本书提供的素材文件，制作图 8–14 所示的冰雪文字效果，并保存为“冰雪文字 .jpg”和“冰雪文字 .ai”。

图 8–14 冰雪文字效果

相关知识

一、3D 效果

3D 效果是 Illustrator 软件新推出的立体效果，如图 8–15 所示，包括“凸出和斜角”“绕转”“旋转”3 种特效，利用这些命令可以将 2D 平面对象制作成三维立体效果。

1. 凸出和斜角

“凸出和斜角”效果主要通过增加二维图形的 *Z* 轴纵深创建三维效果，也就是将二维平面图形以增加厚度的方式制作出三维图形效果。要应用“凸出和斜角”效果，首先选择一个二维图形，然后选择“效果”→“3D”→“凸出和斜角”命令，打开图 8–16 所示的“3D 凸出和斜角选项”对话框，对凸出和斜角进行详细设置。

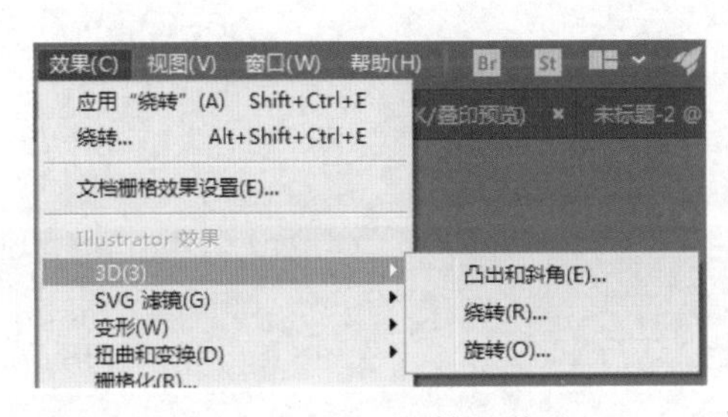

图 8–15 “3D”效果菜单

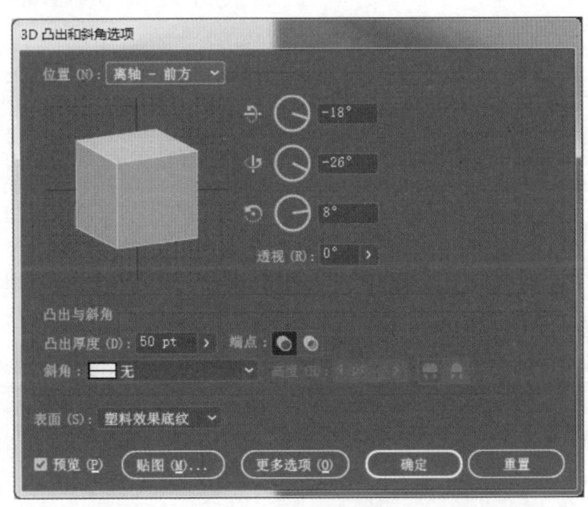

图 8–16 “3D 凸出和斜角选项”对话框

位置选项：“位置”选项组主要用来控制三维图形的不同视图位置，可以使用默认的预设位置，也可以手动修改不同的视图位置。“位置”参数区如图 8-17 所示。

“位置”参数区中各选项的含义说明如下：

- “位置预设”：从该下拉列表中，可以选择一些预设的位置，共包括 16 种。如果不想使用默认的位置，可以选择“自定旋转”选项，然后修改其他参数自定旋转。
- “拖动控制区”：将光标放置在拖动控制区的方块上，光标将会有不同的变化，根据光标的变化拖动，可以控制三维图形的不同视图效果，制作出 16 种默认位置显示以外的其他视图效果。当拖动图形时，X 轴、Y 轴和 Z 轴区域将会发生相应的变化。

自定旋转
前方
后方
左方
右方
上方
下方
离轴 - 前方
离轴 - 后方
离轴 - 左方
离轴 - 右方
离轴 - 上方
离轴 - 下方
等角 - 左方
等角 - 右方
等角 - 上方
等角 - 下方

图 8-17 “位置”选项

- “指定绕 X 轴旋转”：在右侧的文本框中，指定三维图形沿 X 轴旋转的角度。
- “指定绕 Y 轴旋转”：在右侧文本框中，指定三维图形沿 Y 轴旋转的角度。
- “指定绕 Z 轴旋转”：在右侧文本框中，指定三维图形沿 Z 轴旋转的角度。
- “透视”：指定视图的方位，可以从右侧下拉列表中选择一个视图角度；也可以直接输入一个角度值。

“凸出与斜角”选项：“凸出与斜角”选项组主要用来设置三维图形的凸出厚度、端点、斜角和高度等设置，制作出不同厚度的三维图形或带有不同斜角效果的三维图形效果。

“凸出与斜角”选项组中各选项的含义说明如下：

- “凸出厚度”：控制三维图形的厚度，取值范围为 0 ~ 2 000 pt。
- “端点”：控制三维图形为实心还是空心效果。单击“开启端点以建立实心外观”按钮，可以制作实心图形；单击“关闭端点以建立空心效果”按钮，可以制作空心图形。
- “斜角”：可以为三维图形添加斜角效果。在右侧的下拉列表中，预设提供了 11 种斜角。同时，可以通过“高度”数值控制斜角的高度，还可以通过单击“斜角外扩”按钮，将斜角添加到原始对象；或通过单击“斜角内缩”按钮，从原始对象减去斜角。

“表面”选项组：在“3D 凸出和斜角选项”对话框中单击“更多选项”按钮，将展开“表面”选项组，如图 8-18 所示。在“表面”下拉列表中，不但可以应用预设的表面效果，还可以根据自己的需要重新调整三维图形显示效果，如光源强度、环境光、高光强度和底纹颜色等。

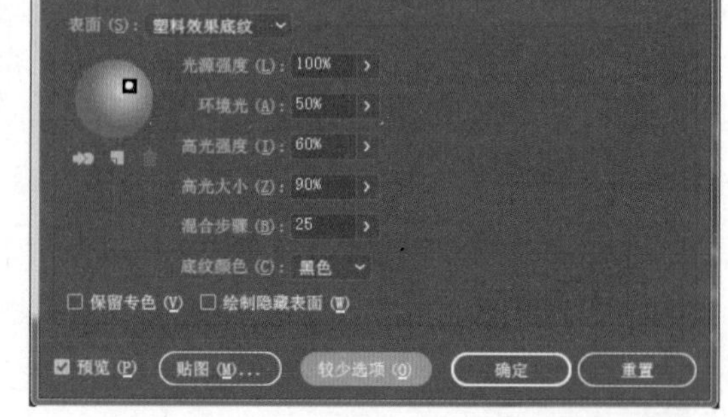

图 8-18 “表面”选项对话框

“表面”选项组中各选项的含义说明如下：

- “表面”：在右侧的下拉列表中提供了 4 种表面预设效果，包括“线框”“无底纹”“扩散底纹”“塑料效果底纹”。“线框”表示将图形以线框的形式显示；“无底纹”表示三维图形没有明暗变化，整体图形颜色灰度一致，看上去图是平面效果；“扩散底纹”表示三维图形有柔和的明暗变化，但并不强烈，可以看出三维图形效果；“塑料效果底纹”表示为三维图形增加强烈的光线明暗变化，让三维图形显示一种类似塑料的效果。

- “光源控制区”：该区域主要用来手动控制光源的位置，添加或删除光源等操作。使用鼠标拖动光源，可以修改光源的位置。单击按钮，可以将所选光源移动到对象后面；单击“新建光源”按钮，可以创建一个新的光源；选择一个光源后，单击“删除光源”按钮，可以将选中的光源删除。
- “光源强度”：控制光源的亮度。值越大，光源的亮度也就越大。
- “环境光”：控制周围环境光线的亮度。值越大，周围的光线越亮。
- “高光强度”：控制对象高光位置的亮度。值越大，高光越亮。
- “高光大小”：控制对象高光点的大小。值越大，高光点越大。
- “混合步骤”：控制对象表面颜色的混合步数。值越大，表面颜色越平滑。
- “底纹颜色”：控制对象背阴的颜色，一般常用黑色。
- “保留专色”和“绘制隐藏表面”：勾选这两个复选框，可以保留专色和绘制隐藏的表面。

贴图选项：贴图就是为三维图形的面贴上一个图片，以制作出更加理想的三维图形效果，这里的贴图使用的是符号，所以要使用贴图命令，首先要根据三维图形的面设计好不同的贴图符号，以便使用。关于符号的制作在前面已经详细讲解过，这里将不再赘述。要对三维图形进行贴图，首先选择该三维图形，然后打开“3D 凸出和斜角选项”对话框，在该对话框中单击“贴图”按钮，将打开图 8-19 所示的“贴图”对话框，利用该对话框对三维图形进行贴图设置。

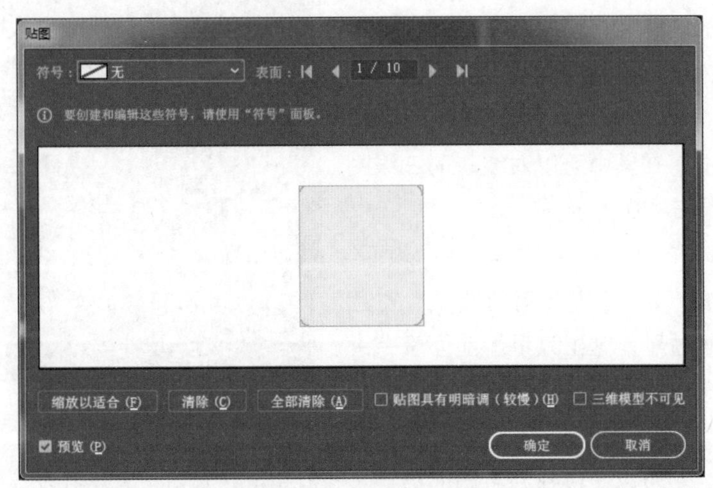

图 8-19 “贴图”对话框

“贴图”对话框中各选项的含义说明如下：

- “符号”：从下拉列表中可以选择一个符号，作为三维图形当前选择面的贴图。该区域的选项与“符号”面板中的符号相对应，所以，如果要使用贴图，首先要确定“符号”面板中含有该符号。

• “表面”：指定当前选择面以进行贴图。在该项的右侧文本框中，显示当前选择的面和三维对象的总面数。比如显示 1/10，表示当前三维对象的总面为 10 个面，当前选择的面为第 1 个面。如果想选择其他面，可以单击“第一个表面”“上一个表面”“下一个表面”“最后一个表面”按钮切换，在切换时，如果勾选了“预览”复选框，可以在当前文档的三维图形中看到选择的面，该选择面将以红色的边框突出显示。“贴图预览区”：用来预览贴图和选择面的效果，可以像变换图形一样，在该区域对贴图进行缩放和旋转等操作，以制作出更加适合选择面的贴图效果。

• “缩放以适合”：单击该按钮，可以强制贴图大小与当前选择面的大小相同。也可以直接按【F】键。

• “清除”和“全部清除”：单击“清除”按钮，可以将当前面的贴图效果删除，也可以按【C】键；如果想删除所有面的贴图效果，可以单击“全部清除”按钮，或直接按【A】键。

• “贴图具有明暗调（较慢）”：勾选该复选框，贴图会根据当前三维图形的明暗效果自动融合，制作出更加真实的贴图效果。不过应用该项会增加文件的大小。也可以按【H】键应用或取消贴图具有明暗调整的使用。

• “三维模型不可见”：勾选该复选框，文档中的三维模型将隐藏，只显示选择面的红色边框效果，这样可以加快计算机的显示速度但会影响查看整个图形的效果。

2. 绕转

“绕转”效果可以根据选择图形的轮廓，沿指定的轴向进行旋转，从而产生三维图形，绕转的对象可以是开放的路径，也可以是封闭的图形，要应用“绕转”效果，首先选择一个二维图形，然后选择“效果”→“绕转”命令，打开“3D 绕转选项”对话框，在其中可以对绕转的三维图形进行设置，如图 8–20 所示。

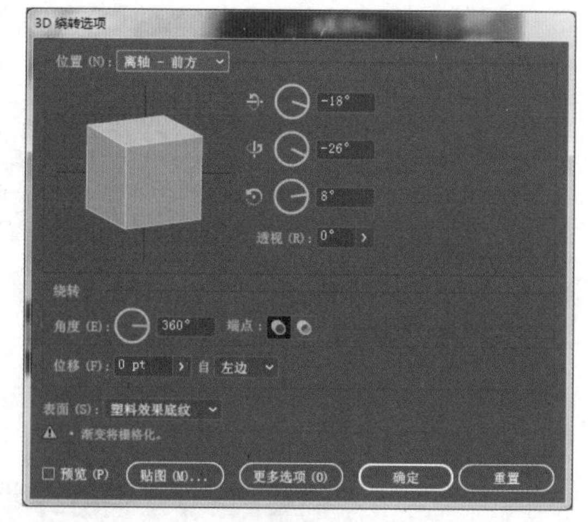

图 8–20 “3D 绕转选项”对话框

“3D 绕转选项”对话框中“位置”和“表面”等选项在前面讲解“3D 凸出和斜角选项”对话框中已经详细讲解过了，这里只讲解前面没有讲到的部分，部分选项的含义说明如下：

• “角度”：设置绕转对象的旋转角度。取值范围为 0~360°。可以通过拖动右侧的指针来修改角度，也可以直接在文本框中输入需要的绕转角度值。当输入 360° 时，完成三维图形的绕转；输入的值小于 360° 时，将不同程度地显示出未完成的三维效果。

• “端点”：控制三维图形为实心还是空心效果。单击“开启端点以建立实心外观”按钮，可以制作实心图形；单击“关闭端点以建立空心效果”按钮，可以制作空心图形。

- “位移”：设置离绕转轴的距离，值越大，离绕转轴就越远。
- “自”：设置绕转轴的位置。可以选择“左边”或“右边”，分别以二维图形的左边或右边为轴向进行绕转。

3D 效果中还有一个“旋转”命令，它可以将一个二维图形模拟在三维空间中变换，以制作出三维空间效果，它的参数与前面讲解的“3D 凸出和斜角选项”对话框中参数相同，读者可以自己选择二维图形，然后使用该命令感受一下，这里不再赘述。

二、SVG 滤镜效果

SVG 是将图像描述为形状、路径、文本和滤镜效果的矢量格式。生成的文件很小，可在 Web、打印甚至资源有限的手持设备上提供较高品质的图像。用户无须牺牲锐利程度、细节或清晰度，即可在屏幕上放大 SVG 图像的视图。

SVG 格式完全基于 XML，并提供给开发人员和用户许多类似的优点。通过 SVG，可以使用 XML 和 Java Script 创建与用户动作对应的 Web 图形，其中可具有突出显示、工具提示、音频和动画等复杂效果。

要应用 SVG 滤镜，首先选定对象，然后选择“效果”→“SVG 滤镜”子菜单中的相关命令，如图 8–21 所示。

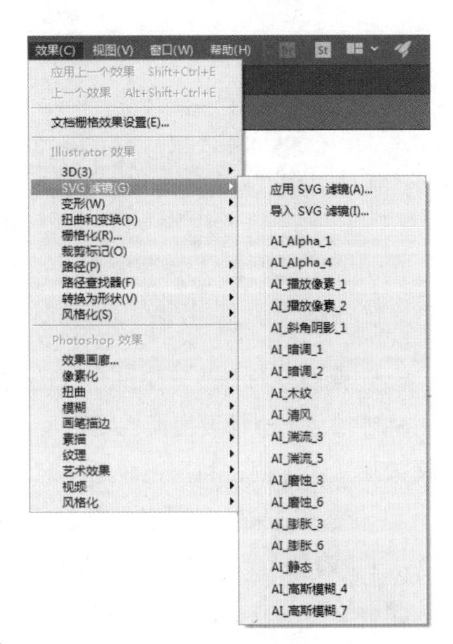

图 8–21 “SVG 滤镜”菜单

应用 SVG 滤镜效果时，Illustrator 会在画板上显示效果的栅格化版本。可以通过修改文档的栅格化分辨率设置来控制预览图像的分辨率。

三、变形效果

选择“效果”→“变形”菜单中的相关变形方式可以非常方便地改变对象的形状。在前面学习过使用各种形状工具可以轻易地改变对象的形状，但对象改变形状之后是不可逆的，而使用变形效果，不会永久改变对象的基本几何形状，如果需要返回到对象的原始状态，只需要将效果删除即可，如果对当前变形效果不满意，还可以随时对它进行修改。“效果”→“变形”菜单中提供了 15 种变形效果，如图 8–22 所示，可以按照实际需要选择相应的命令选项来改变对象的形状。使用方法是，选中需要变形的图形，选择“效果”→“变形”子菜单中的一种变形方式，具体参数如图 8–23 所示，由于 15 种变形效果的参数设置大同小异，且比较直观，这里不再赘述。

四、扭曲和变换效果

“扭曲和变换”效果是最常用的变形工具，主要用来修改图形对象的外观。包括“变换”

“扭拧”“扭转”“收缩和膨胀”“波纹效果”“粗糙化”“自由扭曲”7 种效果。

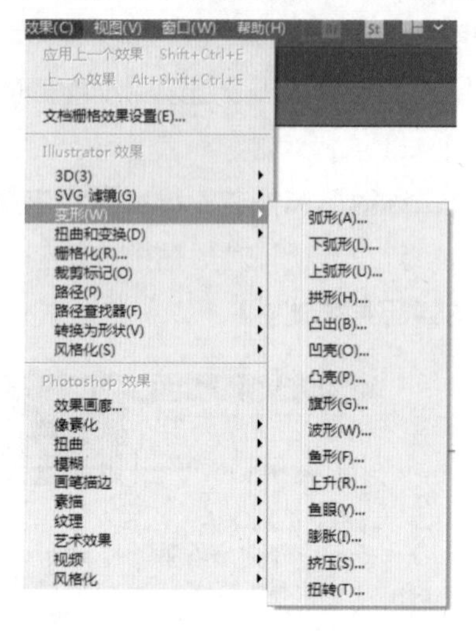

图 8-22 “变形效果”子菜单

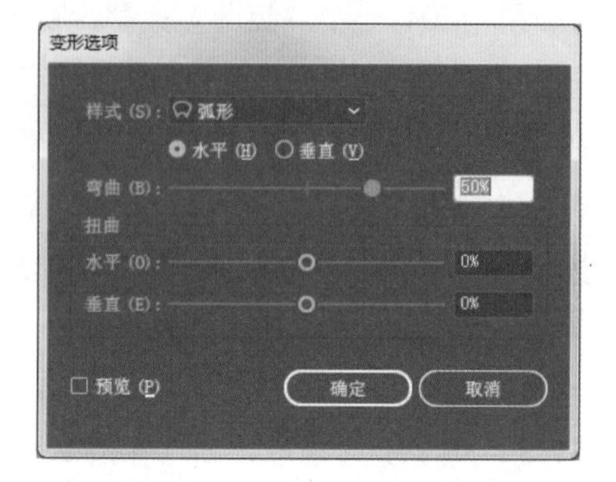

图 8-23 “变形效果”选项

1. 变换

“变换”命令是一个综合性的变换命令，它可以同时对图形对象进行缩放、移动、旋转和对称等操作。选择要变换的图形后，选择“效果”→“扭曲和变换”→“变换”命令，打开“变换效果”对话框，利用该对话框对图形进行变换操作，如图 8-24 所示。

“变换效果”对话框中各选项的含义说明如下：

- “缩放”：控制图形对象的水平和垂直缩放大小。可以通过“水平”或“垂直”参数修改图形的水平或垂直缩放程度。
- “移动”：控制图形对象在水平或垂直方向移动的距离。
- “旋转”：控制图形对象旋转的角度。
- “选项”：控制图形的方向复制和变换。其中勾选“对称 X”复选框，图形将沿 X 轴镜像；勾选“对称 Y”复选框，图形将沿 Y 轴镜像；勾选“随机”复选框，图形对象将产生随机的变换效果；勾选“缩放描边和效果”和“变换对象”复选框，图形的描边和对象将根据其他的变形设置而改变；勾选“缩放描边和效果”“变换图案”复选框，图形的描边和图案将根据其他变形设置而改变。“参考点”为设置图形对象变换的参考点。只要用鼠标单击 9 个点中的任意一点就可以选定参考点，选定的参考点由白色方块变成黑色方块，这 9 个参考点代表图形对象 8 个边框控制点和 1 个中心控制点。“副本”为控制变形对象的复制份数。在左侧的对话框中，可以输入要复制的份数。比如输入 2，就表示复制 2 个图形对象。“选项”中的“缩放描边和效果”的复选框被选中时会同时选中“变换对象”或者“变换图案”其中一个复选框，“变换对象”复选框和“变换图案”复选框能独立被选中。

2. 扭拧

“扭拧”效果以锚点为基础，将锚点从原图形对象上随机移动，并对图形对象进行随机扭曲变换，因为这个效果应用于图形时带有随机性，所以每次应用所得到的扭拧效果会有一定的差别。选择要应用“扭拧”效果的图形对象，然后选择“效果”→“扭曲和变换”→“扭拧”命令，打开“扭拧”对话框，如图 8-25 所示。

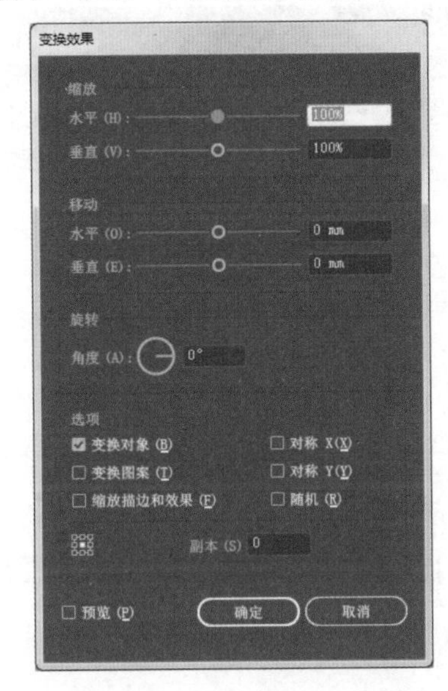

图 8-24 “变换效果”对话框

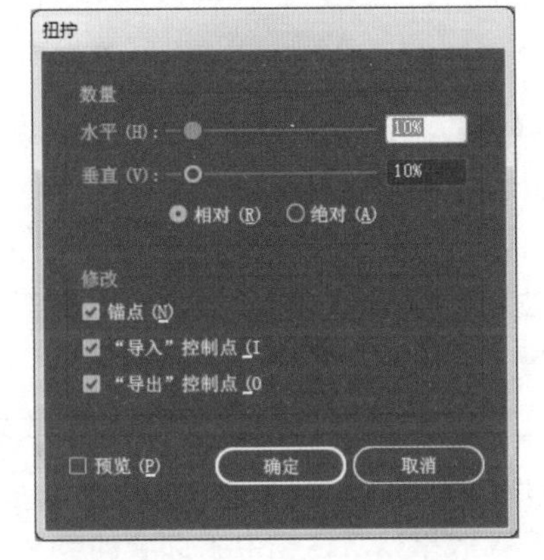

图 8-25 “扭拧”对话框

“扭拧”对话框中各选项的含义说明如下：

- “数量”：利用“水平”和“垂直”两个滑块，可以控制沿水平和垂直方向的扭曲量大小。选中“相对”单选按钮，表示扭曲量以百分比为单位，相对扭曲；选中“绝对”单选按钮，表示扭曲量以绝对数值 mm（毫米）为单位，对图形进行绝对扭曲。
- “锚点”：控制锚点的移动。勾选该复选框，扭拧图形时将移动图形对象路径上的锚点位置；取消勾选该复选框扭拧图形时将不移动图形对象路径上的锚点位置。
- “‘导入’控制点”：勾选该复选框，移动路径上进入锚点的控制点。
- “‘导出’控制点”：勾选该复选框，移动路径上离开锚点的控制点。

3. 扭转

“扭转”命令沿选择图形的中心位置将图形进行扭转变形。选中要扭转的图形后，选择“效果”→“扭曲和变换”→“扭转”命令，打开“扭转”对话框，如图 8-26 所示，在“角度”文本框中输入一个扭转的角度值，单击“确定”按钮，即可将选择的图形扭转。值越大，表示扭转的程度越大。如果输入的角度值为正值，图形沿顺时针扭转；如果输入的角度值为负值，图形沿逆时针扭转，取值范围为 –3 600°～3 600°。

4. 收缩和膨胀

“收缩和膨胀”命令可以使选择的图形以它的锚点为基础，向内或向外发生扭曲变形。选择要收缩和膨胀的图形对象，选择“效果”→“扭曲和变换”→“收缩和膨胀”命令，打开“收缩和膨胀”对话框，如图 8-27 所示，对图形进行详细的扭曲设置。

“收缩和膨胀”对话框中各选项的含义说明如下：

- “收缩”：控制图形向内收缩量。当输入的值小于 0 时，图形表现出收缩效果，输入的值越小，图形的收缩效果越明显。

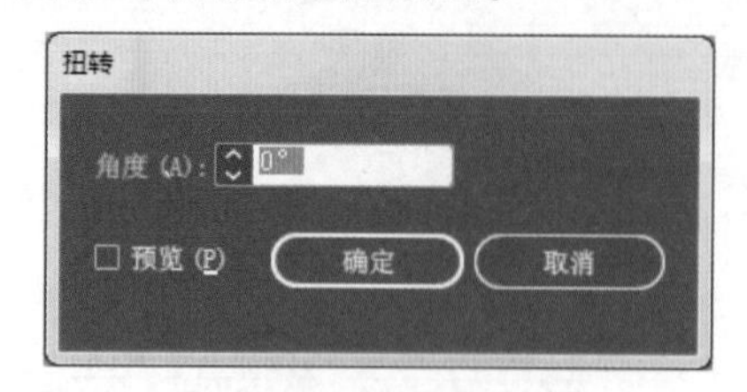

图 8-26 “扭转”对话框

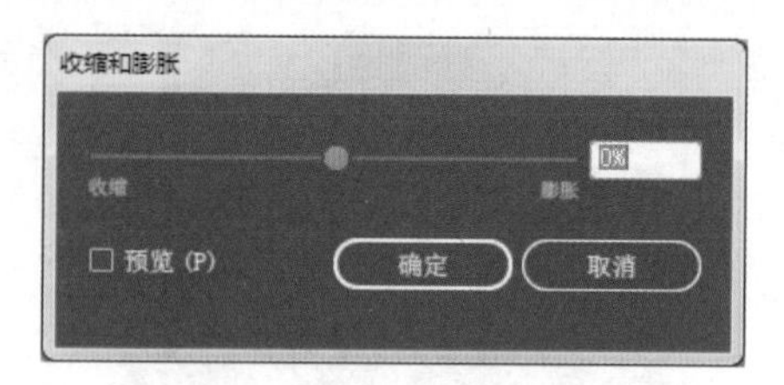

图 8-27 “收缩和膨胀”对话框

• “膨胀”：控制图形向外收缩量。当输入的值大于 0 时，图形表现出膨胀效果，输入的值越大，图形的膨胀效果越明显。

5. 波纹效果

“波纹效果”是在图形对象的路径上均匀添加若干锚点，然后按照一定的规律移动锚点的位置，形成规则的锯齿波纹效果。首先选择要应用“波纹效果”的图形对象，然后选择“效果”→“扭曲和变换”→“波纹效果”命令，打开“波纹效果”对话框，对图形进行详细的扭曲设置，如图 8-28 所示。

“波纹效果”对话框中各选项的含义说明如下：

• “大小”：控制各锚点偏离原路径的扭曲程度。通过拖动“大小”滑块改变扭曲的数值，值越大，扭曲的程度就越大。当值为 0 时，不对图形实施扭曲变形。

• “每段的隆起数”：控制在原图形的路径上，均匀添加锚点的个数。通过拖动下方的滑块修改数值，也可以在右侧的文本框中直接输入数值。取值范围为 0~100。

• “点”：控制锚点在路径周围的扭曲形式。选中“平滑”单选按钮，将产生平滑的边角效果；选中“尖锐”单选按钮，将产生锐利的边角效果。

6. 粗糙化

“粗糙化”效果是在图形对象的路径上添加若干锚点，然后随机将这些锚点移动一定的位置，以制作出随机粗糙的锯齿状效果。要应用“粗糙化”效果，首先选择要应用该效果的图形对象，然后选择“效果”→“扭曲和变换”→“粗糙化”命令，打开“粗糙化”对话框，在其中设置合适的参数，然后单击“确定”按钮，即可对选择的图形应用粗糙化。粗糙化图形操作效果如图 8-29 所示。

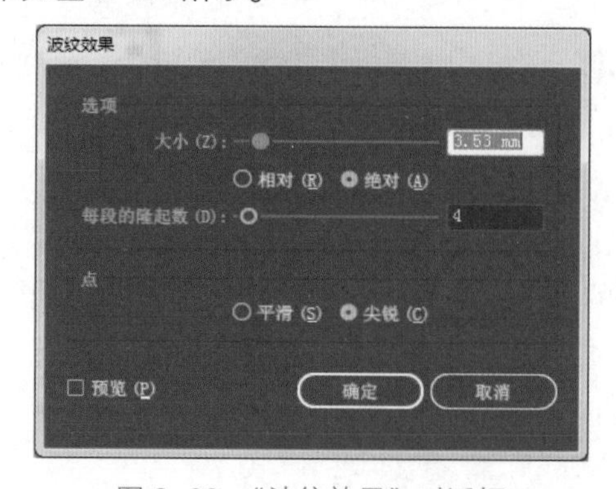

图 8-28 “波纹效果”对话框

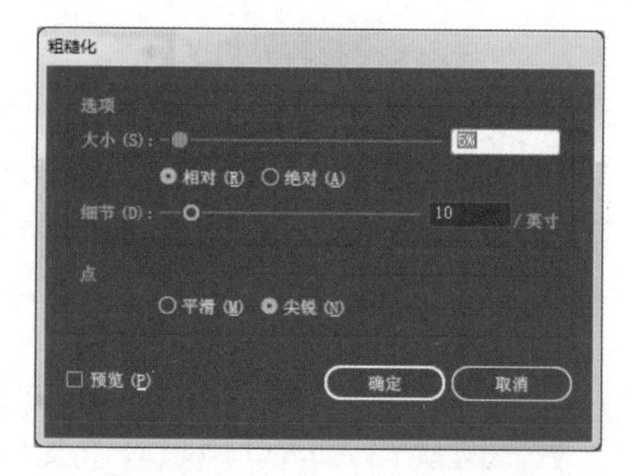

图 8-29 “粗糙化”效果对话框

“粗糙化”对话框中的参数与“波纹效果”对话框中的参数用法相同，这里不再赘述。

7. 自由扭曲

“自由扭曲”工具与工具箱中的“自由变形工具”用法相似，可以对图形进行自由扭曲变形。选择要自由扭曲的图形对象，然后选择“效果”→“扭曲和变换”→“自由扭曲”命令，打开“自由扭曲”对话框，如图 8–30 所示，在其中可以使用鼠标拖动控制框上的 4 个控制柄调节图形的扭曲效果。如果对调整的效果不满意，想恢复默认效果，可以单击“重置”按钮，将其恢复到初始效果。扭曲完成后单击“确定”按钮，即可提交扭曲变形效果。

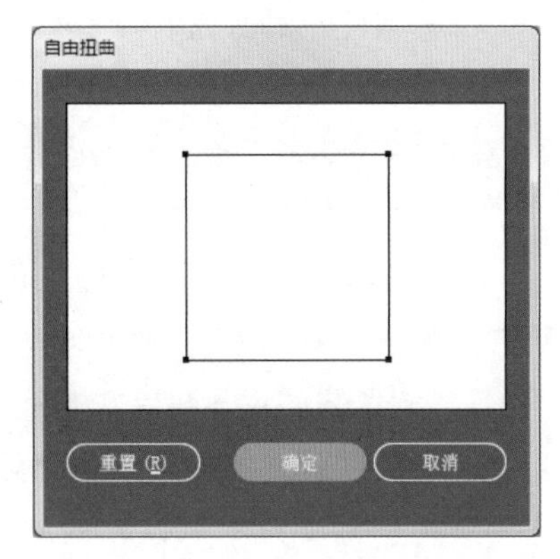

图 8–30 “自由扭曲”对话框

五、栅格化效果

栅格化效果是可以将矢量图形转换为位图图像的一种效果。选择“效果”→“栅格化”命令，如图 8–31 所示，物体首先会在外观上转换成位图，但是它的实质还是矢量的，依然可以编辑。只有选择“对象”→“扩展外观”命令后，才会真正转换成位图。

选择要应用“栅格化”的图形对象，选择“效果”→“栅格化”命令，打开“栅格化”对话框，如图 8–32 所示。

图 8–31 “栅格化”菜单

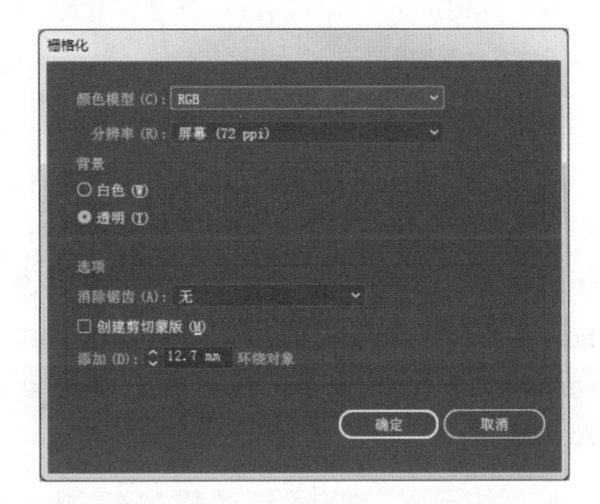

图 8–32 “栅格化”对话框

“栅格化”对话框中各选项的含义说明如下：

• “颜色模型”：用于确定在栅格化过程中所用的颜色模型。用户可以生成 RGB 或 CMYK 颜色的图像（这取决于文档的颜色模式）、灰度图像或 1 位图像（黑白位图或是黑色和透明色，这取决于所选的背景选项）。

• “分辨率”：用于确定栅格化图像中每英寸像素数（ppi）。栅格化矢量对象时，选择“使用文档栅格效果分辨率”使用全局分辨率设置。

• “背景”：用于确定矢量图形的透明区域如何转换为像素。选择“白色”可用白色像素填充透明区域，选择“透明”可使背景透明。如果选择“透明”，则会创建一个 Alpha 通道（适用于除 1 位图像以外的所有图像）。如果图稿被导出到 Photoshop 中，则 Alpha 通道将被保留。

• “消除锯齿”：应用消除锯齿效果，以改善栅格化图像的锯齿边缘外观。设置文档的栅格化选项时，若取消选择此选项，则保留细小线条和细小文本的尖锐边缘。栅格化矢量对象时，若选择“ 无”，则不会应用消除锯齿效果，而线稿图在栅格化时也将保留其尖锐边缘；选择“优化图稿”，可应用最适合无文字图稿的消除锯齿效果；选择“优化文字”，可应用最适合文字的消除锯齿效果。

• “创建剪切蒙版”：创建一个使栅格化图像的背景显示为透明的蒙版。如果用户已为“背景”选择了“透明”，则不需要再创建剪切蒙版。

• “添加环绕对象”：可以通过指定像素值，为栅格化图像添加边缘填充或边框。结果图像的尺寸等于原始尺寸加上“添加环绕对象”所设置的数值。例如，用户可以使用该设置创建快照效果，方法是：为“添加环绕对象”设置指定一个值，选择“白色背景”，并取消选择“创建剪切蒙版”。添加到原始对象上的白色边界成为图像上的可见边框。也可以应用“投影”或“外发光”效果，使原始图稿看起来像照片一样。

六、裁剪标记效果

裁剪标记用于指示安全裁切位置，选择“效果”→“对象”子菜单中的命令可分别创建裁切标记对象和效果，这里不再赘述。

七、路径效果

选择“效果”→“路径”子菜单中的命令可改变路径的效果。使用“位移路径”命令，可将对象路径相对于对象的原始位置进行偏移。使用“轮廓化对象”命令可以将文字转化为图形对象。使用“轮廓化描边”命令可使所选对象的描边更改为与原始描边相同粗细的填色对象。这些用于路径的命令同“对象”菜单中的相关命令用法相同，不同的是“效果”菜单中的命令具有可逆性，可以从“外观”面板中将这些效果进行更改或删除。“路径”子菜单如图 8-33 所示。

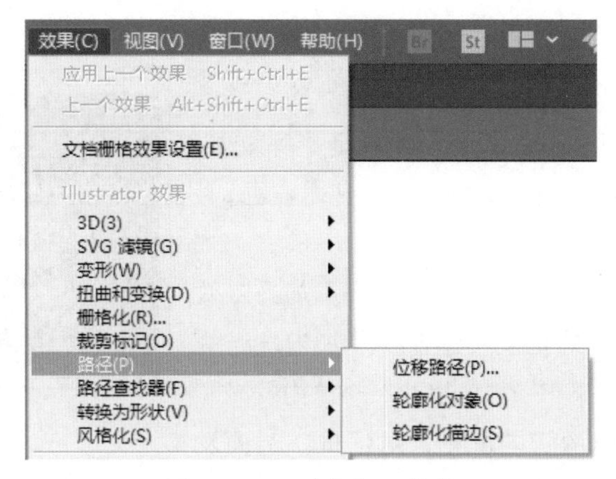

图 8–33 “路径”子菜单

八、路径查找器效果

选择“效果”→“路径查找器”命令，如图 8–34 所示，可以为选定对象组合新形状，包括相加、交集、差集、相减、减去后方对象、分割、修边、合并、裁剪和轮廓等，这些命令的功能与“路径查找器”面板（选择“窗口”→“路径查找器”命令打开）相同。

九、转换为形状效果

“转换为形状”效果可将矢量对象的形状转换为矩形、圆角矩形或椭圆，如图 8–35 所示。使用绝对尺寸或相对尺寸设置形状的尺寸。对于圆角矩形，可指定一个圆角半径以确定圆角边缘的曲率。

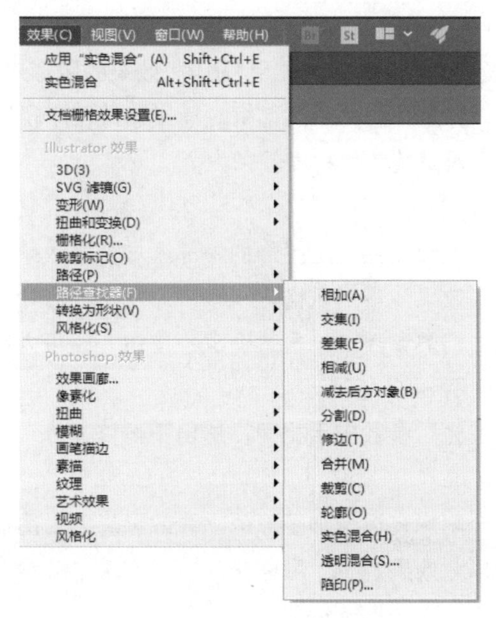

图 8–34 “路径查找器”效果对话框

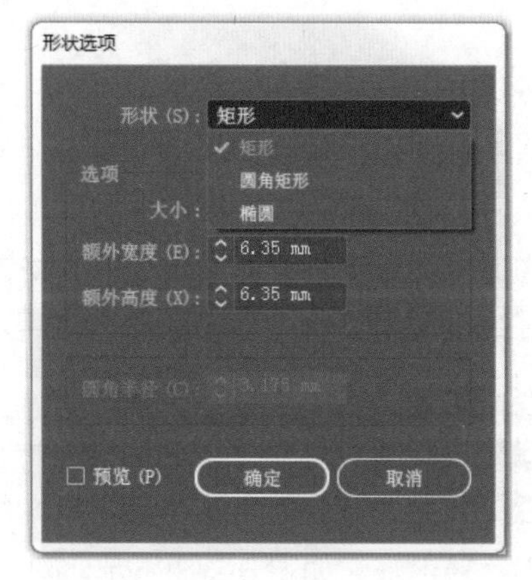

图 8–35 “转换为形状”效果对话框

十、风格化效果

“风格化”效果主要对图形对象添加特殊的图形效果。比如内发光、圆角、外发光、投影和添加箭头等效果。这些特效的应用可以为图形增添更加生动的艺术氛围。

1. 内发光

“内发光”命令可以在选定图形的内部添加光晕效果，与“外发光”效果正好相反。选择要添加内发光的图形对象，然后选择“效果”→“风格化”→“内发光”命令，打开图 8-36 所示的“内发光”对话框，对内发光进行详细设置。

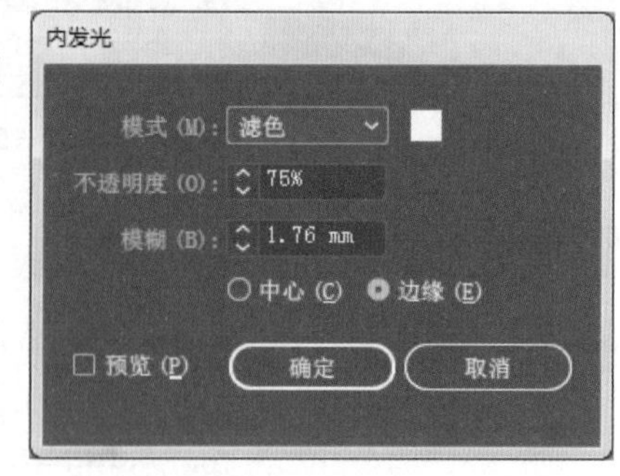

图 8-36 “内发光” 对话框

“内发光”对话框中各选项的含义说明如下：

- “模式”：从下拉列表中设置内发光颜色的混合模式。
- “颜色块”：控制内发光的颜色。单击颜色块区域，可以打开“拾色器”对话框，用来设置发光的颜色。
- “不透明度”：控制内发光颜色的不透明度。可以从右侧的下拉菜单中选择一个不透明度值，也可以直接在文本框中输入一个需要的值。取值范围为0%~100%，值越大，发光的颜色越不透明。
- “模糊”：设置内发光颜色的边缘柔和程度。值越大，边缘柔和的程度就越大。
- “中心”和“边缘”：控制发光的位置。选中“中心”单选按钮，表示发光的位置为图形的中心位置。选中“边缘”单选按钮，表示发光的位置为图形的边缘位置。

2. 圆角

“圆角”命令可以将图形对象的尖角变成为圆角效果。选择要应用“圆角”效果的图形对象，然后选择“效果”→“风格化”→“圆角”命令，打开“圆角”对话框。通过修改“半径”的值，来确定图形圆角的大小。输入的值越大，图形对象的圆角程度就越大。

3. 外发光

“外发光”与“内发光”效果相似，只是“外发光”在选定图形的外部添加光晕效果。要使用外发光，首先选择一个图形对象，然后选择“效果”→“风格化”→“外发光”命令，打开“外发光”对话框，在该对话框中设置外发光的相关参数，单击“确定”按钮，即可为选定的图形添加外发光效果。外发光效果的参数设置如图 8-37 所示。

“外发光”对话框中的相关参数应用与“内发光”参数应用相同，这里不再赘述。

4. 投影

“投影”命令可以为选择的图形对象添加一个阴影，以增加图形的立体效果。要为图形对象添加投影效果，首先选择该图形对象，然后选择“效果”→“风格化”→“投影”命令，打开“投影”对话框，如图 8-38 所示，对图形的投影参数进行设置。

“投影”对话框中各选项的含义说明如下：

- “模式”：从下拉列表中设置投影的混合模式。

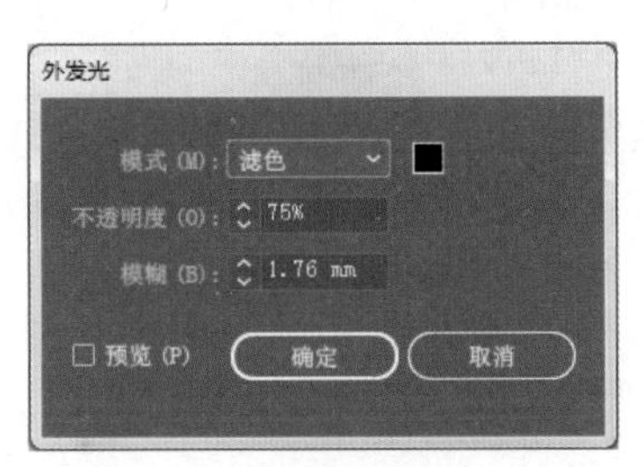

图 8–37 “外发光”效果的参数设置

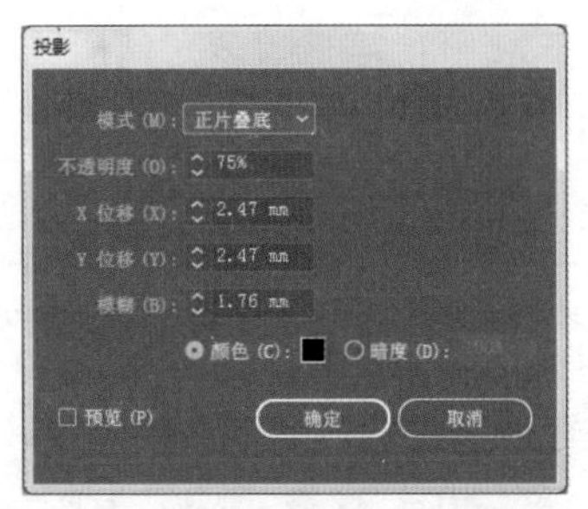

图 8–38 “投影”对话框

• “不透明度”：控制投影颜色的不透明度。可以通过微调按钮选择一个不透明度值。也可以直接在文本框中输入一个需要的值。取值范围为 0%~100%，值越大，投影的颜色越不透明。

• “X 位移”：控制阴影相对于原图形在 X 轴上的位移量。输入正值阴影向右编移；输入负值阴影向左偏移。

• “Y 位移”：控制阴影相对于原图形在 Y 轴上的位移量。输入正值阴影向下偏移；输入负值阴影向上偏移。

• “模糊”：设置阴影颜色的边缘柔和程度。值越大，边缘柔和的程度越大。

• “颜色”和“暗度”。控制阴影的颜色。选中“颜色”单选按钮，可单击右侧的颜色块，打开“拾色器”对话框来设置阴影的颜色；选中“暗度”单选按钮，可在右侧文本程中设置阴影的明暗程度。

5. 涂抹

“涂抹”命令可以将选定的图形对象转换成类似手动涂抹的手绘效果。选择要应用“涂抹”的图形对象，然后选择“效果”→“风格化”→“涂抹”命令，打开“涂抹选项”对话框，如图 8–39 所示，在其中可对图形进行详细的涂抹设置。

涂抹选项对话框中各选项的含义说明如下：

• “设置”：从下拉列表框中可选择预设的涂抹效果。包括涂鸦、密集、松散、锐利、素描、缠结和紧密等多个选项。

• “角度”：指定涂抹效果的角度。

• “路径重叠”：设置涂抹线条在图形对象的内侧、中央或是外侧。当值小于 0 时，涂抹线条在图形对象的内侧；当值大于 0 时，涂抹线条在图形对象的外侧；如果想让涂林线条重叠产生随机的变化效果。可以修改“变化”参数，值越大，重叠效果越明显。

• “描边宽度”：指定涂抹线条的粗细。

• “曲度”：指定涂抹线条的弯曲程度。如果想让涂抹线条的弯曲度产生随机的弯曲效果，可以修改“变化”参数，值越大，弯曲的随机化程度越明显。

• “间距”：指定涂抹线条之间的间距。如果想让线条之间的间距产生随机效果，可以修改“变化”参数，值越大，涂抹线条的间距变化越明显。

6. 羽化

“羽化”命令主要为选定的图形对象创建柔和的边缘效果，参数如图 8–40 所示。选择要应用“羽化”命令的图形对象，然后选择“效果”→“风格化”→“羽化”命令，打开“羽化”对话框，在“羽化半径”文本框中输入羽化数值，“羽化半径”的值越大，图形的羽化程度越大。设置完成后单击“确定”按钮，即可完成图形的羽化操作。

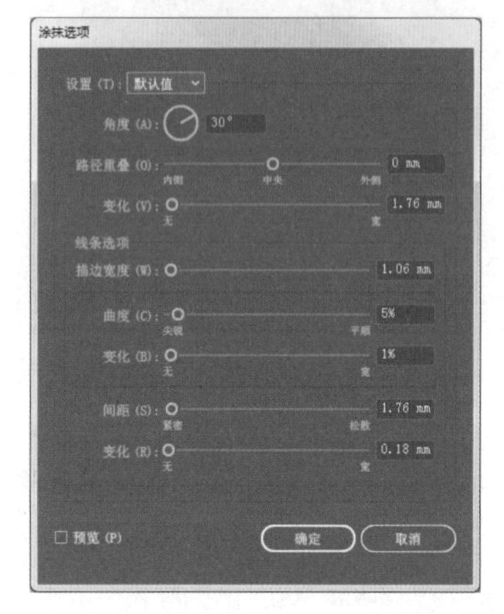

图 8-39 “涂抹选项”对话框

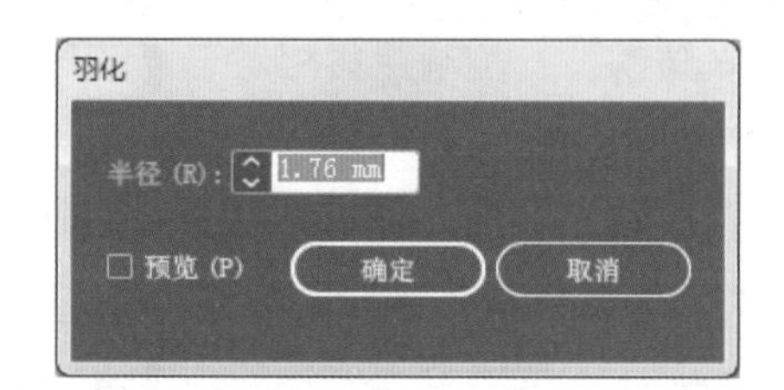

图 8-40 “羽化”对话框

任务二 Photoshop 效果的应用与编辑

在“效果”菜单中的下半部分为 Photoshop 效果，包括像素化、扭曲、模糊、画笔描边、素描、纹理、艺术效果、视频、风格化等效果组。

任务描述

启动 Illustrator 软件，结合本书提供的素材文件，制作图 8-41 所示的包装盒效果展开图，并保存为“包装盒效果贴图 .jpg”和“包装盒效果贴图 .ai”。

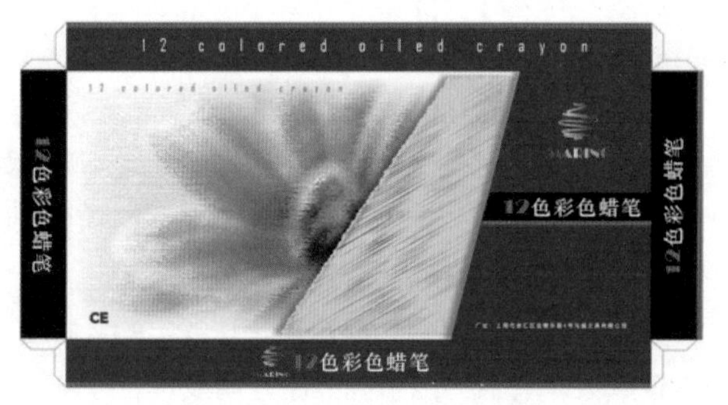

图 8-41 包装盒效果贴图

任务实施

步骤 1 选择“文件”→“新建”命令（或者按【Ctrl+N】组合键），打开“新建文档”

对话框，设置宽度为 400 mm、高度为 300 mm、CMYK 色彩模式，单击“确定”按钮，完成画布的创建。

步骤 2 选择“文件”→“存储为”命令（或者按【Ctrl+Shift+S】组合键），在打开的对话框中以名称“包装盒效果图贴图 .ai”保存文件。

步骤 3 在文档中制作 350 mm × 160 mm 的矩形，如图 8-42 所示。

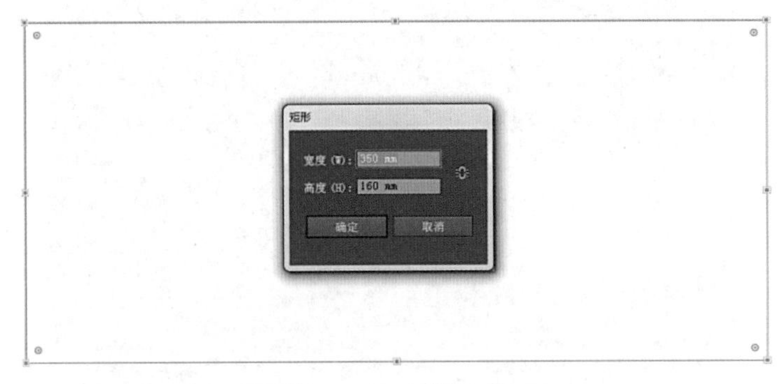

图 8-42　制作矩形

步骤 4 绘制图 8-43 所示的图形。

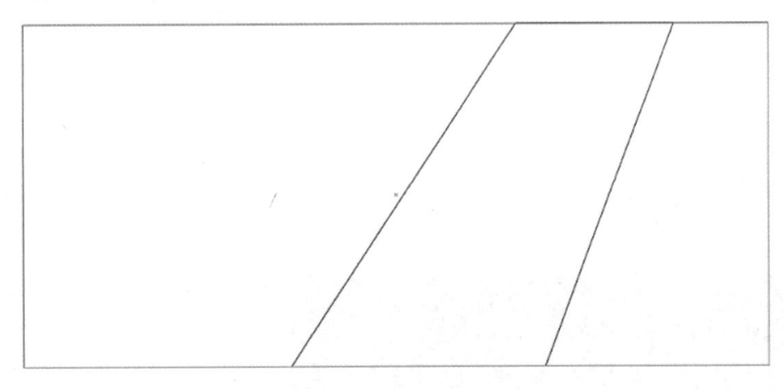

图 8-43　绘制图形

步骤 5 选择“文件”→“置入”命令，打开“花卉素材”，将素材嵌入文件，如图 8-44 所示。

图 8-44　嵌入素材至文件

步骤 6 选择花卉图形，选择“效果”→“艺术效果”→“粗糙画笔”命令，参数设置如图 8-45 所示。

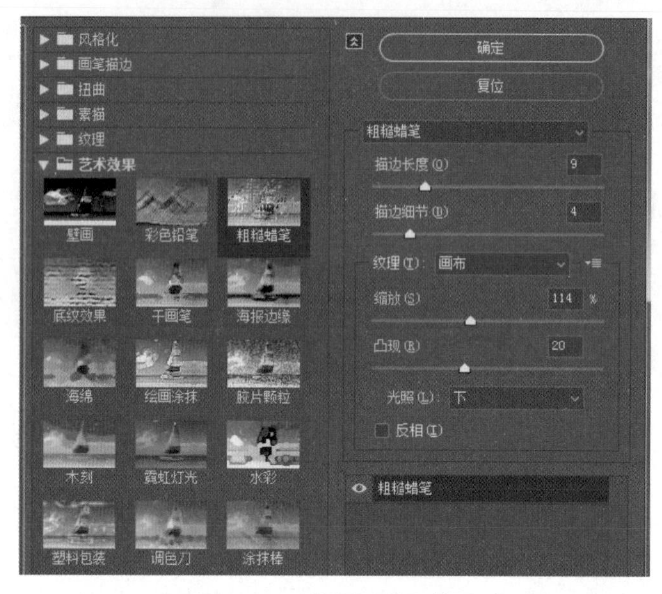

图 8-45 “粗糙画笔”效果

步骤 7 选择花卉图形，选择“效果”→“艺术效果”→“底纹效果”命令，参数设置如图 8-46 所示，制作艺术底纹。

步骤 8 选择花卉图形，选择“效果”→“风格化”→“羽化”命令，参数设置如图 8-47 所示。

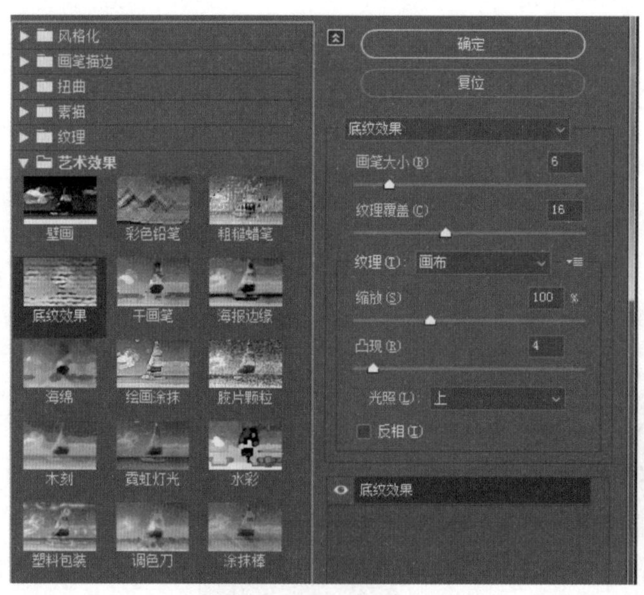

图 8-46 制作底纹效果

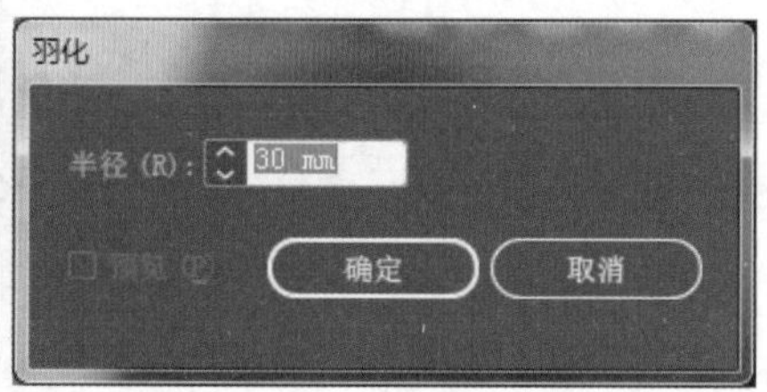

图 8-47 “羽化”效果

步骤 9 选择花卉图形，选择“效果”→“风格化”→“投影”命令，参数设置如图 8-48 所示。

步骤 10 选择图 8-48 部分填充为灰色，选择“效果”→“风格化”→“涂抹”命令，参数设置如图 8-49 所示。

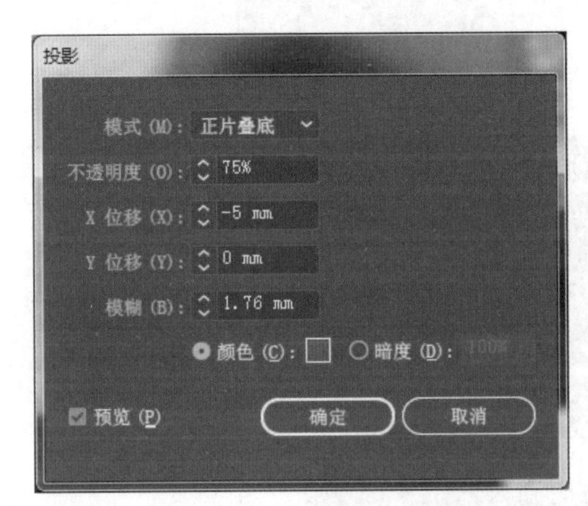

图 8-48 “投影”效果

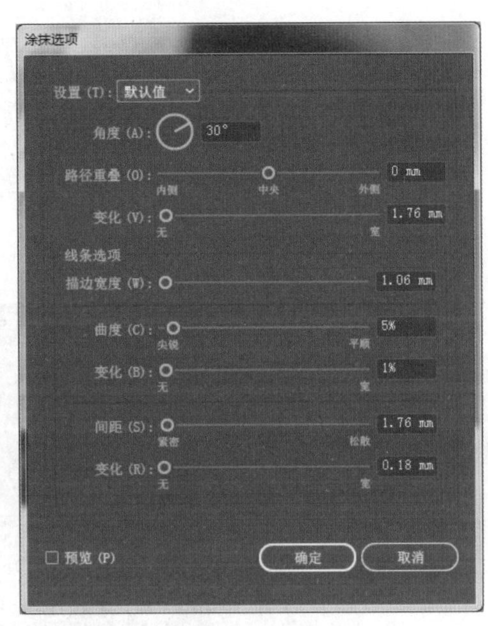

图 8-49 “涂抹”效果

步骤 11 选择文字工具，输入文字 MARING，分别填充图 8-50 所示的颜色。

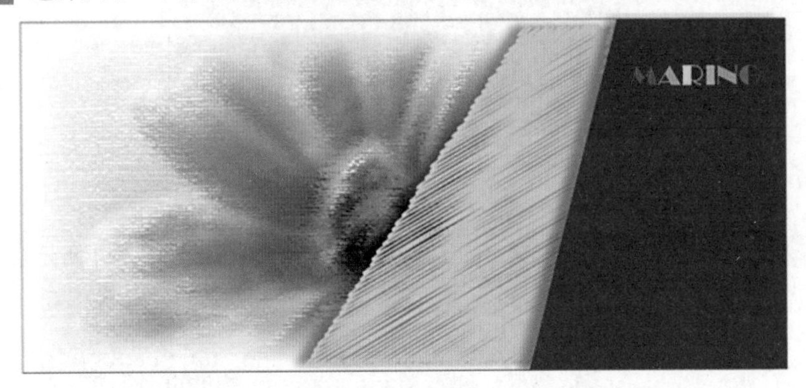

图 8-50 文字效果

步骤 12 绘制圆，填充彩虹色渐变，如图 8-51 所示。

步骤 13 选择圆形图形，选择“效果”→“风格化”→“涂抹”命令，打开“涂抹选项”对话框，参数设置如图 8-52 所示。

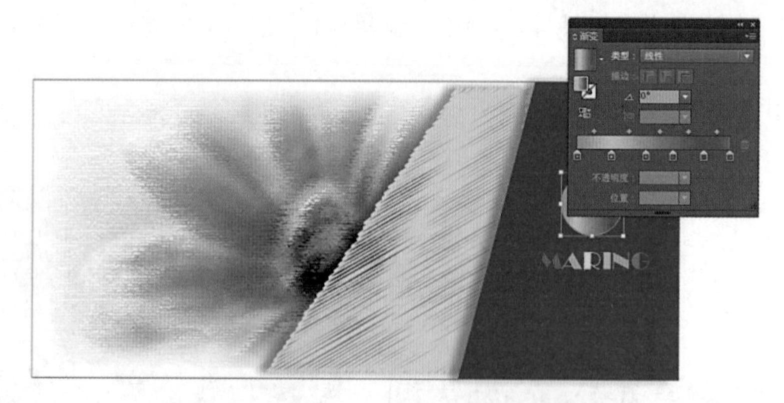

图 8-51　圆形填充效果

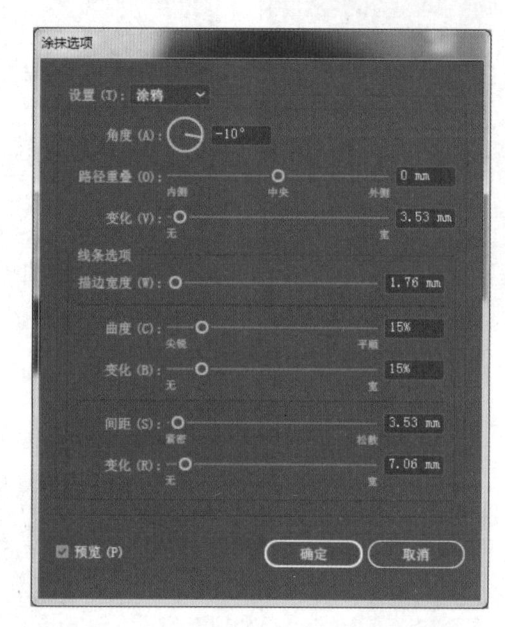

图 8-52　"涂抹选项"参数设置

步骤14 选择文字工具，输入文字，进行排版，最终效果如图 8-53 所示。

图 8-53　文字排版效果

步骤15 使用合适的工具，制作贴图的其他部分，最终效果如图 8-54 所示。

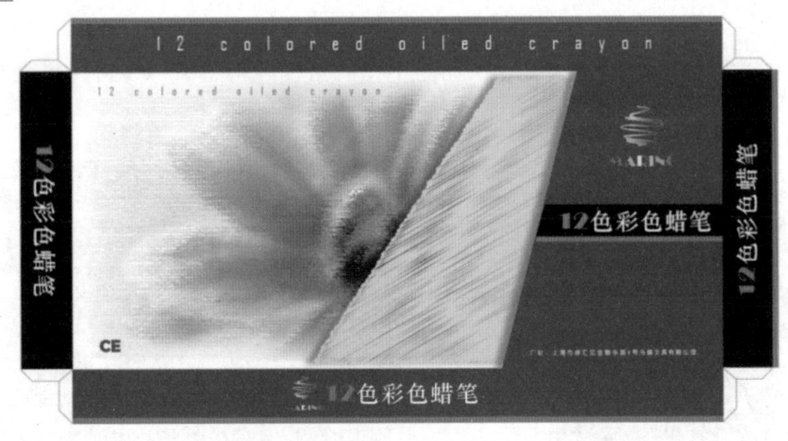

图 8-54 最终效果

任务拓展

打开本书提供的素材文件，利用任务二制作完成的包装盒效果贴图，制作图 8-55 所示的包装盒效果图，并保存为“包装盒效果图 .jpg”和“包装盒效果图 .ai”。

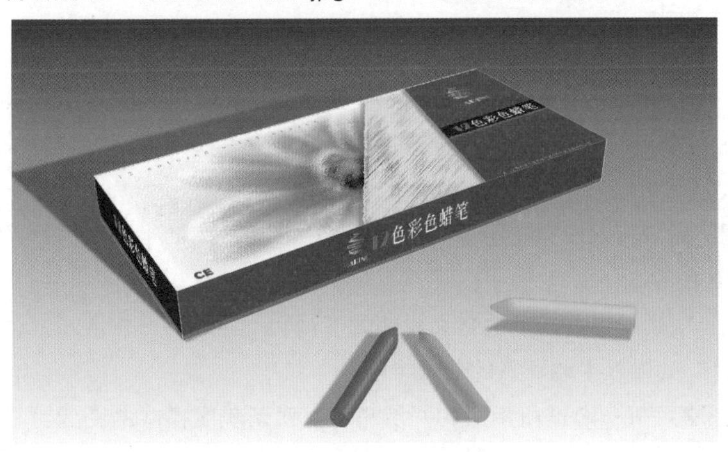

图 8-55 包装盒效果图

相关知识

在“效果”菜单下半部分的 Photoshop 效果中，包含了众多的基于栅格的效果，使用“效果画廊”命令，可快速进入艺术效果的设置界面。

所有这些效果均是基于栅格的效果，无论何时对矢量对象应用这些效果，都将使用文档的栅格效果设置。要对文档进行栅格设置，可选择“效果”→“文档栅格效果设置”命令，打开“文档栅格效果设置”对话框，在其中对当前文档的栅格效果进行设置，如图 8-56 所示。

单击 Photoshop 效果中的任何一个命令即可进入相应的栅格效果对话框。图 8–57 所示为设置染色玻璃的效果对话框，对话框左侧为效果预览区域，中间部分为效果列表及缩览图，右侧为当前选中效果的选项设置区域，关闭右下角的可视性小眼睛标识符，可查看对象的原始效果。

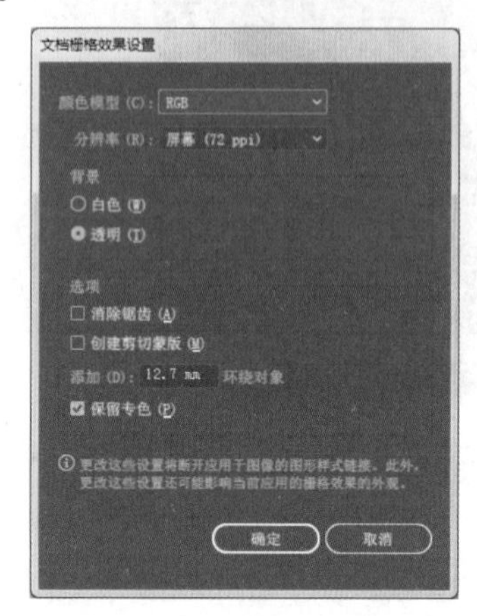

图 8–56 “文档栅格效果设置”对话框

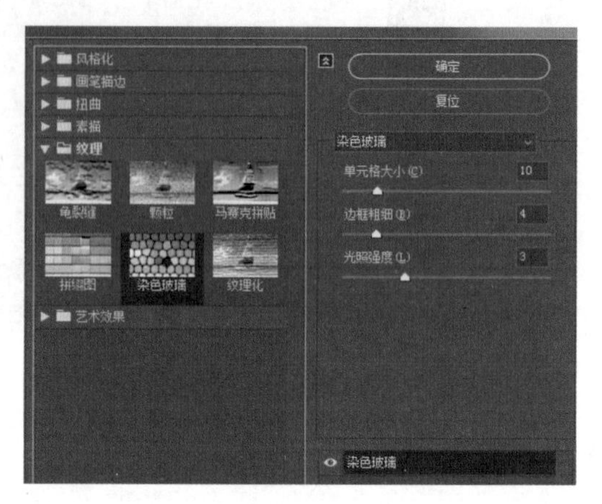

图 8–57 栅格效果对话框

一、像素化效果

使用“像素化”子菜单下的命令可以使所组成图像的最小色彩单位——像素点在图像中按照不同的类型进行重新组合或有机分布，使画面呈现出不同类型的像素组合效果。其下包括彩色半调、晶格化、点状化和铜版雕刻 4 种效果命令。

1. 彩色半调

“彩色半调”命令可以模拟在图像的每个通道上使用放大的半调网屏效果。“彩色半调”对话框如图 8–58 所示。

“彩色半调”对话框中各选项的含义说明如下：

- “最大半径”：输入半调网点的最大半径。
- “网角”：决定每个通道所指定的网屏角度。对于灰度模式的图像，只能使用通道 1；对于 RGB 图像，使用通道 1 为红色通道，通道 2 为绿色通道，通道 3 为蓝色通道；对于 CMYK 图像，使用通道 1 为青色，通道 2 为洋红，通道 3 为黄色，通道 4 为黑色。

2. 晶格化

“晶格化”命令可以将选定图形产生结晶体般的块状效果。选择要应用“晶格化”的图形对象，然后选择“效果”→“像素化”→“晶格化”命令，打开“晶格化”对话框，如图 8–59 所示。通过修改“单元格大小”数值。确定晶格化图形的程度，数值越大，所产生的结晶体越大。

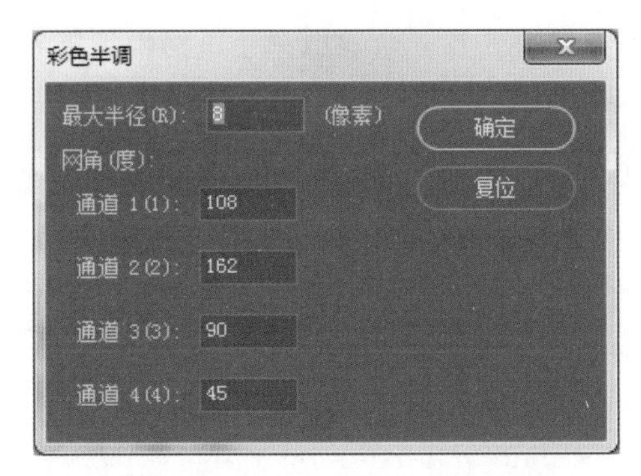

图 8-58 “彩色半调”对话框

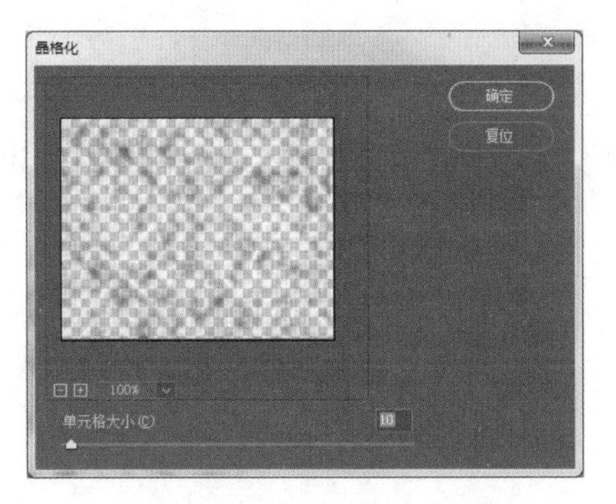

图 8-59 “晶格化”对话框

3. 点状化

“点状化”命令可以将图像中的颜色分解为随机分布的网点，如同点状化绘画一样。在“点状化”对话框中，可通过设置“单元格大小”数值，修改点块的大小。数值越大，产生的点块越大。“点状化”对话框，如图 8-60 所示。

4. 铜版雕刻

“铜版雕刻”命令可以对图形使用各种点状、线条或描边效果。可以从“铜版雕刻”对话框的“类型”下拉列表中选择铜版雕刻的类型。“铜版雕刻”对话框如图 8-61 所示。

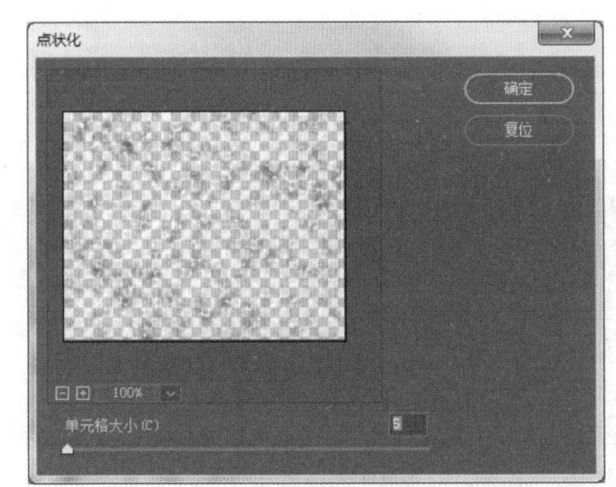

图 8-60 “点状化”对话框

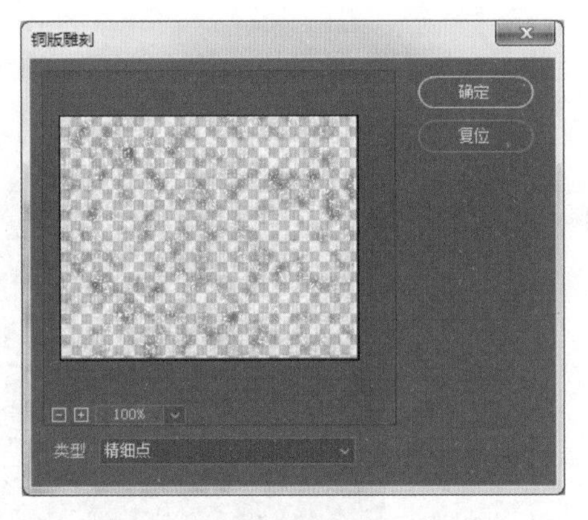

图 8-61 “铜版雕刻”对话框

二、扭曲效果

“扭曲”效果的主要功能是使图形产生扭曲效果，其中，既有平面的扭曲效果，也有三维或是其他变形效果。掌握扭曲效果的关键是清楚图像中像素扭曲前与扭曲后的位置变化。使用“扭曲”效果菜单下的命令可以对图像进行几何扭曲，从而使图像产生奇妙的艺术效果。包括扩散亮光、海洋波纹和玻璃 3 种扭曲命令。

1. 扩散亮光

“扩散亮光”命令可以将图形渲染成如同通过一个柔和的扩散镜片来观看的效果，此命令将透明的白色杂色添加到图形中，并从中心向外渐隐亮光，该命令可以产生电影中常用的蒙太奇效果。“扩散亮光” 对话框如图 8-62 所示。

“扩散亮光”对话框中各选项的含义说明如下：

- “粒度”：控制亮光中的颗粒密度。值越大，密度也就越大。
- “发光量”：控制图形发光强度。
- “清除数量”：控制图形中受命令影响的范围。值越大，受到影响的范围越小，图形越清晰。

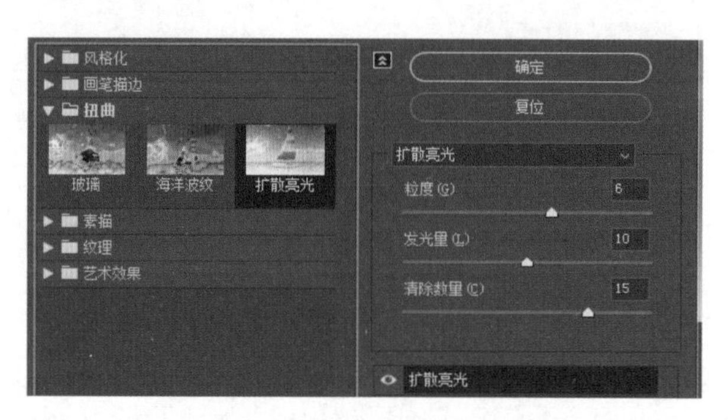

图 8-62 “扩散亮光”对话框

2. 海洋波纹

“海洋波纹”效果可以模拟海洋表面的波纹效果。其波纹比较细小，且边缘有很多抖动。“海洋波纹”对话框如图 8-63 所示。

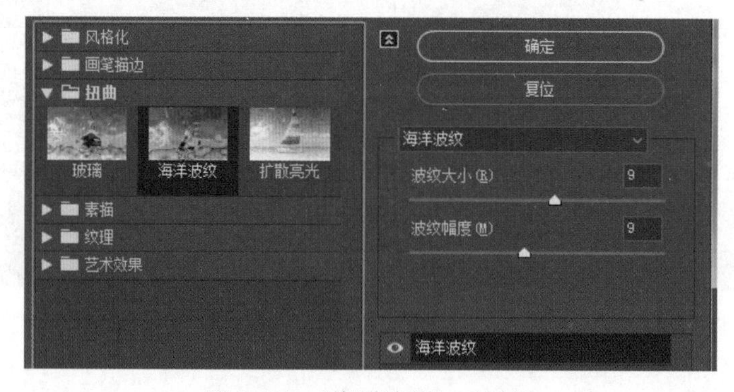

图 8-63 “海洋波纹”对话框

“海洋波纹”对话框中各选项的含义说明如下：

- “波纹大小”：控制生成波纹的大小。值越大，生成的波纹越大。
- “波纹幅度”：控制生成波纹的幅度和密度。值越大，生成的波纹幅度就越大。

3. 玻璃

“玻璃”命令可以使图像生成看起来像毛玻璃的效果。“玻璃”对话框如图 8-64 所示。

图 8-64 “玻璃”对话框

“玻璃”对话框中各选项的含义说明如下：

- “扭曲度”：控制图形的扭曲程度。值越大，图形扭曲越强烈。
- “平滑度”：控制图形的光滑程度。值越大，图形越光滑。
- “纹理”：控制图形的纹理效果。在下拉列表中可以选择不同的纹理效果，包括“块状”“画布”“磨砂”“小镜头”4 种。
- “缩放”：控制图形生成纹理的大小。值越大，生成的纹理就越大。
- “反相”：勾选该复选框，可以将生成纹理的凹凸面进行反转。

三、其他效果

由于效果菜单中的其他选项命令的应用方法与前面讲解过的方法相同，参数又非常容易理解，所以这里不再详细讲解其他命令的参数，读者可以自己调试感受一下。

1. 模糊效果

“模糊”子菜单中的命令可以对图形进行模糊处理，它通过平衡图形中已定义的线条和遮藏区域清晰边缘旁边的像素，使其显得柔和，模糊效果在图形的设计中应用相当重要。模糊效果主要包括“径向模糊”“特殊模糊”“高斯模糊”3 种。

2. 画笔描边效果

“画笔描边”子菜单中的命令可以在图形中增加颗粒、杂色或纹理，从而使图像产生多样的绘画效果，创造出不同绘画效果的外观，包括“喷溅”“喷色描边”“墨水轮廓”“强化的边缘”“成角的线条”“深色线条”“烟灰墨”“阴影线”8 种。

3. 素描效果

“素描”子菜单中的命令主要用于给图形增加纹理、模拟素描、速写等艺术效果，包括“便条纸”“半调图案”“图章”“基底凸现”“影印”“撕边”“水彩画纸”“炭笔”“炭精笔”“石膏效果”“粉笔和炭笔”“绘图笔”“网状”“铬黄”14 种。

4. 纹理效果

“纹理”子菜单中的命令可使图形表面产生特殊的纹理或材质效果，包括“拼缀图”“染色玻璃”“纹理化”“颗粒”“马赛克拼贴”“龟裂缝”6 种。

5. 艺术效果

“艺术效果”子菜单中的命令可以使图形产生多种不同风格的艺术效果，包括“塑料包装”“壁画”“干画笔”“底纹效果”“彩色铅笔”“木刻”“水彩”“海报边缘”“海绵”“涂抹棒”“粗糙蜡笔”“绘画涂抹”“胶片颗粒”“调色刀”“霓虹灯光”15 种。

6. USM 锐化效果

“USM 锐化”命令在图像边缘的每侧生成一条亮线和一条暗线，产生边缘轮廓锐化效果。可用于校正摄影、扫描、重新取样或打印过程产生的模糊。

7. 照亮边缘效果

“照亮边缘”命令可以对画面中的像素边缘进行搜索。然后使其产生类似霓虹灯光照亮的效果，如图 8-65 所示。

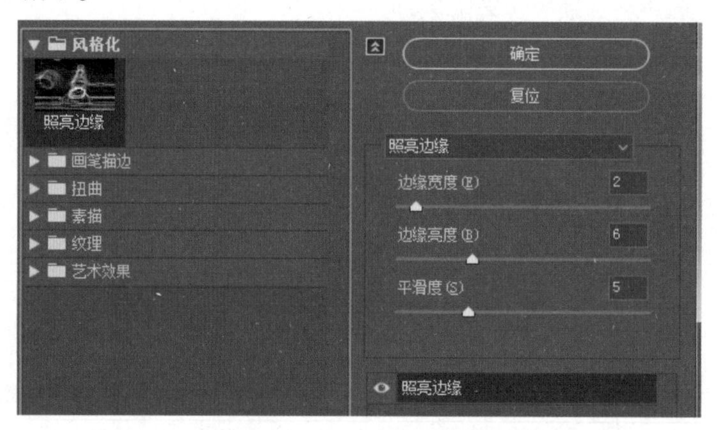

图 8-65 “照亮边缘”对话框

小 结

本单元主要讲解了“效果”菜单的基本操作，通过本单元学习使读者能够掌握软件中“Illustrator 效果”和“Photoshop 效果”的使用方法，帮助读者在使用软件进行创作时更加便捷、轻松地实现预期效果。效果和样式一样，需要结合“外观”面板使用，效果能快速改变对象的外观，但并不改变对象本身，也就是说，这种改变是可逆的。为对象应用一个效果后，这种效果会显示在“外观”面板中。可以从“外观”面板中编辑、移动、复制、删除所应用的效果或将其存储为图形样式的一部分。要打开“外观”面板，可选择“窗口”→“外观”命令，或单击“属性”面板中“外观”部分的“更多选项”。

- 掌握“效果”菜单的作用；
- 掌握栅格化的概念和使用方法
- 掌握“Illustrator 效果”相关命令的效果和设置方法；
- 掌握“Photoshop 效果”相关命令的效果和设置方法；

- 掌握效果的添加、编辑、移动、复制、删除等方法；
- 掌握“外观”面板的使用方法。

练　习

一、简答题

1. 简述将效果应用于对象的方法。
2. 将 Photoshop 效果应用于矢量图稿时，图稿将会有何变化？
3. 如何编辑已经应用于对象的效果？

二、操作题

完成教材中本单元的任务拓展，并提交。

单元九

外观属性与图形样式

外观属性是一组在不改变对象基础结构的前提下影响对象外观的属性。外观属性包括填色、描边、透明度和效果。如果把一个外观属性应用于某对象，而后又编辑或删除这个属性，该基本对象以及任何应用于该对象的其他属性都不会改变。图形样式是一组可反复使用的外观属性。图形样式使用户可以快速更改对象的外观。

学习目标

- 掌握“外观”面板中命令按钮的使用方法
- 掌握外观属性的编辑和删除
- 掌握图形样式的套用和编辑

任务一 创建新的外观样式

“外观”面板是使用外观属性的入口，因为可以把外观属性应用于层、组和对象（常常还可应用于填色和描边），所以图稿中的属性层次可能会变得十分复杂。例如，如果要对整个图层应用一种效果，而对该图层中的某个对象应用另一种效果，就可能很难分清到底是哪种效果导致了图稿的更改。“外观”面板可显示已应用于对象、组或图层的填充、描边、图形样式和效果，使对象属性层次变得清晰明了。

任务描述

启动 Illustrator CC 软件，制作图 9–1 所示的创建新的外观样式效果图，并保存为“创建新的外观样式 .ai”文件。

在做图的过程中会使用到配色，可以通过修改对象的填充颜色和描边颜色来使画面颜色搭配更协调更舒适。本案例将通过讲解填充颜色和描边颜色，让读者更加直观地了解面板中的这些修改命令。

本案例还带领读者通过该案例的制作，认识“外观”面板，初步掌握其中的主要功能和操作方法，同时结合前面效果章节的操作，做到知识点的融汇贯通。

图 9–1 创建新的外观样式效果

任务实施

步骤 1 打开本书提供的素材“创建新的外观形式素材 .ai”文件。选择上衣图形，如图 9–2 所示，在“外观”面板菜单中选择“添加新填色”命令，如图 9–3 所示，可以为对象增加一个新的填充属性，如图 9–4 所示。

图 9–2 选择上衣图形

图 9–3 “外观”面板菜单

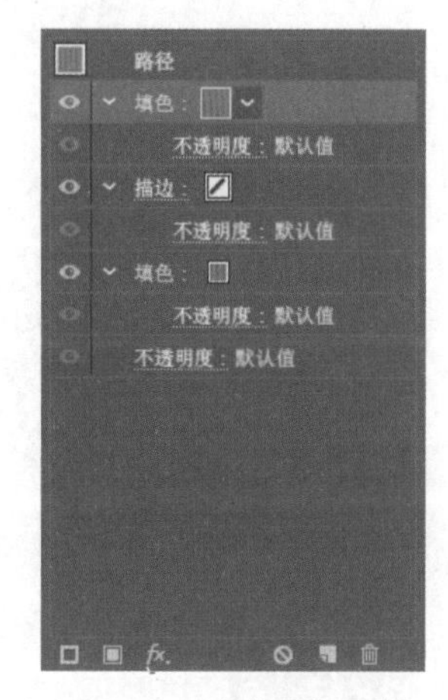

图 9–4 “外观”面板

步骤2 单击图9-4选中的“填色”按钮，在打开的面板中选择颜色(R:0，G:146，B:69)，如图9-5所示。给上衣另外填充一种颜色，如图9-6所示。

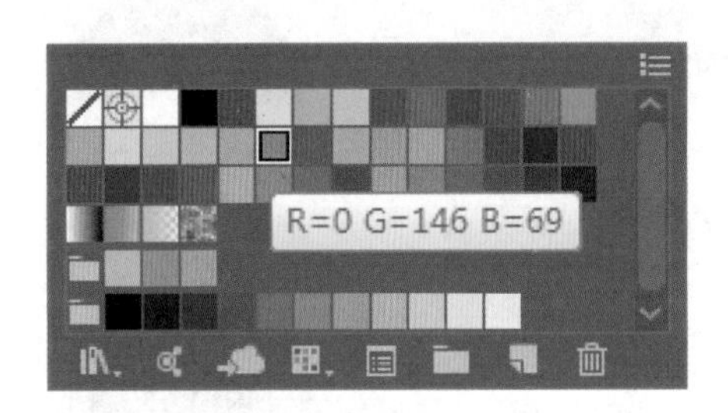

图9-5 填充颜色面板

图9-6 给上衣填充一种颜色

步骤3 此处是通过新加入填充颜色实现上衣的换色，也可以直接修改已有的填充色。

步骤4 分别选择上衣袖子和袖口，在原有填色上直接修改颜色，如图9-7和图9-8所示。

图9-7 给袖子填色

图9-8 给袖口填色

步骤5 选择上衣图形，单击“外观”面板下方的“fx”按钮，如图9-9所示

步骤6 在弹出的菜单中选择“艺术效果”→“涂抹棒”命令，如图9-10所示。

步骤7 在打开的涂抹棒属性设置对话框中，进行图9-11所示设置。

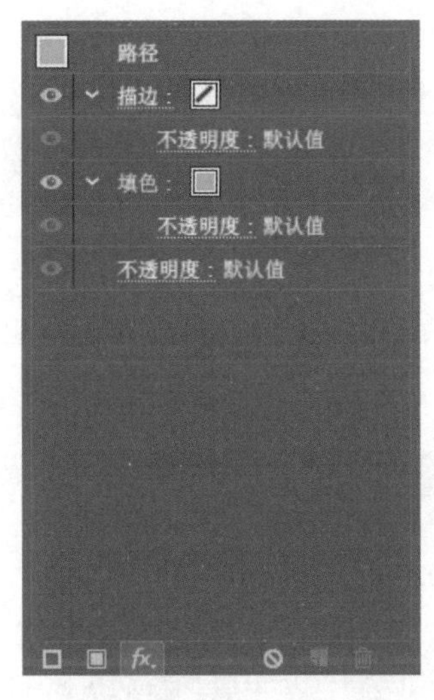

图 9–9 “外观”面板

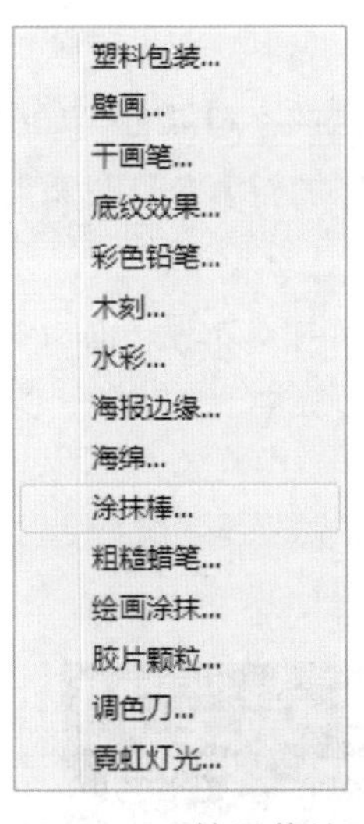

图 9–10 效果菜单

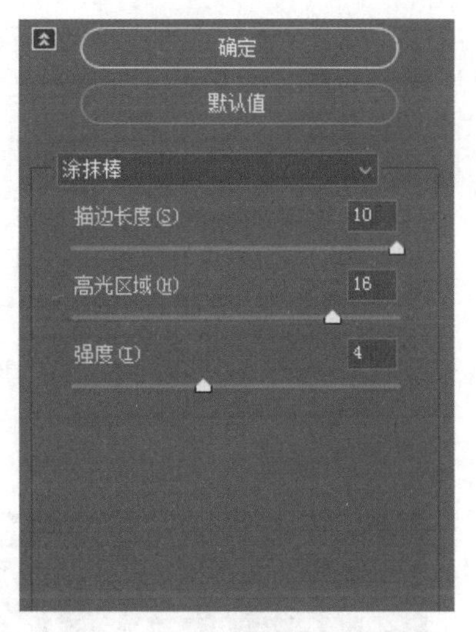

图 9–11 涂抹棒属性设置对话框

步骤 8 根据以上操作，生成的最终效果见图 9–1。

任务拓展

打开本书提供的素材“拓展练习一”文件，使用“外观”面板中的“填色”和“FX”效果，制作图 9–12 所示的效果。

相关知识

1. 外观属性面板

可以使用“外观”面板（选择“窗口”→“外观”命令）查看和调整对象、组或图层的外观属性，也可以按【Shift+F6】组合键打开“外观”面板，如图 9–13 所示，填充和描边将按堆栈顺序列出在面板中。面板中从上到下的顺序对应于图稿中从前到后的顺序，各种效果按其在图稿中的应用顺序从上到下排列。

图 9–12 拓展练习一

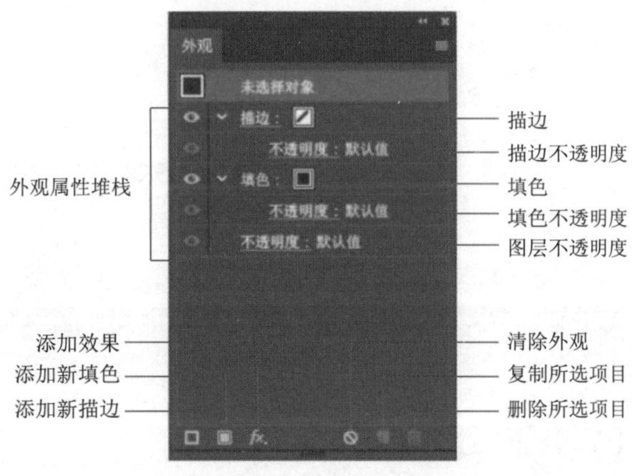

图 9–13 “外观”面板

2. 在“外观”面板中修改字符属性

在“外观”面板中可以列出文本对象的字符属性，如图 9–14 所示。“外观”面板底部的按钮自左向右分别是“添加新描边”“添加新填色”“添加效果”“清除外观”“复制所选项目”以及“删除所选项目”按钮。

选择文本对象时，双击文字对象，此时“外观”面板中的“字符”属性会展开，单击面板顶部的“文字”可返回主视图，继续在面板中双击字符，又可以打开字符属性，也就是通过双击可以在图层属性和字符属性之间切换。

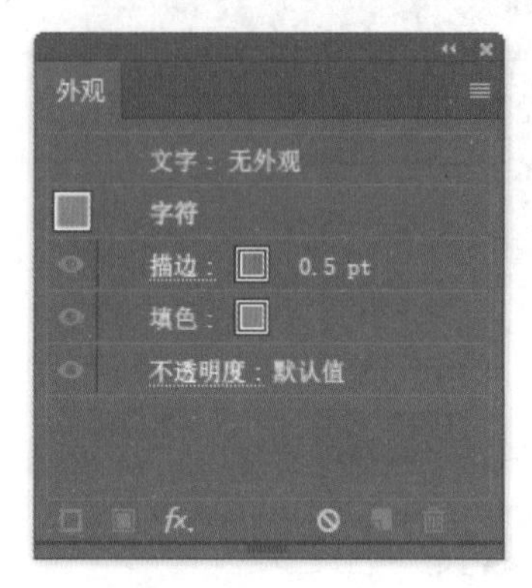

图 9–14

3. 使用吸管工具复制属性

选择要更改属性的对象，选择“吸管工具”，单击文档中的任意对象并持续按住鼠标按键，不要松开鼠标按键，将光标指针移向要复制其属性的对象上，当指针位于对象之上时，松开鼠标按键，完成属性的复制，如图 9–15 和图 9–16 所示，星形复制了文字的属性。

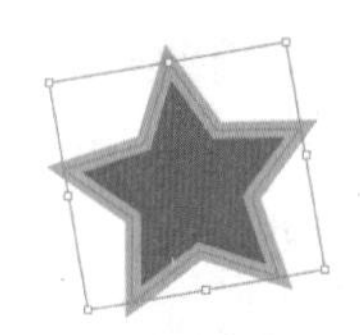
安徽商貿

图 9–15　吸管复制属性（一）

安徽商貿

图 9–16　吸管复制属性（二）

任务二　使用“外观”面板编辑图案样式

使用 Illustrator CC 软件绘制图形，再进行外观属性的设置。本例中使用“外观”面板结合形状工具、旋转工具和“透明度”面板，完成花瓣图案的制作，是一个简单的混合应用实例。

任务描述

启动 Illustrator CC 软件，完成图 9–17 所示的花瓣图案图形的制作，并保存为“花瓣图

案 .ai”。

本案例旨在带领读者综合运用外观属性和其他图形技术，认识外观属性面板在综合制作中的方便实用，进一步练习使用“外观”面板进行图形制作。

图 9-17 花瓣图案

任务实施

步骤 1 启动 Illustrator CC 软件，选择“文件”→“新建”命令（或者按【Ctrl+N】组合键），在“新建”对话框中设置“宽度”为 1 000 像素、高度为 720 像素，分辨率为 72 像素 / 英寸，如图 9-18 所示，单击“确定”按钮。

图 9-18 “新建文档”对话框

步骤 2 使用形状工具组中的矩形工具绘制矩形，如图 9-19 所示，矩形属性选择无描边和绿色（R:140,G:198,B:63）填充，如图 9-20 所示。

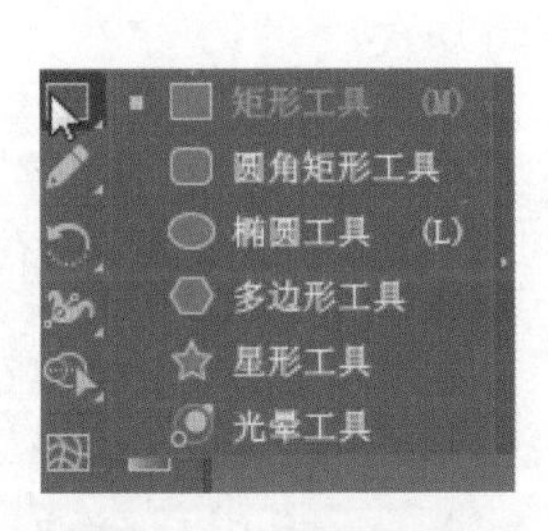

图 9-19 矩形工具组

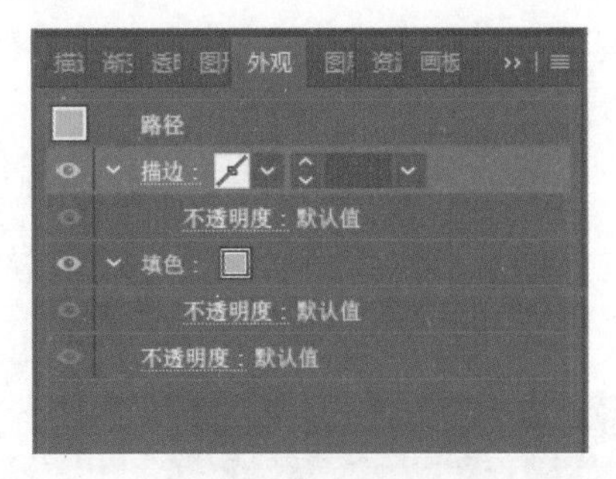

图 9-20 矩形属性设置

步骤 3 使用椭圆工具绘制椭圆，无描边，填充为文档背景色（R:140,G:198,B:63），使用直接选择工具调节，形成扭曲的花瓣形状，如图 9-21 所示。

步骤 4 使用旋转工具，按住【Alt】键，在变形椭圆的下方锚点处单击，弹出“旋转”对话框，输入 15°，再单击“复制”按钮，如图 9–22 所示。

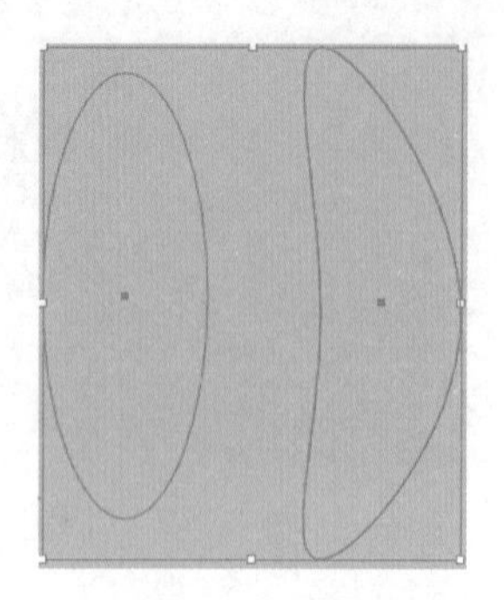
图 9–21　抽曲花瓣

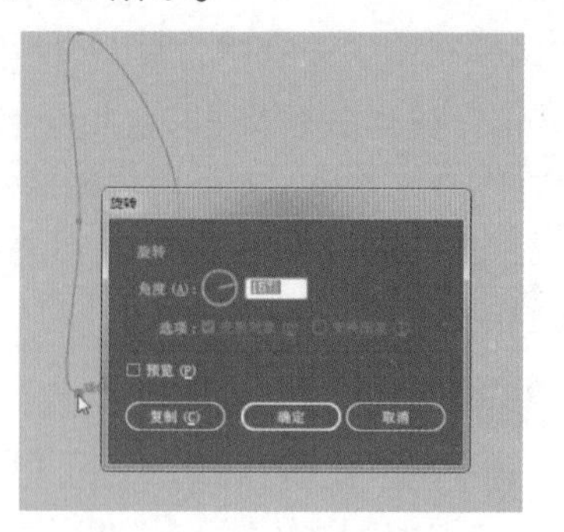
图 9–22　“旋转”对话框

步骤 5　连续按【Ctrl+D】组合键，完成连续的旋转复制，如图 9–23 所示。

步骤 6　选择全部花瓣，在外观面板中，单击“FX”按钮，选择“风格”→“内发光”命令，设置花瓣内发光，参数和生成的效果如图 9–24 所示。

图 9–23　连续旋转复制

图 9–24　设置花瓣内发光

步骤 7　此时的花瓣相互叠加，上下层之间不通透，可以通过“透明度”面板给花瓣添加不透明度和叠加混合模式，形成比较美观的视觉效果，相应的透明度属性也会出现在外观面板中，调节和最终效果如图 9–25 所示，花瓣图案如图 9–26 所示。

图 9–25　透明度面板调节

图 9–26　花瓣图案

任务拓展

在“绿茵场”实例中，树木部分，使用了多个路径叠加的效果，通过对于路径透明度的处理，有效地实现对象的明暗错落和体积感。在类似效果处理上，可以通过“复制属性”完成。

图 9–27 绿茵场

相关知识

1. 复制外观属性

按钮位于“外观”面板下方，其功能是复制外观属性，在“外观”面板中选择一种属性，然后单击该按钮，或者在外观面板菜单中选择“复制项目”命令，将会在“外观”面板中复制一个已选中的属性。

2. 更改外观属性的堆栈顺序

在“外观”面板中向上或向下拖动外观属性。（如有必要，可以单击项目旁边的三角形切换按钮以显示其内容。）当所拖移外观属性的轮廓出现在所需位置时，松开鼠标按键。

如图 9–28 所示，在“描边”和“填色”之间拖移“透明度”属性对描边应用投影效果（见图 9–28（a））与对填色应用投影效果的对比图（见图 9–28（b））。

(a)　　(b)

图 9–28 更改外观属性的堆栈顺序

3. 对选定的对象启用或隐藏某个属性

要启用或禁用某个属性，可单击该属性旁边的眼球图标。在“外观”面板菜单中选择“显示所有隐藏的属性”命令，可以启用所有隐藏的属性

任务三 图形样式的基础应用

在 Illustrator 软件中，图形样式是一组可反复使用的外观属性。图形样式使用户可以快速更改对象的外观；例如，可以更改对象的填色和描边颜色、更改其透明度，还可以在一个步骤中应用多种效果。应用图形样式进行的所有更改都是完全可逆的。可以将图形样式应用于对象、组和图层。将图形样式应用于组或图层时，组和图层内的所有对象都将具有图形样式的属性。

任务描述

图 9–29 安徽商贸立体字

启动 Illustrator CC 软件，制作图 9–29 所示的立体文字，并保存为“安徽商贸立体字 .ai”。

本案例旨在带领读者学习图形样式的应用，了解矩形、椭圆、多边形以及其他自由形状的创建和调整；并且帮助读者巩固练习使用“钢笔工具”创建路径，使用“路径选择工具”和“直接选择工具”调整路径，使用“文字工具”创建和编辑文字。

任务实施

步骤 1 选择“文件”→“新建”命令（或者按【Ctrl+N】组合键），打开“新建文档”对话框，设置宽度为 800 px、高度为 600 px、分辨率为 72 像素 / 英寸，单击“确定”按钮，完成画布的创建，如图 9–30 所示。

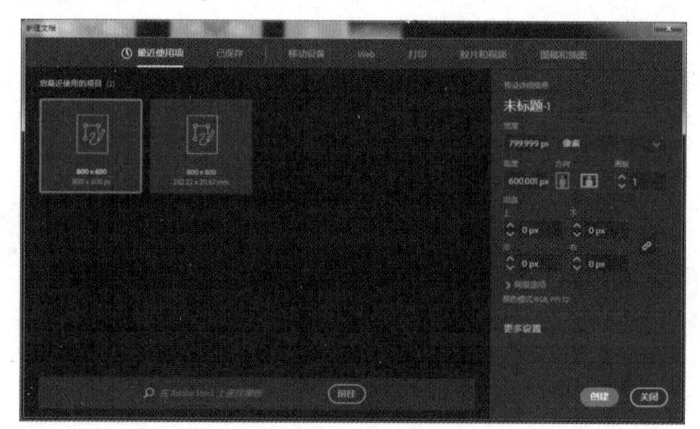

图 9–30 创建任务三

步骤 2 选择“文件”→“存储为”命令（或者按【Ctrl+Shift+S】组合键），在打开的对话框中以名称“安徽商贸立体字 .ai”保存文件。

步骤 3 在矩形工具组 中选择“圆角矩形工具”，在窗口中单击，打开“圆角矩形”对话框，如图 9–31 所示，设置宽度为 450 px，高度为 320 px，圆角半径默认为 12 px，单击“确定”按钮，在文档中绘制了一个圆角矩形。

步骤 4 在对象属性栏中，选择圆角矩形的描边属性为“无”如图 9–32 所示。

步骤 5 打开“图形样式”面板，如图 9–33 所示。

步骤 6 单击“图形样式”面板底部的“图形样式库”按钮，打开库样式菜单，如图 9–34 所示。

步骤 7 多次选择相关选项，相应选项出现在图形样式栏中，如图 9–35 所示。

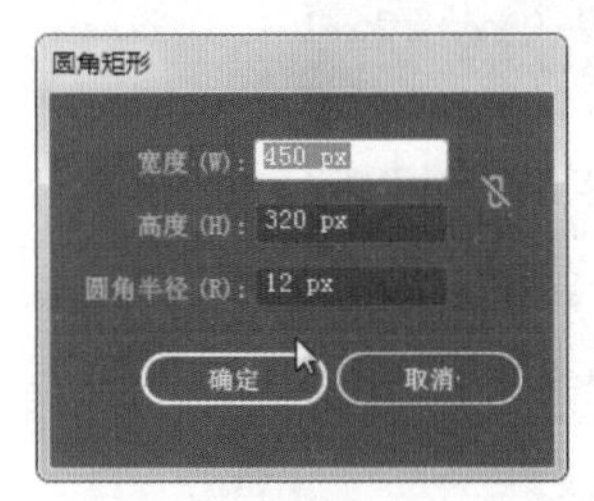

图 9-31 “圆角矩形”对话框

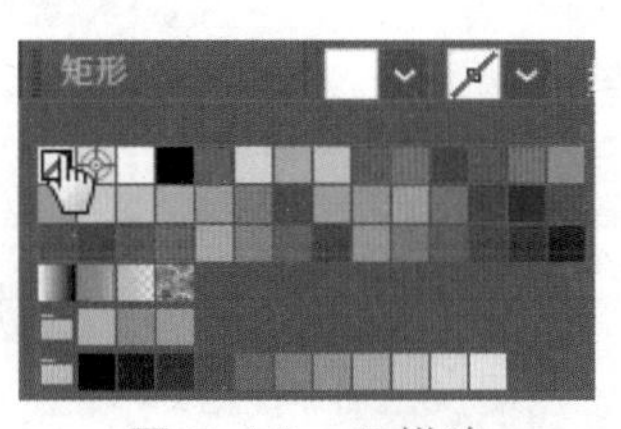

图 9-32 无描边

图 9-33 “图形样式”面板

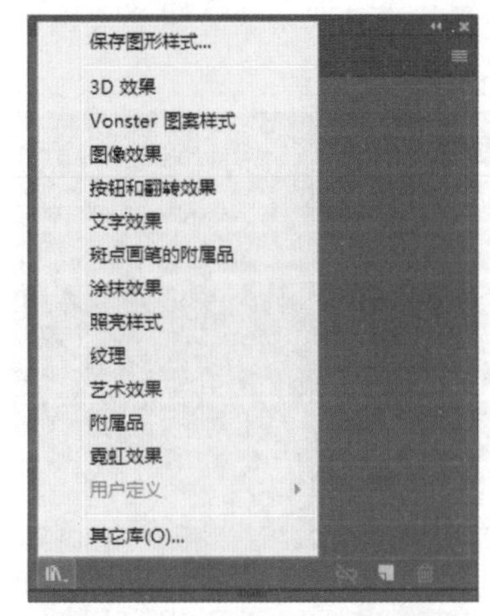

图 9-34 图形样式库菜单

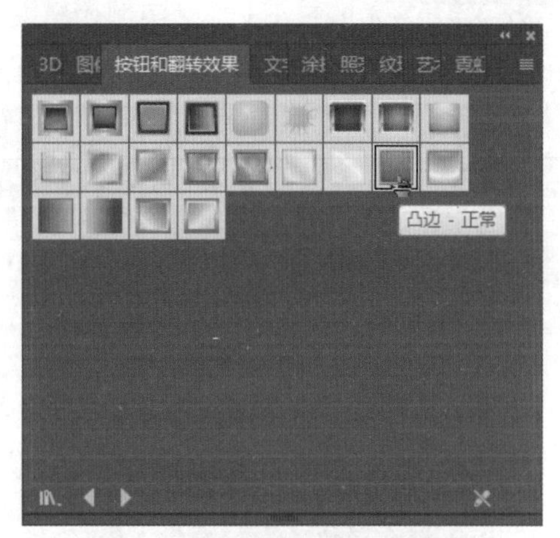

图 9-35 图形样式标签面板

步骤 8 在文档中输入“安徽商贸”文字，按住【Shift】键，用“移动工具”拖动文字控制柄，改变文字大小，如图 9-36 所示。

步骤 9 给文字选择字体，如图 9-37 所示。

图 9-36 改变文字大小

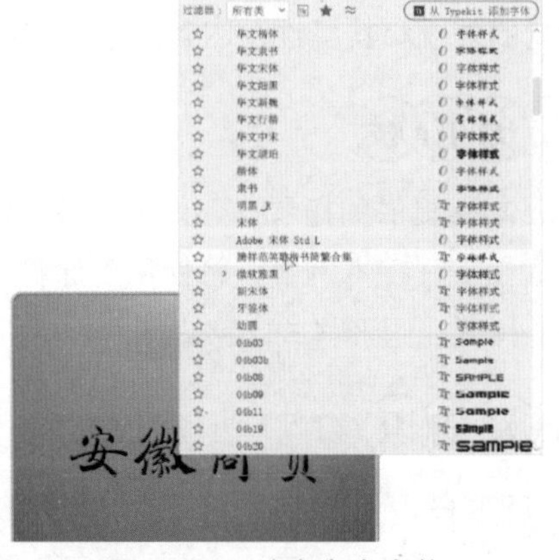

图 9-37 改变文字字体

步骤 10 全部选择圆角矩形和文字，在图形样式面板中选择“3D 效果 2”，生成的效果如图 9-38 所示。

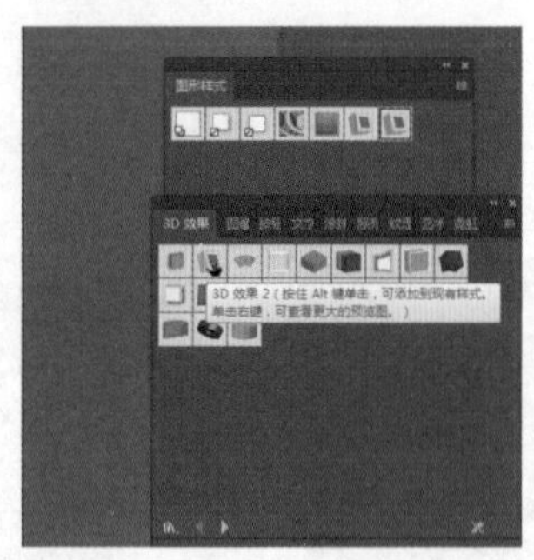

图 9–38　3D 效果 2

步骤11 基本的三维文字效果制作出来了，接下来，通过外观样式面板，选择相应的属性选项，修改文字和圆角矩形的属性，如图 9–39 所示。

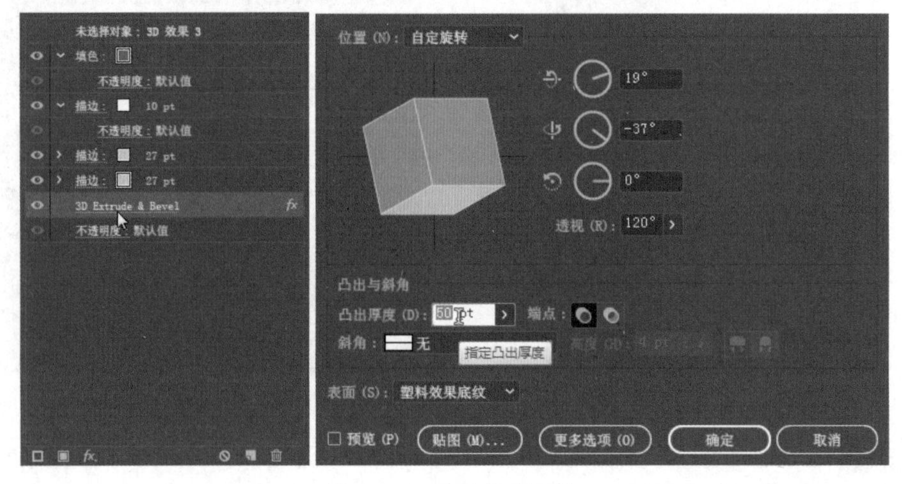

图 9–39　修改外观属性

步骤12 完成本例制作，读者可以在上述步骤的基础上，多进行类似的操作，熟悉多种图形样式的外观和其属性，达到熟练应用。

任务拓展

打开本书提供的拓展练习效果文件，制作类似的图形样式文字，在本例中，将使用到涂抹效果和图形效果中的样式，图形样式文字如图 9–40 所示。

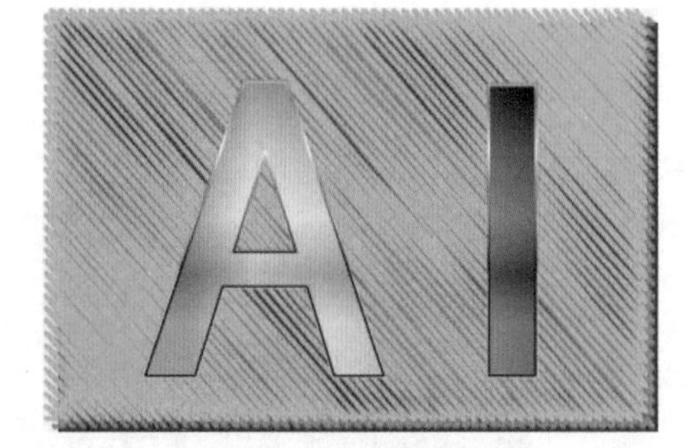

图 9–40　图形样式文字

相关知识

1. 图形样式面板概述

使用“图形样式”面板，可以方便地将图形样式应用到对象中。在实际操作时，可以将图形样式应用于单个对象，也可应用于一个组或一个图层。

选择“窗口”→“图形样式”命令，打开“图形样式”面板，如图 9–41 所示。

可通过“图形样式”面板创建、命名和应用外观属性集。在创建文档时，该面板会显示默认的图形样式。

如果样式没有填色和描边，则样式的缩览图会显示为带黑色轮廓和白色填色的对象。此外，会显示一条细小的红色斜线，表示没有填色或描边，如图 9–42 所示。

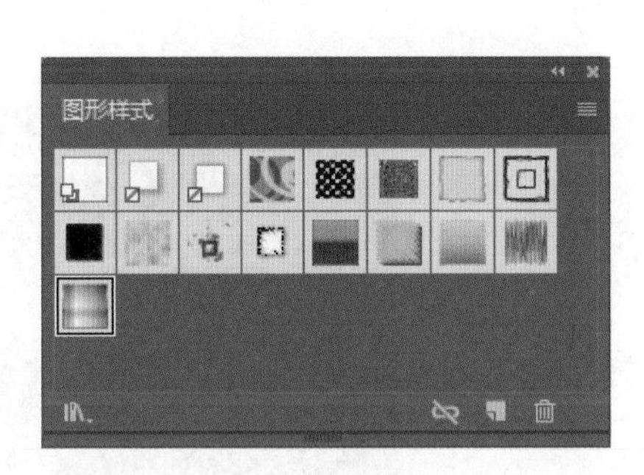

图 9–41 “图形样式”面板

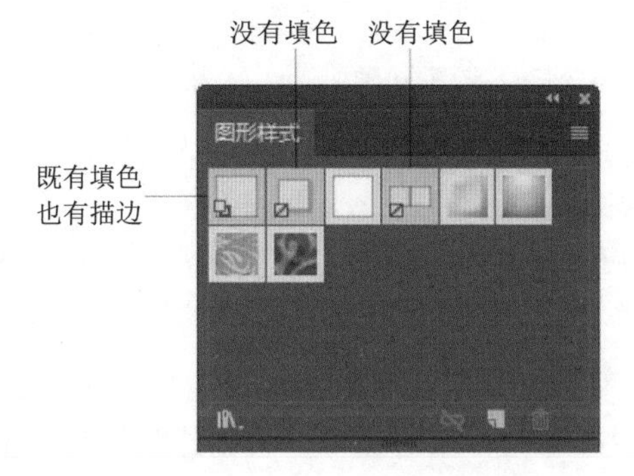

图 9–42 没有填色或描边

2. 创建图形样式

在 Illustrator 软件中，选择一个对象，并对其应用任意外观属性组合，包括填色和描边、效果和透明度设置，同时可以使用“外观”面板调整和排列外观属性，并创建多种填充和描边。此时，文档中的对象具有了丰富实用的外观属性，可以通过以下方法将其建立成图形样式，方便后期使用。

（1）选择对象之后，在“图形样式”面板菜单中选择“新建图形样式”命令，此时新的图形样式建立在“图形样式”面板中，图标是所选“对象”的缩略图。

（2）选择对象之后，单击“图形样式”面板底部的“新建图形样式”按钮，效果同上、如图 9–43 所示。

（3）在“外观”面板中选择对象条目栏，使用鼠标左键按住不放，再拖动到“图形样式”面板，完成图形样式的新建，如图 9–44 所示。

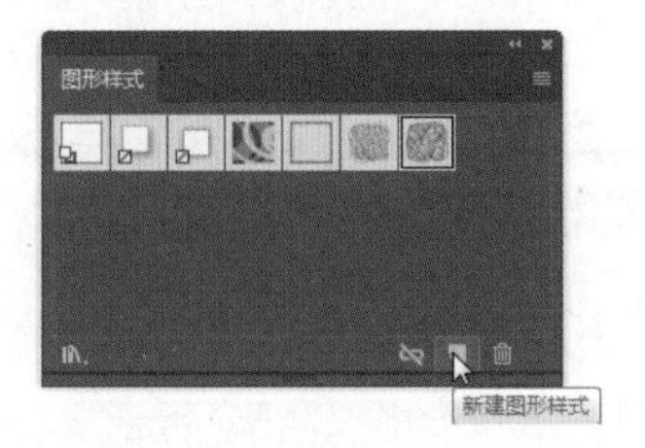

图 9–43 新建图形样式（一）

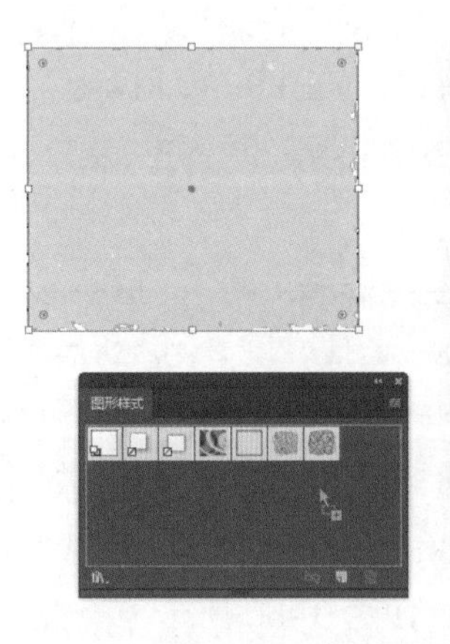

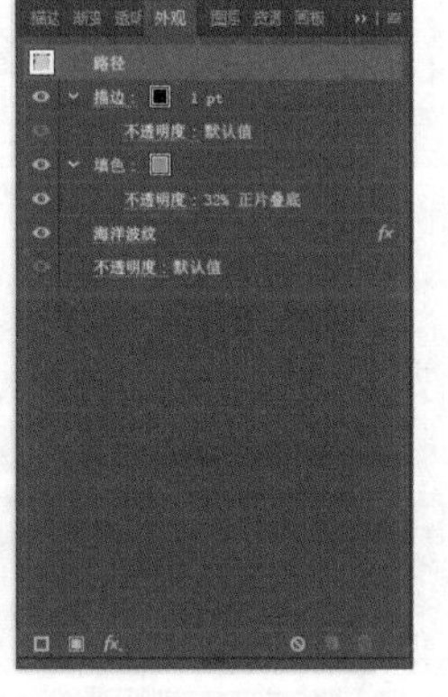

图 9–44 新建图形样式（二）

任务四　图形样式案例应用

在 Illustrator 软件中，创建文档时，“图形样式”面板中会列出一组默认的图形样式。当文档打开并处于工作状态时，随同该文档一起存储的图形样式显示在此面板中。如果样式没有填色和描边，则缩览图会显示为带黑色轮廓和白色填色的对象。此外，会显示一条细小的红色斜线，指示没有填色或描边。

任务描述

启动 Illustrator CC 软件，制作图 9-45 所示的布艺效果，并保存为“细帆布实例 .ai”。

本案例旨在带领读者学习图形样式的应用，了解矩形、星形、文字工具以及对象样式的创建和调整；帮助读者巩固练习矩形对象的建立，画板的对齐和图形样式的应用及修改。

图 9-45　细帆布实例

任务实施

步骤 1 选择“文件”→“新建”命令，新建一个 800 px × 600 px、72 像素 / 英寸的文件。

步骤 2 选择矩形工具，在文档中绘制一个矩形，设置矩形的属性为无填充，1 pt 描边，如图 9-46 所示。

步骤 3 选择矩形对象，在属性栏中，设置对象“对齐画板”，再分别单击“水平居中”和“垂直居中”按钮，使矩形对象位于画板的正中间，如图 9-47 所示。

图 9-46　设置描边为 1 pt

图 9-47　设置对齐

步骤 4 选择文字工具，在矩形内部的上方输入 XXX 字母，同时选择矩形对象和字母，为字母设置水平居中属性，如图 9-48 所示。

步骤 5 在字母下方绘制一个矩形，宽度和字母类似，然后点击对齐方式为水平居中。(此时还是画板对齐。)

步骤 6 选择“直接选择工具”，拖动选中矩形下方的两个锚点，再用“直接选择工具”按住弧度控制柄进行拖拉，建立图 9-49 所示形状。

步骤 7 下面使用图形样式，给对象添加外观样式，所以此时文字和矩形的填充和描边颜色不需要指定。

步骤 8 选择所有对象，在“图形样式”面板中选择样式库中的“纹理”样式，在其中找到“RGB 细帆布”，如图 9-50 所示，单击后得到图形效果如图 9-51 所示。

图 9-48　输入 ×××

图 9-49　选中锚点并拖动

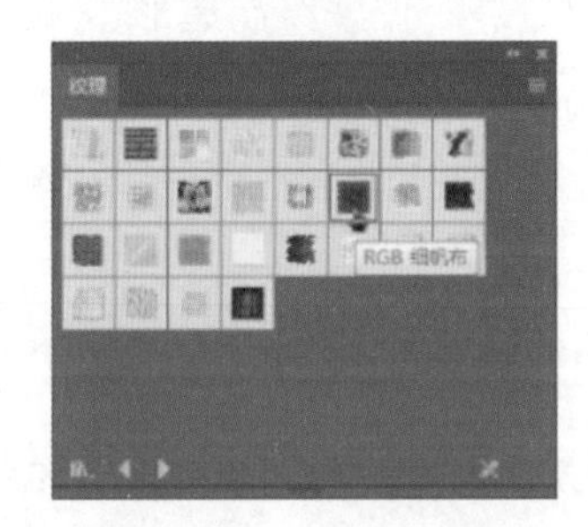

图 9-50　“纹理”面板

图 9-51　RGB 细帆布效果

步骤 9　此时，三个对象的外观效果过于一致，视觉效果不好。按住【Shift】键，单击文字和内部矩形对象，在外观属性的“不透明度”中设置混合模式为“滤色”，如图 9-52 所示。提亮这两个对象的明度，形成明度的错落感，如图 9-53 所示。

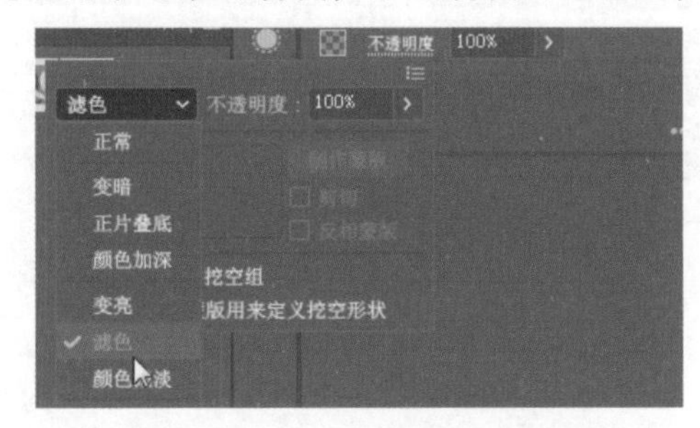

图 9-52　设置混合模式

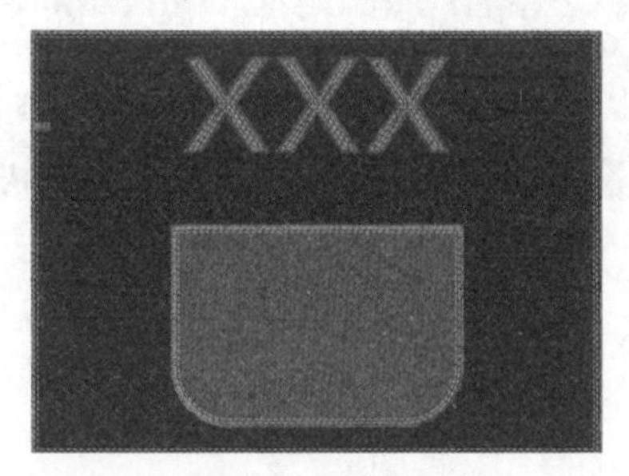

图 9-53　修改明度

步骤 10　下面给“口袋”加上金属纽扣。选择“椭圆工具”，绘制合适大小的无填充圆并复制一个，分别放置在“口袋”上方的两个角上，如图 9-54 所示。

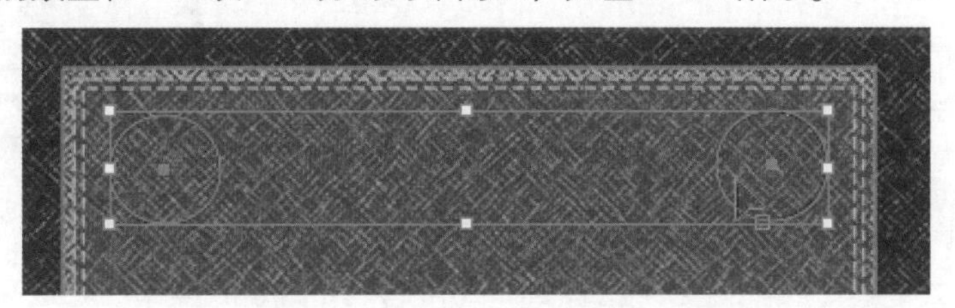

图 9-54　绘制两个圆并放到两个角上

步骤 11　选择两个圆，在“图形样式”面板中打开“按钮与旋转效果”面板，在其中选择

“金属”图形样式，效果如图 9–55 所示。接下来修改按钮的大小和位置，使整体外观更加符合比例，如图 9–56 所示。

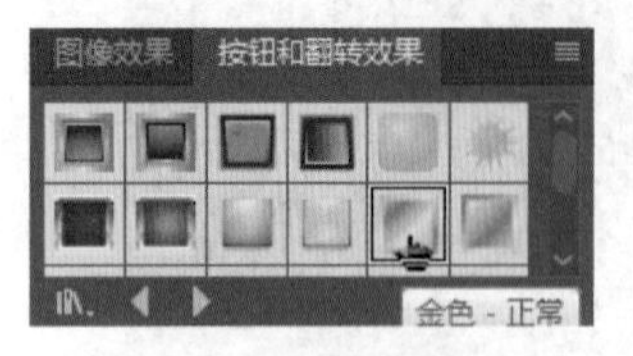

图 9–55　按钮和翻转效果

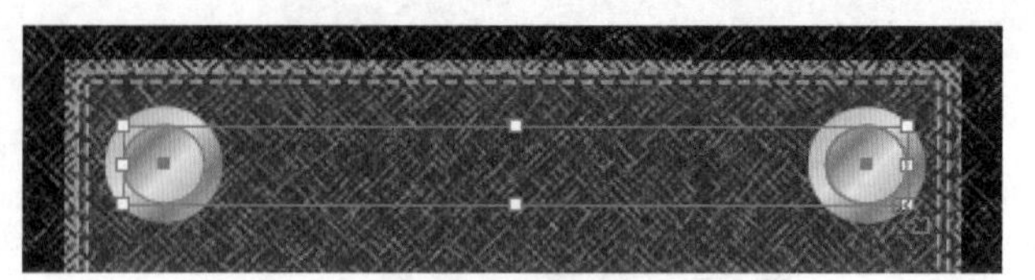

图 9–56　按钮效果

步骤 12 选择矩形工具组中的“星形工具”，在“口袋”位置绘制星形，注意在绘制时按住【Shift】键，保证绘制的星形垂直向上，调整大小和位置。

步骤 13 在“图形样式”面板选择“纹理”面板，选择星形后单击“纹理”面板中的“RGB 细帆布”，给星形添加帆布纹理，如图 9–57 所示。

任务拓展

打开本章拓展练习效果图，绘制数字形状图形，加入图形样式，效果如图 9–58 所示，左图为数字形状图形的绘制，右图是加入图形样式后的效果。

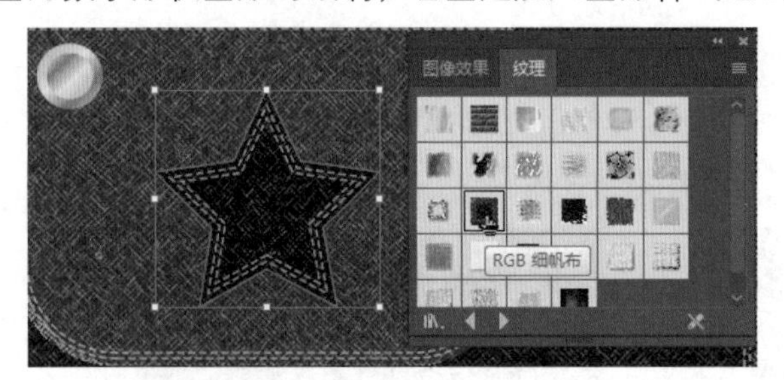

图 9–57　“纹理”面板

图 9–58　数字形状图形

相关知识

1. 删除和替换图形样式

删除图形样式是在“图形样式”面板中删除已有的样式，其方法是，从“图形样式”面板菜单中选择“删除图形样式”命令，在打开的对话框中单击“是”按钮或将样式拖动到“删除”按钮上，如图 9–59 所示。

图 9–59　拖动删除

使用图形样式的任何对象、组或图层都将保留相同的外观属性；不过，这些属性不再与图形样式相关联。

2. 替换图形样式属性

替换图形样式能在短时间内更改已有的样式，是一项高效的操作。方法有如下几种。

（1）按住【Alt】键的同时将所需的图形样式拖移到要替换的图形样式上。

（2）选择一个具有要使用的属性的对象或组（或在“图层”面板中定位一个图层）。然后按住【Alt】键并将“外观”面板顶部的缩览图拖动到“图形样式”面板中要替换的图形样式上。

（3）选择要替换的图形样式。然后选择具有要使用的属性的图稿（或在“图层”面板中定位一个项目），并从“外观”面板菜单中选择“重新定义图形样式‘样式名称’”命令。被替换的图形样式的名称仍被保留，但应用的却是新的外观属性。此 Illustrator 文档中所有使用此图形样式之处，均更新为新属性。

3. 使用图形样式库

图形样式库是一组预设的图形样式集合。当用户打开一个图形样式库时，它会出现在一个新的面板（而非“图形样式”面板）中。用户可以对图形样式库中的项目进行选择、排序和查看，其操作方式与用户在“图形样式”面板中执行这些操作的方式一样。

不过，用户不能在图形样式库中添加、删除或编辑项目。

1）打开图形样式库

选择“窗口”→“图形样式库”子菜单中某个库或选择“图形样式”面板菜单中的 “打开图形样式库”子菜单中选择一个库。

2）创建图形样式库

向“图形样式”面板中添加所需的图形样式，或删除任何不需要的图形样式。要选择文档中所有未使用的图形样式，可选择“图形样式”面板菜单中的“选择所有未使用的样式”命令。从“图形样式”面板菜单中选择“存储图形样式库”命令可将库存储在任何位置。不过，如果将库文件存储在默认位置，则图库名称将出现在“图形样式库”的“用户定义”子菜单和“打开图形样式库”子菜单中。

3）将库中的图形样式移动到“图形样式”面板中

将一个或多个图形样式从图形样式库中拖动到“图形样式”面板。选择要添加的图形样式，然后从图库的面板菜单中选择“添加到图形样式”命令。将图形样式应用到文档中的对象。图形样式将会自动添加到“图形样式”面板中。

小　结

本单元主要讲解了“外观属性”和“图形样式”的基本操作，通过本单元学习使读者能够掌握它们的使用方法，帮助读者在使用软件进行创作时更加便捷，轻松实现预期效果。本单元内容不难理解，关键在于加强练习，及时巩固知识和技能，增强对“外观属性”和“图形样式”的熟悉程度，结合平时积累，积极应用所学，提高软件应用能力。

- 理解“外观属性”样式面板的使用方法；
- 掌握“外观属性”的选择、修改、替换、删除；
- 理解“图形样式”面板的使用方法；
- 掌握“图形样式”的创建；
- 掌握“图形样式”的删除和替换。

练　习

打开所给源文件，如图 9-60 所示，查看外观面板和图形样式面板，完成以下操作。

1. 分析图中对象的样式类型。

2. 单击“消除外观”按钮，给每个对象消除原有外观，之后自行为对象添加个性化的图形样式。

图 9-60　源文件

单元十
综合项目制作

本单元将带领读者回顾本书所学的 Illustrator CC 矢量图形制作的相关知识，并进行综合性案例的制作，通过对本书知识的综合运用，利用各种工具制作三个案例，分别是制作“企业 VI”、制作“公益海报”、制作“产品包装”，通过这些案例的练习，对本书内容进行复习和总结。

学习目标

- 回顾 Illustrator CC 图形制作的相关知识
- 掌握 Illustrator CC 各类图形制作工具的使用方法和相关技巧
- 制作“企业 VI”案例
- 制作“公益海报”案例
- 制作“产品包装”案例

任务一　制作“企业 VI”

在信息时代中，充斥着大量商品、企业、机构的相关信息，企业 VI 便是一个企业区别于其他企业的形象识别系统，它可以帮助企业在信息的海洋中脱颖而出，实现受众的识别，使人们增强对企业品牌的记忆，达到企业信息的有效传播。

在本任务中，将带领读者制作某个学校机构的标志和视觉形象应用，如图 10–1 所示。

任务描述

启动 Illustrator CC 软件，打开本书提供的素材文件，使用各种图形制作工具，制作“企业 VI”和视觉形象应用，通过图形的绘制与组合，制作出“企业 VI”，如图 10–1 所示，另存为“企业 VI.ai”并导出“企业 VI.jpg”。

图 10–1　企业 VI

任务实施

步骤 1 选择“文件”→“新建”命令（或者按【Ctrl+N】组合键），打开“新建文档”对话框，如图 10–2 所示。设置其中的参数：“预设详细信息”为“企业 VI”，文件宽度为 210 mm、高度为 297 mm，方向为“横幅”，新建一个空白文档。

图 10–2 “新建文档”对话框

步骤 2 选择“文件”→“置入”命令（或者按【Shift+Ctrl+P】组合键），打开“置入”对话框，选择素材“标志 .jpg”，单击“置入”按钮，将文件置入到文档中，如图 10–3 和

图 10-4 所示。

图 10-3 “置入”对话框

图 10-4 置入标志图片

步骤 3 选择“对象”→“锁定”命令（或者按【Ctrl+2】组合键），将“标志”图片锁定，防止绘制路径时移动、删除等误操作，如图 10-5 所示。

步骤 4 选择工具箱中的“钢笔工具”，沿“标志”图片轮廓线绘制曲线，从左下角绘制起点锚点，到中间绘制第二点，到右上角绘制第三点，在第三点锚点上单击，转换平滑点与角点，依次完成图形路径的绘制，如图 10-6 所示。

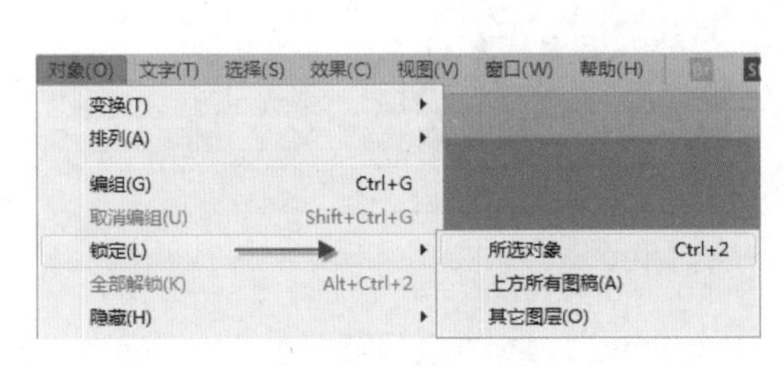

图 10-5 锁定命令

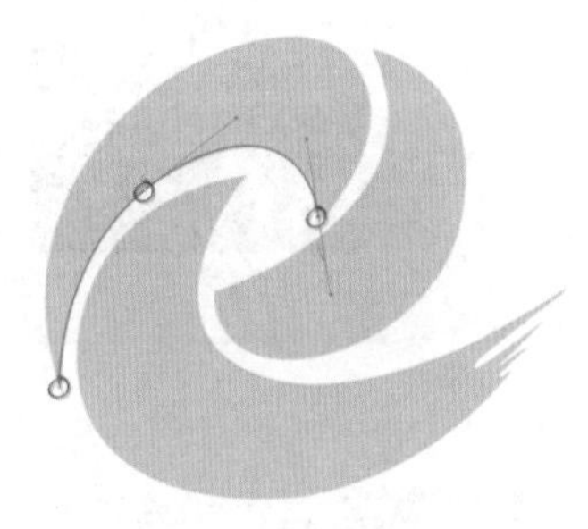

图 10-6 绘制路径

步骤 5 选择工具箱中的“直接选取工具”，选中控制柄两侧的控制点进行拖动，调整曲线，使路径贴合“标志”图片的轮廓线，如图 10-7 所示。

步骤 6 使用相同的方法绘制并调整路径，完成整个图形的绘制，如图 10-8 所示。

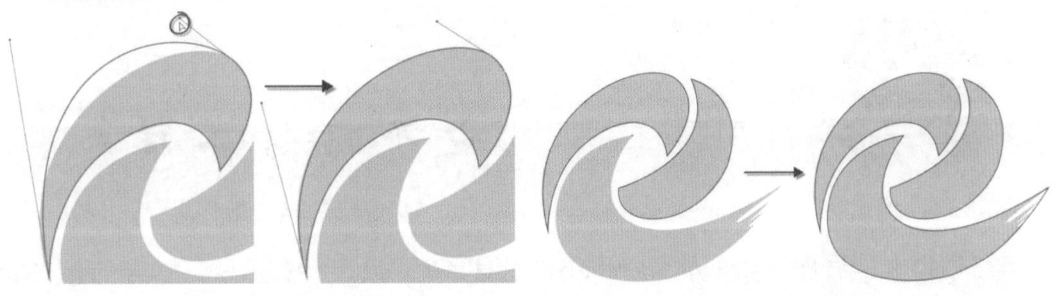

图 10-7 调整曲线

图 10-8 绘制完成

步骤 7 使用“钢笔工具”，沿“标志”图片右下角“笔触”状图形进行绘制，调整图形顺序，将绘制好的图形放置在最顶层，选择“窗口”→“路径查找器”命令（或者按【Shift+Ctrl+F9】组合键），打开“路径查找器”面板，使用“形状模式”里的“减去顶层”工具，制作“笔触”状路径，如图 10-9 和图 10-10 所示。

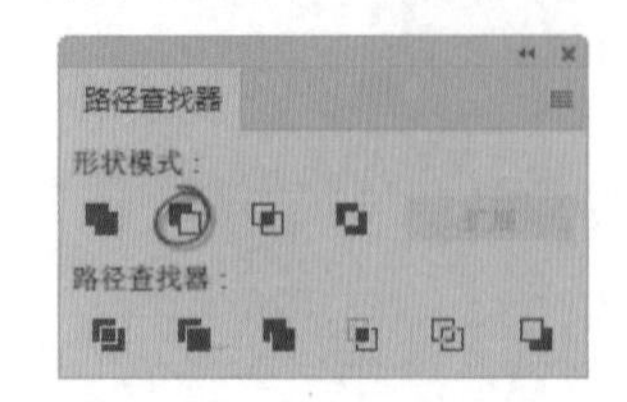

图 10-9 “路径查找器”面板

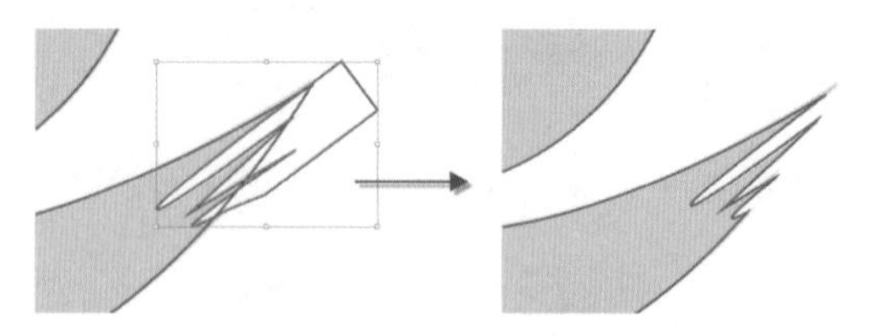

图 10-10 制作“笔触”

步骤 8 选择“对象”→“全部解锁”命令（或者按【Alt+Ctrl+2】组合键），将“标志”图片解除锁定并删除，如图 10-11 所示。

图 10-11 解锁图片

步骤 9 设置企业标准色，双击填充色按钮，打开“拾色器”对话框，设置蓝绿两种颜色，绿色（C:60，M:11，Y:7，K:0），蓝色（C:71，M:47，Y:14，K:0），如图 10-12 所示。

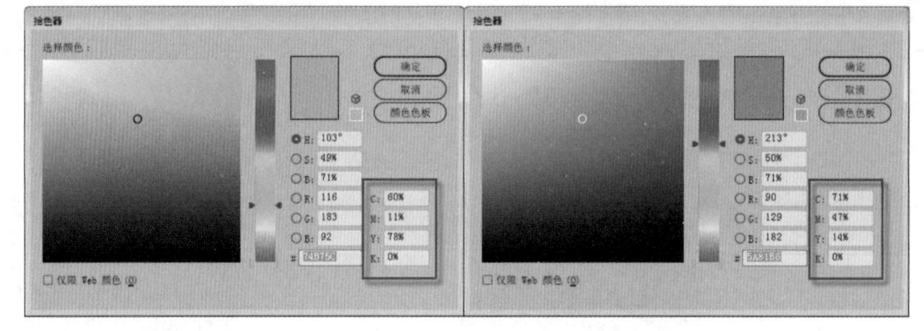

图 10-12 企业标准色设置

步骤 10 将描边色设置为“无”，将填充色分别设置为标准色绿蓝两色，为“标志”图形填充颜色，如图 10-13 所示。

步骤 11 选择“文件”→“置入”命令（或者按【Shift+Ctrl+P】组合键），打开“置入”对话框，选择素材“文字 .jpg”，单击“置入”按钮，将标准字文件置入到文档中，如图 10-14 所示。

图 10-13 填充标准色

电子信息工程系

图 10-14 置入标准字图片

步骤 12 在“属性”面板的“快速操作”区域单击“嵌入”按钮，将“文字 .jpg”图片嵌入到文档中，接下来单击“图像描摹”按钮，在预设下拉列表中选择“素描图稿”，对图片进行矢量描摹，如图 10–15 所示。

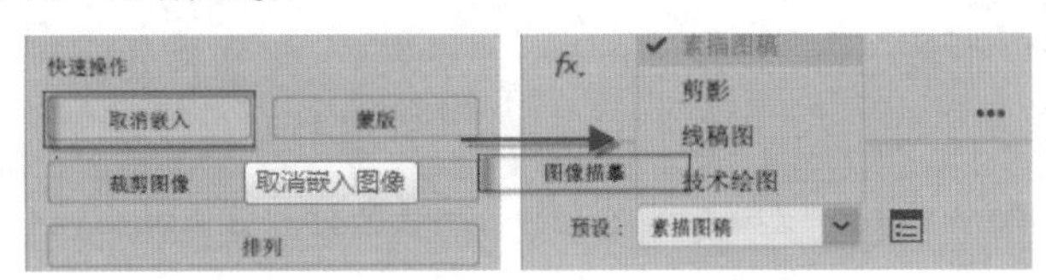

图 10–15 嵌入图片并描摹

步骤13 在“属性”面板的“快速操作”区域单击“扩展”按钮，将图片转换为路径，如图 10–16 所示。

步骤14 选择工具箱中的“文字工具”，输入英文，放置在标准字下方，如图 10–17 所示。

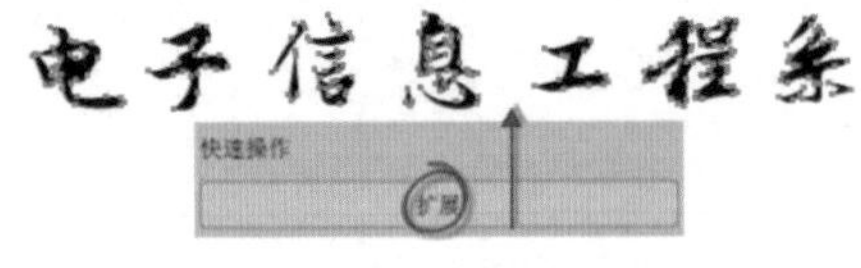

图 10–16 扩展为路径

电子信息工程系
ELECTRONIC INFORMATION ENGINEERING

图 10–17 输入英文

步骤15 选择工具箱中的“矩形网格工具”，打开“矩形网格工具选项”对话框，设置水平 / 垂直分隔线为 12，制作网格图，如图 10–18 所示。

步骤16 将“标志”图形的填充色设置为无，描边色设置为黑色，移动图形到网格图中，制作标志网格制作稿，如图 10–19 所示。

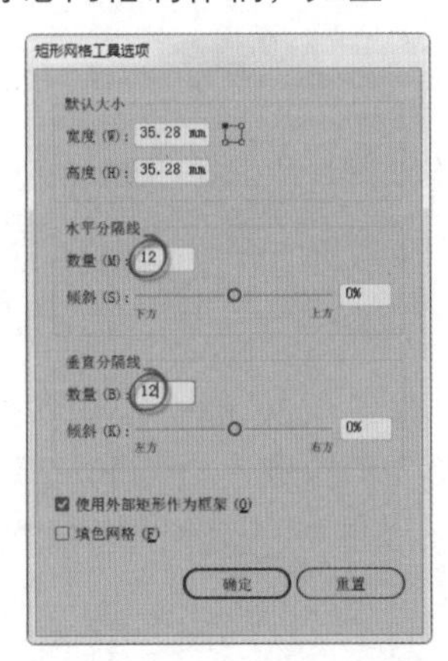

图 10–18 “矩形网格工具选项”对话框

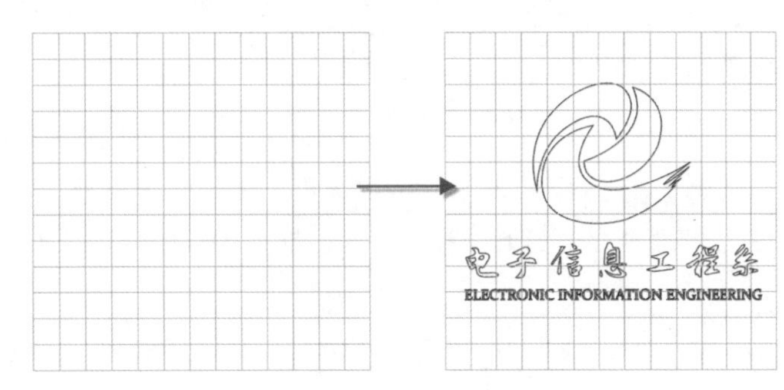

图 10–19 标志网格制作

步骤17 将标志图形填充为黑色，制作标志黑白稿，如图 10–20 所示。

电子信息工程系
ELECTRONIC INFORMATION ENGINEERING

电子信息工程系
ELECTRONIC INFORMATION ENGINEERING

图 10–20 “VI– 标志”

步骤18 选择“文件”→“置入”命令（或者按【Shift+Ctrl+P】组合键），打开“置入”对话框，选择素材“广告帽.jpg”，单击“置入”按钮，将文件置入到文档中，如图 10-21 所示。

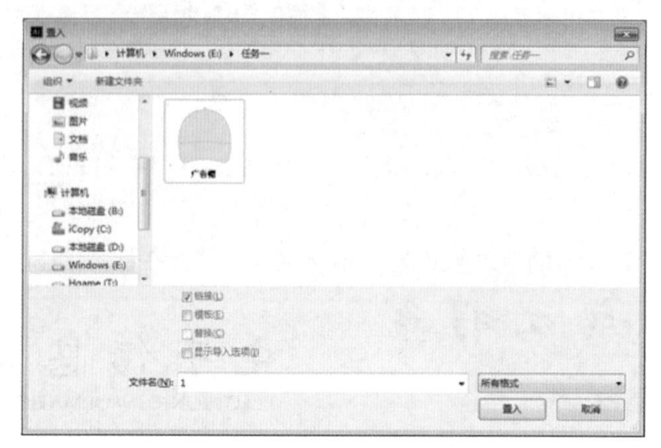

图 10-21 置入“广告帽”图片

步骤19 选择“对象”→“锁定”命令（或者按【Ctrl+2】组合键），将“广告帽”图片锁定，防止绘制路径时移动、删除等误操作，如图 10-22 和图 10-23 所示。

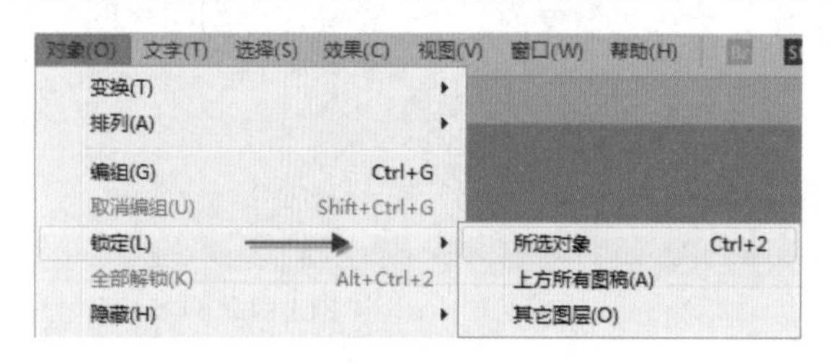

图 10-22 锁定图片

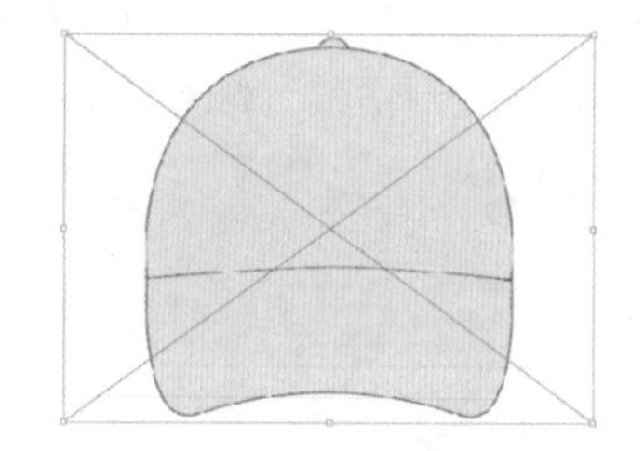

图 10-23 锁定“广告帽”图片

步骤20 选择“视图”→“标尺”→“显示标尺”命令（或者按【Ctrl+R】组合键），如图 10-24 所示。打开“标尺”，并拖动出辅助线，放置于图形中心位置，如图 10-25 所示。

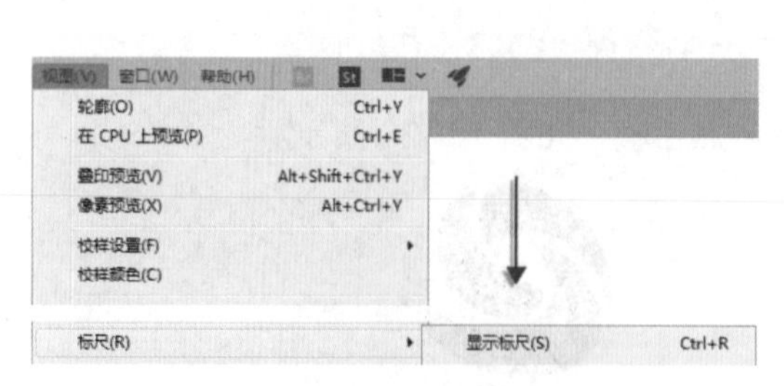

图 10-24 打开标尺

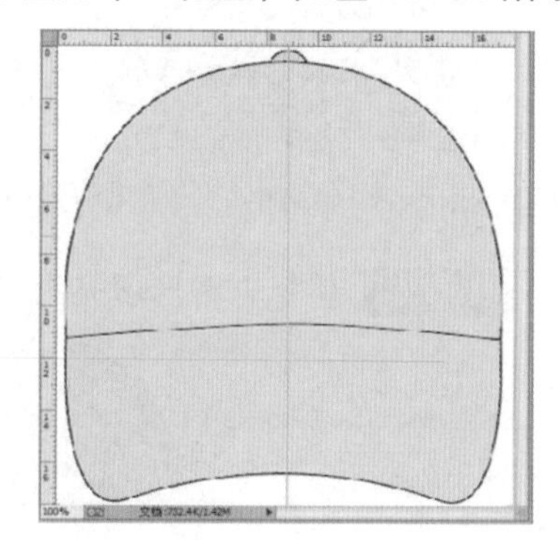

图 10-25 制作辅助线

步骤21 选择填充色，将其设置为“无”填充，双击描边色，设置为红色，以便与“广告帽”图形区分颜色，选择工具箱中的“钢笔工具”，沿图形轮廓绘制广告帽上部的半个形状，再使用“镜像工具”，设置方向为“水平”，单击“复制”按钮，制作另一半，如图 10–26 和图 10–27 所示。

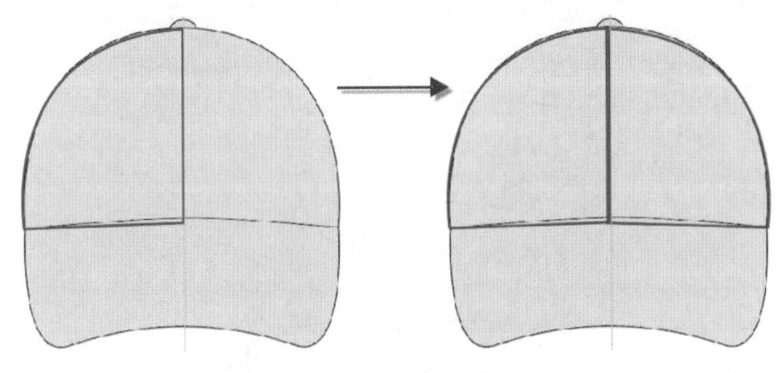

图 10–26　绘制帽子一半

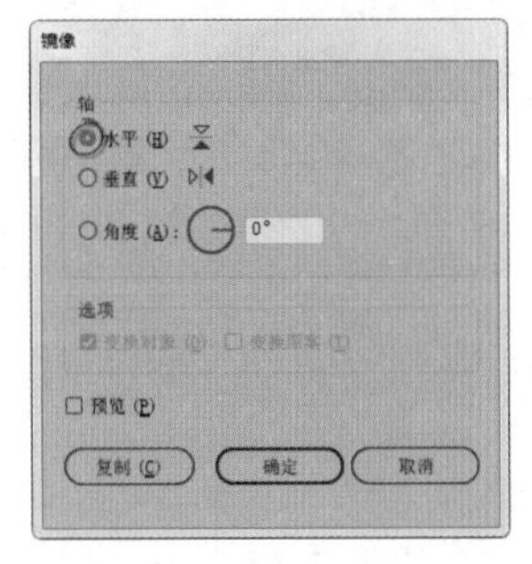

图 10–27　“镜像”对话框

步骤 22 选择“窗口”→“路径查找器”命令（或者按【Shift+Ctrl+F9】组合键），打开“路径查找器”面板，使用“形状模式”中的“联集”工具，将广告帽上部集合成一个图形，如图 10–28 所示。

步骤 23 使用相同的方法，绘制“广告帽”帽檐，如图 10–29 所示。

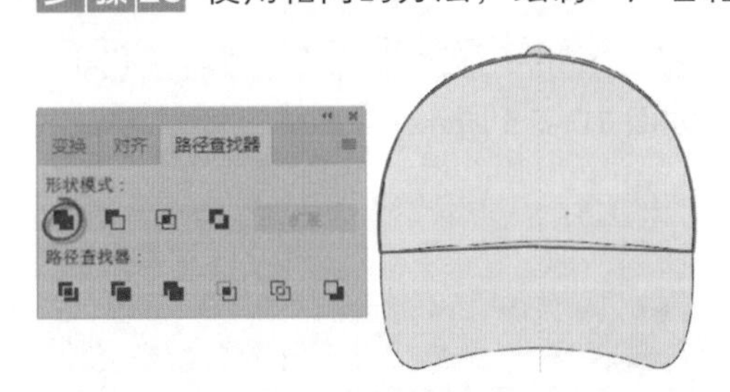

图 10–28　路径查找器联集

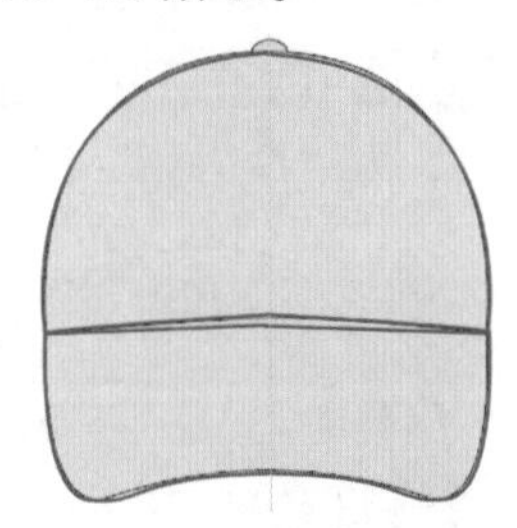

图 10–29　制作帽檐

步骤 24 选择工具箱中的“椭圆工具”，绘制“广告帽”帽扣，如图 10–30 所示。

步骤 25 选择“对象”→“全部解锁”命令（或者按【Alt+Ctrl+2】组合键），将“广告帽”图片解除锁定并删除，如图 10–31 所示。

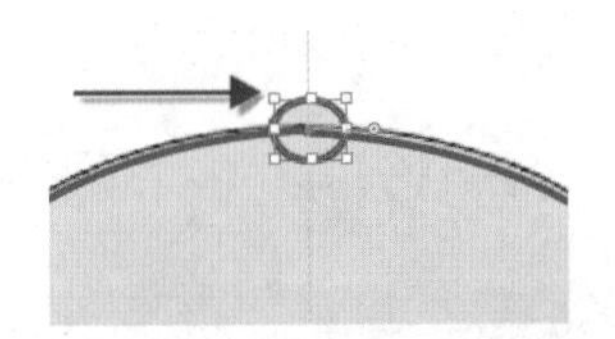

图 10–30　制作帽扣

图 10–31　解锁图片

步骤 26 选择工具箱中的“钢笔工具”组，使用“减去锚点工具”将多余的锚点去除，使用“锚点工具”和“直接选取工具”对路径进行调整，如图 10–32 所示。

步骤 27 选择帽檐，按住【Alt】键向上拖动复制，选择工具箱中的“选择工具”，按住【Shift】键拖动鼠标，对复制的图形进行等比例缩小，如图 10–33 所示。接下来，使用“剪刀工具”选中上方两侧锚点，将其剪断，如图 10–33 所示。

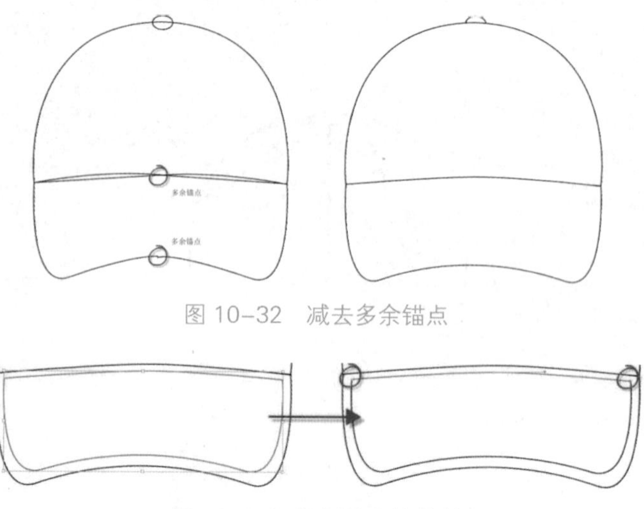

图 10-32　减去多余锚点

图 10-33　复制缩小并剪断

步骤28 移动剪断处锚点至帽檐上部，并使用“钢笔工具”绘制帽子两侧曲线，完成“广告帽”图形的绘制，如图 10-34 所示。

步骤29 选中整个图形，选择“对象”→“实时上色”→“建立”命令（或者按【Alt+Ctrl+X】组合键），为“广告帽”图形建立实时上色，如图 10-35 所示。

图 10-34　广告帽

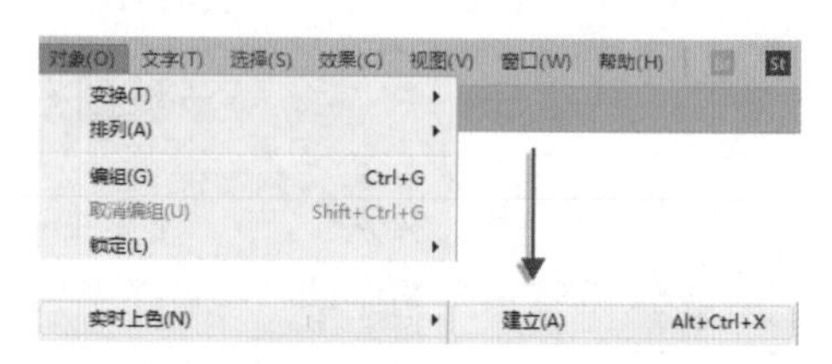

图 10-35　建立“实时上色”

步骤30 双击填充色按钮，打开“拾色器”对话框，设置蓝绿两种颜色，绿色（C:60，M:11，Y:7，K:0），蓝色（C:71，M:47，Y:14，K:0），如图 10-36 所示。

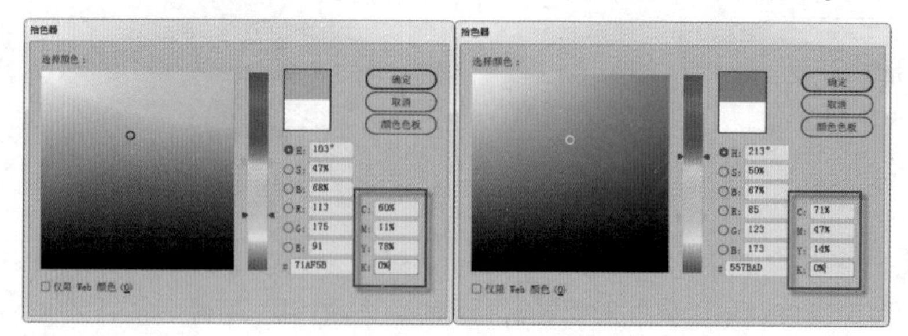

图 10-36　颜色设置

步骤31 选择工具箱中的“实时上色工具”，选择帽子两侧图形，当图形变成红色线条显示时，对该区域进行填色，如图 10-37 所示。

步骤32 上色完成后，将前面制作好的“标志”图形放置在帽子中央，完成“VI－广告帽”的制作，如图 10–38 所示。

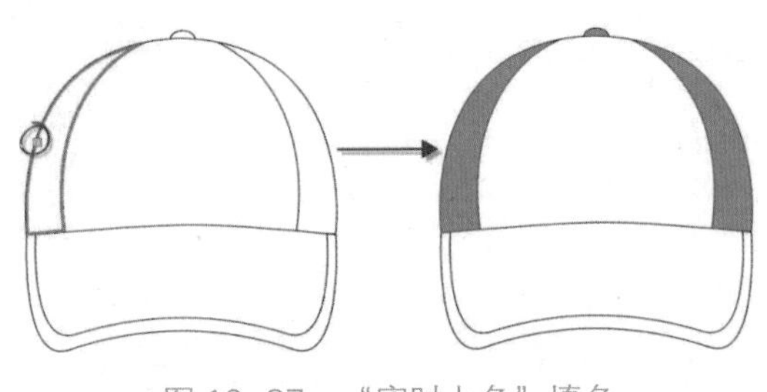

图 10–37 “实时上色”填色

图 10–38 “VI－广告帽”

步骤33 继续制作“企业 VI－办公用品”图形，使用“矩形工具”制作信封、信纸图形，并放置“标志”，如图 10–39 所示。

步骤34 按住【Alt】键拖动鼠标，复制“标志”图形，制作装饰图形，选择“窗口”→“路径查找器”命令（或者按【Shift+Ctrl+F9】组合键），打开“路径查找器”面板，使用“减去顶层”工具将装饰图形超出信封、信纸部分减去，并将纸张填充为浅蓝色、装饰图案填充为浅蓝灰色，如图 10–40 所示。

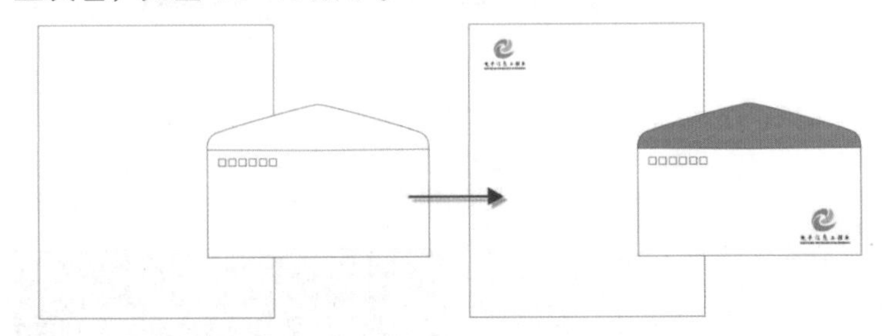

图 10–39 制作信纸、信封

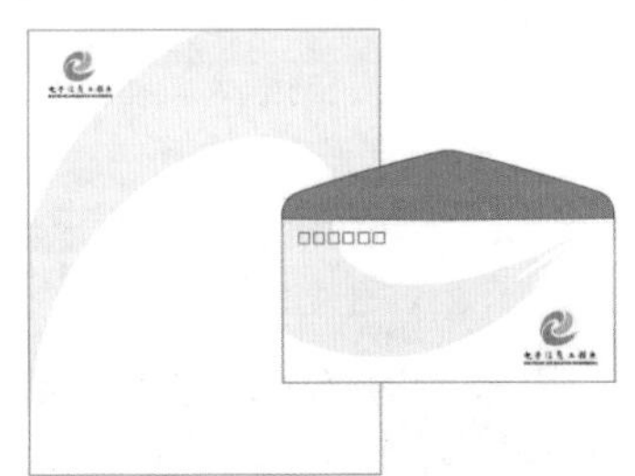

图 10–40 制作装饰图形

步骤35 选择“效果”→“风格化”→“投影”命令，如图 10–41 所示。打开“投影”对话框，设置投影参数，设置 X/Y 位移为 2 mm，颜色为灰色，如图 10–42 所示。制作信封投影，如图 10–43 所示。

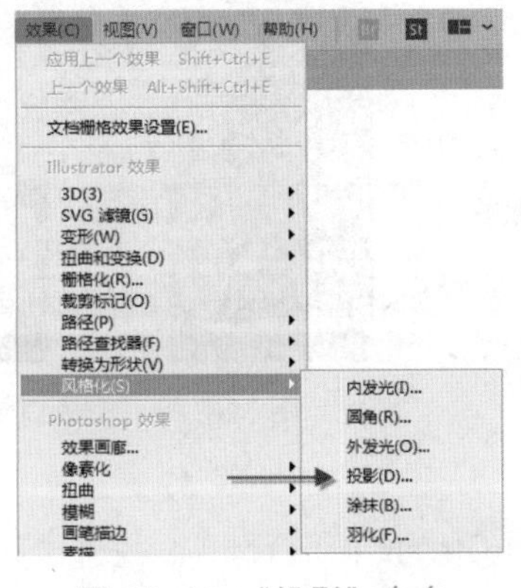

图 10–41 “投影”命令

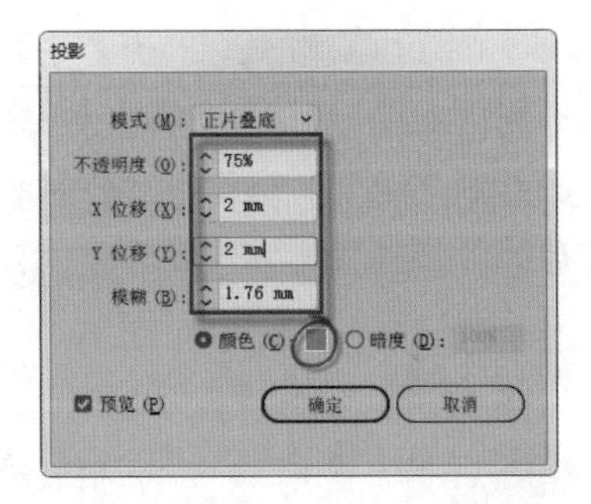

图 10–42 “投影”对话框

步骤36 选择“文件”→“存储”命令（或者按【Ctrl+S】组合键），打开“另存为”对话框，单击“保存”按钮，将文档保存为“企业VI.ai”，如图10–44所示。

步骤37 选择“文件”→“导出”→“导出为”命令，设置颜色模式为CMYK，品质为“10最高”，分辨率为“高（300 ppi）”，将文档导出为“企业VI.jpg”，如图10–45所示。

图10–43 “VI–办公用品”

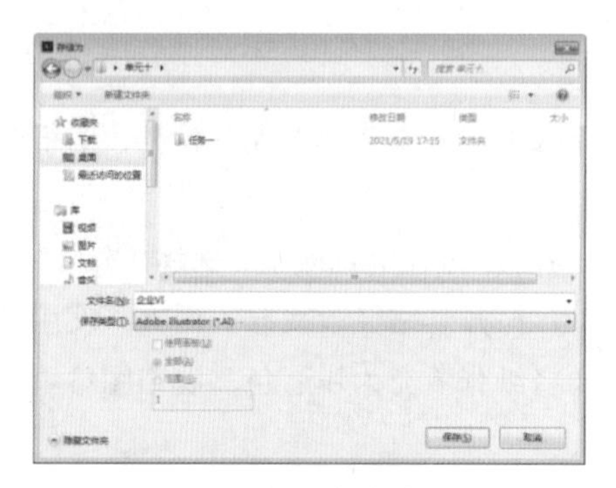

图10–44 保存文件

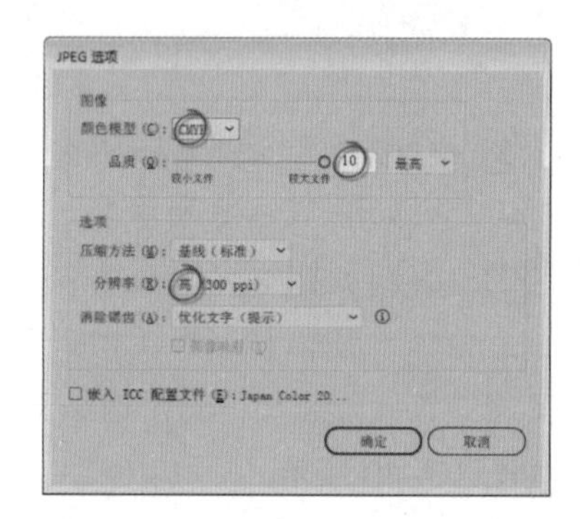

图10–45 导出文件

任务二 制作“公益海报”

在信息时代中，信息传播的媒介是多种多样的，海报是目前最成熟，也是受众认可度最高的一种宣传方式，它以简明的图形、深刻的内涵，带给受众强烈的视觉冲击力，同时也唤起人们对海报主题的思考，从而达到宣传和推广的目的。

在本任务中，将带领读者制作“呼唤和平”主题的“公益海报”，如图10–46所示。

任务描述

启动Illustrator CC软件，打开本书提供的素材文件，使用各种图形制作工具，制作“呼唤和平”主题的“公益海报”，通过图形的绘制与组合，制作出“公益海报”，如图10–46所示，另存为“公益海报.ai”并导出“公益海报.jpg”。

图10–46 “公益海报”

任务实施

步骤1 选择“文件”→“新建”命令（或者按【Ctrl+N】组合键），打开“新建文档”对话框，如图10–47所示。设置其中的参数：“预设详细信息”为公益海报，文件宽度为

210 mm、高度为 297 mm，方向为“竖幅”，新建一个空白文档。

步骤 2 选择“视图”→“标尺”→“显示标尺”命令（或者按【Ctrl+R】组合键），在文档中打开标尺，如图 10-48 所示。

图 10-47　新建文档

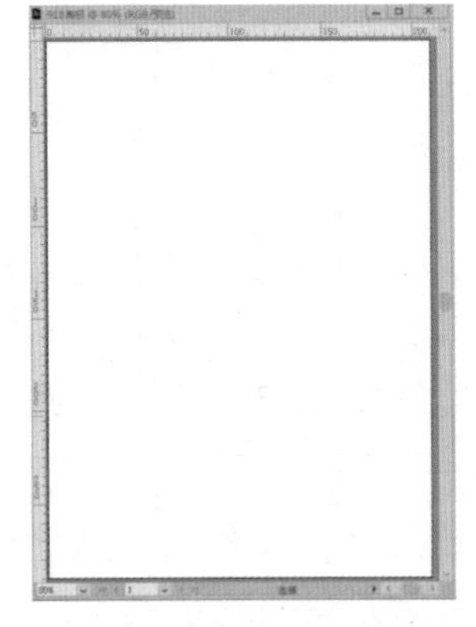
图 10-48　打开标尺

步骤 3 选择工具箱中的“钢笔工具”“椭圆工具”“矩形工具”，使用“钢笔工具”绘制蜡烛火焰和蜡烛绳图形，使用“椭圆工具”“矩形工具”绘制图形，并通过“路径查找器”面板的“联集”工具制作蜡烛图形，如图 10-49 所示。

步骤 4 选择工具箱中的“椭圆工具”，使用“椭圆工具”绘制多个椭圆，排列出蜡烛的光晕图形，如图 10-50 所示。

图 10-49　绘制蜡烛

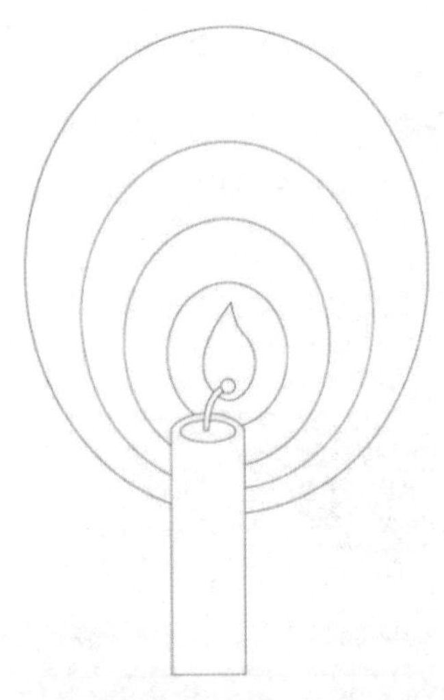
图 10-50　椭圆形蜡烛光晕

步骤 5 选择工具箱中的“选择工具”，选中蜡烛上部椭圆，如图 10-51 所示。选择工具箱中的“液化变形工具”中的“变形工具”，设置变形画笔，制作出烛泪效果，如图 10-52 所示。

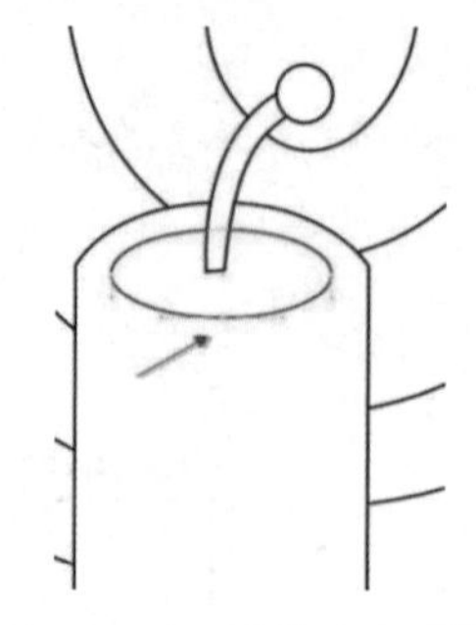

图 10–51　选中上部椭圆

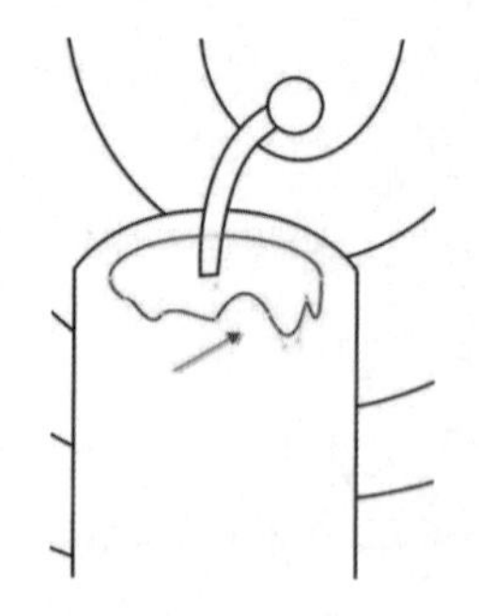

图 10–52　制作烛泪

步骤 6 选择工具箱中的“矩形工具”，绘制一个矩形底图，设置宽度为 210 mm、高度为 297 mm，如图 10–53 所示。选择“对象”→“排列”→“置于底层”命令（或者按【Shift+Ctrl+[】组合键），放置文档底层，如图 10–54 所示。

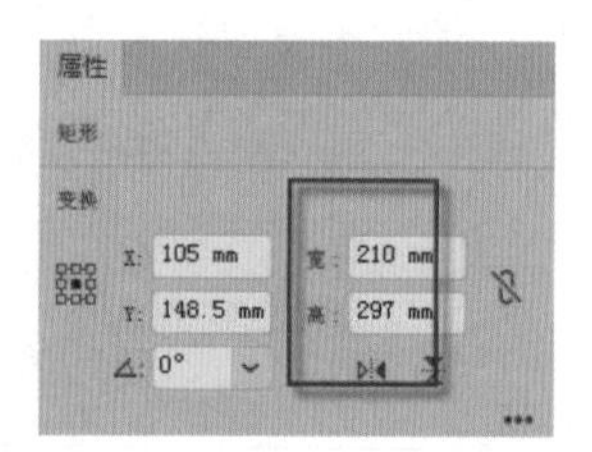

图 10–53　矩形尺寸

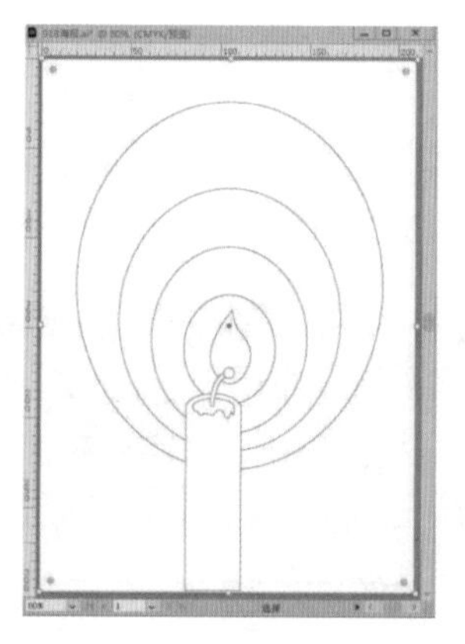

图 10–54　矩形放置底部

步骤 7 选择工具箱中的“渐变工具”，将背景矩形填充为黑白两色渐变，设置类型为“径向”，如图 10–55 所示。制作背景渐变效果，如图 10–56 所示。

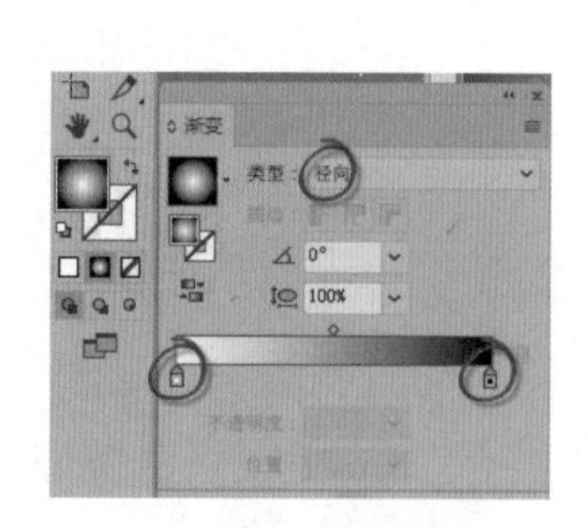

图 10–55　渐变设置

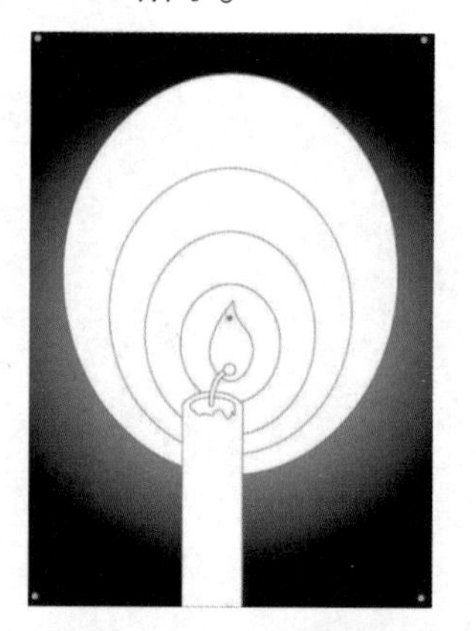

图 10–56　渐变填充

步骤 8 选择工具箱中的“渐变工具”，填充颜色为黄白渐变，黄色（C:13，M:11，Y:46，K:0），设置类型为“线性”，如图 10–57 所示。填充蜡烛为黄白渐变，如图 10–58 所示。

使用相同的方法填充蜡烛绳，如图 10–59 所示。

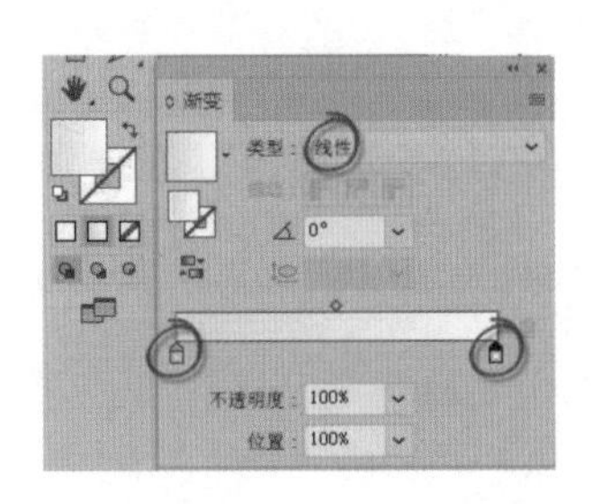

图 10–57　黄白渐变参数

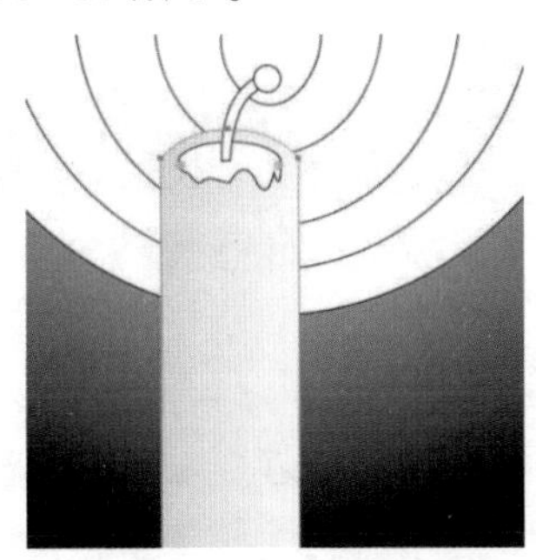
图 10–58　蜡烛填充效果

图 10–59　蜡烛绳效果

步骤 9 选择工具箱中的“椭圆工具”，按住【Shift】键绘制圆，制作灯芯，选中“灯芯”图形，填充为黄棕色（C:34，M:83，Y:100，K:1），选择“效果”→“模糊”→“高斯模糊”命令，打开“高斯模糊”对话框，设置半径为 5 像素，如图 10–60 所示。制作“灯芯”模糊效果，如图 10–61 所示。

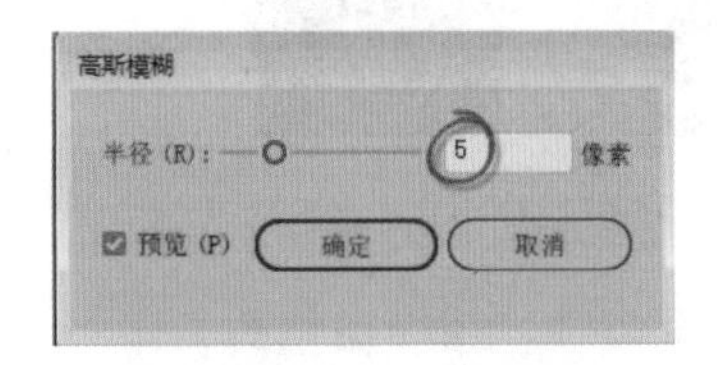

图 10–60　高斯模糊

图 10–61　模糊效果

步骤 10 选择工具箱中的“钢笔工具”和“椭圆工具”，绘制火焰内心、内焰、外焰，制作蜡烛火焰，并填充外焰为深黄（C:4，M:65，Y:86，K:0），内焰为黄（C:10，M:4，Y:87，K:0），内心为白颜色，如图 10–62 所示。选择工具箱中的“混合工具”，在“混合选项”对话框中，设置间距为“平滑颜色”，如图 10–63 所示。依次单击白色、黄色、橙色，混合颜色，如图 10–64 所示。

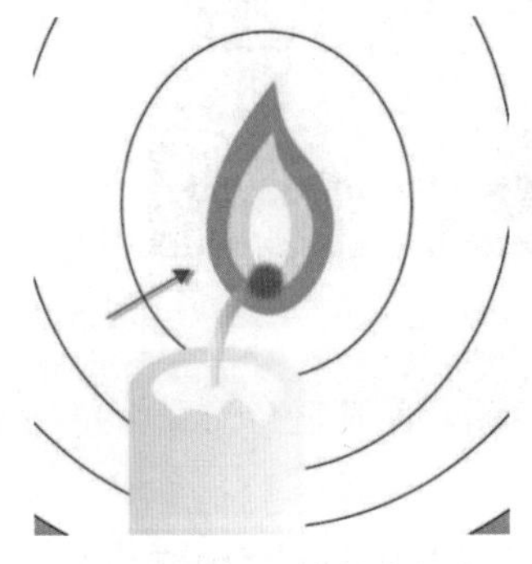
图 10–62　蜡烛火焰

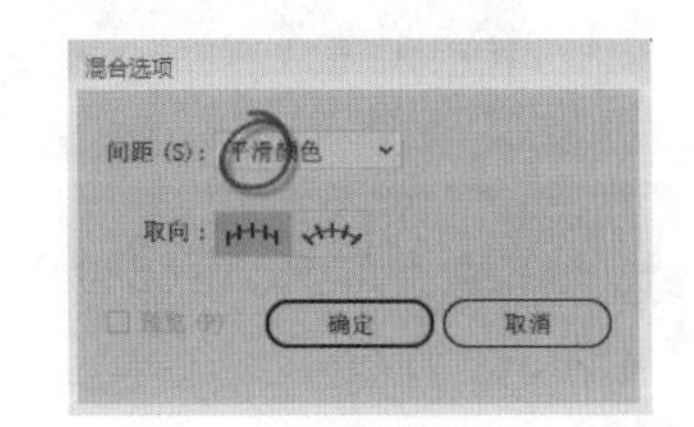

图 10–63　“混合选项”对话框

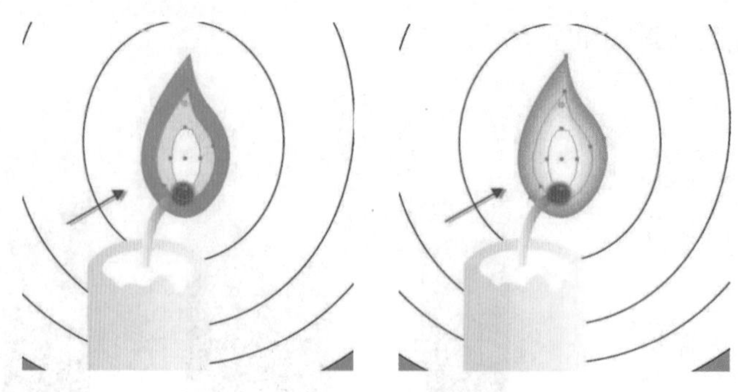

图 10–64　混合颜色

步骤 11 选中蜡烛的每个部分，按【Ctrl+G】组合键进行群组，按住【Alt】键拖动鼠标，复制出蜡烛，效果如图 10–65 所示。

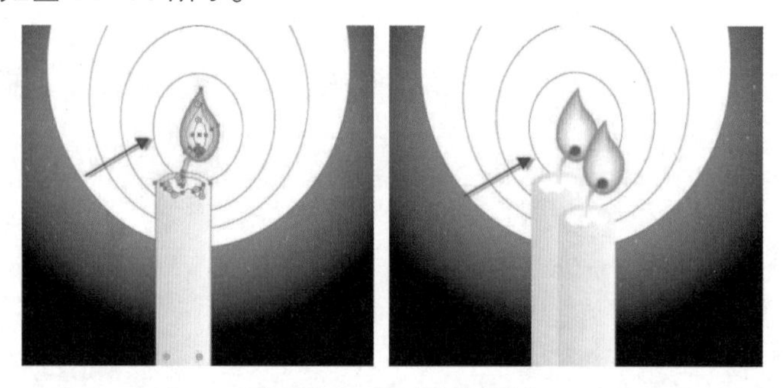

图 10–65　群组并复制

步骤 12 选择工具箱中的“椭圆工具”，绘制 6 个椭圆，组成蜡烛的光晕，分别对椭圆形进行填充，颜色从浅黄到深黄自定，如图 10–66 所示。接下来，选择工具栏中的“混合工具”，设置间距为“平滑颜色”。依次单击椭圆形，混合颜色，如图 10–66 所示。

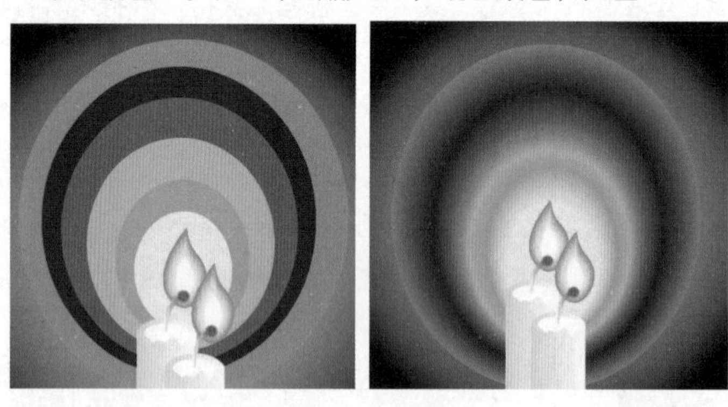

图 10–66　光晕填色并混合

步骤 13 选中背景矩形，双击填充色，调整背景色调，使其适合光晕效果的整体色调，如图 10–67 所示。

步骤 14 选择工具箱中的“钢笔工具”，绘制“和平鸽”图形，并填充为白色，描边色为“无”，如图 10–68 所示。

图 10-67 调整背景色调

图 10-68 绘制和平鸽

步骤15 选择“窗口”→“画笔”命令，打开“画笔”面板，单击“画笔”面板右上角的面板菜单按钮，在展开的面板菜单中选择“新建画笔”命令，打开“新建画笔”对话框，选择“散点画笔”，添加“和平鸽”图形成为散点画笔，如图 10-69 所示。

步骤16 选择工具箱中的“钢笔工具”，在文档中绘制任意曲线，然后点击“画笔”面板中的“和平鸽”画笔，将自由路径添加“和平鸽”画笔，如图 10-70 所示。

图 10-69 新建画笔

图 10-70 “和平鸽”画笔

步骤17 将“和平鸽”画笔选中，选择“对象”→“扩展”命令，将其扩展为图形路径，再选择“对象”→“取消编组”命令，将其打散群组，选中单个“和平鸽”图形，选择“窗口”→“透明度”命令，打开“透明度”面板，为“和平鸽”分别调节不透明度，如图 10-71 所示。使“和平鸽”图形产生一定的明暗层次效果，如图 10-72 所示。

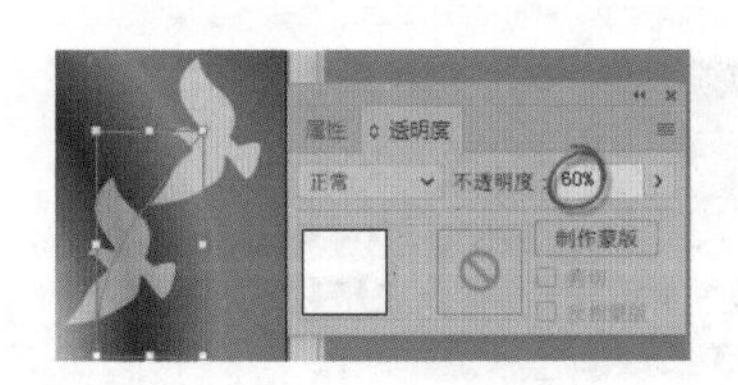

图 10-71 调节透明度

图 10-72 明暗层次效果

步骤18 选择“窗口”→“符号”命令，打开“符号”面板，选择“矢量污点”，如图 10–73 所示。将“符号”面板中的“矢量污点”拖入文件，在“符号”面板中单击“断开符号链接”按钮，并将符号填充为红色（C:16，M:97，Y:71，K:0），制作血污效果，如图 10–74 所示。

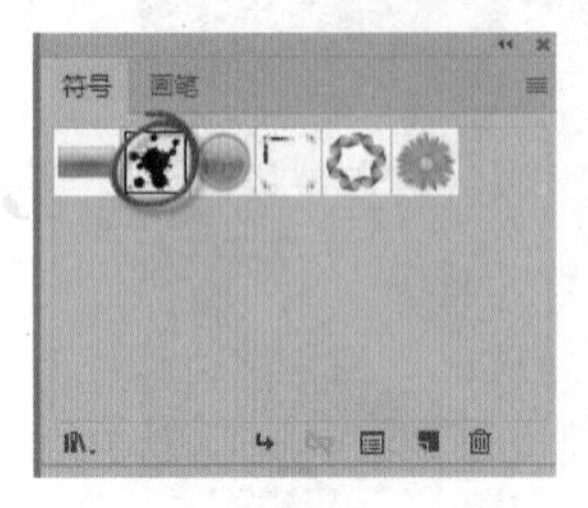

图 10–73 “符号”面板

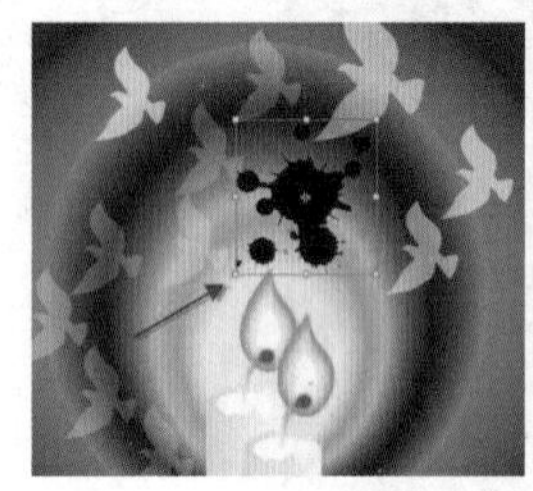

图 10–74 制作血迹

步骤19 选择工具箱中的“选择工具”，选中“血污”图形，移动光标到选取框右下角，出现双向缩放箭头后按住【Shift】键进行拖动，等比例缩放到合适大小，并将“血污”图形放置到文档右上角，如图 10–75 所示。

步骤20 选择工具箱中的“文字工具”，在文档中单击添加文字，选择“窗口”→“文字”→“字符”命令，打开“字符”面板，设置字体和文字大小，如图 10–76 所示。

步骤21 将文字填充为填充色，描边色为“无”，其中英文填充灰色，中文填充黑色，对文字版面进行排版，如图 10–77 所示。

图 10–75 缩放并放置到合适位置

图 10–76 “字符”面板

图 10–77 文字排版

步骤22 选中英文，按住【Alt】键拖动鼠标进行复制，并放置于原文字下一层，选择“对象”→“路径”→“偏移路径”命令，打开“偏移路径”对话框，设置相关参数，制作文字边框效果，如图 10–78 所示。

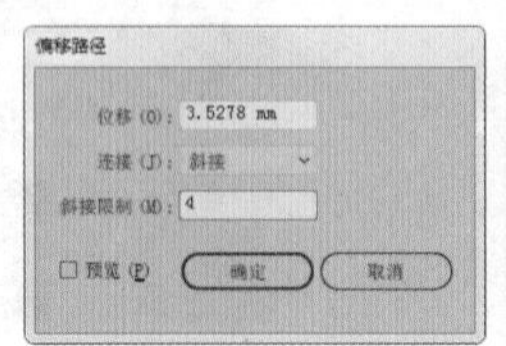

图 10–78 文字边框

图 10–79 完成海报

步骤23 排列组合各图形元素，制作完成“公益海报”，如图 10–79 所示。

步骤24 选择“文件”→“存储”命令（或者按【Ctrl+S】组合键），打开“另存为”对话框，单击“保存”按钮，将文档保存为“公益海报 .ai”，如图 10–80 所示。

步骤25 选择“文件”→“导出”→“导出为”命令，设置颜色模式为 CMYK，品质为“10 最高”，分辨率为“高（300 ppi）”，将文档导出为“公益海报 .jpg”，如图 10–81 所示。

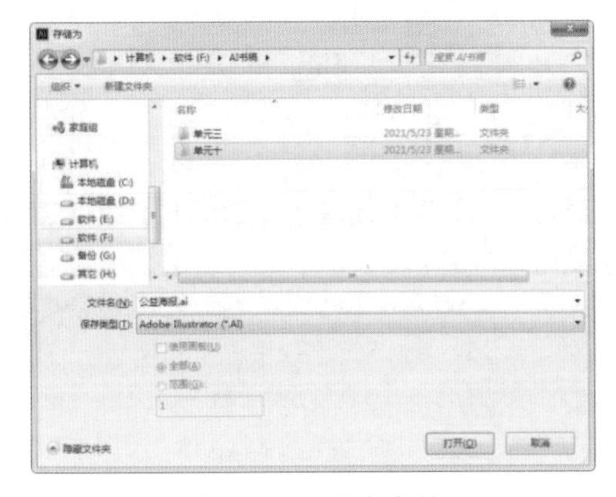

图 10–80 保存文件

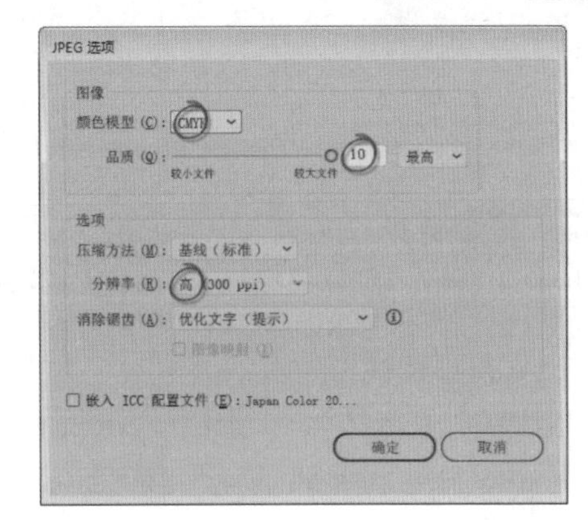

图 10–81 导出文件

任务三 制作“产品包装”

在商品社会中，物质极其丰富，各类商品琳琅满目，产品的包装如同衣服一样，除了保护商品外，更多的是带给受众美的视觉感受，通过色彩、图形抓住目标人群的消费心理，引起人们的购买欲，达到促进销售的目的，可以说好的产品包装是“商战”的重要武器之一。

在本任务中，将带领读者制作某品牌“蜡笔”产品的包装，如图 10–82 所示。

任务描述

启动 Illustrator CC 软件，打开本书提供的素材文件，使用各种图形制作工具，制作产品的包装，通过图形的绘制与组合，制作出“蜡笔产品包装”，如图 10–82 所示，另存为“产品包装 .ai”并导出“产品包装 .jpg”。

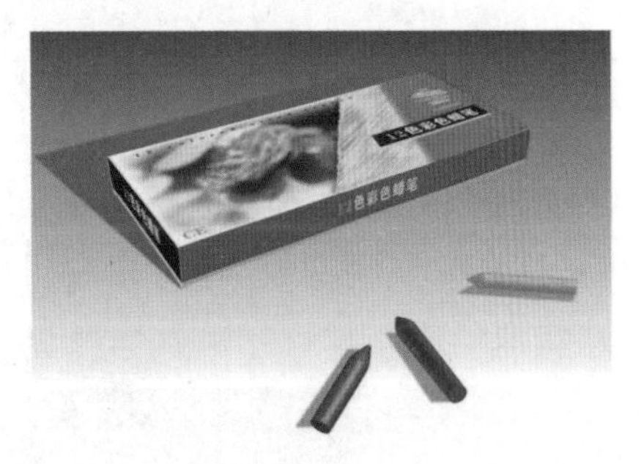

图 10–82 蜡笔产品包装

任务实施

步骤1 选择“文件”→“新建”命令（或者按【Ctrl+N】组合键），打开“新建”对话框，如图 10–83 所示。设置其中的参数：“预设详细信息”为“蜡笔包装盒”，文件宽度为 420 mm、高度为 297 mm，方向为“横幅”，新建一个空白文档。

图 10–83 “新建文档”对话框

步骤 2 选择“视图”→“标尺”→“显示标尺”命令（或者按【Ctrl+R】组合键），如图 10–84 所示。打开“标尺”，如图 10–85 所示。

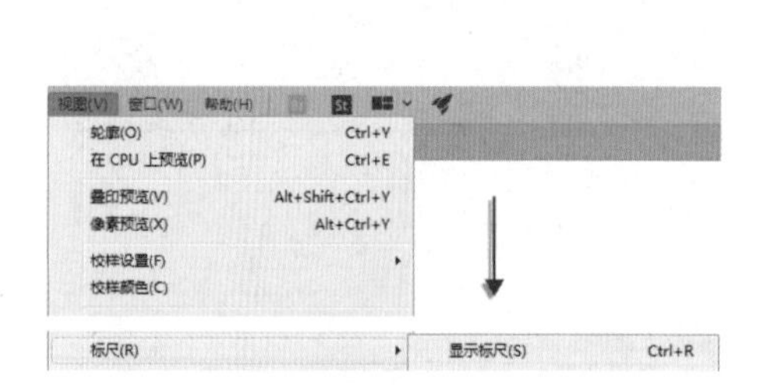

图 10–84 “打开标尺”命令

图 10–85 显示标尺

步骤 3 选择“窗口”→“图层”命令，打开“图层”面板，单击“创建新图层”按钮，分别命名为：正面、侧面上、侧面下、侧面左、侧面右，接下来将按照制作的内容选择对应的图层，如图 10–86 所示。

步骤 4 选择“正面”图层，选择工具箱中的“矩形工具”，在文档空白处单击，打开“矩形”对话框，设置宽度为 350 mm、高度为 160 mm，如图 10–87 所示。制作包装盒正面，如图 10–88 所示。

图 10–86 建立图层

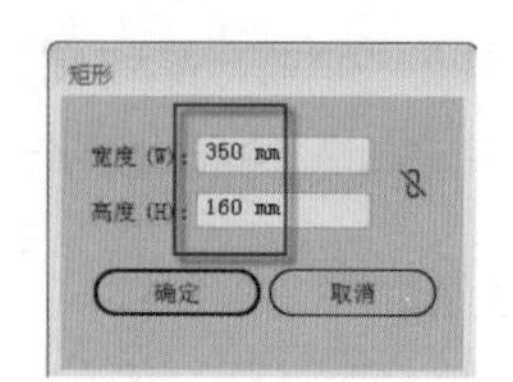

图 10–87 制作矩形

步骤5 选择工具箱中的“钢笔工具”，绘制几何图形，如图 10–89 所示。

图 10–88 制作矩形

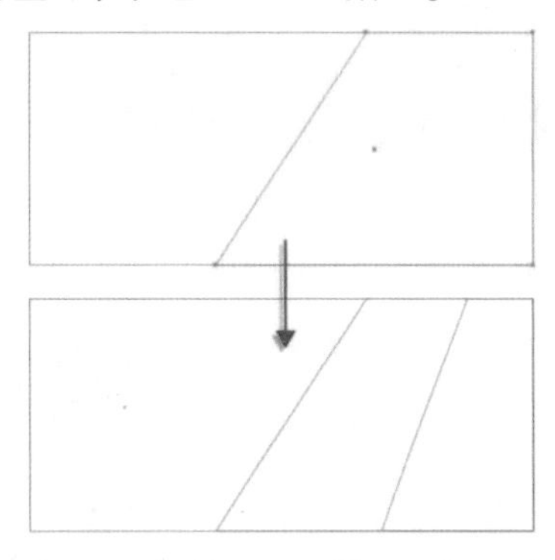

图 10–89 “钢笔工具”绘制几何图形

步骤6 选择“文件”→“置入”命令（或者按【Shift+Ctrl+P】组合键），打开“置入”对话框，如图 10–90 所示。选择“花卉 .jpg”图片素材，如图 10–91 所示。

图 10–90 置入图片

图 10–91 “花卉”图片素材

步骤7 选择工具箱中的“选择工具”，选中“花卉”图片，按住【Shift】键的同时拖动鼠标，将“花卉”图片等比例放大到合适位置，如图 10–92 所示。

图 10–92 缩放到合适大小

步骤 8 选择“效果”→“艺术效果”→“粗糙蜡笔”命令，弹出“粗糙蜡笔”对话框，设置描边长度为 9，描边细节为 4，纹理为“画布”、缩放为 114%、凸现为 20、光照为“下”，如图 10-93 所示。制作粗糙蜡笔效果，如图 10-94 所示。

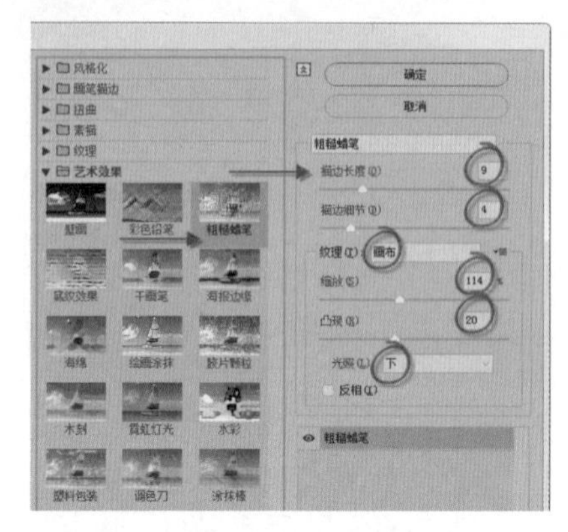

图 10-93 “粗糙蜡笔”设置

图 10-94 “粗糙蜡笔”效果

步骤 9 选择“效果”→“艺术效果”→“底纹效果”命令，弹出“底纹效果”对话框，设置画笔大小为 6，纹理覆盖为 16，纹理为“画布”，缩放为 100%，凸现为 4、光照为“上”，如图 10-95 所示。制作出底纹效果，如图 10-96 所示。

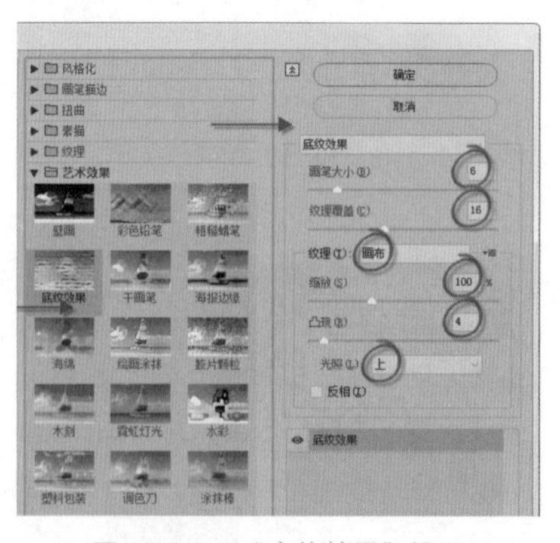

图 10-95 “底纹效果”设置

步骤10 选择“效果”→“风格化”→“羽化”命令，打开“羽化”对话框，半径设置为 30 mm，如图 10-97 所示。制作图片边缘羽化效果，如图 10-98 所示。

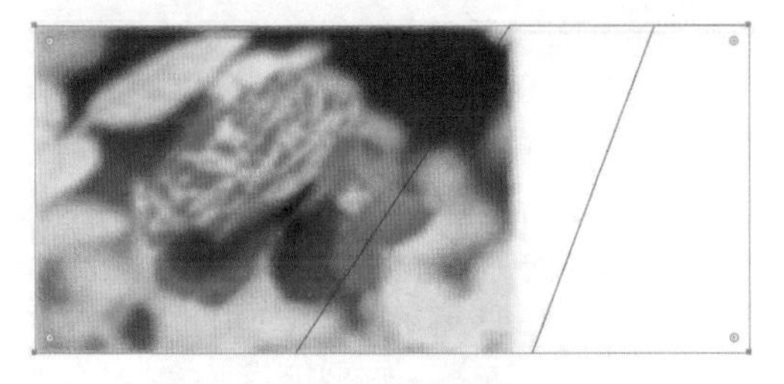

图 10-96　底纹效果

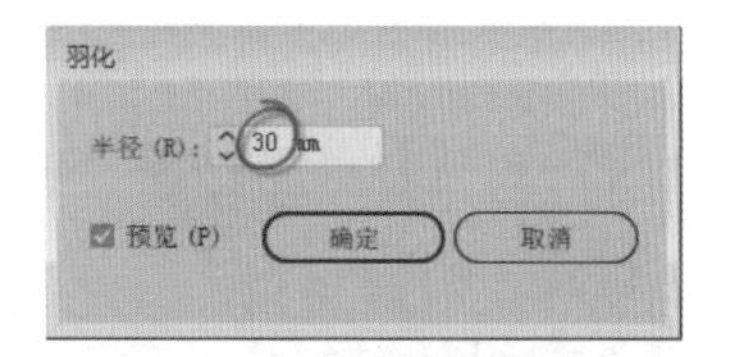

图 10-97　半径设置

步骤11 选中“1”位置图形，填充白色，如图 10-99 所示。

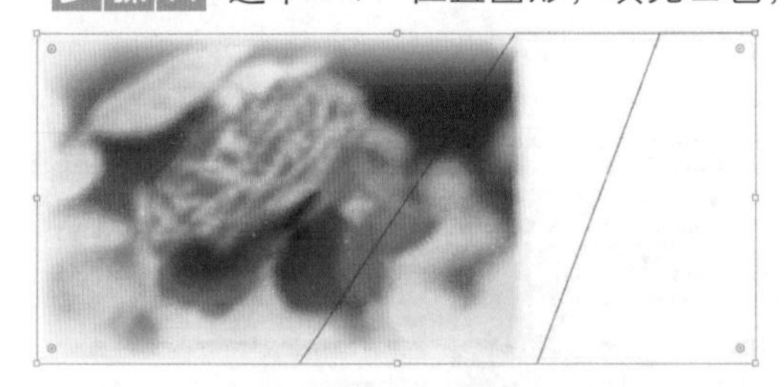

图 10-98　羽化效果

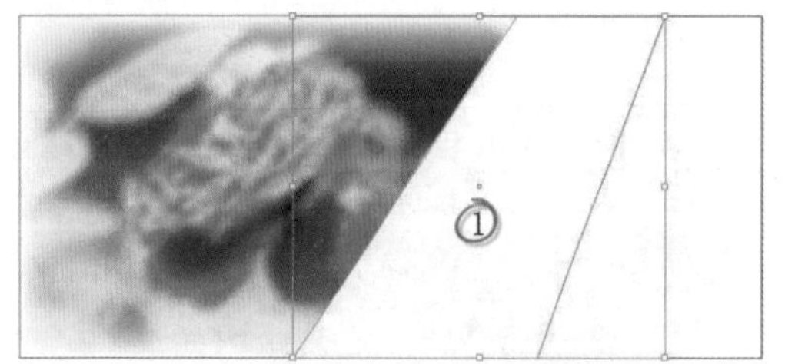

图 10-99　“1”号位置图形

步骤12 选择“效果”→“风格化”→“投影”命令，打开“投影”对话框，设置 X 位移为 -5 mm、Y 位移为 0 mm，颜色为暗红色（C:21，M:82，Y:66，K:0），如图 10-100 所示。制作投影效果，如图 10-101 所示。

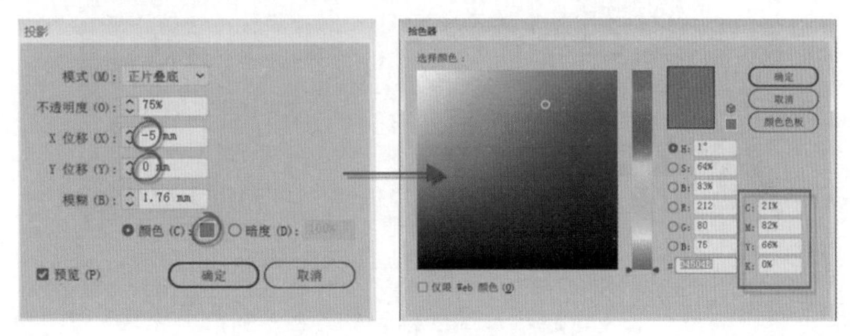

图 10-100　“投影”对话框

步骤13 选中“1”位置中的图形，填充浅灰色。选择“效果”→“风格化”→“涂抹”命令，弹出“涂抹选项”对话框，设置涂抹参数，如图 10-102 所示。制作涂抹效果，如图 10-103 所示。

步骤14 选择工具箱中的“选择工具”，选中“1”位置中图形，按住【Shift】键的同时拖动鼠标，将“1”位置中图形等比例缩小到合适大小，如图 10-104 所示。

步骤15 选中“2”位置图形，双击填充色按钮，打开“拾色器”对话框，设置颜色为橙色（C:0，M:85，Y:94，K:0），填充到“2”位置图形，如图 10-105 所示。

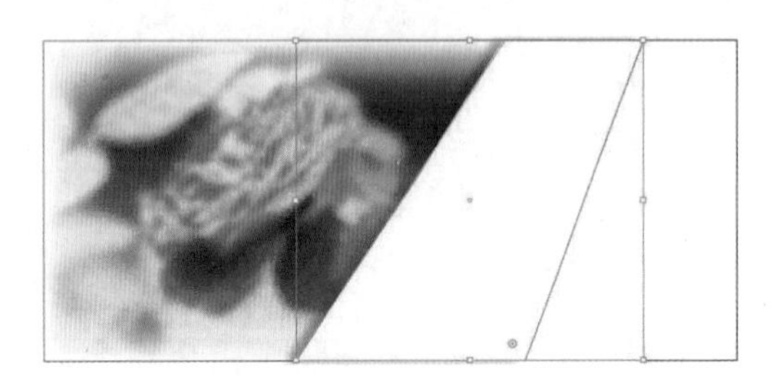

图 10–101　投影效果

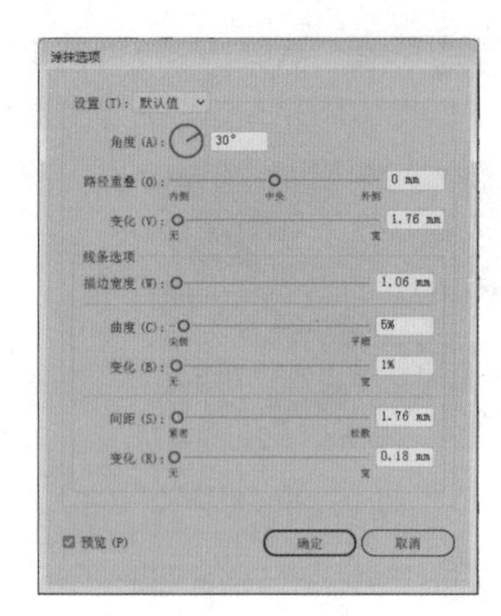

图 10–102　“涂抹选项”对话框

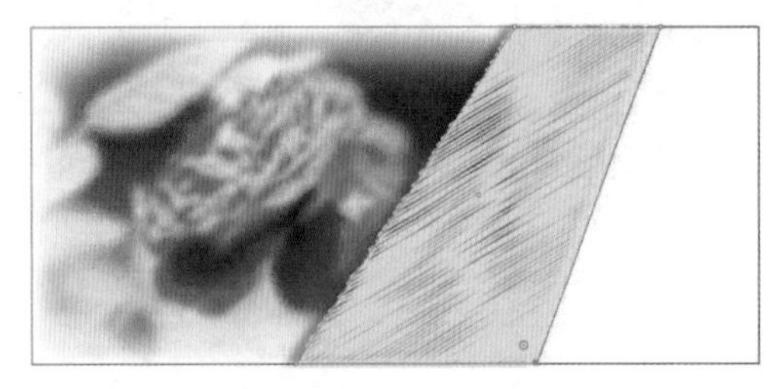

图 10–103　涂抹效果

图 10–104　缩放到合适大小

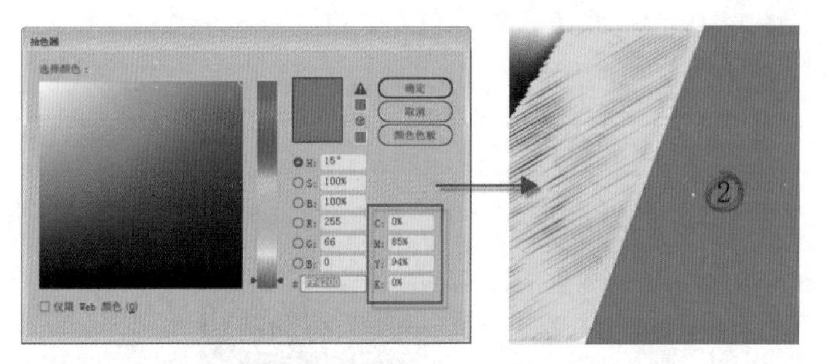

图 10–105　选择图形并填充橙色

步骤16 选择“效果”→“风格化”→“投影”命令，打开“投影”对话框，设置 X 位移为 –5 mm、Y 位移为 0 mm，颜色为暗红色（C:21，M:82，Y:66，K:0），如图 10–106 所示。制作投影效果，如图 10–107 所示。

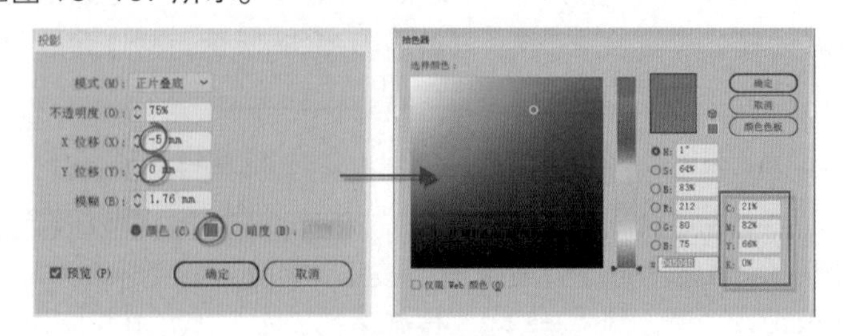

图 10–106　投影参数

步骤17 选择工具箱中的“文字工具”，单击文档空白处，输入英文文字“MARING”，如图 10–108 所示。

图 10–107 投影效果

MARING

图 10–108 制作文字

步骤18 选择“窗口”→“文字”→“字符”命令（或者按【Ctrl+T】组合键），打开“字符”面板，对文字的字体和大小进行设置，如图 10–109 所示。

步骤19 选择“文字”→“创建轮廓”命令（或者按【Shift+Ctrl+O】组合键），将文字转换为路径，如图 10–110 所示。

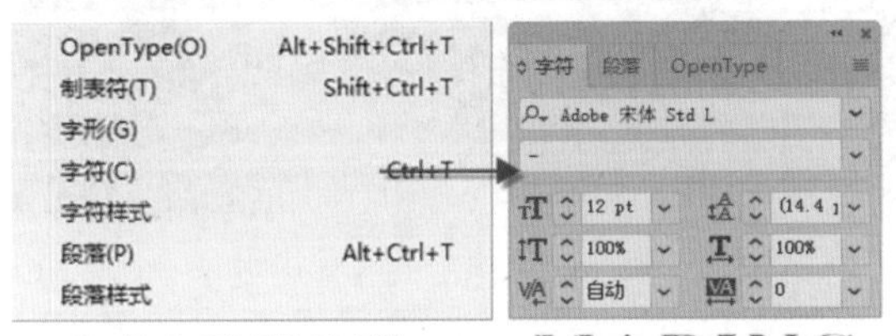

图 10–109 设置文字

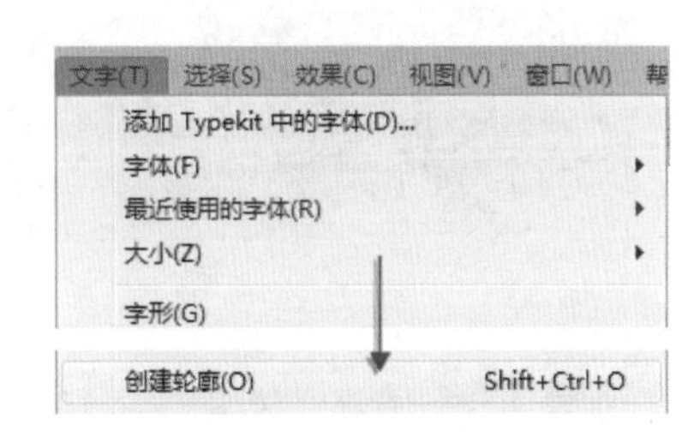

图 10–110 创建文字轮廓

步骤20 选择“对象”→“取消编组”命令（或者按【Shift+Ctrl+G】组合键），将文字转换的路径解组，如图 10–111 所示。

图 10–111 取消文字编组

步骤21 选择工具箱中的“选择工具”，将文字路径全部选中，选择“对象”→“复合路径”→“建立”命令（或者按【Ctrl+8】组合键），为所有文字建立复合路径，如图 10–112 所示。

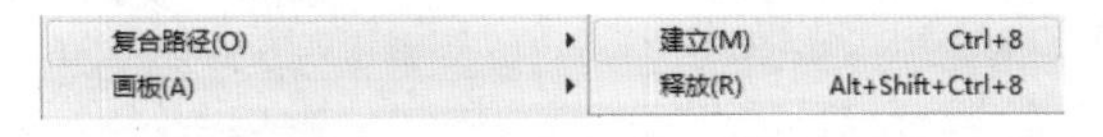

图 10–112 建立复合路径

步骤22 选择工具箱中的“渐变工具”，打开“渐变”面板，设置类型为“线性”、颜色制作彩虹色渐变，渐变的颜色可以自行定义，如图 10–113 所示。制作文字渐变效果，如图 10–114 所示。

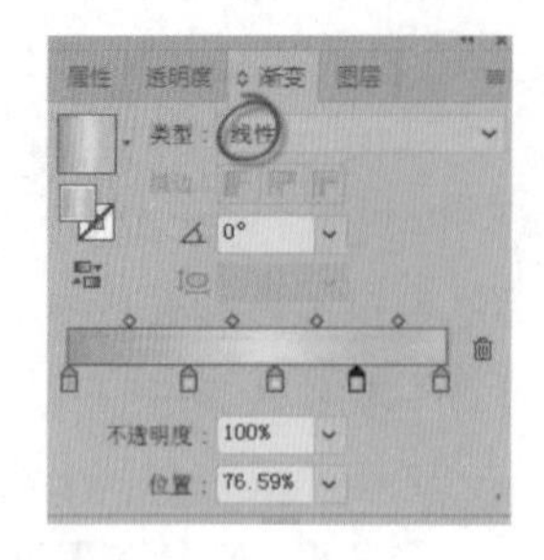

图 10–113 “渐变”面板

MARING

图 10–114 文字渐变

步骤23 选择工具箱中的“椭圆工具”，按住【Shift】键拖动鼠标在文档中制作圆，如图 10–115 所示。选择工具箱中的“渐变工具”，参数如前面文字渐变的设置，如图 10–113 所示。制作圆形渐变效果，如图 10–116 所示。

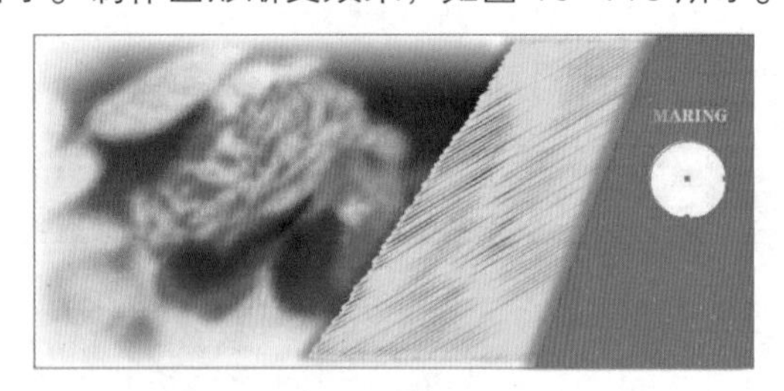

图 10–115 制作圆形

图 10–116 制作彩虹渐变

步骤24 选择“效果”→“风格化”→“涂抹”命令，在“设置”下拉列表中选择“涂鸦”，进行参数设置，如图 10–117 所示。制作出产品标志，如图 10–118 所示。

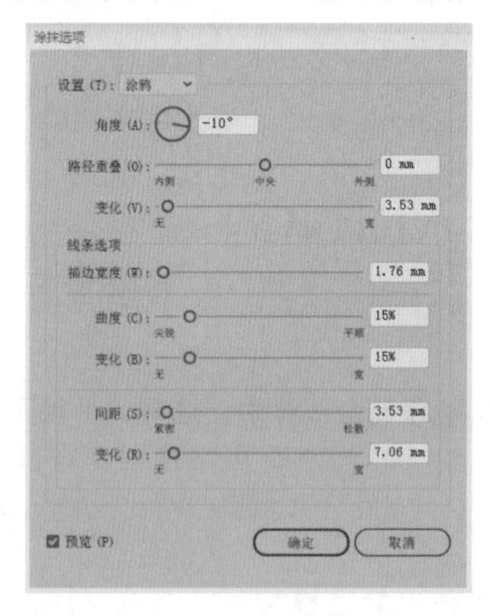

图 10–117 “涂抹选项”对话框

图 10–118 涂鸦效果

步骤25 选择工具箱中的“钢笔工具”，绘制装饰图形，选择工具箱中的“文字工具”，在文档空白处单击，输入中英文文字，制作产品名称等文字，进行排列，如图 10–119 所示。

步骤26 在“图层”面板中选择对应的侧面上、下、左、右图层，用同样的方法制作包装盒的各个侧面，如图 10–120 所示。

图 10–119　输入文字

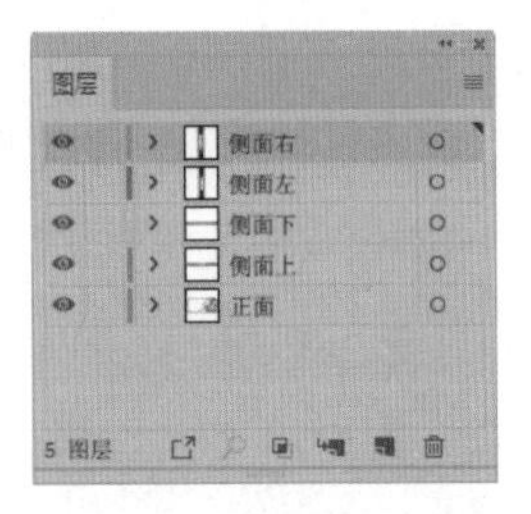

图 10–120　侧面图层

步骤27 制作完成产品包装展开图，如图 10–121 所示。

步骤28 选中产品包装展开图的各个面，选择“对象”→“栅格化”命令，打开“栅格化”对话框，设置颜色模式为 RGB、分辨率为“高（300 ppi）”，将各个面单独转换为图片，参数如图 10–122 所示。

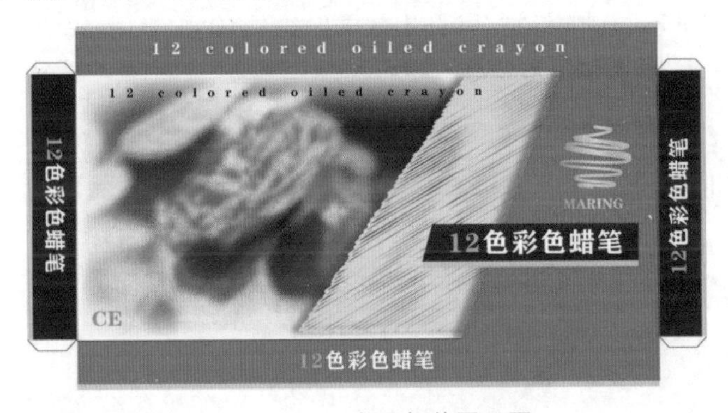

图 10–121　产品包装展开图

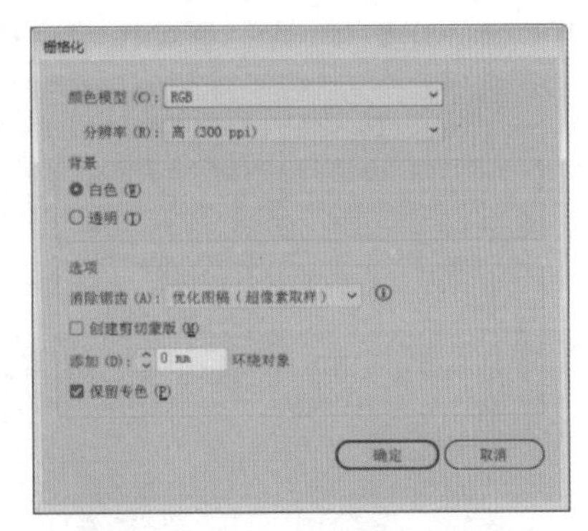

图 10–122　“栅格化”对话框

步骤29 选择“窗口”→“符号”命令，打开“符号”面板，选中每个面，拖动到“符号”面板中，在“符号选项”对话框中进行设置，将其定义为“符号”，如图 10–123 和图 10–124 所示。

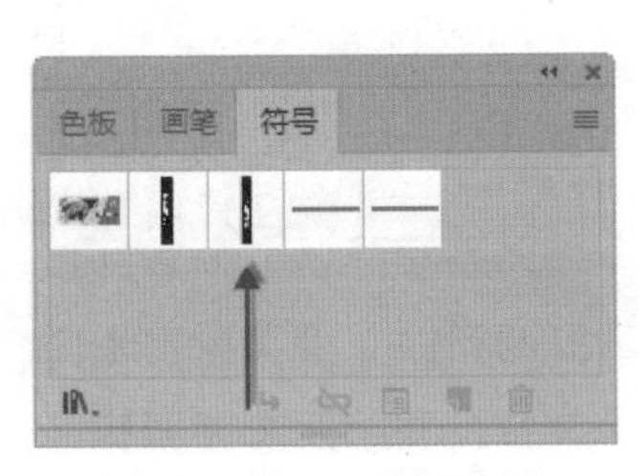

图 10–123　制作“符号”

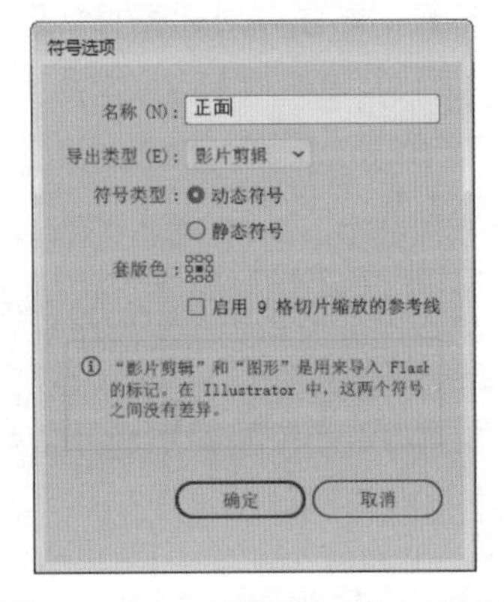

图 10–124　“符号选项”对话框

步骤30 选中工具箱中的“矩形工具”，在文档空白处单击，打开“矩形”对话框，设置相关尺寸，创建一个宽度为 350 mm、高度为 160 mm 的矩形，填充为浅灰色，描边色为无，如图 10–125 和图 10–126 所示。

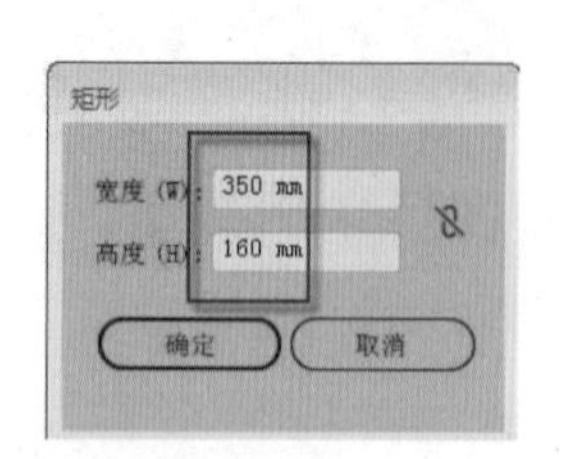

图 10–125 矩形尺寸

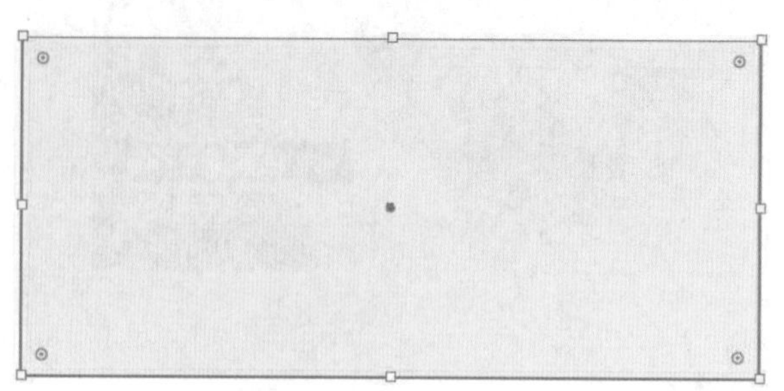
图 10–126 制作矩形

步骤 31 选择“效果”→“3d”→“凸出和斜角”命令，打开“3D 凸出和斜角选项”对话框，设置位置为“自定旋转”，角度分别是 57°、–27°、17°，透视为 38°，凸出厚度为 100 pt、角度为“无”，如图 10–127 所示。制作纸盒 3d 凸出效果，如图 10–128 所示。

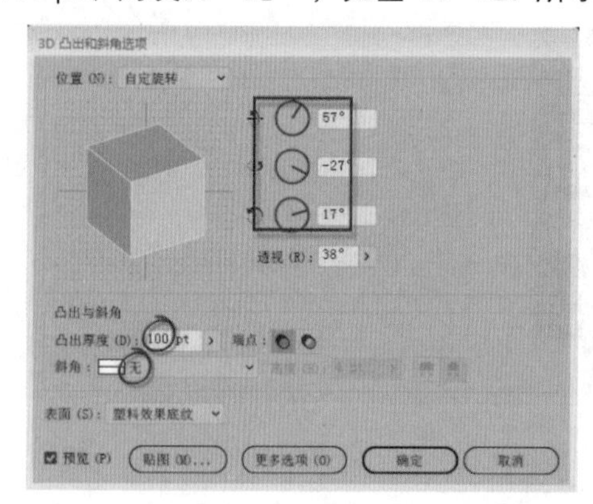

图 10–127 “3D 凸出和斜角选项”对话框

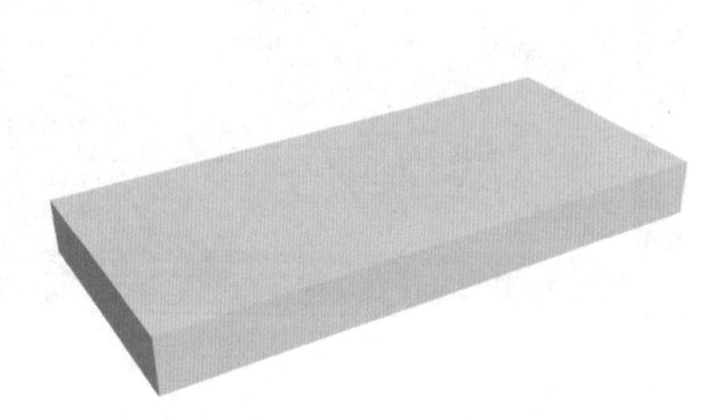
图 10–128 凸出纸盒

步骤 32 打开“3D 凸出和斜角选项”对话框，单击“更多选项”按钮，单击左下方的“贴图”按钮，打开“贴图”对话框，如图 10–129 所示。

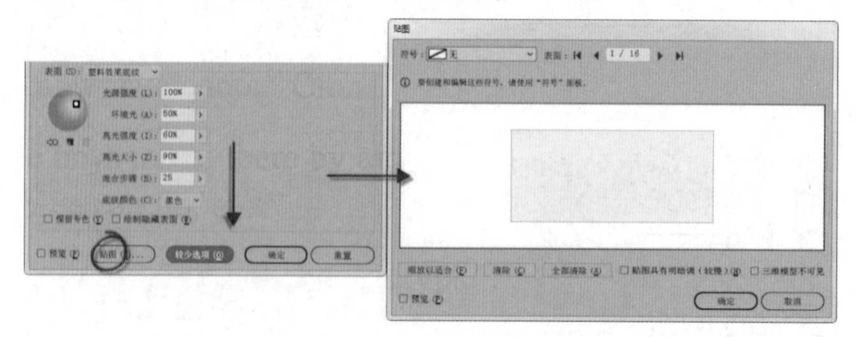

图 10–129 更多选项

步骤 33 在打开的“贴图”对话框中进行设置，在“符号”下拉列表中选择正面和其他侧面，完成包装纸盒的贴图，如图 10–130 和图 10–131 所示。

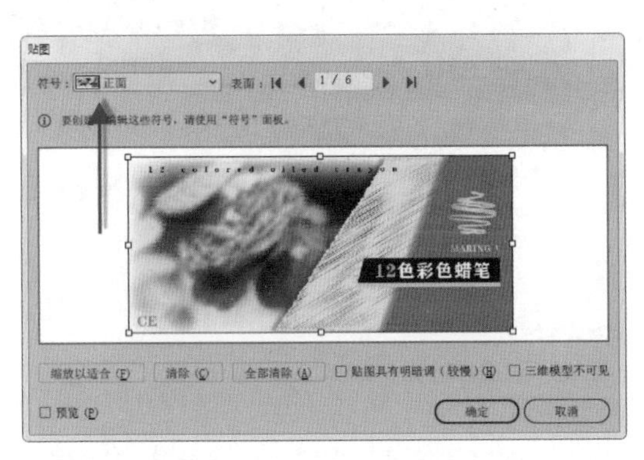

图 10–130 “贴图”对话框

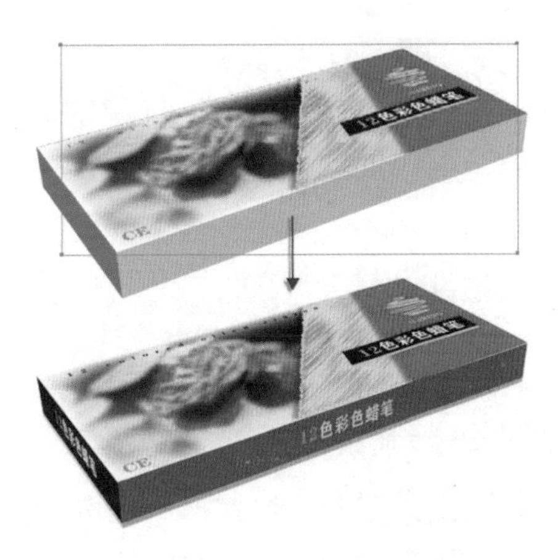

图 10–131 纸盒贴图完成

步骤34 选择工具箱中的“钢笔工具”，绘制出蜡笔的剖面图形，描边色设置红色，如图 10–132 所示。

步骤35 选择“效果”→“3d”→“绕转”命令，打开“3D 绕转选项”对话框，设置位置为“自定旋转”，角度分别是 131°、56°、104°，绕转角度为 360°，选中“端点”，位移为 0 pt，如图 10–133 所示。制作蜡笔 3d 绕转效果，如图 10–134 所示。

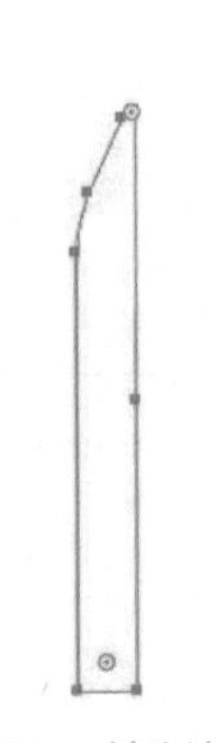
图 10–132 绘制蜡笔剖面

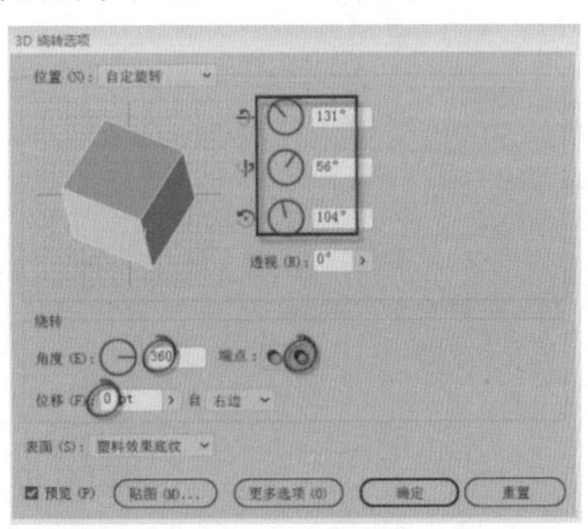

图 10–133 “3D 绕转选项”对话框

步骤36 继续制作蜡笔，使用同样的方法制作出蓝色蜡笔和黄色蜡笔，如图 10–135 所示。

图 10–134 蜡笔“3d 绕转”

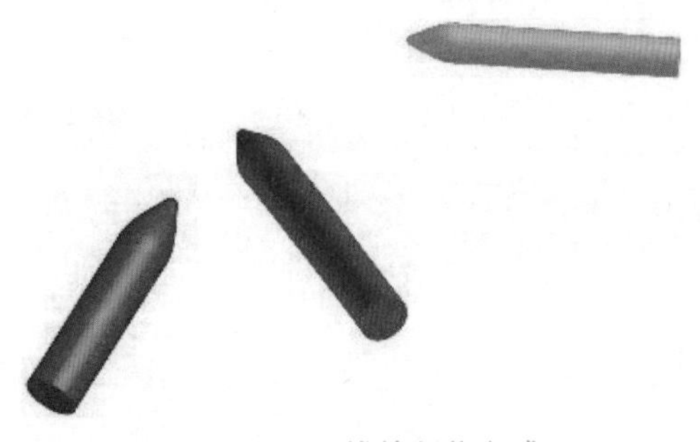
图 1–135 蜡笔制作完成

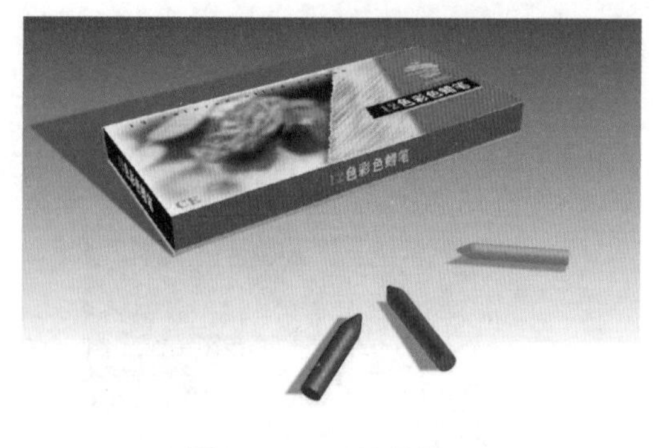

图 10–136　最终效果

步骤37 选择工具箱中的“矩形工具”，制作矩形背景，建立黑白渐变色填充，为包装纸盒和蜡笔制作投影，完成最终产品包装效果，如图 10–136 所示。

步骤38 选择“文件”→“存储”命令（或者按【Ctrl+S】组合键），打开“另存为”对话框，单击“保存”按钮，将文档保存为“产品包装 .ai”，如图 10–137 所示。

步骤39 选择“文件”→“导出”→“导出为”命令，设置颜色模式为 CMYK，品质为“10 最高”，分辨率为“高（300 ppi）”，将文档导出为“产品包装 .jpg”，如图 10–138 所示。

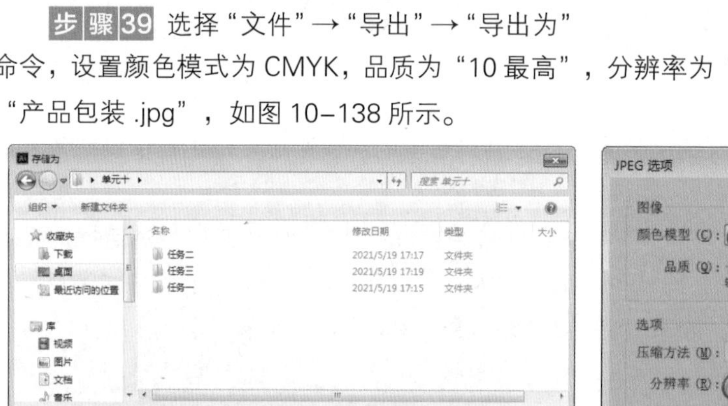

图 10–137　保存文件

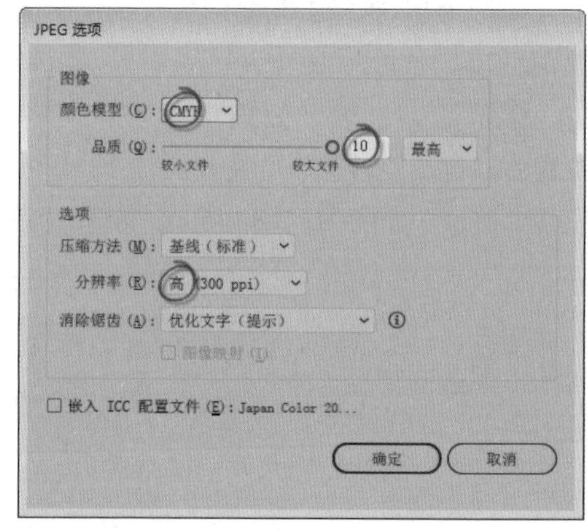

图 10–138　导出文件

小　　结

通过本单元的学习，用户应该重点掌握以下内容：

• 回顾本书所学的 Illustrator CC 矢量图形制作的相关知识；

• 掌握 Illustrator CC 矢量图形制作的相关命令和操作技巧，通过制作综合案例，增强矢量图形制作的实际应用能力；

• 了解“企业 VI”“宣传海报”“产品包装”的作用和行业知识。

课后习题答案

单元一

一、简答题答案

1. 选择“视图”菜单中的命令以放大或缩小文档或使其适合屏幕；也可以使用工具箱中的“缩放工具”，在文档中单击或拖动进行缩放。此外，还可以使用快捷键缩放图稿。也可以使用“导航器”面板在图稿中滚动或更改其缩放比例。

2. 要选择一种工具，可以在工具箱中单击此工具，或者使用此工具的快捷键。例如，按【V】键选中选择工具。选定的工具会一直处于活动状态，直到选择另一个工具为止。

3. 选择“窗口”→“工作区”→“新建工作区”命令，可以创建自定义工作区，并且更加轻松地找到所需的控件。

4. 在 Illustrator CC 2018 中，要在画板之间导航，可以从文档窗口左下角的“画板导航”下拉列表中选择画板号；在未选中任何内容，选中了选择工具，并且未处于画板编辑模式时，可以从“画板导航”菜单中选择画板号，或者使用“属性”面板中的画板导航按钮；可以使用文档窗口左下角的“画板导航”按钮切换到第一个画板、上一个画板、下一个画板和最后一个画板；还可以使用“画板”面板浏览各个画板；也可以使用“导航器”面板中的代理预览区域，通过拖动来导航。

5. “排列文档”窗口可以平铺或层叠文档组。当使用多个 Illustrator 文件并且需要比较它们或者在它们之间共享内容时，这将很有用。

二、操作题 略

单元二

一、简答题答案

1. 有 6 种形状工具；矩形、圆角矩形、椭圆、多边形、星形和光晕。比如，要将工具组与工具箱分离，将鼠标指针指向工具箱中的工具，然后按住鼠标左键，直到工具组出现后，单击工具组右侧的按钮，单击后再松开鼠标左键。

2. 使用形状工具绘制了矩形、圆角矩形、椭圆或多边形后，可以继续修改其属性，比如宽度、高度、圆角、边角类型和半径（各个或总体）。这就是所谓的实时形状。随后在“变换”面板、“属性”面板中编辑圆角半径等形状属性。

3. 要选择没有填色的项目，可以单击其描边（或边缘）或拖动一个选框。

4. 在 Illustrator 中另一种绘制和编辑形状的方式是使用 Shaper 工具。Shaper 工具识别自然手势并根据这些手势生成实时形状。无须切换工具就可以变换所创建的各个形状，甚至执行冲压和组合等操作。

5. 选中图像并单击“属性”面板中的“图像描摹”按钮可将栅格图像转换为可编辑的矢量形状。要将描摹结果转换为路径，可单击“属性”面板中的“扩展”按钮或者选择“对象”→“图像描摹”→“扩展”。如果要将描摹结果的组成部分作为独立的对象进行处理，则可以使用这种方法，得到的路径也将会被编组。

二、操作题 略

单元三

一、简答题答案

1. 使用形状生成器工具，可以直接在图稿中合并、删除、填充和编辑各种相互重叠的形状和路径；还可以使用“路径查找器”工具（可以在“属性”面板、“效果”菜单或“路径查找器”面板中找到此工具）根据重叠对象创建新的形状；还可以使用 Shaper 工具合并形状。

2. 剪刀工具用于在锚点上或沿着线段分割路径、图形框架或空文本框。刻刀工具会沿着使用工具绘制的路径剪切分割对象。使用剪刀工具剪切形状时，它会变为开放路径。使用刻刀工具剪切形状时，它们会变为闭合路径。

3. 要使用橡皮擦工具以直线进行擦除，在使用橡皮擦工具拖动之前，需要按住【Shift】键。

4. 在“属性”面板中，应用“联集”等形状模式时，选中的原始对象会被永久转换，但可以按住【Option】（Mac OS）或【Alt】（Windows）键，这样原始底层对象会保留下来。应用“合并”等“路径查找器”工具时，选中的原始对象会被永久转换。

5. 默认情况下，诸如直线等路径只有描边颜色，而没有填色。在 Illustrator 中创建直线时，如果要应用描边和填色，则可将描边轮廓化，这将把直线转换为闭合形状（或复合路径）。

二、操作题 略

单元四

一、简答题答案

1. 渐变是两种或多种颜色（或同一种颜色的不同色调）之间的过渡混合。应用于对象的填色或描边。

2. 要调整渐变中的颜色，可选中渐变工具，将鼠标指针放在渐变批注或者“渐变”面板的渐变滑块上，再拖动菱形图标或色标。

3. 要为渐变添加颜色，可以在“渐变”面板中单击渐变滑块下方添加色标。双击该色标以编辑颜色，方法是在出现的面板中直接应用现有色板或创建色板。还可以在工具箱中选择渐变工具，将鼠标指针放在渐变填充的对象上单击图稿中渐变滑块的下方添加色标。

4. 要调整渐变方向，使用渐变工具在图稿中拖动即可。长距离拖动将逐渐改变颜色；短距离拖动会让颜色急剧变化。还可以使用渐变工具旋转渐变，更改半径、长宽比和渐变的起点等。

5. 渐变和混合之间的区别是颜色的混合方式不同。渐变混合的是颜色，而混合的是混合对象。

二、操作题 略

单元五

一、简答题答案

1. 创建图稿时使用图层的好处：有效组织图稿的内容；便于选中特定内容；保护不想修改的图稿；隐藏不想处理的图稿，以免被分散注意力；控制选择要打印的内容。

2. 要调整图层的排列顺序，可以在“图层”面板中单击图层名称并将其拖动至新位置。而“图层”面板中各图层的顺序，决定了文档中图层的顺序——面板顶部的图层位于图稿中的最上层。

3. 图层的颜色决定了图层中所选锚点及其方向线的颜色，并有助于识别文档的各个图层。

4. 默认情况下，粘贴命令将分层文件或从不同图层复制而来的对象粘贴到当前活动图层中。而“粘贴时记住图层”选项可保留各粘贴对象对应的原始图层。

5. 要在图层上创建一个剪切蒙版，可选中该图层，单击“图层”面板底部的“建立释放剪切蒙版”按钮。在该图层中，位于最上方的对象就会成为剪切蒙版。

二、操作题 略

单元六

一、简答题答案

1. 要使用画笔工具来绘图，可在选择画笔工具后，从“画笔”面板中选择一种画笔，然后在图稿中绘图，那么画笔将直接作用于绘制的路径。要使用绘图工具来应用画笔，可先使用绘图工具在图稿中绘制路径，然后选择该路径并在“画笔”面板中选择一种画笔，即可将其应用于选定的路径。

2. 可通过图稿（矢量路径、嵌入的栅格图像）创建艺术画笔。将艺术画笔应用于对象的描边时，艺术画笔中的图稿默认将沿所选对象的描边延伸。

3. 要使用画笔工具编辑路径，只需在选定路径上拖动，重新绘制它。使用“画笔工具”绘图时，“保持选定”选项将保持最后绘制的路径被选中。如果想便捷地编辑最后绘制的路径，则应确保“保持选定”复选框被选中；如果要使用“画笔工具”绘制重叠的路径而不修改之前的路径时，则应取消选择“保持选定”复选框。在没有选中“保持选定”复选框时，可以使用选择工具选中路径，然后编辑路径。

4. 使用符号的 3 个优点：编辑一个符号，它所有的符号实例都将自动更新；可以将图稿映射到 3D 对象；使用符号可以缩减整个文件的大小。

5. 要更新现有的符号，可以在“符号”面板中双击该符号图标。也可以双击画板中该符号的实例，或者选择画板中的实例，然后在“属性”面板中单击“编辑符号”按钮，然后在隔离模式下编辑它。

二、操作题 略

单元七

一、简答题答案

1. 可使用下列方法创建文本：

① 使用“文字工具”在画板中单击，当光标出现后，即可输入文本。这将创建一个点文本对象，容纳文本。

② 使用“文字工具”拖动选框创建一个文本区域。在光标出现时输入文本即可。

③ 使用“文字工具”，单击一条路径或闭合形状，将其转换为路径文本或文本区域。按住【Option】（Mac OS）或【Alt】（Windows）键，单击闭合路径的描边，可沿路径排列文本。

2. “修饰文字工具”可直观地编辑文本中单个字符的某种字符格式选项。可以编辑文本中字符的旋转、字距、基线偏移、水平缩放和垂直缩放比例。

3. 字符样式只能应用于所选文本，而段落样式可应用于整个段落。段落样式适合缩进、间距和行距。

4. 将文本转换为轮廓，就不再需要随 Illustrator 一起传输文件中安装的各种字体，仅发送文件即可，并且可以为文本添加之前不可能的效果。

二、操作题 略

单元八

一、简答题答案

1. 要将效果应用于对象，可选中对象，再从“效果”菜单中选择要应用的效果。也可以选中对象后，在“外观”面板中单击“添加新效果”按钮，再从菜单中选择要应用的效果。

2. 将 Photoshop 效果应用于矢量图稿后，将会生成像素，而不是矢量数据。Photoshop 效果包括 SVG 滤镜、“效果”菜单下半部分的所有效果以及“效果”菜单 > “风格化”子菜单中的投影、内发光、外发光和羽化效果。可将它们应用于矢量对象或位图对象。

3. 可在“外观”面板中编辑已经应用于对象的效果。

二、操作题 略

单元九

答案略